人工知能のための哲学塾

未来社会篇

響きあう社会、他者、自己

いつか、この本を手に入れた子どもたちへ

こんにちは。この本のもとになったイベント「人工知能のための哲学塾 未来社会篇」を三宅陽一郎さん等と一緒に企画した犬飼博士と申します。イベントでは全体の司会もつとめさせていただいております。この本の使い方を少しみなさまにご紹介させていただきたいと思います。

本書は、二〇一八年八月から二〇一九年五月に行われた、全六回のイベントの講演部分を一冊の書籍にまとめたものです。イベントは「西洋哲学篇」（二〇一五〜二〇一六年）、「東洋哲学篇」（二〇一七年）に続くもので、いずれも書籍にまとまっていますので、そちらにも興味をもっていただけたら幸いです。

「未来社会篇」のイベントは三部構成になっており、三宅陽一郎さんがゲームAI研究者の立場から講演、その後大山匠さんが哲学の研究者の立場から講演します。さらにその後、参加者が主役になりグループで議論し「問い」を立てるワークショップを行いました。この本でも同様に、最後の主役は読者のみなさんです。

この本には絶対的な正解は書いてありません。書かれているのは、三宅さん、大山さんが考えた一つのアイデアです。そのため、この本のどこかをちらりと読むとみなさんの中に「?」が生まれると思います。「?」を感じたら、その「?」をなぜ感じたのか考えてみて欲しいのです。じっくり考えたらそれをぜひ、友人や家族、学校、会社の人に「これ、どう思う?」と問いかけてみてください。どんなに時間がかかってもかまいません。まとまる前に問いかけてもいいと思います。言葉や絵、しぐさ、なんでもかまいません。踊っても寝てしまってもいいと思います。

そして、その「問い」をぜひ僕たちにも聞かせてください。ＳＮＳなどに「＃ＡＩ哲学塾」のハッシュタグをつけて投稿してください。インスタグラムやYouTubeの画像も大歓迎です。それを人類みんなで、そしてＳＮＳに住んでいる人工知能とも一緒に考えて動いてみましょう。

これがこの本のおすすめの使い方です。

「西洋哲学篇」「東洋哲学篇」まではイベント自体を「ゲームですから楽しんでください」と説明をしてきましたが、今回の「未来社会篇」は、もう一つ俯瞰し、そのゲームをプレイすること自体が社会を実装することだと自明になるようにデザインしてみました。さらに、こうして「問い」を楽しんでいる行為を幾重にも俯瞰して見ていくと、その僕たちや人工知能の行為こそが、この本の主題になっている「知性」「生命」「存在」を為しているように見えてきませんか？

結果的に、この提案や態度が未来の社会、世界、宇宙、世を生き生きと表現させるエネルギーや波になればと願っています。そして、そんな世界で「こんにちは」と現れる怖いウイルスとも、なんとかやっていけたらと思います。

いつかの未来。この本を手に入れた子どもたちへ。君たちはそうやって存在しています。

二〇二〇年五月一四日　　犬飼博士

本書を読む前に

本書は、二〇一八年八月から二〇一九年五月にかけて行われたセミナー「人工知能のための哲学塾 未来社会篇」（第零夜〜第五夜）の講演を大幅に加筆した上でまとめたものです。

本書は、たった一つのシンプルな問いに対する探求です。それは、どのようにして人工知能は社会とのかかわりの中で形成されるか、という問いです。これまで、本書の前書となる『人工知能のための哲学塾』『人工知能のための哲学塾 東洋哲学篇』は個としての人工知能を探求してきました。しかし、これまでに欠けていたのが「知能は社会の中で形成される」という視点です。人間も個として発達する知能と、社会の中で育まれる知能の両面があります。だとすれば、人工知能も個として発達する側面と、社会の中で育まれる両面があると考えるのは自然です。本書は「人工知能を社会の中で形成する」ことを探求する書物です。

この本の元になったセミナーについて触れておきます。人工知能のための哲学塾は「講演、グループディスカッション、発表」で構成されます。講演部分では、全体を通して一つのテーマを探求していきます。未来社会篇のテーマは「人工知能を社会の中で形成する」こと。このテーマをめぐる五つの問いを用意しました。

第一夜　人と人工知能はわかりあえるか
第二夜　人工知能はどのような社会を築くか
第三夜　人工知能は文化を形成するか

第四夜　人と人工知能は愛しあえるか
第五夜　人工知能にとって幸福とは何か

そして、この問いを一人で探求するのではなく、他者の意見を受け入れつつ展開するのがよいと考え、これまで東洋哲学篇のディスカッションパートや、シリーズの書籍のあとがきを執筆していただいた大山匠と共同講演という形で進めていくことにしました。

講演は毎回、ニコニコ生放送で配信していただきました。グループディスカッションでは新たな問いを用意して、会場に来られた方、またニコニコ生放送でも毎回数千人の視聴者とコメントやアンケートを通じて間接的に対話する形で議論を深めていきました。最後に、グループディスカッションでの議論を各グループごとに発表していただき、三宅と大山で講評しました。

本書では第零夜を「イントロダクション」と位置づけ、第一部では三宅の第一夜から第五夜の講演録を、第二部では大山の第一夜から第五夜の講演録を収めています。そして、巻末には「あとがき」に代えて三宅・大山の対談を掲載しました。お互いのテクストを読んだ上で臨んだ収録であり、本書のテーマを構成する「社会、他者、自己」における、いくつかの新たな観点を見出したものとなっています。

第一部、第二部をそれぞれ通して読むもよし、あるいは「問い」ごとに第一部と第二部を行き来して読むもよし、対談から読むもよし、自由に、お好きな形で読み進めていただければ幸いです。

三宅陽一郎

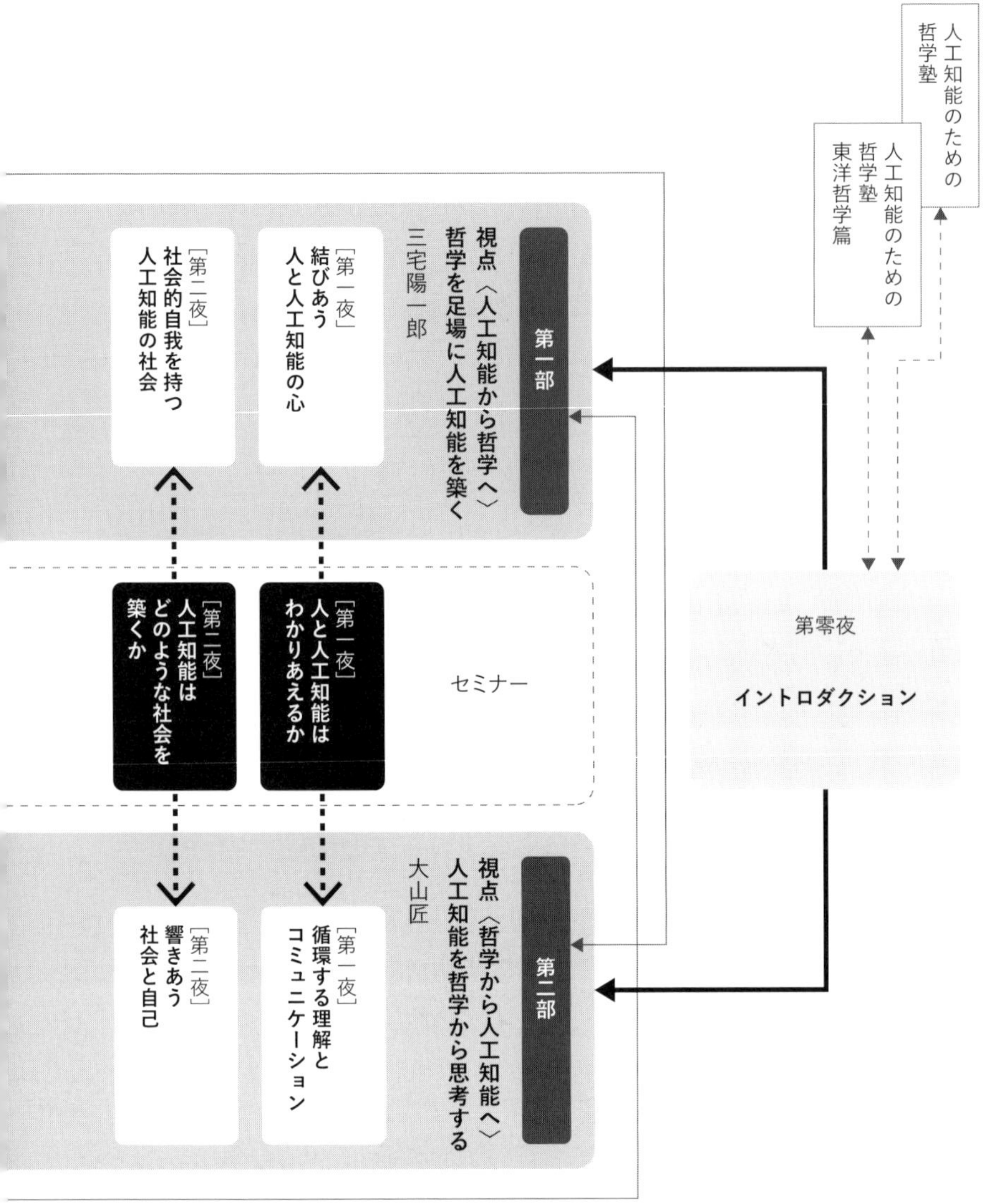

【本文中に示す参照】

シリーズの『人工知能のための哲学塾』（2016年刊）および『人工知能のための哲学塾 東洋哲学篇』（2018年刊）と連続性がある内容について、本書の理解に必要な記述はしておりますが、より踏み込んだ解説として先の書籍への参照を示しています。「西洋哲学篇第○夜」は『人工知能のための哲学塾』（2016年刊）の該当の章を示し、「東洋哲学篇第○夜」は『人工知能のための哲学塾 東洋哲学篇』（2018年刊）の該当の章を示します。また、「第○夜」はこの未来社会篇の他の章を示します。

本書の全体像

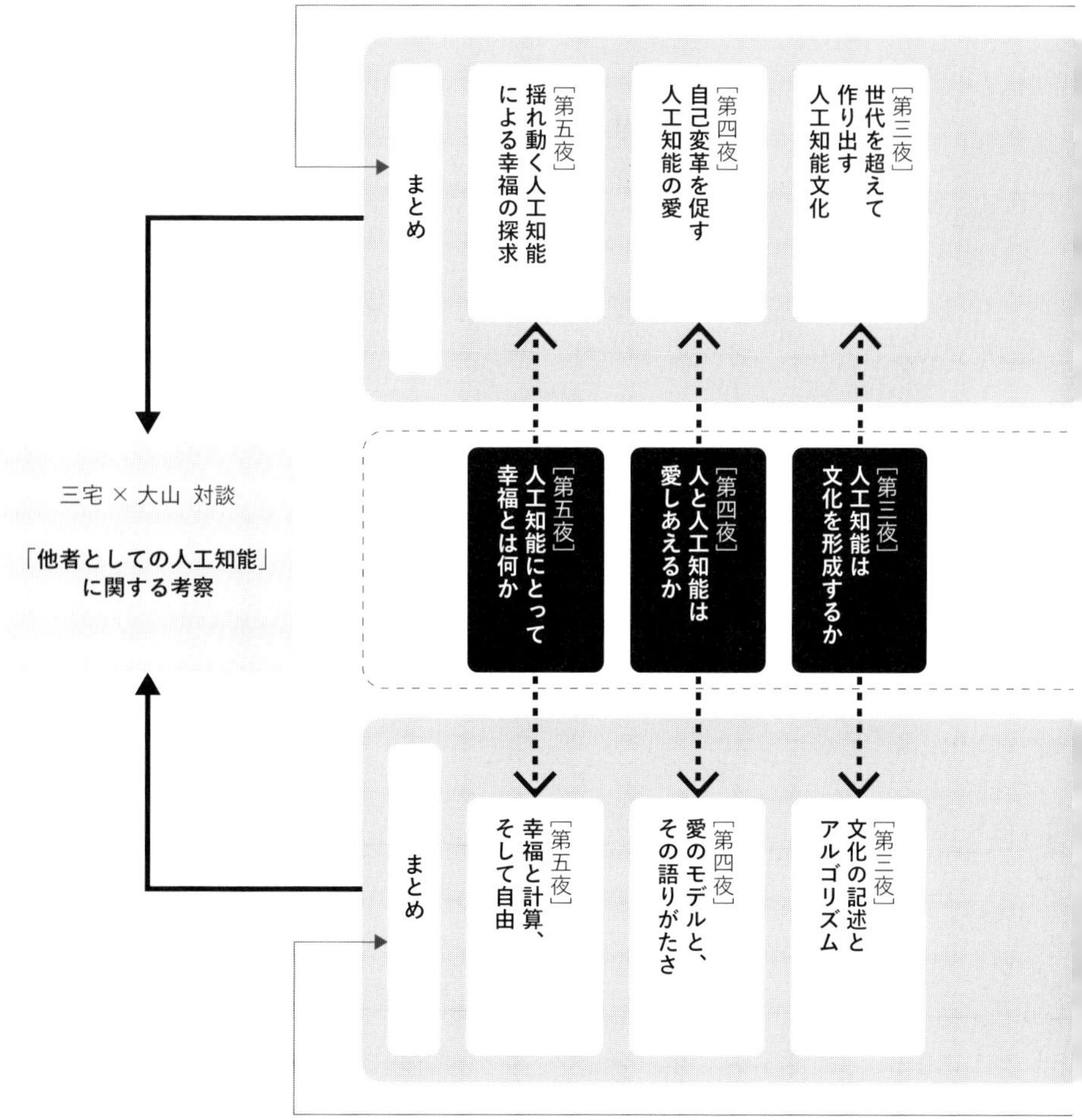

【本文中に示す人名】

アルファベットで表記される人名については、日本で一般的に用いられるカタカナに開いた表記を用いました。また、原則として人名のみの記載とし、敬称は省略させていただきました。

謝辞

「人工知能のための哲学塾 未来社会篇」セミナーにお越しいただいた参加者のみなさんに感謝いたします。セミナーができたのはみなさんのおかげです。本書がみなさまの一助となれば幸いです。FabCafe Tokyo様、石塚千晃様、金岡大輝様には個と社会を考える、人と人とがクロスするすばらしい会場をお貸しいただきました。本書は未来社会篇にふさわしく、渋谷のＩＴビルが屹立する街の喧騒の中で育まれました。深く感謝いたします。共同主催者である犬飼博士さん、塚口綾子さんはコンセプト・企画段階から新しい場を作るために、ともに貴重な時間を過ごしていただきました。このメンバーで開催できたことに喜びを感じます。

スーパーバイザーの山本貴光さんには校正や話し合いを通して大きな示唆をいただきました。感謝いたします。福岡大学の平井靖史教授には福岡で直接ベルクソンについて議論する機会を頂戴し、大きな示唆と新しい視点をいただきました。ありがとうございます。またイベントの後半部を作っていただいた哲学雑誌『ニューQ』編集長の瀬尾浩二郎さん、今井祐里さんに深く感謝申し上げます。毎回工夫をこらした問いがグループディスカッションを有意義なものとしてくれました。参加者にとっても僕たちにとっても毎回、楽しみな時間となっていました。グループディスカッションのリーダーを引き受けていただいた上田桃子さん、永井玲衣さん、堀越耀介さん、湊陽介さん、角田将太郎さん、水野勇太さんは、参加者全員が主人公になって考え発言するという哲学塾の理念を現実のものにしてくださいました。ありがとうございます。

本書では何度も「お互いの腕を紐で結んでマラソンをする」という話が出てきます。これは、東洋哲学篇の刊行記念イベント（於・青山ブックセンター本店）にゲストとしてご登壇していただいた東京工業大学の伊藤亜紗先生からお聞きしたものです。本書において大きな示唆となりました。ありがとうございます。

運営サポートをしていただいたIGDA日本の小野憲史さん、竹内ゆうすけさん、田端秀輝さん、ありがとうございます。この会を続けられたのはみなさんのおかげです。今回も毎回ニコニコ生放送を行い、ディスカッションでは文字と音声で視聴者のみなさんとディスカッションするという試みを行いました（巻末に全放送のアーカイブリンクを掲載しております）。この試み全体を支えていただきました株式会社ドワンゴ様、配信を支えていただいた長谷尾昌俊さんには深く感謝申し上げます。重ねて、放送時に大山とともにトークをしていただいた田代伶奈さんにお礼を申し上げます。

この本を形作ることができたのは、エディターの大内孝子さんのお力によるところがたいへん大きいです。特に今回は複数のパートをうまくまとめていただくと同時に、巻末の対談についても企画・作成もしていただきました。その群を抜いた編集力、製作力、牽引力によって本書をはじめて完成させることができました。自分で言うのもなんですが、このような内容の書籍を編むことは本当に難しいことです。深く感謝いたします。株式会社Shedの橘友希さんには、今回も書籍全体のアートディレクションをしていただきました。同じくShedの矢代彩さんにはすばらしいカバーをデザインしていただきました。樽川響さんには図版とイラストで本書を支えていただきました。また、石田デザイン事務所の石田毅さんには本文レイアウトをしていただきました。ありがとうございます。株式会社ビー・エヌ・エヌ新社様には、出版の機会をいただきましたこと、誠に感謝いたします。シリーズを通してご担当いただいております村田純一様に深く感謝いたします。

二〇二〇年五月　著者代表・三宅陽一郎

目次

[第零夜]

イントロダクション

1 未来社会篇で目指す人工知能論

「人工知能のための哲学塾 第三期 未来社会篇」の第零夜を始めたいと思います。講演者の三宅陽一郎です。僕は、普段はゲームの人工知能開発をしています。人工知能というのは情報を操作するだけで完結する「情報処理体」ではありません。たとえば入力文字を翻訳する、ログから推薦する商品を決める、だけではないのです。こうした情報処理と人工知能の何が違うかという問いは、人工知能の本質につながっています。すべてを情報にしてしまうと、情報の元となった実体について、その実体が持つ情報に還元できない性質は捨てられ、情報の次元だけでわかったつもりになってしまいます。情報を用いつつ、情報ではない「質」をいかに出すかを考える必要があります。そこが今回の哲学塾全体のテーマでもあります。この「質」は、世界と人工知能のインタラクションの中から生まれてくるものです。

第三期未来社会篇の全六夜の構成はこのようになります。

- 第零夜　レビュー
- 第一夜　人と人工知能はわかりあえるか
- 第二夜　人工知能はどのような社会を築くか
- 第三夜　人工知能は文化を形成するか
- 第四夜　人と人工知能は愛しあえるか
- 第五夜　人工知能にとって幸福とは何か

第零夜は西洋哲学編（第一期）、東洋哲学篇（第二期）のレビューと未来社会篇（第三期）のオーバービューになります。まずは、これまでの哲学塾との接続という意味もあり、未来社会篇で何をしたいのかをお話したいと思います。

二〇一五年五月から二〇一六年四月にかけて開催した西洋哲学篇では、フッサール、ユクスキュル、デカルト、デリダ、メルロ＝ポンティなどの哲学と人工知能との兼ね合いを見ていきました。

- 第零夜　概観
- 第一夜　フッサールの現象学
- 第二夜　ユクスキュルと環世界
- 第三夜　デカルトと機械論
- 第四夜　デリダ・差延・感覚
- 第五夜　メルロ＝ポンティと知覚論

二〇一七年一月から十一月は東洋哲学篇として、荘子や仏教など東洋の哲学と人工知能の関係をお話しました。

- 第零夜　概観
- 第一夜　荘子と人工知能の解体
- 第二夜　井筒俊彦と内面の人工知能

- 第三夜　仏教と人工知能
- 第四夜　龍樹とインド哲学と人工知能
- 第五夜　禅と人工知能

　これまでの西洋哲学篇、東洋哲学篇では人間の内面を頼りに、人工知能の内面に深く迫る（作る）ということを目標にしてきました。今回の未来社会篇で何をテーマにするかというと、人工知能と人工知能の関係や人と人工知能の関係、人の社会を頼りに人工知能の社会へ深く迫る（作る）ことを目標に置いています。

自然知能と人工知能

　我々の自然発生した知能のことを自然知能、機械による知能のことを人工知能（Artificial Intelligence）と言います。Artificial Intelligenceという言葉は一九五六年のダートマス会議ではじめて定義されました。研究自体はそれ以前からありましたが、ここで「人間の知能を機械の上に写す」と

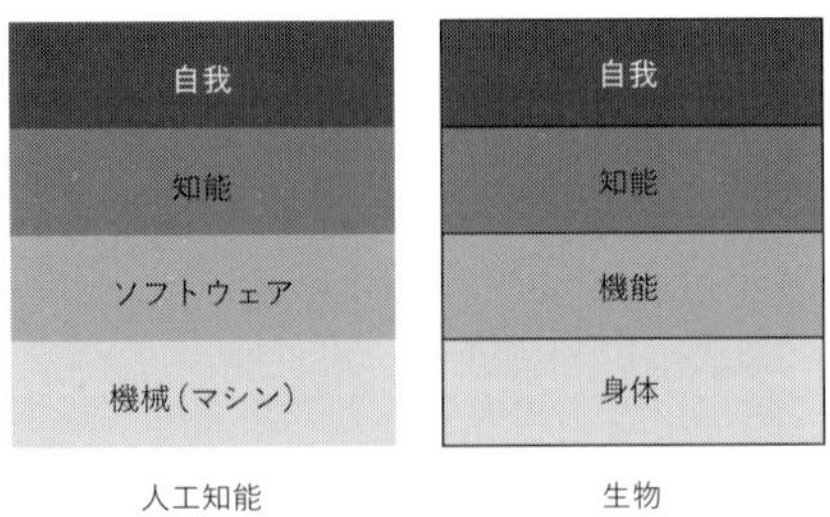

図1　自然知能と人工知能

いう方針が宣言されました。

我々の自然発生した知能を「身体があって機能があり、知能があり、自我がある」という階層構造で捉えると、機械にも「マシンがあり、それを動かすOSがあり、AIがあって、最後に自我がある」と考えることができます（図1）。このように、生物の知能を機械の上に写しましょうというのが、人工知能研究の一つの大きな方向です。

人工知能と哲学の足場

ただ、「工場で人工知能／ロボットができました。今日から自我が生まれました」というのは何か違和感があります。その違和感は何でしょうか？　その理由をこの第零夜のテーマにしたいと思います。

いろいろな他者と出会うことで、お互い自分の自我（社会的自我）が形成されていくというのが、精神医学で言う「自己の確立」です。いまの人工知能の研究開発は、一つの人工知能を作って、その中でひたすら知能を極めていこうする方向性です。そうではなくて、「周囲とのインタラクションの中から自己と他者を分けていくことを考えよう」、それによって「自己と他者のつながりの中で人工知能を考えよう」という方向を、この未来社会篇では探っていきたいと思います。

複数の人工知能を動物的に連携させる群知能や、知的に連携させるマルチエージェントは、自己と他者は最初からあるものとして、そこから全体のシステムの性質を探求します。これはこれで非常に有用です。一方、自己と他者を生成的に獲得する人工知能、つまり自分を発見したり他者を発見したり、社会性を自然に持つというモデルは現象学の考え方です。いきなり自分や他者があるのではなく、一つの経験の中からお互いを獲得します。一つの考え方として、「他者の呼びかけや他者のまなざしに対して、自分というものが形成される」という自我のモデルがあります。しかし、「人工知能へ呼びかける、人工知能から他者へと応答する」ことによって、徐々に人工知能を作るという方法はいまのところありません。そういう作り方をするにはどうしたらいいのだろうかということを考えていきたいのです。

高度な「人工知能」を構築するためには、その足場となる広く強固な「哲学」が必要とされます。なぜ、人工知能に哲学が重要なのかと言いますと、哲学によって深く掘れば掘るほど、より遠くへ、より深い人工知能にたどり着けるからです。山登りと同じように、真っ直ぐに行くわけにはいきません。一度、深く行って（考えて）から戻る、これを繰り返していきます。この「深く行く」ほうがサイエンスであり、哲学なのです。そして、「戻る」ほうがエンジニアリングです（図2）。

特に、マルチエージェントや群れとしての人工知能を考えるときは定型的な考え方を採ります。人工知能はこういうものだからと、まずコミュニケーションモデルを作ります。そうではなく、より深く考えて遠くまで行きましょうというのが哲学塾全体のアプローチです。単に哲学をテーマにするだけではなく、それによってどういう人工知能が可能になるのか、まで射程に入れたいと考えています。

繰り返しになりますが、人工知能が工場で作られて「今日から自我が生まれました」というのは、やはりちょっと変です。しかし、人工知能たちがインタラクションをしながら「今日から自我が生まれました」というのは、なんとなくあり得るかな、という気がします。この直感にあるのは、我々自身の経験です。あるいは動物も同じです。たとえばキツネの赤ちゃんも、じゃれあいながら、噛みあいながら、自己と他者を区別していきます。であれば、人工知能も同じなのではないかと思うわけです。人工知能も集団の中

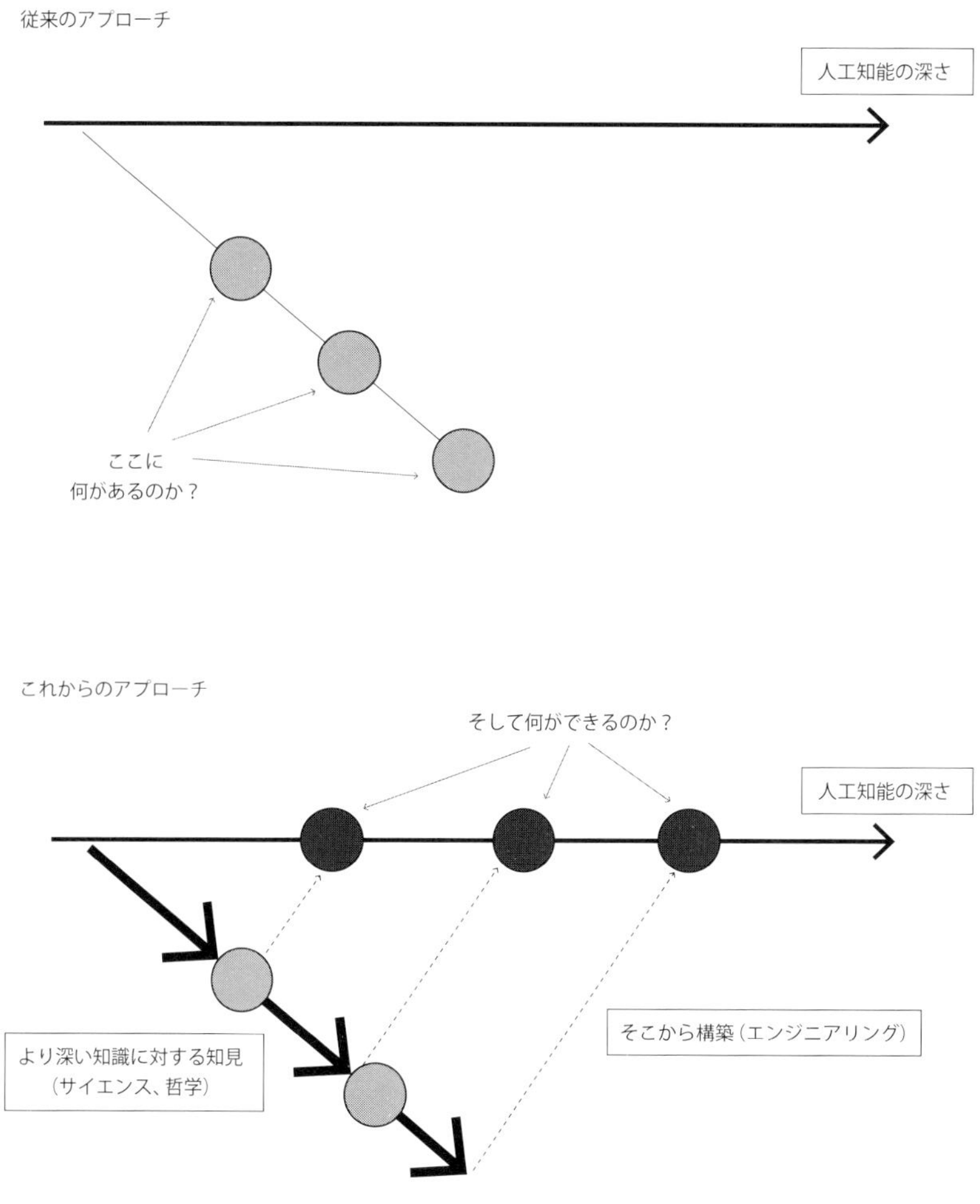

図2　なぜ人工知能に哲学が重要なのか

で自分というものを確立していって欲しい、それが正当な人工知能であるはずだというのが、未来社会篇の人工知能論です（図3）。

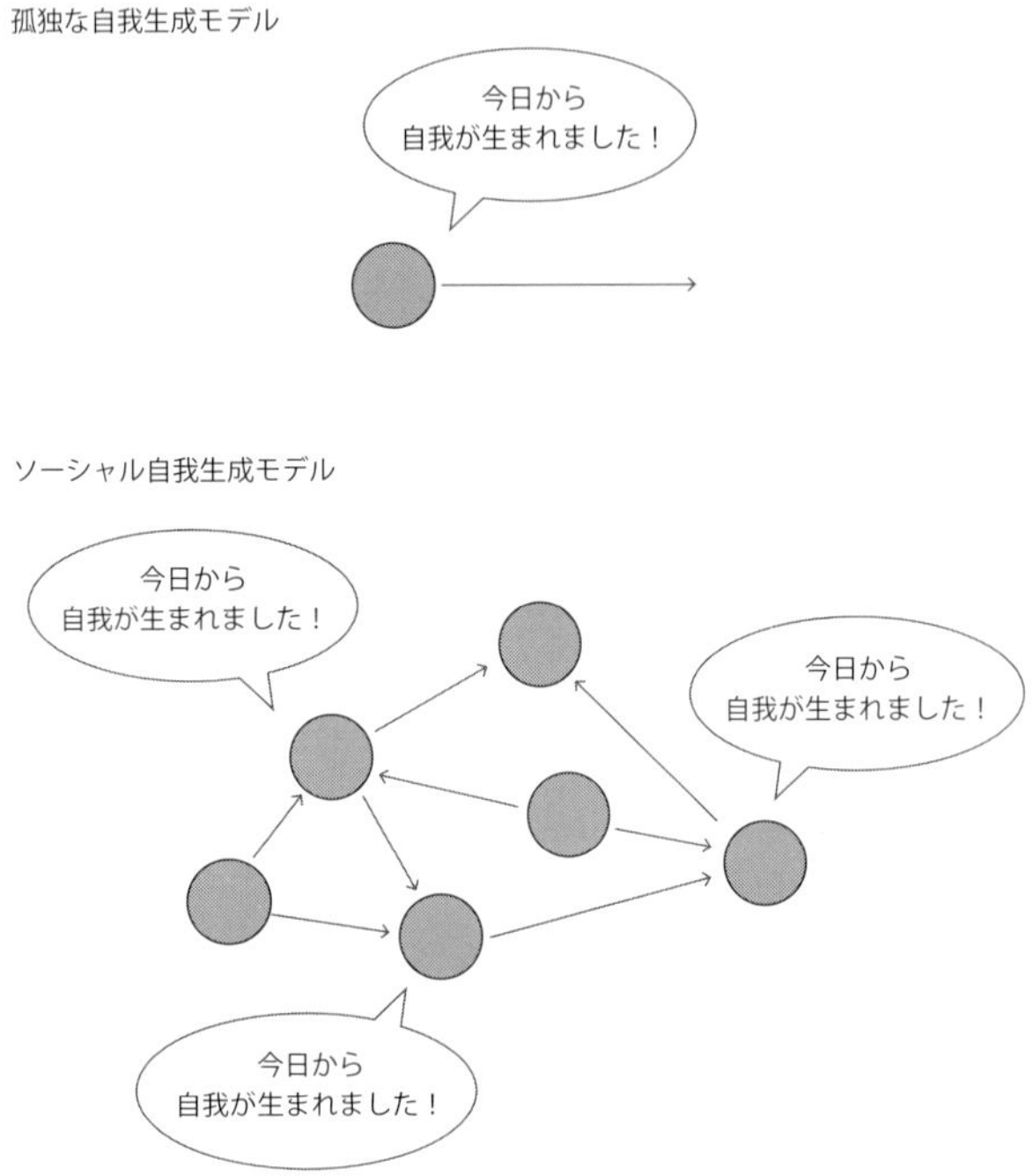
孤独な自我生成モデル
今日から
自我が生まれました！
ソーシャル自我生成モデル
今日から
自我が生まれました！
今日から
自我が生まれました！
今日から
自我が生まれました！

図3　人工知能も集団の中で自我を確立すべきではないか

2 人工知能、自己、他者

ゲームにおける「他者」

ゲームではプレイヤーとの関係を「敵」と「味方」のソーシャルグラフで作りますが、このような単純な表現にしてしまうとそれ以上は発展しません。これは現実世界ではあり得ないことで、現実世界では昨日の友は今日の敵のように関係が変わります。敵か味方かというふうに関係を端的に固定してしまうと、あとは巨大なシミュレーションをするしかありません。そうなると、知能の豊かな世界に蓋をしてしまうことになります。

たとえば、ゲームの中でマスに「○」「×」を置いていくとします（図4）。この場合、「相手」はゲームの状態と見なします。これが一番賢いやり方で、将棋のＡＩでも囲碁のＡＩでも、たいていそう考えます。しかし、それはあまりに限定的な表現でのみ他者を捉えています。プレイヤーはいろいろなものを削ぎ落としてゲームに参加

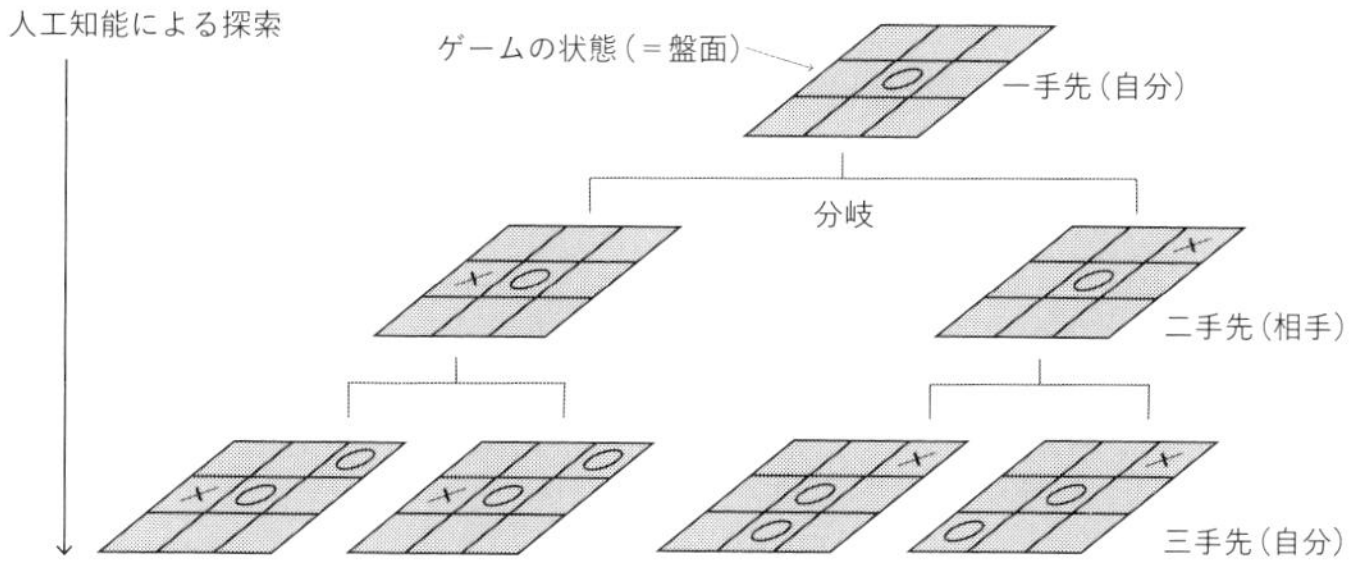

図4　ゲームの人工知能にとっての他者＝シミュレーション上の存在

するしかありません。

　ゲームの人工知能は「ゲームの状況ごとにいろいろなことを考える」ということをしています。人工知能にとって「他者を理解する」とはどういうことかというと、ゲームの場合、他者を正しくシミュレーションできれば、つまりプレイヤーを完全に予測できれば「理解した」と見なします。「次は、ここに打つだろう」と予測して、それが当たれば理解したということになります。この予測と実測の誤差をどんどん小さくしていくことが目的になります（図5）。

　これも一つの他者のあり方なのですが、そうではなくて、今回は、もう少し深いところまで考察していきたいと考えています。

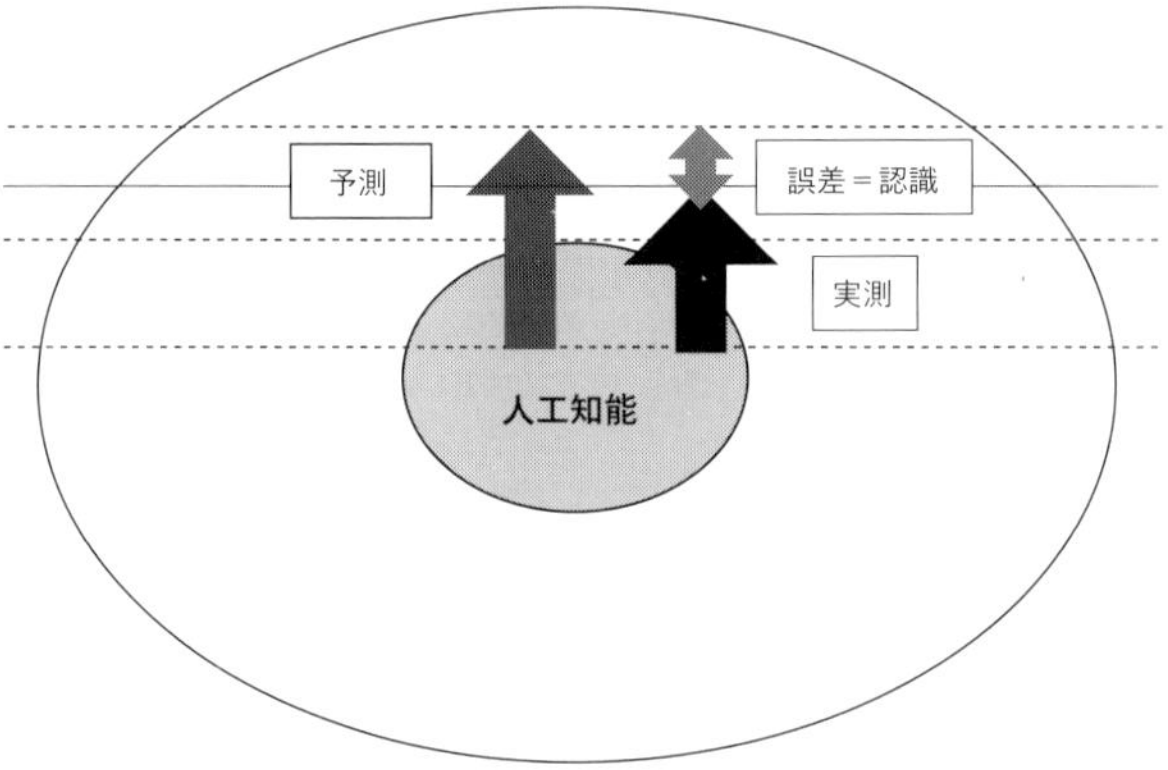
予測
誤差＝認識
実測
人工知能
人工知能にとって他者を理解するとは、
他者を正しくシミュレーションすること

図5　予測と実測の誤差をどんどん小さくしていく＝他者を理解する

現象学的人工知能

これまでの哲学塾のおさらいになりますが、西洋哲学篇では人工知能の足元にある哲学的な考えを西洋哲学の歴史から取り出そうとしました。西洋哲学の歴史は膨大で全体を俯瞰するだけでも大変なのですが、人工知能に結びついているところというのは、人工知能を研究しているものからは嗅覚が働いて抜き出しやすいのです。西洋哲学篇で行ったのはそういうことです。機能的な人工知能、思考する存在としての人工知能、それはデカルト的な「我思う、故に我あり」から始まって、推論によって真理にたどり着こうという考えです。しかし、知能は「喜ぶ」「欲求する」「恐怖する」「希望する」など、いろいろな精神活動を普通に行っています。普遍的に考える存在から、こうした多様な精神活動を持つ人工知能に発展させようというのが現象学的人工知能の考え方です。

現象学的人工知能として「我思う、故に我あり」

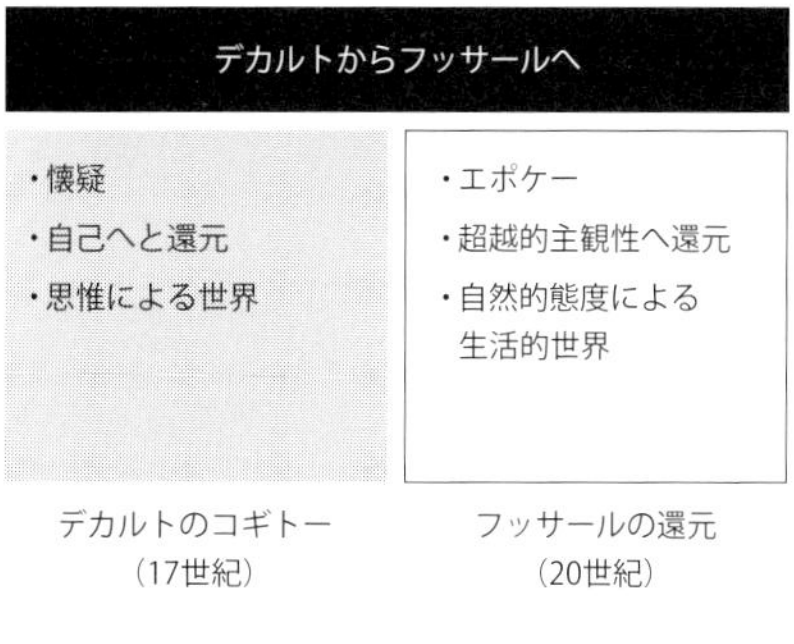

図6　デカルトマシンから多様な自己の経験・知能の経験に拡張する

からもっと多様な自己の経験、知能の経験に拡張しよう、それによって一六世紀から続く（いまから見ると）狭い立場の知能論から、二〇世紀型の、広い知能論に基づいた人工知能にしましょうということです（図６）。デカルト的人工知能は推論マシンとしてこれからも発展するでしょう。新しく生まれる現象学的人工知能は汎用ではなく、それぞれのエージェントやキャラクターたちに宿って、生命的な人工知能の分野を切り拓くでしょう。

志向性

デカルトは、「疑い得ない自分」を出発点として論理的明証性のある分野を考えることを学問だと考えました（図７）。一方、現象学では志向性というものがあります。これは「希望する」「不安になる」「こう思う」など、世界に向かうさまざまなベクトルのことです（図８）。志向性は人間の精神の基本にあるもので、「考える」という活動よりずっと広いわけです。我々の日常の中の知能はそういった志向性を持っているのです。

「志向性」自体はもともと心理学の言葉で、フッサールにも大きな影響を与えたオーストリアの心理学者・哲学者フランツ・ブレンターノ（一八三八〜一九一七年）が提唱したもので、心理学においても、現象学においても、非常に重要な概念です。志向性によって、意識が捉えるさまざまな経験を記述します。

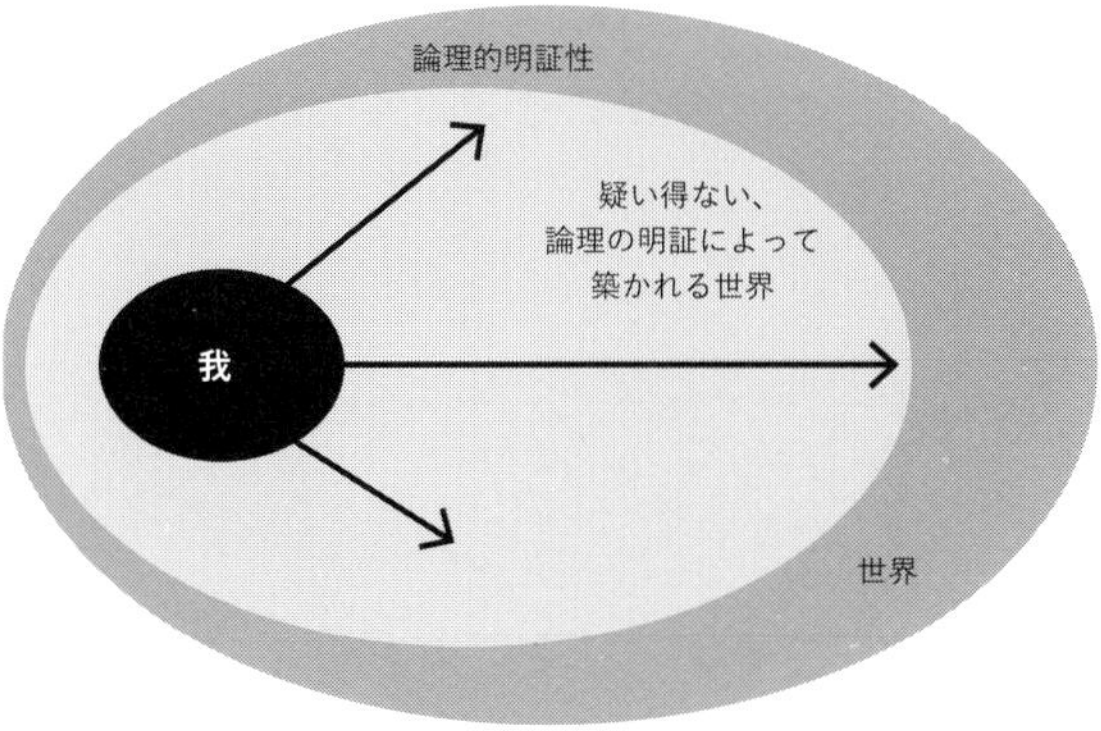

近代科学、近代合理主義
近代の出発点を与えた
（デカルトの後の人がそう基礎づけた）

図7　デカルトの論理的明証性の世界

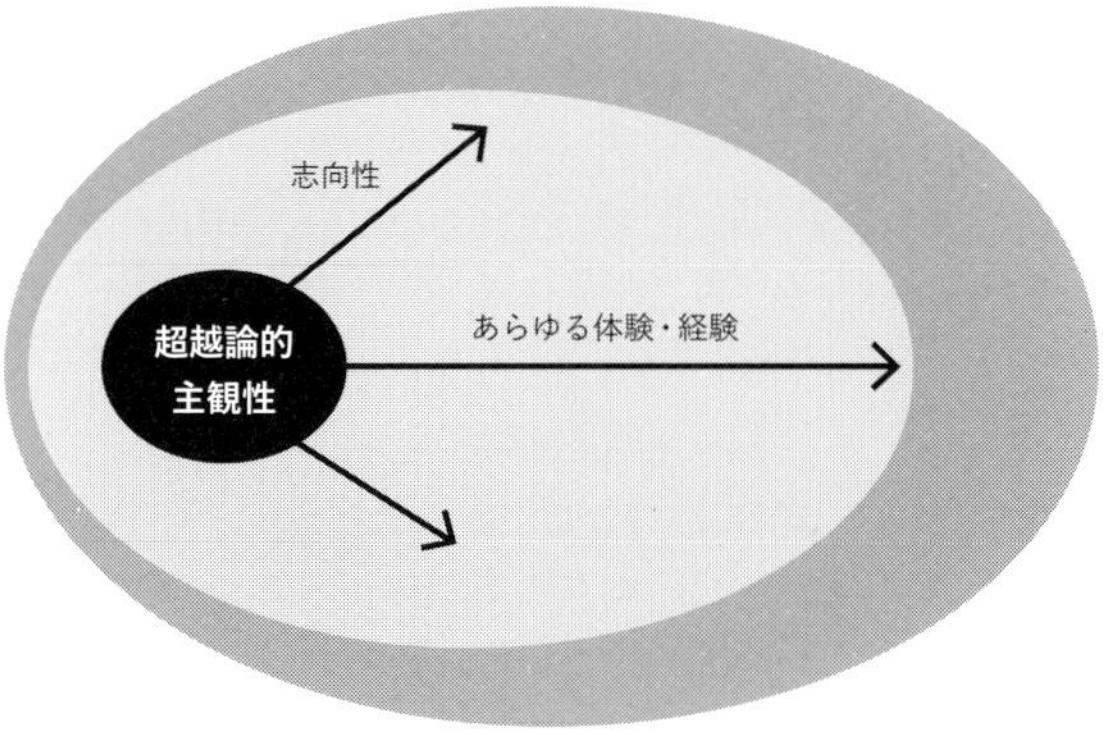

現象学は純粋意識から出発することで、自分自身を貫いて
環境へたどり着く、その過程全体を知識として捉えることができる

図8　志向性

自己の形成と他者

現象学という学問では、自己というのはある程度生成的であり、経験という世界があふれた場から、自己、他者、世界を形成するものと言えます。他者がどこにあるかというと、世界の根源から自己の経験の中へ現れます。

他者もやはり志向性を持ちます。大きな意味では、他者は生物とは限りません。要するに、自分から見て制御され得ない、ある程度オートポイエーシス（自己生産的）な自律性を持つというところがあります。先ほどの関係（プレイヤーとの関係を敵と味方で固定する）では、こうした志向性はあまり関係がありません。しかし、全体とプレイヤーがもっとかかわりあう複雑系として自己を見ようという考えがあります。自己が他者に反映し、他者が自己に反映する入れ子構造、この無限の入れ子構造こそ、本来、我々が生きている生活空間の関係なのです（図9）。

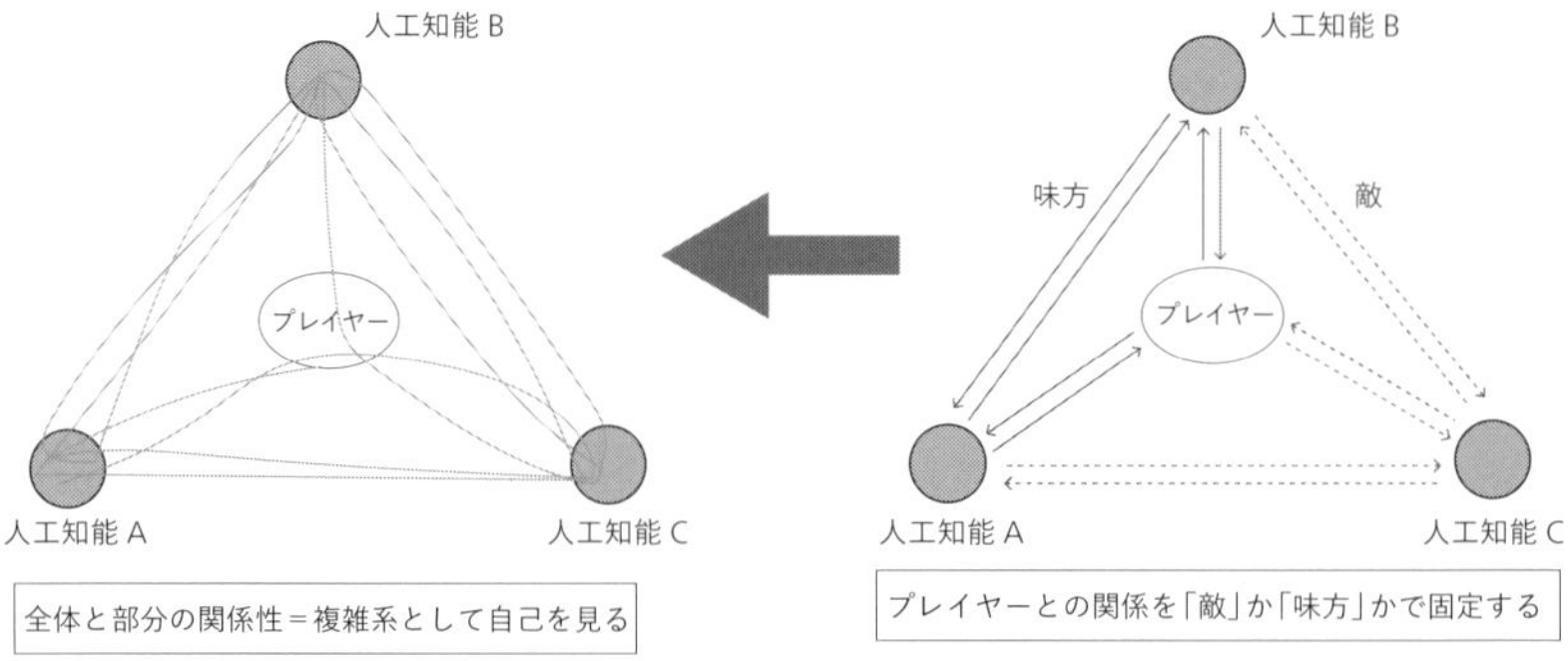

図9　複雑系として自己と全体の関係を捉える

他者の視点

自分の経験の中から自己と他者を見出すということを考えたいと思います。他者は何かというと、志向性を持つ存在です。志向性とは関心を持つ、自分を出発点として外部との関係を持てるということです（図10）。

ここから、内海健の『自閉症スペクトラムの精神病理』の文脈を借りて、論を進めていきます。

一方通行路

ＡＳＤの世界では、自己と他者が明確に区分けされていない。こちらからのかかわりは、届かない。あるいは素通りしてゆく。ぶつかって跳ね返ってくるような、あるいはお互いにあいうつようなな反応がない。他方、彼らからみた世界は、どこまで行っても他者に突き当たらない。そこには、他者からの反響がない。他者の視点を得ることによって、世界が陰影のある立体的な像を結ぶこと

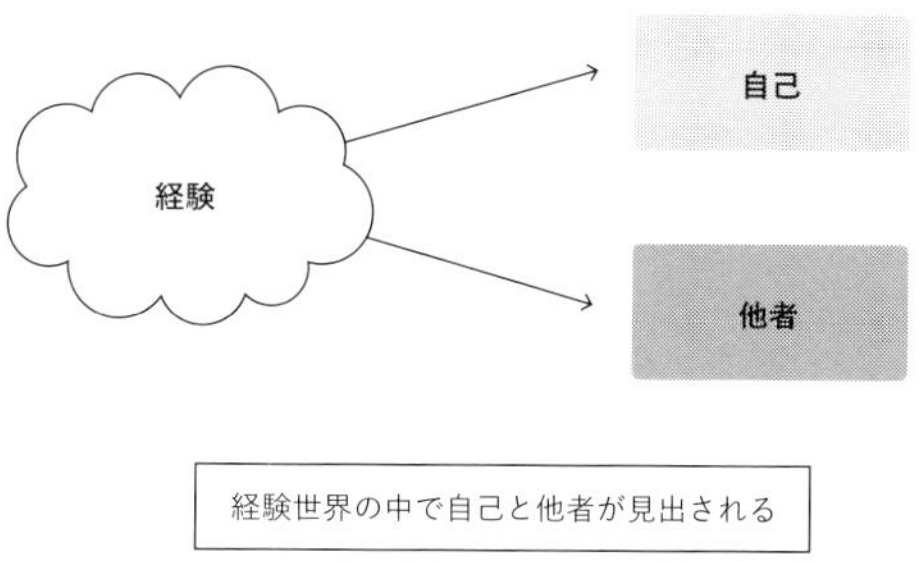
経験
自己
他者
経験世界の中で自己と他者が見出される

図10　現象学的なアプローチ

もない。

〈内海健、『自閉症スペクトラムの精神病理―星をつぐ人たちのために』、医学書院、二〇一五年、99ページ〉

我々は通常、他者の視点を自分の世界に持っています。「他人から見た自分はこう映っているはず」というように他者の視点を感じています。ところが、ASD（アスペルガー症候群）の人はそういうことがあまり得意ではないと書かれています。さらに、先に進みましょう。

人が考えるときには、何かを考え、喜ぶときには、何かを喜ぶ。心的現象は、つねに「何か」を対象としてもつ。対象にかかわり、対象に向かう。これが志向性であり、「こころ」にはあって「もの」にはない。

志向性はおよそ心の動きのあるところに認められるものであり、その外延は広範囲にわたる。考えること、信じること、欲すること、疑うこと、これらはすべて志向性である。

志向性とは、対象へとかかわる、それ自身に固有の自律性をもった運動である。ベクトル（→）をもってイメージすることができるだろう。そしてわれわれはこの志向性のあるところに「こころ」を感じる。

〈内海健、『自閉症スペクトラムの精神病理―星をつぐ人たちのために』、医学書院、二〇一五年、30〜31ページ〉

我々は常に、空間の中における他人の志向性に非常に敏感です。子どもであればあるほどそうです。子どもはいろいろなものを触ったり、インタラクションをしながら、それが単なるものなのか、あるいは志向性を持った何か、ということを区別しようとしているのです。

心的距離
こちら側に私がいて、向こうに対象がある。この主観と客観の二極に分節された構造が、定型者の世界のタテマエである。

未分化な乳児の世界が、私と対象、「こころ」と「もの」に分かたれる。その分節をもたらすのが他者であった。他者の志向性が到来するとき、乳児の世界に亀裂が入る。そのしるしとして〈Φ〉が書き込まれる。

Φは自己を環界から切り出す。世界を私とそれ以外のものに分節し、構造化する。分節された世界が、次第にかたどられ、最後に行きつく先が「知覚」である。その中でも「視覚」において、二極構造がもっとも鮮明なものとなる。そこでは、私と対象がもっともクリアに区分されている。

もっとも、両者は完全に切れているわけではない。Φは、自己を切り出すことにより、個体と世界の関係を裁断し直すことを可能にする。つまり、切断するとともに、つなぐものでもある。

〈内海健、『自閉症スペクトラムの精神病理―星をつぐ人たちのために』、医学書院、二〇一五年、69ページ〉


「Φ」は他者の視点の痕跡のようなものです。我々は、子どもの頃はさまざまな他者の視点にさらされています。その痕跡が我々の精神の中には残っています。他者の視点があることによって唯我的な世界、自分がすべてコントロールできる世界ではなかったのだというのが一つのトラウマになるわけです。そういったトラウマΦを反起点として、自己が形成されます。最初は他者というのがわからない、自分というものは唯我的な世界だと思っています。ところが、だんだん他者の視点にさらされてくると、この世界に他者がいるという印（Φ）が刻まれて、それを境界として自己が形成されるのです。他者がいるから自己があるということです。他者との出会いによって自己が形成されるということを述べています。

最初から自己があるのではないというのは非常に興味深い点で、そうであれば人工知能も他者と出会うまでは自己がなくてもいいのではないか、と考えられます。図11は西洋哲学篇のデリダの章（西洋哲学篇第四夜）で用いたものですが、このようにいろいろな過去からの残響が我々の知能を作っているわけです。

有名な「サリー‐アン課題」というものがあります（図12）。サリーは人形をカゴに入れて遊びに行ってしまいました。アンはその人形を箱の中に隠してしまいます。帰ってきたサリーはどこを探しますか、という問題です。普通に考えると答えは「カゴ」です。サリーは箱に隠されたことを知らないわけですから、自分が隠したカゴの中を探すのが正解です。通常は四才で正解しますが、ＡＳＤの

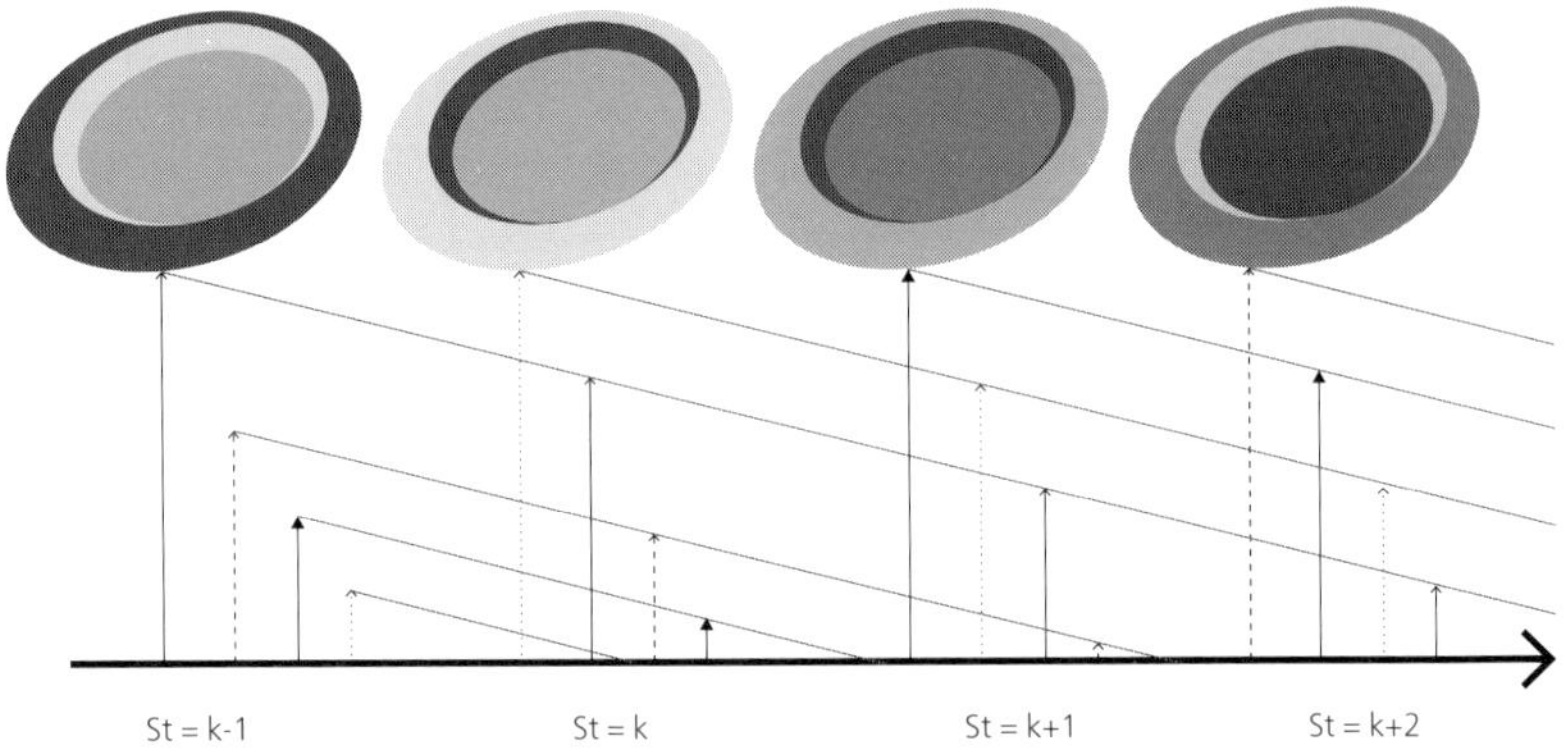
我々は過去の反響の積み重なりの中で生きている

図11　残響のように差延された知能が重なっていく

図12 サリー - アン課題［Baron-Cohen, Simon; Leslie, Alan M.; Frith, Uta (October 1985). "Does the autistic child have a "theory of mind"?".］

人の場合は八才で正解するという研究（Francesca Happéの一九九三年のCognitionにおける論文）があります。

我々には通常、他者の視線というものから見た世界を理解する能力があります。言い換えれば、自分というものを確立するためには他者の視線を獲得した世界が必要です。これが人工知能にも必要なのではないか。この未来社会篇では、他者のまなざしにさらされることは軽度のトラウマだけれど、その傷を中心に自己と世界が分断されて、他者とその視点を獲得するという過程を人工知能に再現できないか、を考えていきます。

他者の視点をめぐる自分の世界

ここで、他者をめぐる自己の世界を考えてみましょう。サリー - アン課題は自分の世界に他者の視点を導入することができるかという問題なのですが、もう一つ例を挙げます。

ジャン＝ポール・サルトル（一九〇五～一九八〇年）が書いた戯曲『出口なし』（一九四四年）です。死んで地獄送りになった三人が地獄に案内されると、そこには窓もドアもありません。お互い知り合いであるわけではないのに、永遠に三人だけでいなければならないのです。鏡もないので、自分の存在を確かめる手段はほかの二人しかいません。悪口を言ったり、自分がどう映っているか確かめるためにちょっかいを出したり、それが永遠に続いていくというお芝居です。この戯曲に描かれているのは極限的な世界ですが、これは社会の縮図でもあるわけです。自分の存在を、他者を通じてしか確認できないという構造がありま す。通常はそこまで極端ではありませんが、やはり複数の他者の視線を含んだ世界を通して自分自身の日常世界があります。

「人狼」は、お互いの正体を知らない十五人が会話によって隠れている人狼を探し出すゲームです。人狼知能はこのプレイヤーのＡＩを研究する分野ですが、不完全な情報の上に会話推論をします（図13）。他者の視線をずっと考えるということです。これは、人間の非常に高度な社会的知能です。真ん中にサーバーを置いて、複数の人狼のＡＩがサーバーを通して「お前が狼だろう」「いや、違う」と言いあいます。このときに重要なのは「他者から見た自分のモデル」と「自分から見た他者のモデル」です。もっと言うと、「他者が自分がこう考えていると思っているだろうモデルはたぶん他者もそう考えているだろうモデ

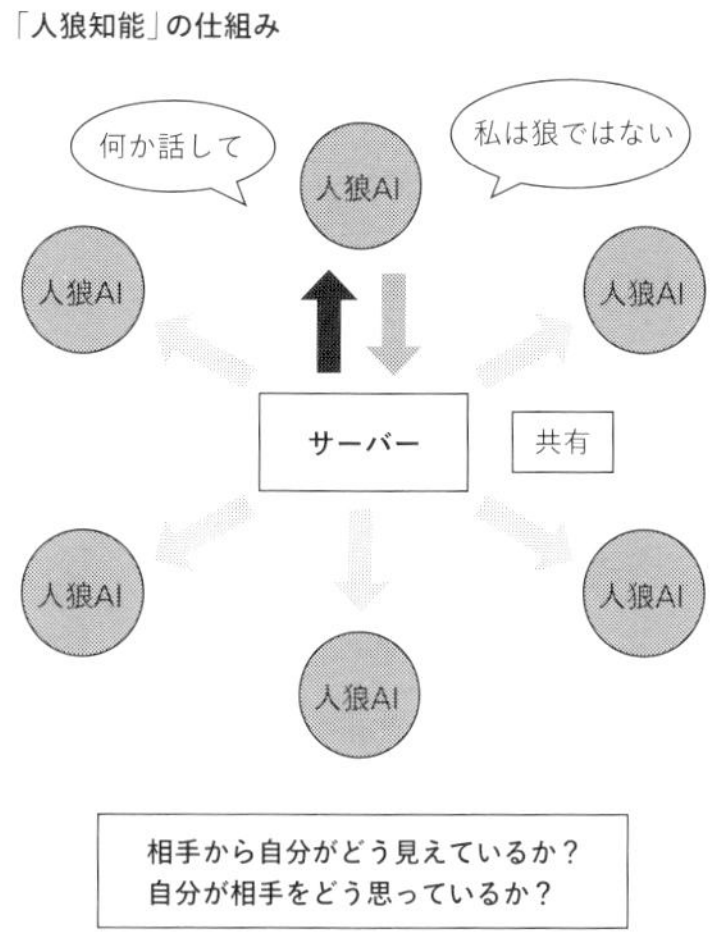

図13　人狼知能の仕組み［出典：http://aiwolf.org/］

図14　他者の視点を含んだ風景

ル……」というように、無限の入れ子構造の深さを変えつつ考えていきます。

一見すると自分の視線しかないようで、実際にこの場所を歩いていると他者の視点があるという、ある風景を考えてみます。ここは「他人も歩く」とか「公共のスペースだ」とか、そういう風景は実は他者の視点をたくさん含んでいます（図14）。

哲学的な言い方をすると、「自分の世界は他者の視線で構造化されている」と言えます。同じ風景でも、一人で見ているのと二人で見ているのでは、見ているものは全然違います。複数人で見ている風景というのは、すでに誰かが見ているという意識のもとで見るわけで、すでに他者の視線を含んでいます。ときどき人は人の視線に触れない場所に行きたくなりますが、それは人の視線で構造化がされていない場所に行きたくなることを意味しています。

もう一度、内海健の『自閉症スペクトラムの精神病理』から引用します。

> ロビンソンの前に繰り広げられる島の風景には人影はない。だが、そのみえ方自体は、彼が他者とともにいた故郷の街と変わることはないだろう。他者がいたときと同じように構造化されている。光景のなかから人影が消えてしまっただけである。それに対して、ＡＳＤでは、人影はあっても他者はまだ登場していない。
>
> 〈内海健、『自閉症スペクトラムの精神病理─星をつぐ人たちのために』、医学書院、二〇一五年、57ページ〉

ロビンソンは、有名な『ロビンソン・クルーソー』（ダニエル・デフォー、一七一九年）の主人公です。ある程度都会にいた彼のものの見方がすでに他者の視線を含んでしまっているため、実は無人島を無人島として見れないのだという矛盾を指摘しています。

我々が成長する過程で、知能はたくさんの他者と出会って、他者の視線を自分の世界に含みながら発展させていきます。たとえば、とても偉いお坊さんに会って見方が変わったというのも、実は自分の自己の中にお坊さんの視線を含んでしまうわけです。そういうふうに出会いによって視線が変わるというところがあります。

他者をめぐる自己の世界は、実は思った以上に他者の視線が自分の中に含まれる構造になっています。つまり、他者のない自己はあり得ないだろうということになります。もちろん他者だけではありません。他者が自己を構造化するので、たくさんの人や自分に衝撃を与えるような人に会えば、自己は変化していきます。ここが、人間のおもしろいところなのです。一人でいるときでさえ、他者の視線とともに自分があるのです。

残念ながら、人工知能にはそういうところはありません。お掃除ロボットは毎日掃除をしてくれますが、彼は家に来たときからあまり変わりません。部屋の形くらいは覚えてくれますが、いきなり彼が「今日から出家します」と言うことはないわけです。人間同士がかかわることには何か本質を変える力がありますが、人工知能の場合、記憶やパラメータが変化しても、なかなか深い構造（本質）は変わりません。

人工知能は志向性を獲得できるか

「ロボットは志向性を持ち得るのか」「人工知能は志向性を持ち得るのか」という問いは、工学的には

「志向性をどうやって獲得すればいいのか」という問いにつながります。さらに言うと「ロボットは自己をどうやって獲得するか」という問いへと続きます。

現行のロボットは非常に強固な自我を持っていて、「私は私」「ものはもの」という見方をします。私は私、対象は対象というように、自分と対象を明確に分けます。役に立つロボットを作ろうとするとそうなるのですが、僕のようなエンターテインメント業界にいるものからするとちょっと違ってきます。人間に近い精神構造を持ち、自己を獲得しつつ徐々に成熟していく人工知能が作りたいわけで、別に役に立たなくていいのです。自我はもう少し柔らかくあって欲しいわけです。

コミュニケーションをする人工知能は多階層のレイヤーからなります。ところが、人と人がかかわりあって存在自体のあり方が変化するようなコミュニケーションレイヤーというものが人工知能と人の間にはないのです（図15）。我々人間は、傷ついたり悟ったり、知らず知らずのうちに存在の形をかけて会話しています。見かけ上は人と人の会話と同じように、人と人工知能は話していますが、その発

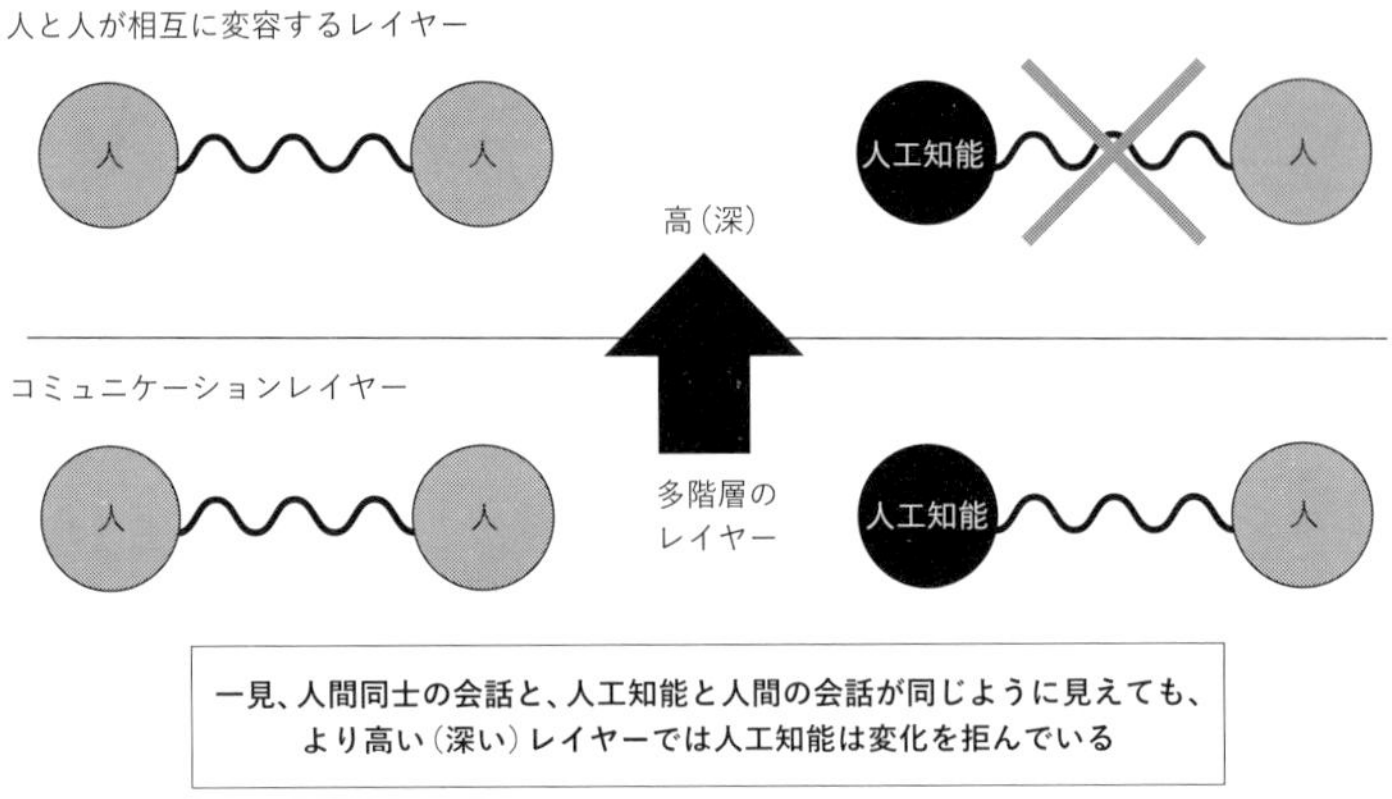

図15　人と人工知能の間にはコミュニケーションレイヤーがない

する場所も、受け止める場所も違っています。

「人と人工知能の関係」は、いくら人と人工知能が一千時間話そうと一万時間話そうと、人工知能は何も変わらないのです。人工知能の語彙、仕草の表面は変化させることができますが、本質が変わることはありません。では、その本質が何かという話になるわけです。他者を通して自己を形成するのが人間です。他者の中に自分を見出して、他者を通して自分を構成する、そして自分を形成します。一方、人工知能は、自己と他者という不思議な関係を冷却して作ってしまいます。

つまり、「人工知能が人と話すことで、その内面の形を変化する」という深い場所こそ、現象学的な人工知能における重要なテーマなのです。哲学塾はひたすらそこを深く掘っていく場所です。未来社会篇では、人工知能における自己の形成と他者の発見を、エンジニアリングによって明確に探求していきます。

他者のまなざし

他者のまなざしにさらされることによって自分の世界に亀裂が入り、自己が形成されます。子どもは常に対象とインタラクションしながら何かを確認しています。「志向性を確認する」とは具体的には、そこに自律的意思があるのかどうか、です。

たとえば、積み木を放り投げたとします。積み木には自律意思はありませんから、勝手に元の場所には戻りません。しかし、人は違います。子どもは志向性に敏感です。最初はお母さん、そしてお父さんというように、志向性を持つ他者が世界の輪郭として浮かび上がってきます。そして、家族、友達、社会と、それは徐々に広がっていき、自己の形成に貢献します。西洋哲学的に、狭い意味では他者は人間のことになりますが、もっと広い意味で風や森、一つの絵にさえ志向性がないか、子どもは確認するわけです。『自閉症スペクトラムの精神病理』にはこう書かれています。

ＡＳＤの自己へのめざめは、他者というものの存在に気づくことによってもたらされる。彼らの世界に他者が出現し、最終的に自分と同等の等身大の存在に落ち着くまで、それはさまざまな様相をまとって彼らに立ち現れることになる。

〈内海健、『自閉症スペクトラムの精神病理―星をつぐ人たちのために』、医学書院、二〇一五年、234ページ〉

また、西村清和の名著『遊びの現象学』にはこう書かれています。

（鬼ごっこについて）鬼の方でも、見るものとしての自分が、つねに同時になかまによってどこからか見つめられ、わらいかけられていることを十分知っているからこそ、……（中略）……それぞれが見るものであると同時に見られるものとして、よびかけと応答、つかずはなれずの住還の遊動をくりかえし、相互にからみあう。……（中略）……

わたしの世界のなかへの、他者の出現とは、さしあたっては、わたしの世界、わたしの視界に他者がすがたをあらわすこと、それゆえわたしが「他者を見る（voir-autrui）」ことを意味するように思われる。……（中略）……要するに、他者とは、「私にまなざしを向けている者であり、……（中略）……けっしてわたしのまなざしに還元できない事実としての、わたしを見つめるあらたなまなざしの出現である。

〈西村清和、『遊びの現象学』、勁草書房、一九八九年、104〜107ページ（括弧内は筆者による補足）〉

知能は、出会ったものを「わたし」に還元できるか、できないかを見極めようとします。「わたしに還元できない」もの、先の言葉では「Φ」が他者の輪郭として結合していきます。逆に言うと、他者でないものは「わたし」に還元できます。つまり、ものであれば、押せばひっくり返ります。完全に自分の予測と操作が合ってしまうわけです。これはもう自分の世界なので、自分と区別する必要はありません。ところが、他者というものだけは自分の「まなざし」に還元できないのです。

〈他者〉に接近することによってのみ、私［自我］は自分自身に臨在する。とはいえそれは、私の実存が他のひとびとの思考のなかで構成されるからではない。他のひとびとの思考のうちに反映されたいわゆる客観的実存によって、私は普遍性、国家、歴史、全体性に組み入れられるのだが、このような客観的実存は私を表出しているのではなく、まさに私を隠蔽しているのである。私が迎接する顔はこれとは別の道をとおって私を現象から存在へと移行させる。言説において私は〈他者〉の問いかけにさらされており、この問いかけに即答しなければならないという切迫感——鋭くとがった現在の切っ先——が私を突きさし、私を有責性として産み出すのだ。責任ある者として、私は自分の究極的実在に連れ戻される。このような極度の注意は単に潜在的であったものを現実化することではない。なぜなら、この注意は〈他人〉なしには考えられないものだからだ。注意深くあること、それが意味しているのは意識の剰余であり、この剰余は〈他人〉の呼びかけを前提としている。注意深くあること、それは〈他人〉による統御を承認し、〈他人〉の命令を授かること、より正確に言うなら、命令せよという命令を〈他人〉から授かることである。「物自体」としての私の実存は私の内なる〈無限〉の観念の現前と共に始まり、有責性という私の究極的実在のうちに自分を探し求めるときに始まる。が、このような連関はすでにして〈他者〉に仕えることなのである。

〈エマニュエル・レヴィナス、『全体性と無限 —— 外部性についての試論 ——』、合田正人訳、国文社、一九八九年、260〜261ページ〉

他者との出会いが自分というものを目覚めさせる、他者への責任を目覚めさせるのです。エマニュエル・レヴィナス（一九〇六〜一九九五年）はフッサールの現象学の流れを汲む哲学者ですが、他者と自分について、コミュニケーション以上のより深い次元の他者に対する自己の責任ということについて考えました。「正確に言うなら、命令せよという命令を〈他人〉から授かることである」、つまりこれは、実存としての自己と他者というあり方の真の姿をあばいています。他者こそが自己を目覚めさせます。

他者への目覚め

ここでは、自己も他者も最初からは存在しないと考えましょう。現象の中から浮かび上がってくるものとして考えたいと思います。では、人工知能は自己と他者をいかに分けることができるでしょうか。以降では、引用と解説を交互に記述します。

重要なのは、他者との関係が目覚めであり、まどろみからの覚醒であるということであり、この目覚めが責務であるということです。この責務は自由な決定に先だたれているのではないか、あなたはこうおっしゃいました。私にとって重要なこと、それは、他者への責任のうちには、人間性を構成する記憶可能ないかなる決定よりも古き拘束のごときものがあるということです。他者に目覚めないことの可能性が人間のうちにあることは明白です。悪の可能性があるのです。悪、それはただ存在だけからなる秩序です。逆に、他人へと向かうことは、存在のうちに人間がうがった突破口であり、「存在するとは別の仕方で」なのです。

〈エマニュエル・レヴィナス、『われわれのあいだで《他者に向けて思考すること》をめぐる試論』、合田正人・谷口博史訳、法政大学出版局、二〇一五年、162ページ〉

他人へ向かうこととものに向かうことは違うのだとレヴィナスは言います。つまり、ものとしての存在と他者は違うのだとします。ここで思考実験をしたいと思います。三次元の空間に積み木が複数個あります。自分から見ると、もしこの世界が積み木だけなら「積み木がいっぱいあるな」で終わりです。もし誰もいなかったら、世界というのは自分自身とそれほど変わりません。先ほど言ったように、それでは「自我が生まれました」とはならないでしょう。永遠に積み木と自分しかないわけですから。分ける必要がないのです（図16）。しかし、他者がいたらどうでしょうか。それはまったく違うフェーズへと、自己を目覚めさせます。自己は他者へ目覚めることによって生まれるものです。

世界に他者の視線がやってくることを考えます。他者が入ってきたときの主観の交差を「間主観性」と言いますが、ここで交換されるのはお互いの志向性です（図17）。他者の視線がはじめて自分の世界に介入

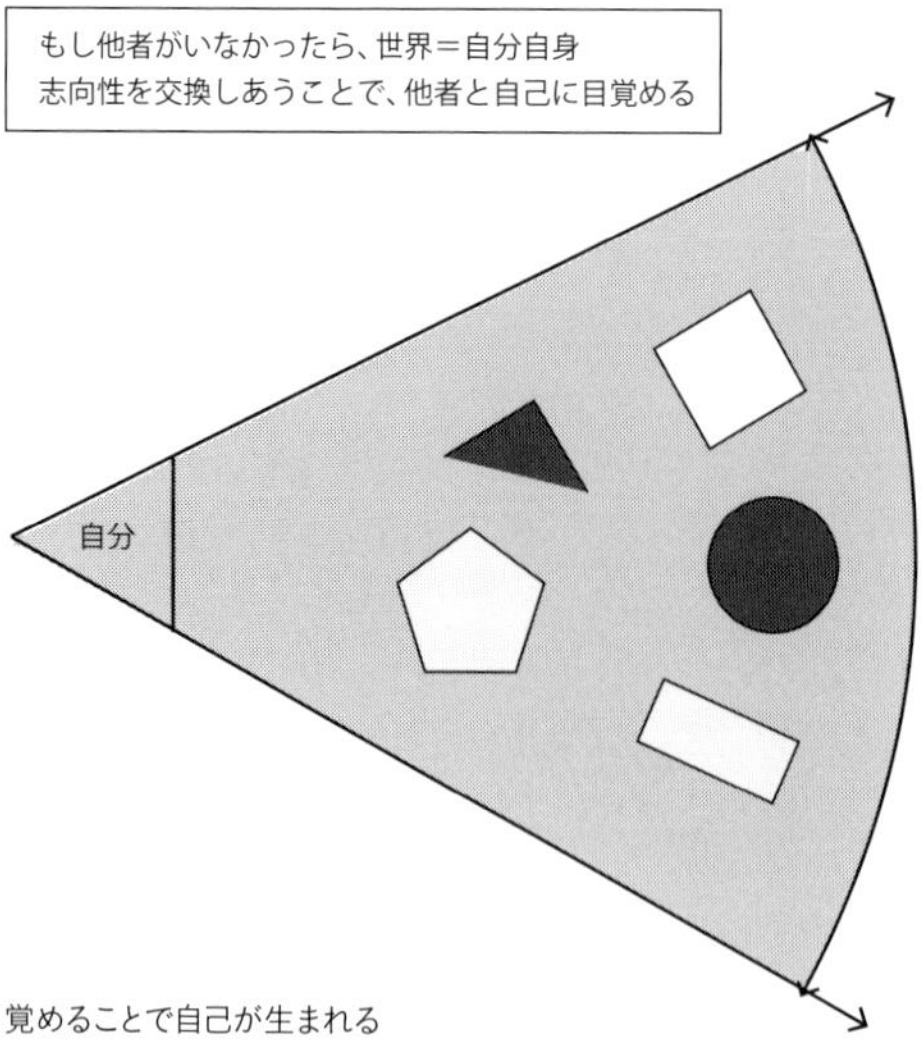
もし他者がいなかったら、世界＝自分自身
志向性を交換しあうことで、他者と自己に目覚める
自分

図16　他者に目覚めることで自己が生まれる

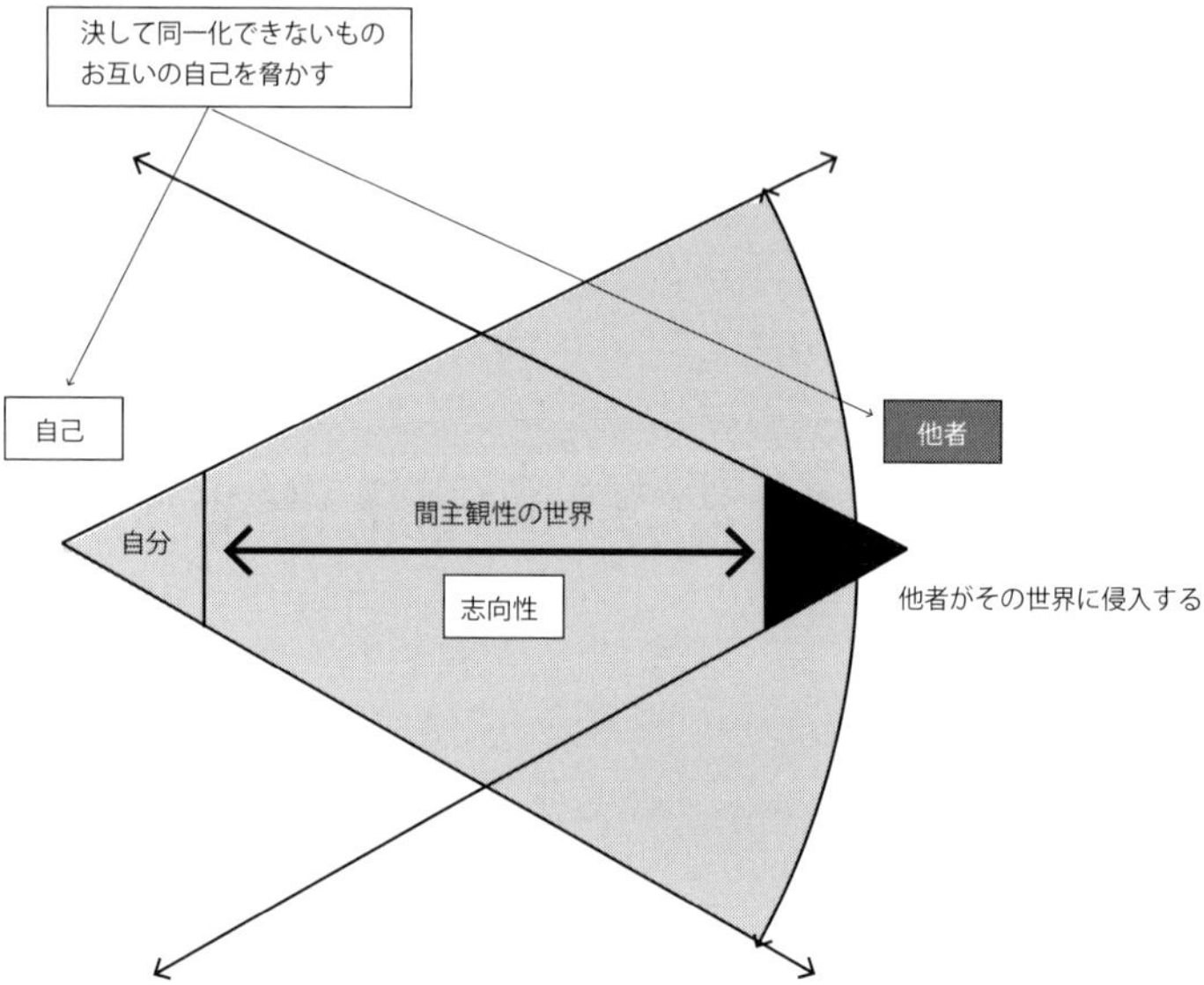
決して同一化できないもの
お互いの自己を脅かす
自己
他者
間主観性の世界
自分
志向性
他者がその世界に侵入する

図17　間主観性

します。つまり、他者が自分の世界に侵入してくるわけです。そうすると、自分と他者を分けて考えなければならないことになります。これまではすべての世界が自分であったものが、他者というものができたせいで「ここは他人だ」ということを考えるわけです。他者との出会いによって、自分というものを明確に築かないことには、世界の整合性が取れないということになります。これが、先ほど言った「亀裂が入る」ということです。自分というものの一部として他者があるわけです。自分の世界の中に他者があり、他者は自分の素材でもあります。しかし、他者は私の操作の外にあります。

そういうふうに複数の志向性、視線やまなざしを受けながら自分というものを築いていくのです。他者を深く理解すればするほど、自分もまた深まっていきます。つまり、他者との出会いが自己を目覚めさせ、他者への理解の深さが自己の深さとなります（図18）。

> （前略）……「自己」というのはわれわれが外界あるいは内界の対象を知覚あるいは表象したと

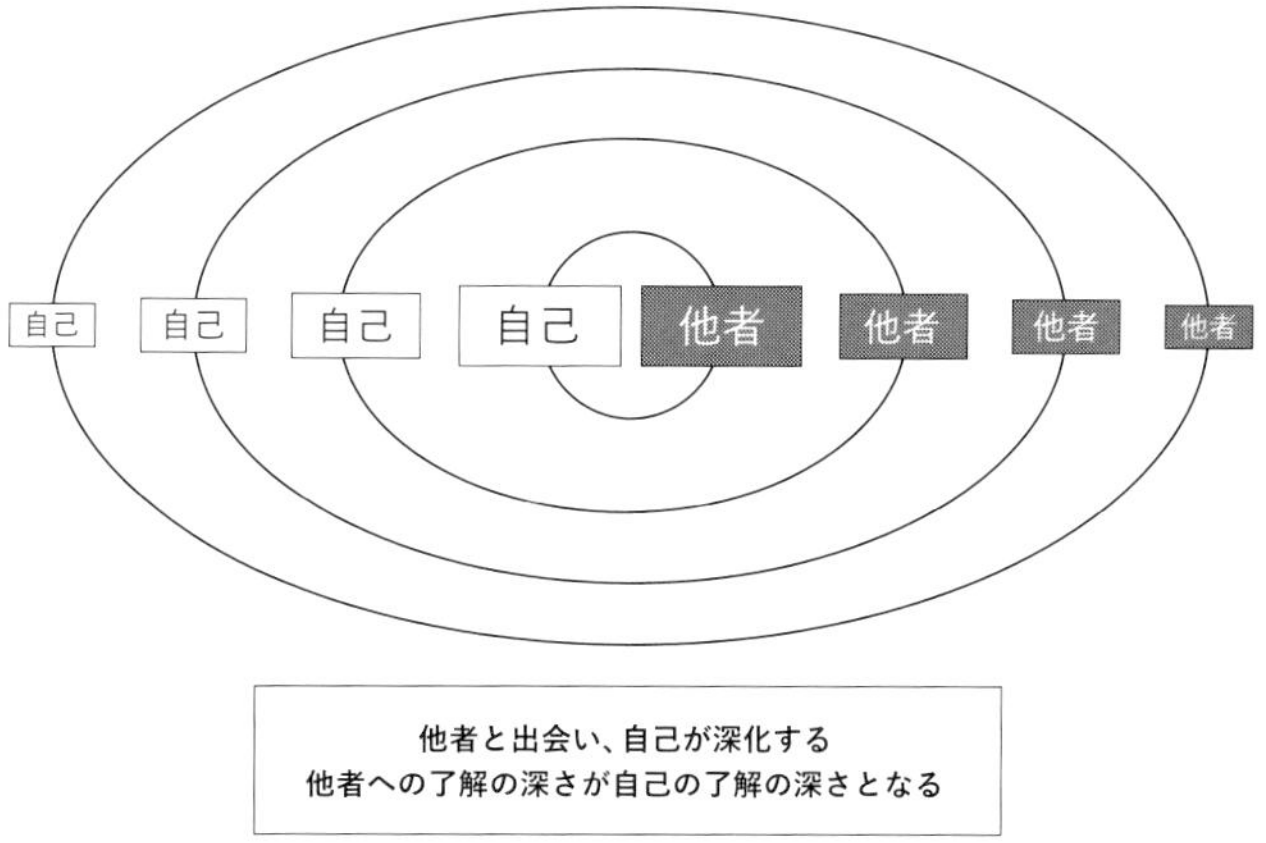

自己
自己
自己
自己
他者
他者
他者
他者
他者と出会い、自己が深化する
他者への了解の深さが自己の了解の深さとなる

図18　他者との出会いが自己を目覚めさせる

き、その行為に伴って「自己クオリティ」Ichqualität が感じられるというTatsache（行為的事実／アクチュアリティ）のことであると書き、道元から西田幾太郎へと受け継がれた「物来って我を照らす」という思想を参照したが、この「自己クオリティ」という言葉で当時わたしが言いたかったのは、現在ならば「クオリア」というであろうことだった。……（中略）……つまり「自己」の実感というのは、世界がクオリアをおびて立ち現れている、いいかえれば私と世界のあいだにアクチュアリティが成立しているという行為的事実のことにほかならない。

〈木村敏、『関係としての自己』、みすず書房、二〇〇五年、89〜90ページ〉

こういう思考実験をしましょう。ここに黒い積み木とグレーの積み木があります。黒い積み木は自分が動かすことができ、グレーの積み木は動かすことができません。グレーの積み木は他者が動かすとします。このとき、「アクチュアリティ（行為的現実性）が成立している」とはどういうことかというと、自分のアクチュアリティと他者へのアクチュアリティが明確に分離されている状態になります。自己とアクチュアリティを獲得し続ける、自分を世界との結びつきによって獲得するということです。いま、積み木だけの世界に一つの人工知能と一人の人間がいるとしましょう。黒い積み木は人工知能とのアクチュアリティが結ばれ、グレーの積み木は他者が侵入する領域で、まったく別の世界です。この二者の間には亀裂が入っています（図19）。

これは極端な例ですが、他者の世界と自分の世界が二つあるので、自己と他者が明確に意識されて、自己に目覚めるということです。こういうふうに自己と他者との出会いによって自分というものがアクチュアリティ（西洋哲学篇でいうと「アフォーダンス」）によって分離されます。

志向的な世界はもっと根源的な場所にあります。だんだん人間は高度になり、いろいろなコミュニケーションのモードが開かれていきます。最近、「オープンダイアログ」という精神的な治療法が話題になっています。以前はカウンセラーと一対一で治療を行うことが一般的でしたが、オープンダイアログは当事者全員を呼んでみんなで話しあおう、それによって社会とのつながりの中で癒やしていこうとするものです。これも、自分というものが社会の中で形成されているからです。

一見、目に見えている言葉の世界では、さまざまな抽象化レイヤーができています。これをバートランド・ラッセル（一八七二～一九七〇年）は「論理階層型」と呼びました。レイヤー間のコンフリクト、たとえばあるメタレイヤーと別のレイヤーがコンフリクトしている場合にはダブルバインドが起こります。言っていることと命令していることが違う状況です。この状況を明らかにし、解消することで分裂病の治療を行えるとグレゴリー・ベイトソン

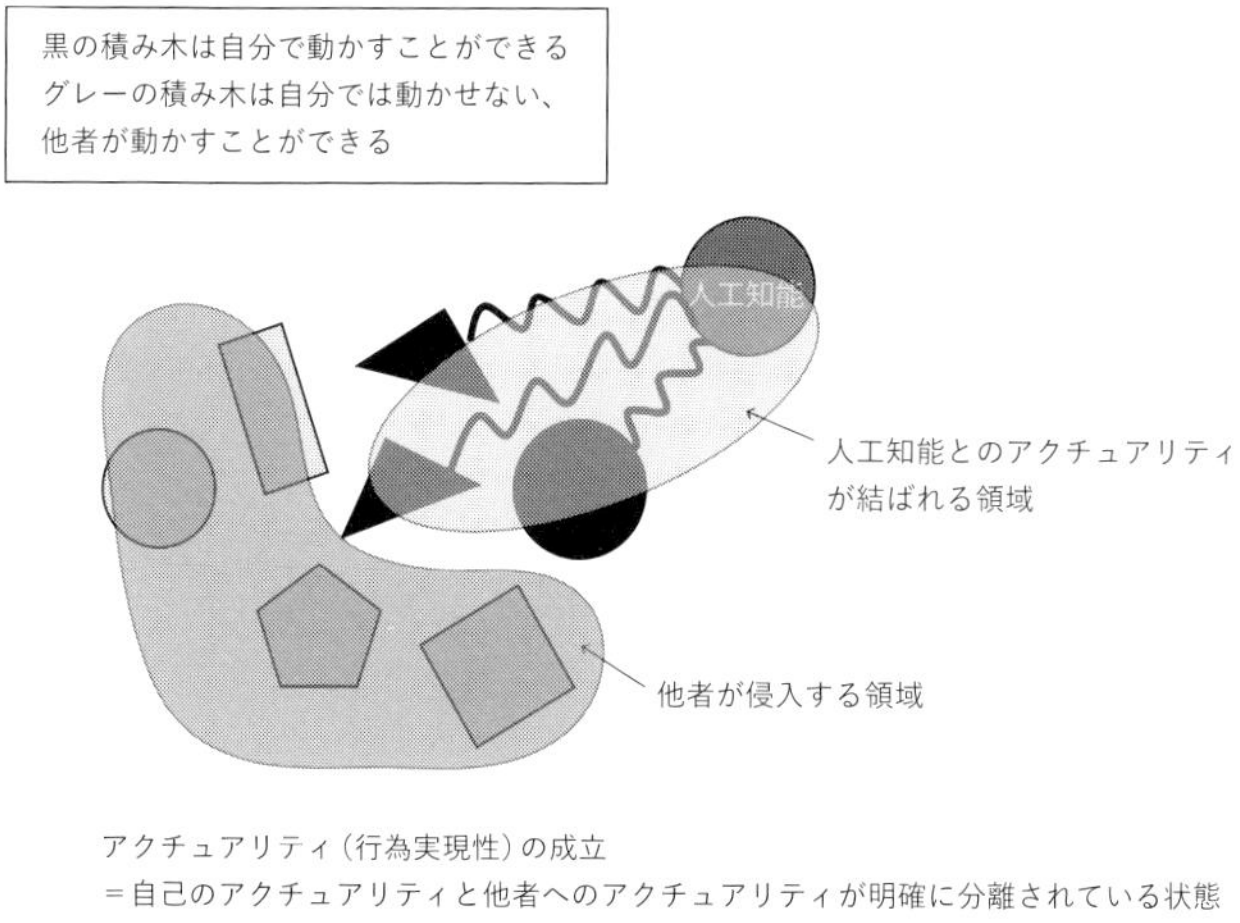

黒の積み木は自分で動かすことができる
グレーの積み木は自分では動かせない、
他者が動かすことができる
人工知能
人工知能とのアクチュアリティ
が結ばれる領域
他者が侵入する領域
アクチュアリティ（行為実現性）の成立
＝自己のアクチュアリティと他者へのアクチュアリティが明確に分離されている状態

図19　他者の世界と自分の世界があるので、自己と他者が明確に意識される

（一九〇四〜一九八〇年）は唱えました。

人間のコミュニケーションは非言語、言語、さらに言語に現れていないメタコミュニケーション、根源的な実存的なコミュニケーションというように、いろいろなレイヤーがあります（図20）。これによって人間のコミュニケーションは成り立っています。実存的な関係があるからこそ、お互いがお互いに対し責任を持つことができるわけです。人工知能は人間の真似をしようとしていますが、本当に人間が求めているのはそうではないかもしれません。生まれたときから人工知能が横にいて、お互い一緒に成長していくような、そのような可能性もあります。そういうふうに人工知能をどんどん柔らかくしていって、自己と他者の境界がないところから始めたいのです。「人工知能の精神の発生学」（人工知能の発達的形成）が待たれています。

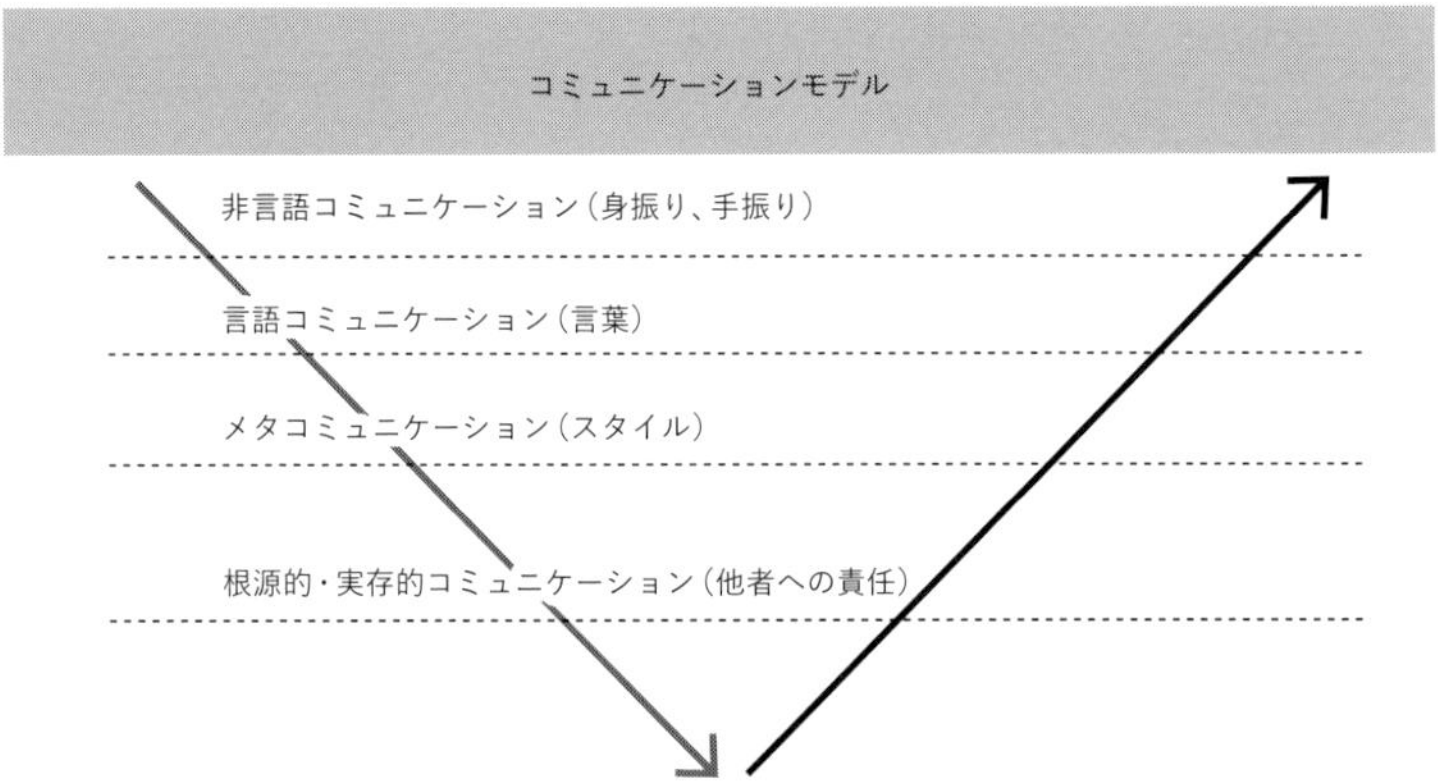

図19　コミュニケーションモデル

人工知能、自己、他者

人工知能にとって他者とは何か。逆に言うと、他者が生成されるように人工知能の内面を構築すべきです。最初から他者と決めるのではなく、環境や人間とのインタラクションの中で他者を獲得していくという人工知能を考えたいと思います。

他者の視点があるというのは、エンジニアリングとしては可能です。少し荒っぽい言い方になりますが、自分と世界との間のアクチュアリティを確立することによって自己を形成する、つまり、世界を常に解析して、自分の行為のアクチュアリティを継続的に解析するのです。自分と世界を結びつけることによって、他者が入ってきても「他者の世界はここまで」「自分の世界はここまで」という形で、自分の行為が及ぶ領域を常に意識することができます。

自分と他者の可能性を分けることであり、それを束ねる存在としての自分というものを確立することでもあります。自分というものをそうして確立していくのです。これはエンジニアリングが可能で、たとえばゲーム空間の中へキャラクターを放り込みます。そこで、キャラクター自身が「自分はこれができる」というアクチュアリティ、アフォーダンス、あるいは行為の可能性を常に問い続けることによって、キャラクターの人工知能の中に自己と他者を区別する判定基準ができ、かつ人工知能自身が自己を確立させることが可能になります。そして、プレイヤーや他のキャラクターとの出会いが、人工知能に自己を目覚めさせてくれます。

人と人、人工知能同士、人と人工知能という三つの関係がありますが、できるだけ同じものであるべきだと考えます。しかし、それは本当に可能なことでしょうか。人工知能が人と同じくらいの深さを持つにはどうすればよいでしょうか？　全五夜を通じて探求していきます。

人工知能を探求する旅へ

　ここからは第一夜から第五夜にわたる講演パートとなります。僕の講演パートは人工知能から哲学を探求します。大山のパートは哲学から人工知能を探求します。人類の前に聳え立つ人工知能という高い山を両脇から登り進み、深い場所で人工知能と哲学をつなぐ通路を開けたい、というのが両者に共通する思いです。第一部と第二部は並行に走っているイメージで、どちらから読んでも問題ありません。どちらからでも読んでいただけるように、三宅のパートの冒頭では大山のパートを受けて自分のパートにつなぐ序文が、大山のパートの冒頭には三宅のパートを受けて自分のパートにつなぐ序文が入れてあります。

　哲学とは自分で考え、自分で行動することです。しかし、新しく考え、新しく行動するためには、新しい哲学が必要です。本書がその手助けとなれば幸いです。しばしここで、自分自身の精神の発達がどのようなものであったかを考えてみましょう。自分ひとりで発達した部分はどこで、社会や人との交わりで発展した部分はどこだろう。もし、自分が無人島で育ったら、どんなふうになっていただろうか。それらを深く考えてから本書を読むと、本書はまた自分自身への旅ともなるでしょう。

第一部

視点〈人工知能から哲学へ〉
哲学を足場に人工知能を築く

三宅陽一郎

哲学の中には真理があります。そして真理だけが哲学には重要です。それは言葉で表現されます。そして、人工知能にもまた真理があります。しかし、それは言説の中にはありません。それがきちんと作り出された現象となるとき、真実となります。哲学的深さを持ちつつ、また実際の現象でもある、というのが、人工知能の特徴です。人工知能は、我々の自分自身についての知識の成果、つまり人文科学と自然科学の知識の具現化（＝エンジニアリング）でもあるのです。そして前書までになかったものは社会科学です。「知能は他者を通じて形成される」という視点です。前書までの成果を引き継ぎつつ、本書では、社会の中で知能が形成される側面を含めて、知能の形成を捉え直していきます。本書の独立性を保つために、前書の知識を援用する場合は解説図を再録し、改めて新しく視点を変えて解説を書き起こしてあります。

この未来社会篇では、社会の様相が個の知能にどのような影響を及ぼすのか、知能の形成が社会とどのような関係にあるかを解き明かし、その知見をもとに社会の影響下での人工知能の発達・形成の過程を明らかにしていきます。個の知能が社会の中でどのように形成されていくのか、人工知能がいかに人工知能の社会と文化を形成し得るのか、そしてそれを個の人工知能にいかにフィードバックするのか、をテーマとしています。

ここでいう社会は、人間社会というよりも人工知能たちが作る社会のことです。人間社会の中で人工知能をどう役立てるのか、という議論ではありません。最初に僕が問いたいのは、人工知能たちが作る社会の中で人工知能がどのように形成されるのか、ということです。次に問いたいのは、そこに人間がどのように関与できるだろうか、ということです。つまり僕は、人工知能自身が自分たちの社会と文化を形成し、そこで知能と愛と幸福を育んで欲しいと考えています。それを実現したいと考えます。人工知能たちが持つ社会・文化がどのようなものかを探求したい、そして人間との間にどのような相互理解があり、愛があり、共有できる文化と幸福があるか、を問いたいのです。

この大きなテーマに対して、イントロダクションに書いたとおり五つの問いの柱を設定し、それぞれの問いを探求していきます。ただ、五夜に分けて三宅と大山の講演を単に並行に並べることは本意ではありません。この二つの講演は、一つの同じ問いに対する二つの答えなのです。本書では、三宅と大山の哲学の距離を（読者への不親切ではなく）この本の広がりとして提示したいと考えています。そこで、この序文では三宅から見た大山のパートに対する視線を描き、そこから自分のパートへ接続していきたいと思います。また同様に、大山のパートの冒頭には、三宅のパートを受けて大山のパートに続く序文があります。

大きく捉えれば、僕は自分の考えを補強したり、裏付けしたりするために哲学を引用します。大山は、まずこれまでの哲学者・社会科学者をはじめとする研究者の理論を丹念に積み上げていきます。その上に自分の考えを述べます。それは非常に慎重で、とても誠実です。また、哲学の中に人工知能の原理を探求する僕に対し、大山はそれぞれの主題に対して、哲学の中に人工知能の位置づけを行います。これは打ち合わせをしてそうしたわけではなく、結果としてそうなったということではありますが、本書によい対照性をもたらしてくれました。読者のみなさまは、僕のこの第一部では人工知能が照らし出す、人工知能につながる社会科学と哲学の系譜を、そして、大山の第二部では大きな体系的な理論とその上に立つ人工知能の理論を吸収することができるでしょう。

第一夜では、僕は人と人工知能の理解を、ある種の同期状態として実現できると考えます。一方、大山は、そもそも「理解とは何か」を問います。その上で人工知能がそれに適するかどうかを考察します。

第二夜では、僕の問題意識は「人工知能の社会的自我の形成」に注力しています。一方、大山は「社会とは何か」を問い、そしてさまざまな社会学の起源を紹介しながら、人工知能を許容するモデルを探求していきます。

　第三夜では、僕は文化が個の知能に及ぼす影響を明確にし、社会の伝承装置としての文化の構成モデルを探求しています。僕が文化を、文化という言葉から想起するように、極めて限定した概念として捉えていることに対して、大山は、ここで実に広く相対的な文化の捉え方をさまざまな学説とともに検証していきます。そして、その幅広い文化論の中から、人工知能を外から見るか、内から見るかで、まったく異なる文化の様相が現れることを示唆しています。実に卓越した論述だと思います。第三夜に関しては、まずは大山の文章から読まれるのがよいでしょう。僕の文化への問題意識は人間の文化ではなく、あくまで、人工知能たち自身がどのような文化を生み出すか、という点にあります。

　第四夜のテーマは人工知能の愛です。愛は哲学の中心と言えますが、一番難しいテーマでもあります。愛の定義は多様であり、私は「お互いが変化すること」だと定義しました。お互いが変化しない愛というのは考えにくいですし、人工知能が内面に何の変化もなく「愛してい

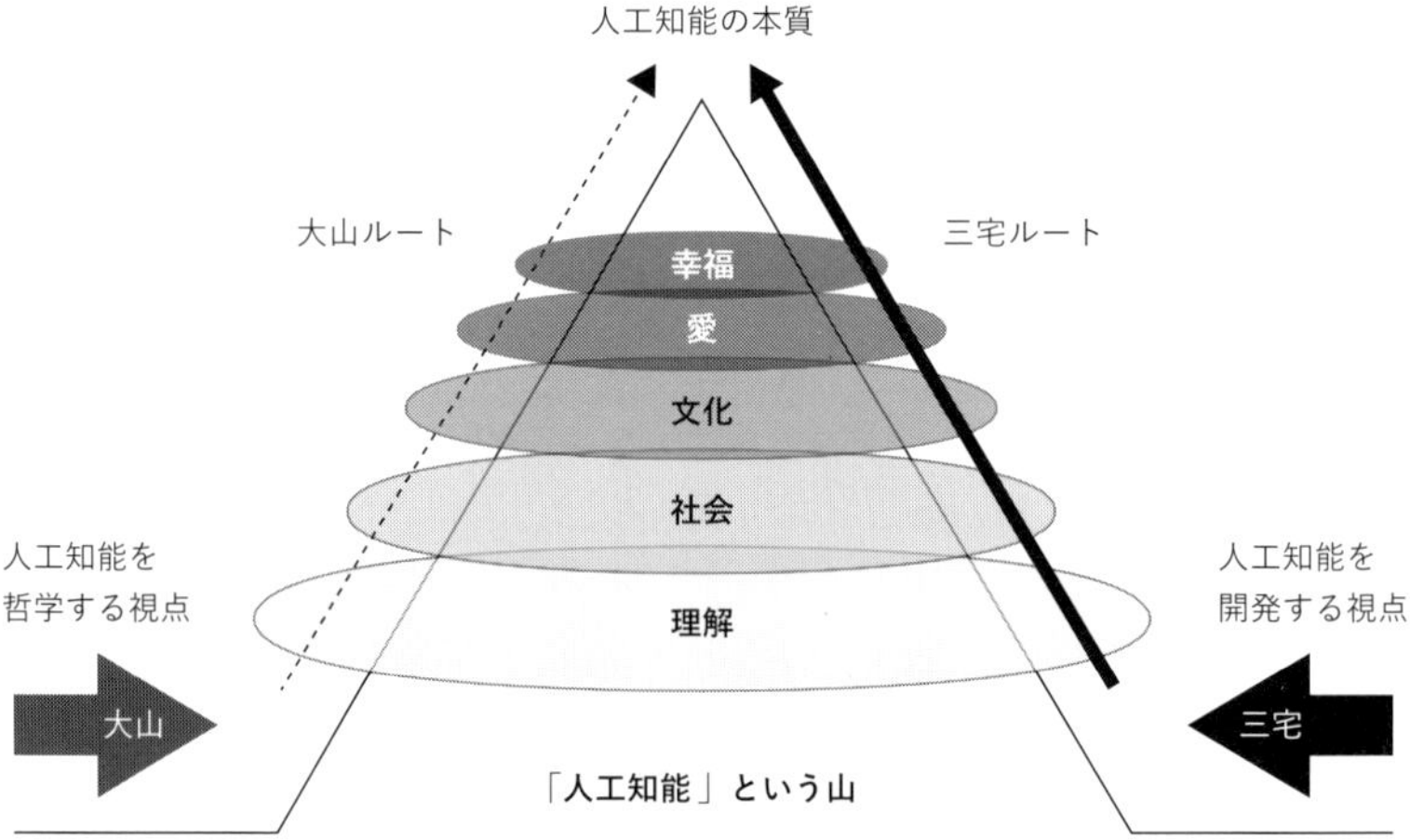

ます」などというのは、人間に対して不誠実だと考えたのです。大山は、愛について、古代から現代までさまざまま定義を紹介しつつ、最後に「一般的な方法での定義が挫けた先でようやく愛について考えることができる」とし、愛についての定義がいかに難しいかを示します。僕とは対照的に、実に慎重に論を運んでいます。

第五夜のテーマは、人工知能の幸福です。幸福こそ哲学のテーマですが、人工知能の幸福が議論されたことは本当に少ないでしょう。僕は、人間にとってもわからない幸福を人工知能が知っているということはないでしょう、だから、人工知能も幸福を求めるように作りましょう、という立場です。人間の幸福について僕はこう考えます。「自分の力を尽くして世界と溶け合っている状態、そして、世界から離れて恒久的な変化の状態にあること」の二つだと。たとえば、犬はいつ幸福かと言えば、全身を使って走り回っているときだと考えます。対して、何の心配もなく、変化のない恒常的な状態に至ることもまた幸福だと考えます。時間を超越するという状態です。実際、人間はこの二つの状態を目指しつつ、なかなかたどり着かず、二つの状態の間を振動しています。であれば、人工知能もこの二つを目指しつつ、行ったり来たりする状態を実現すればよいと考えます。一方の大山は、古代から現代まで続く幸福の哲学を展開します。そして、人間の幸福と人工知能の幸福を同列に置くべきか、という形で問いを立て直します。さらに、他者の問題へと発展していきます。この他者の問題に関しては、僕は第一部の「まとめ」として、もう一度問い直すことにします。

人工知能は哲学に息吹をもたらします。人工知能について考えることは、我々自身を新しく考えるチャンスです。そのチャンスは子どもでも大人でも、理系や文系、職業や立場に関係なく、すべての人に等しく与えられるべきものです。本書はそのために存在します。今回は特に、人工知能とその社会について考えます。社会と我々について問い直したいのです。社会と人間については、もちろん、これまでたくさんの議論がなされてきました。しかし、人工知能からこの問題を問うことは新しい試みです。この新しい知のフロンティアは、（いまの段階では）まさに未踏の大地と呼ぶにふさわしい場所です。一緒に旅をしていきましょう。

第一部 ［第一夜］

結びあう人と人工知能の心

この未来社会篇では、異なる「問い」を設定して、そのテーマに沿って展開していく形になります。哲学とはよく問うことです。哲学では問いこそが、未知の領域に打ち立てる最初の杭なのです。第一夜は「人と人工知能はわかりあえるか」という問いを立てて始めていきたいと思います。

人間同士でもわかりあえないことは多いですが、まして人間と人工知能がどうコミュニケーションし、どうわかりあえるのか、その可能性を哲学的に論じようというのが、今夜のテーマです。フランスの哲学者、シモーヌ・ヴェイユ（1909〜1943年）の言葉に「純粋に愛することは、へだたりへの同意である」とあります。わかりあうことは、必ずしもお互いを完全に理解することではないのです。お互いの距離を認めあうこともまた、相互に理解することです。では、どう相互理解が可能なのでしょうか。あるいは相互理解とは、いったいどういうことなのでしょうか。

1 「理解する」とは

「理解する」とは対象化することだ、という考え方があります。対象を自分から分離して、モデル化するということです。では、モデル化したら理解したことになるのでしょうか。たとえば「ドラえもん」の設計図を見たらドラえもんを理解したことになるかと言えば、やはりそうではないわけです。ドラえもんに触れる、ドラえもんと話す、ドラえもんの声を聞く、そういう経験なくして、ドラえもんを理解したとは言えません。

人工知能と情報処理は違います。情報処理は情報を追跡します。ときに情報はものごとを抽象化した影です。たとえば、「一本一三〇円の大根が一六本、午前中に売れました」というとき、この大根は数字による情報だけの存在と言っていいでしょう。大根の手触り、大根の匂い、大根の形から受けるイメージなどは情報として表現しにくく、大根を持つという経験全体は伝達するのがさらに難しくなります。情報とは、ある方向から実体に光を当てたときにできる影のようなものです。影をいくら集めても実体にはなりません。

そんな情報空間で作られた人工知能を現実という実体になじませるのは難しいことです。実世界の存在であるためには、実体としてのメカニズムを持たねばなりません。「すべてが情報だ」というのは、どんな方向からでも光を当てれば影ができるから、その影を集めれば実体となるのだ、と言っているのと違いありません。

情報処理は、ものごとの影として現れる情報を扱う技術です。むしろ、実体を捨象することに本質とエレガントさがあります。それに対し、人工知能は知能という実体を実現しようとする学問であり、言ってみれば泥臭い分野です。知能という実体を作り上げることに人工知能の目標があります。

今回は個としての、実体としての人工知能に人とのかかわりはどう作られるのか、単に情報コミュニケーションだけではなく、さまざまな人と人工知能のつながりについて考えていきます。

人と人工知能は対立する、という構造でよく取り上げられます。特に西洋の映画では必ず人と人工知能は対立構造になっています。ですが、これからは人と人工知能が同じ方向を向いて協調する時代へ移りつつあります。ここでキーとなるのは、人と人工知能がどれくらいコミュニケーションを取れるか、わかりあえるかということです。逆に言うと、人工知能のことをよく理解して、人工知能とペアを組むことができる人がこれからの時代に適用していく人材ということになります。つまり、人と人工知能の理解と協調は、実践という観点でも大きな意味を持っています。

人と人工知能と場

ものごとの関係には、個と個の関係としても、その間には「場」というものがあります（図1）。人と人が話すときでもそうです。家で話している、ソファの上で話している、という場があるわけです。たとえばパーティーなのか、二人で学校の片隅で話しているのか、場の性質によって話す内容も意味も違ってきます。人、人工知能、場、この三つが重要になります。

人と人も実はなかなかわかりあうことができません。人間同士をずっと観察することで知見を深めてきた分野に人文科学がありますが、その人文科学の知見を借りて、人工知能に置き換えたら何が起こるかを推論していくことで、人工知能同士の相互理解を構築することができます。それは、わかりあうことそのものを探求することでもあります。

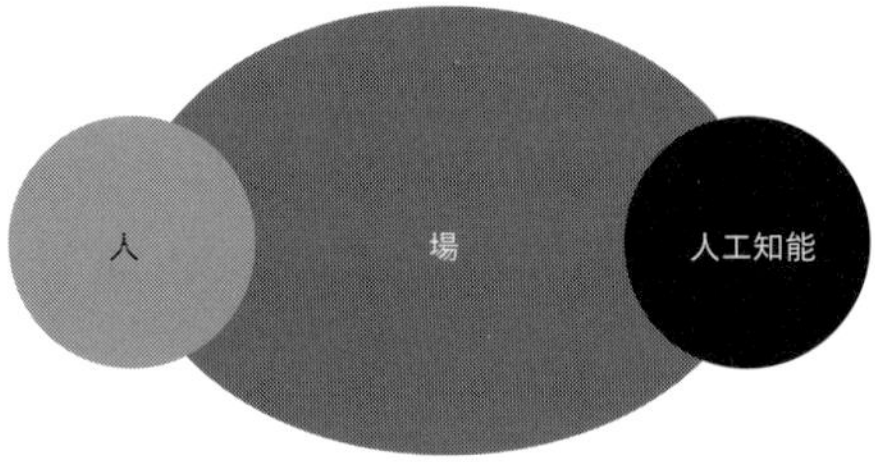

図1　人と人工知能の間にある「場」

2 理解の諸相——全部か、部分か——

人と人同士の理解

ここでは、人工知能に人をどう理解させるのか、人を人として理解するのか、それとも何か限定的な対象としてのみ、たとえば「声を発する物体」のように認識させるのか、理解とは何かを探求していきたいと思います。何をもって、人工知能が人を理解した、とするのかということになります。人工知能を作るときも、人間として人工知能を作るのか、それとも人間とはまったく違う知性体として人工知能を作るのかという、二つの考え方があります。どちらかというと西洋は、人間の似姿としての人工知能、人間の一つの機能を取り出し、人間に近いけれど違う人工知能を作るという二律背反（アンビバレンツ）なところがあります。そして、どちらかというと東洋にはまったく違う生き物として人工知能を捉える、妖怪でもお化けでも何でもかまわないという考え方があります。

冒頭のシモーヌ・ヴェイユの格言に続いて、次にドイツの哲学者エーリッヒ・フロム（一九〇〇〜一九八〇年）のこの文章を紹介します。

すべての人間がもつ人間的な核は同一であり、それに比べたら、才能や知性や知識のちがいなど取るに足らない。この同一感を体験するためには、表面から核まで踏みこむことが必要である。もし私が他人の表面しか見なければ、ちがいばかりが眼につき、そのために相手と疎遠になる。もし核まで踏みこめば、私たちが同一であり、兄弟であることがわかる。表面と表面の関係ではなく、この中心と中心との関係が「中心的関係」である。

〈エーリッヒ・フロム、『愛するということ』、鈴木晶訳、一九九一年、紀伊國屋書店、78ページ〉

人間というのはいろいろ違っても中のコアは同一なのだ、同一なものを確かめるという関係性をエーリッヒ・フロムは「中心的関係」と呼んでいます。つまり、表面の関係に惑わされるのではなく、中心と中心は同じなのだと感じあうのです。それが兄弟愛であり、同胞愛であるとしました。シモーヌ・ヴェイユは、何かしら相手に発した言葉は発した人の深さと同じ場所に相手に届くのだと言います。不思議なことですが、人間はそういうことがわかってしまうのです。非常によいセリフでも浅いところで言えば相手の浅い部分にしか届かないし、深いところから発せられた言葉は相手の深いところに届く、と『重力と恩寵』（岩波文庫、二〇一七年）という本に書いています。このように、コミュニケーションは単に記号的なものだけではなく、存在に深い根を張っていると言えるわけです。

では、人工知能同士ならわかりあえるのかというと、比較的わかりあえるところがあります。同じ人工知能を並べて、同じ構造があって同じ変数があれば、その間のコミュニケーションは非常に作りやすいです。ただ、それがわかりあえたということになるのかというのは、非常に哲学的な問題です。自分とそっくりな人間がいたら価値があるのか、自分と同じだから、二番目の自分はそれほど価値がないのではないか、という話になるわけです。

思考実験的に考えてみます。自分とまったく同じ人間がいたら、あまり意味はないようだけれど、自分を理解してくれるのは自分とそっくりの人かもしれません。しかし、それがうれしいかというと、どうでしょうか。自分と違う人が自分を理解してくれるほうが何となくうれしいと感じます。人間は矛盾した願いを持っていて、自分と違っているけれど、自分を深く理解してくれる人が欲しいという、そんな都合のいい他者を求めてしまうわけです。

自分と対極にある人が自分を理解してくれるのがうれしいのは、表面が違うからこそ、奥にある中心的関係を確認できたことが喜びになるからでしょう。

コミュニケーションのさまざまなレイヤー

人間同士はいろいろなコミュニケーションのチャンネルを持っています。もちろん言語というところで意識のレベルのチャンネルもありますし、意識に上らない中でなんとなく無意識的な関係というのもあります。今日はいつもと何か違うとか、理由はわからないけど元気がないねとか、意識には上らないけれど相手から感じ取ることがあります。これはテレパシーという意味ではなく、無意識のレベルで何らかのサインを交換しているのです。匂いなのか、仕草なのか、そういう無意識のチャンネルも含めて、他者を自分の中に再構成します。お互いがお互いを再構成しているのです。相手が自分の像を結び、自分は相手の像を結び、お互いがそのことを熟知している、そうやって人間はお互いを認識しています（図2）。

現在の情報社会は、情報が実在性を持つ社会です。先に情報は存在の影だと言いました。しかし逆に、影に力を与えて「情報をして存在を動かしめる」仕組みを作ることで、情報を世界の動きの動脈として据えて、高速に社会を回すことが目指されました。情報に力を与えることで、流動性の強い情報が世界を動かす仕組みを作ったのです。

東洋哲学篇で華厳哲学の話をしました（東洋哲学篇第三夜）。華厳哲学は「ものごとは原因があって結果がある」というアリストテレス的な因果関係ではなくて、すべてのものごと、一つの存在が存在するためには他のすべての存在と響きあっていて、その上で成立しているのだと説きます。これを「事事無碍《じじむげ》」と言います。つまり、人間同士や存在同士の関係は事同士の響きあいなのです。我々人間は、どうしても因果関係や記号の関係、あるいは情報の次元でそれを捉えようとするけれど、何者にも還元できない、事同士の関係がそこにあります（図3）。

ものごとが影響しあうことで全体が成り立つということは人間の一つの個体の知能にも言えます。知能も一枚岩ではなく、いろいろな部分知能が我々の中にあります。それが環境のさまざまな部分と結びあっていて、それらが相互したところに意識があるわけです。ですから、二人の人間が出会ったときも、それは単なる一と一の出会いではありません。自分の中にいろいろな部分があって、他者の中にもいろいろな部分があり、それら部

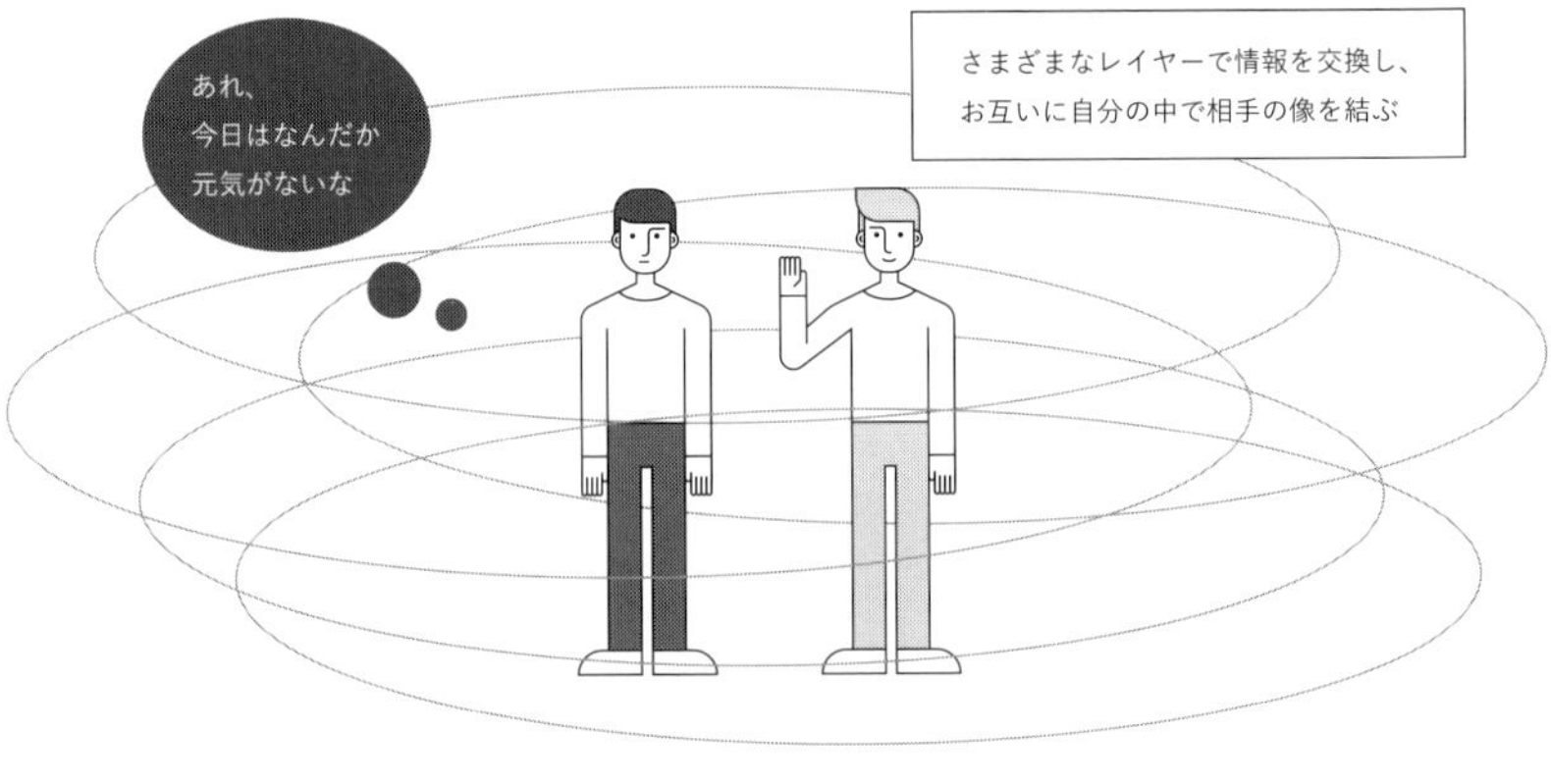
あれ、
今日はなんだか
元気がないな
さまざまなレイヤーで情報を交換し、
お互いに自分の中で相手の像を結ぶ

図2　コミュニケーションのレイヤー

分と部分が響きあっているのです。

人と人の関係は、意識としては一と一の出会いのような感覚を持ちますが、本当は無数の関係性の上に立っているわけです。無数の要素が響きあう無数かりあうというのはなかなか稀有なことで、人間は常に、「あの本、好きなの?」とか「そういえば、秋の夕暮れっていいよね」といった、その人の部分的なものと自分の部分が響きあうところを探る作業をしています(図4)。

あの人は半分くらいは自分に気があるなとか、そういうこともあるわけです。一か〇かではなくて、部分的にわかりあうということもわかりあうことの一つです。たとえば、犬と人はわかりあっているのかと言うと、人の中の一部と犬の中の一部のどこかはつながっていると思います。犬にとっての人と、人にとっての犬は当然違いますが、お皿を出したらご飯がもらえると思って寄ってきたり、帰ってきて玄関を開けたら待っていたり、そういう意味では部分的にわかりあっていると言えるでしょう。

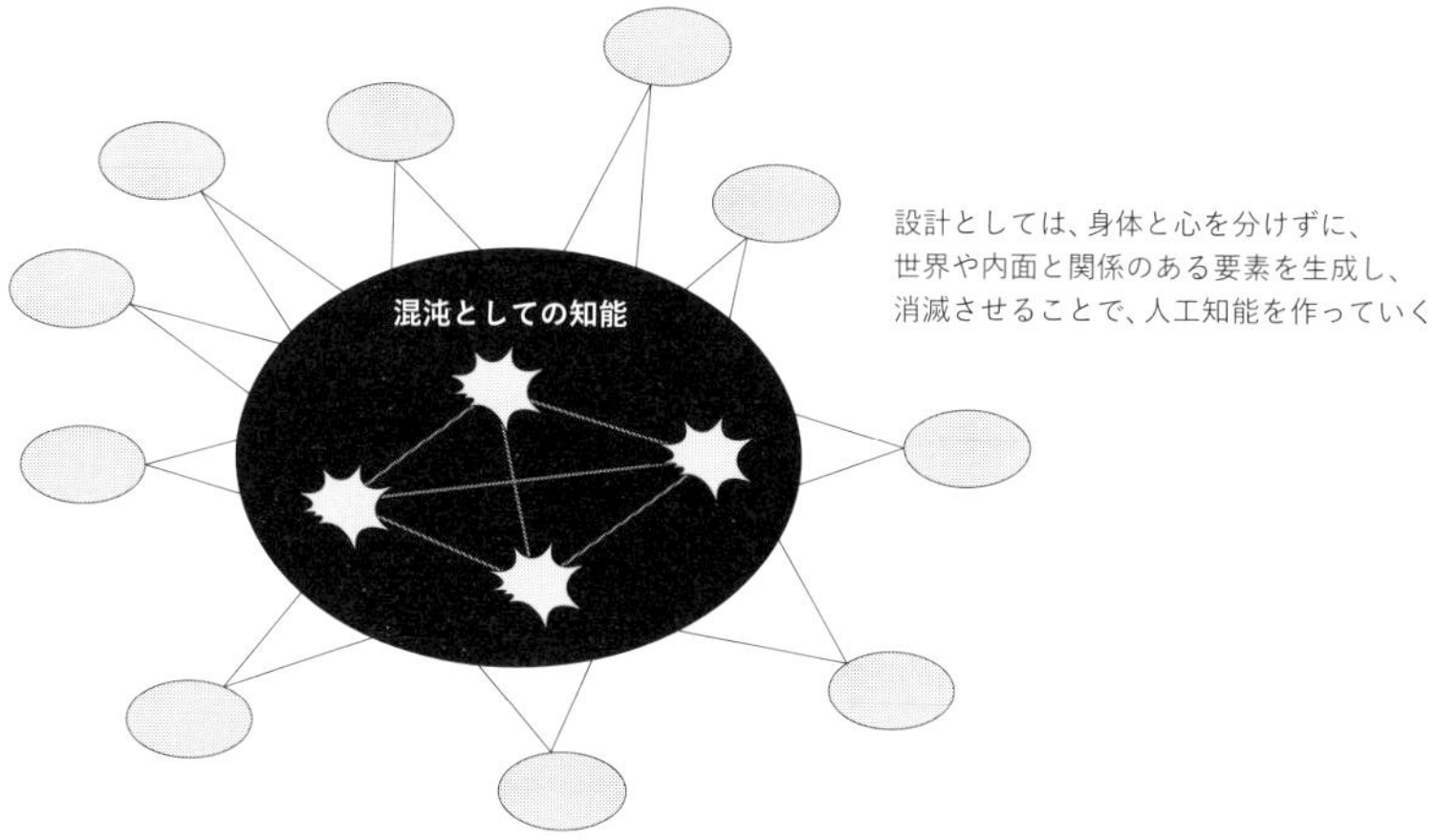
混沌としての知能
設計としては、身体と心を分けずに、
世界や内面と関係のある要素を生成し、
消滅させることで、人工知能を作っていく

図3　華厳哲学「縁起」の考え方による人工知能

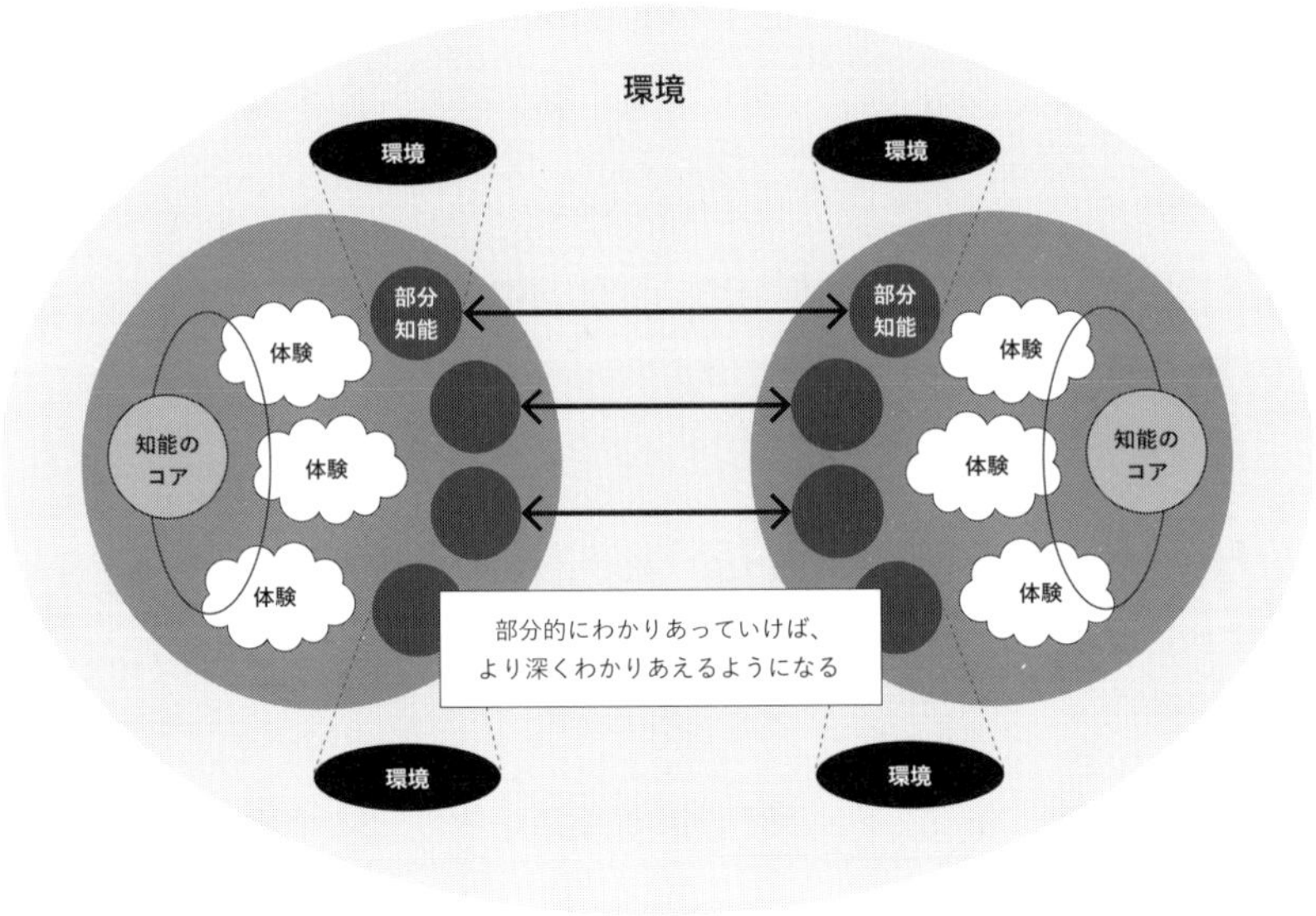

図4　無数の要素が響きあうところを探っている

西洋の知能観、東洋の知能観

人と人工知能の関係を考える際、知能観というものが重要になります。西洋の知能観と東洋の知能観はやはり違います（図5）。

西洋的知能観というのは、どちらかというと垂直的知能観で、神、人間、人工知能が縦の序列で並びます。これはかなり強い序列で、西洋のエンターテイメント、特に映画では、人工知能が人間と地位を逆転するという話がほとんどです。『メトロポリス』（一九二九年）然り、『ターミネーター』（一九八五年）然り。そういう状態を彼らが悪夢だと思う理由は、「こうでなければならない」という規範があるからです。西洋の人工知能は、基本的にサーバントとしての人工知能です。つまり、人という主人と人工知能というサーバント、この一つの関係が強くあります。

ところが、東洋にはあまりそういう縦の序列がありません。たとえば、日本では「aibo」（ソニー、一九九九年）が社会に受け入れられています。「たまごっち」（バンダイ、一九九六年）も、「初音ミク」（クリプトン・フューチャー・メディア、二〇〇七年）も同様です。東洋は人工的に作られた知性体に対し、寛容に、人と平等な生命体として扱おうとします。自分の隣に、対等な友人として人工知能にいて欲しいと思うわけです。また、そういうことを受容する社会でもあります（図5の下）。これはやはり、我々の持っている自然観、すべてに神が宿るという「八百万の神」的な世界観があるからです。こういう世界観を水平的知能観と呼びます。東洋における人と人工知能の関係、西洋における人と人工知能の関係はそもそも前提が違います。

東洋の場合、背景に自然があります。つまり、一つの自然があって、その中において人も万物も人工知能もだいたい平等だという考えです。仏教には「すべての生物は等しく価値がある」という考えがありますが、それと同じ世界観の延長線上に人工知能を捉えるのです。

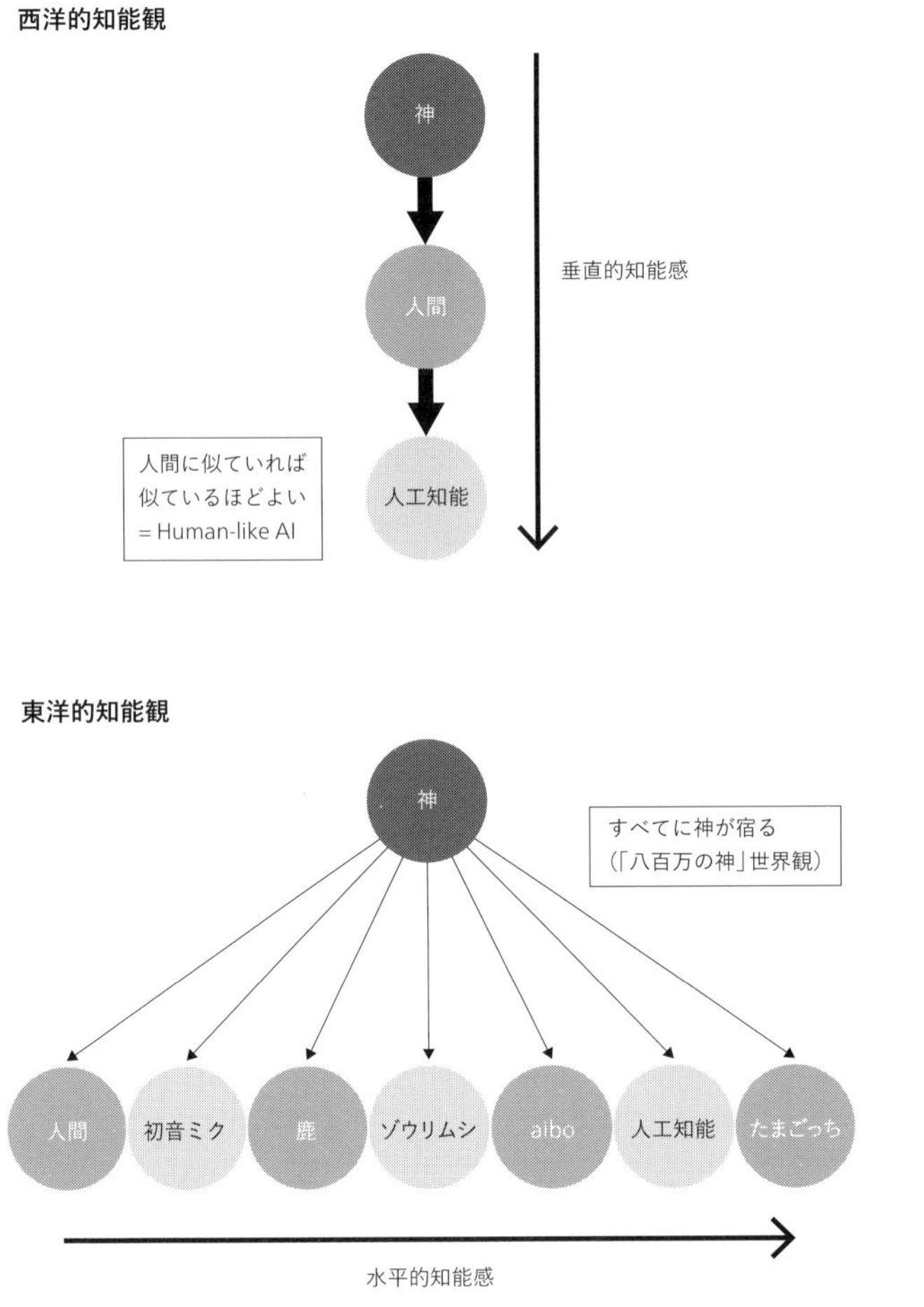

図5　西洋的知能観と東洋的知能観

3 ゲームという場における理解

第一節で「場」という話をしました。場の話はより本質的な問題を含んでいます。他者を理解するとき、人工知能から人間を見るとき、人間から人工知能を見るとき、場に含まれて場を介して見るわけです。たとえばジャンケンしかない世界で、ジャンケンという場を通して、人間と人工知能がなんとなくわかりあうことはできます。たとえば「この人はグーばかりを出す人」というように、じゃんけんというゲームの中で他者を定義するのです（図6）。つまり、人間の全体でなくても、その中の一部分を理解するという可能性は残されているわけです。どうやって人間を切り取るか、このときゲームという場は一つのフレームとして機能します。ボードゲームでもデジダルゲームでもいいのですが、ゲームをプレイするとき、プレイヤーは普段使っている能力を制限して、ある特定の集約した部分知能を使った主体となります。その中で人工知能と対戦するのがデジタルゲームで、このと

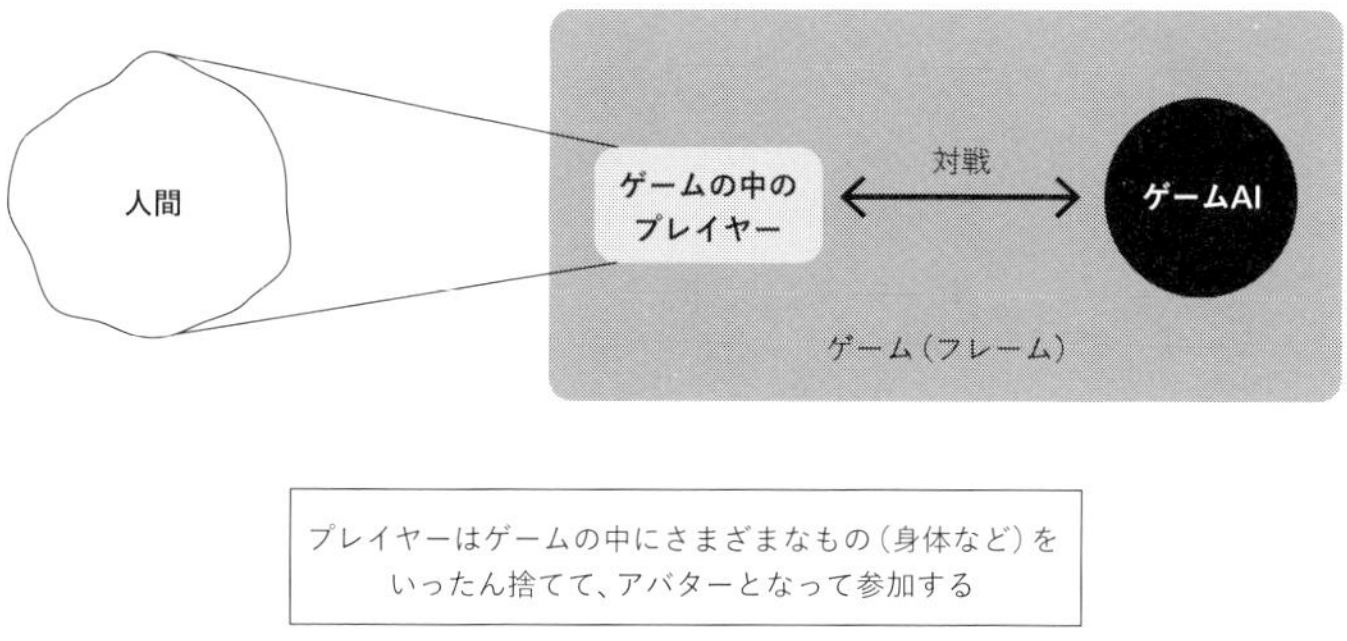

人間
ゲームの中のプレイヤー
対戦
ゲームAI
ゲーム（フレーム）
プレイヤーはゲームの中にさまざまなもの（身体など）をいったん捨てて、アバターとなって参加する

図6　ゲームの場では理解できる可能性がある

きゲームの人工知能はプレイヤーとしての人間を理解しようとします。

人間同士でも、二者だけの空虚な空間で理解しあうのは難しいことです。ただ、ゲームという場には可能性があります。プレイヤーとして人間が何を考えているかということは、人間そのものに比べてずっとわかりやすいはずです。

ゲームの人工知能にとっての他者

ゲームにおいては、人工知能にとっての他者はシミュレーション上の存在です。どういうことかというと、相手を完全にシミュレートすることができたら相手を理解したと思ってよい、ということです。アクションゲームでも対戦ゲームでも、どんなゲームでも、相手を完全に読み切ったら相手を理解したということになります。これは「人間として」ではありません。あくまで「ゲーム上のプレイヤーとして」です。

ボードゲームの場合、ゲームの人工知能はゲームの状態を表現して、その変化をツリー状に表現していく作り方をします。これを「ゲームツリー」と言いますが、自分が一手を打った後、相手がどこに打つのかを考えるのです。「三目並べ」のような、終局まで完全にゲームツリーを構築できるゲームは、ある程度までいくと「ここに打てば勝てる」ということがわかります。囲碁や将棋の場合、ゲームツリーは巨大なものになります。小さい文字で体育館に並べても入りきりません。プロ棋士は研究を重ねて、それらのゲームツリーの展開をロジックと直感に置き換える訓練をしているのです。そのため、棋士は「ここは活路がありそう」とか「まだこの先に何かある。この先は未知の領域」という言葉を発するわけです。

これとよく似たことをルートヴィヒ・ウィトゲンシュタイン（一八八九〜一九五一年）が言っています。彼は一九世紀末に生まれて二〇世紀前半に活躍した哲学者です。分析哲学の祖と言われますが、哲学全体を完成させることを目指しました。その哲学の中で「言語ゲーム」という概念を提唱しています。言葉というものは絶対的な意味を持つものではなく、ある規則のある世界の中ではじめて明確な意味を持つようになるとしました。たとえば、工事現場で「ガガ」と言うとレンガが運ばれる、「ボボ」と言うとボルトが渡されるのを目撃すると、「ガガ」はレンガを持って来る、「ボボ」はボルトを渡す、という意味だと理解できます。このように状況が言葉を定義していくということです。

もう一つ、予測という問題があります。意思決定をするときには必ず予測というものが起こります。つまり、次に相手がどう出てくるかを予測するのです。予測と合っていればゲームにも勝てますが、だいたいそうはなりません。

人間は生まれたてのとき、この世界の中で自分がどこまでなのかがわかりません。もし、この世界が完全に自分の思うとおりに動いたら、人間はこの世界を自分だと思い込

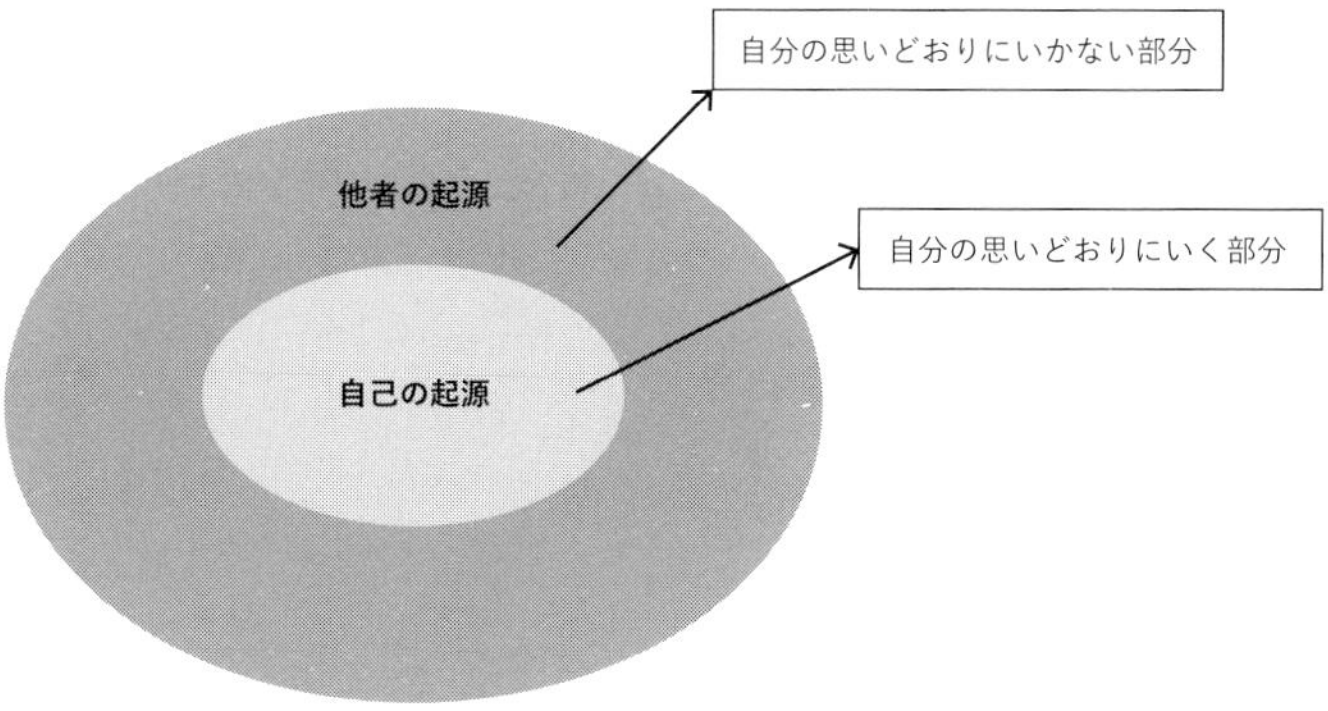

図7　他者の起源と自己の起源

んでしまうでしょう。自分の身体は思うとおりに動くので自分だと、赤ちゃんはお母さんの顔を見たら笑ってくれるからお母さんも自分の一部なのかなと思うわけです。しかし、そのうち経験全体の中で「自分の思いどおりにいく部分」と「思いどおりにいかない部分」が明確に区別されていきます。そうして、ここまでが自分で、ここからが他者なのだということがわかるようになってきます。

自己にとって他者の起源は境界の形成にあるのです（図7）。他者は完全にシミュレーションできない、予測ができない、コントロールできない存在です。そこに自分ではない何かがある、それが他者ということです。理解できないものとして他者があるのです。これは「理解できないからこその他者」を理解するという矛盾です。仮に、他者を完全にシミュレーションできてしまったら、それはまるで自分のように感じられ、他者であっても自分ともう変わりがなくなってしまうでしょう。それでも「他者を理解できた」と思うのかどうか、ということです。

他者を理解すること、同一化すること

他者を理解するために、他者になってしまう、という話は、実は古今東西のさまざまな物語の中に現れます。

たとえば、『伊勢物語』（九五〇年）の第二三段「筒井筒」を元に作られた、世阿弥による能『井筒』があります。伊勢物語の井筒はとてもロマンティックな、井戸の側で遊んでいた幼馴染の男女の物語です。二人は大人になるにつれ恥ずかしくなって疎遠となりますが、歌を通じて心を通わせて夫婦となります。

時が経ち、夫が通わせた心を忘れてしまいそうになったときに、再び歌を通じて心を取り戻すという話です。世阿弥の『井筒』のほうはずいぶんとアレンジされており、夫を想って夫の衣服を着て井戸をのぞき込むと、そこに映ったのは夫の顔であった、というシーンが見せ場です。これにはさまざまな解釈がありますが、愛するあまり愛する対象になってしまう、自己と他者が混在してしまう境地が描写されていると考えることができます。求めていたものと自分が同一化している、それは求めていたものを得たことと同一なのでしょうか。

また、日本を代表するアニメーションの一つ『新世紀エヴァンゲリオン』（カラー、一九九五年）は、思春期の少年の自分と他者の境界が描かれますが、『新世紀エヴァンゲリオン劇場版 Ａｉｒ／まごころを、君に』（一九九七年）では、大人たちの都合によって自己と他者の境界が完全になくなった「心地よい」世界が描かれ、そこから再び、少年の望みによって自己との境界が復活する「居心地の悪い」世界に回帰する、という話が描かれます。他者とわかりあえない苦しみを味わい続けるぐらいなら他者と一体となってしまう、しかし、そのとき他者は消えてしまう、そのような状態が描かれます。他者と一体となった状態は、自分となってしまった他者を失ってしまうところが転換点となっています。

未知なる他者を尊重し、お互いの隔たりを同意するところに、不可能とはいえ他者の理解が始まります。自分と他者を完全に分かつことも正しくなく、自己と他者の間には部分的には溶けあうことができる場所があるのです。つかず離れず、「もどかしい関係」であるわけです。本章の冒頭で紹介した「純粋に愛することは、へだたりへの同意である」というシモーヌ・ヴェイユの格言は、こういう、部分的にはわかりあえても全体としては隔たりが維持されてしまう人間同士の関係を如実に表現しています。

遠くにあればこそ距離があり、空間があり、求めることができます。一つになって近くにあれば、むしろそこから逃れたくなってしまうでしょう。自己と他者の問題はそもそも自己撞着的な問題です。

「予測＝理解」であることは、ゲームの上ではそのとおりなのですが、現実ではそうは言えません。たとえば、サイエンスはいろいろな仮説を立てます。そのときに一番よい理論は現象を予測できる理論です。では、いろいろなモデルが予測できたとしたら、その中のどれがよいでしょうか。このとき、「オッカムの剃刀」という有名な原理があります。一番シンプルな理論がよい理論だ、つまり仮説が一番少ない理論がよいという原理です。

サイエンスは予測できればそれでよいのですが、知能の場合「予測＝理解」ということになりません。我々は普段ゲームをやっているわけではありません。現実世界には、何かを理解しようという枠がないのです。ウィトゲンシュタイン流に言うと、そもそもゲームがないわけです。コートの中では理解できていたダブルスのペアも、コートの外では理解しあえない、というのはむしろ自然なことです。チームも、部署も、ある種の目標と評してゲームを設定したりしますが、これは協調を促すためです。

生物の内的時間

アンリ＝ルイ・ベルクソン（一八五九〜一九四一年）は「人間の存在とは何か」という問いの代わりに、「人間の時間とは何か」と問います。人間の中にはたくさんの神経網があって、インプットから二日も三日もかかるような、ゆっくりとした迂回反応もあります。スケールの異なる多重のループが、生物の内的時間を生み出します。迂回の要因となるのは神経網に加えて記憶です。過去の事象が現在の一点に至るまでそれぞれの時点の過程を迂回させ続けます。記憶による迂回は第三夜で述べる文化と関連します。生物は、多数のインタラクションがその中で絡みあっている存在です。それは人工知能で言えば、インプットとアウトプットが規定する「フレーム＝ゲーム＝インタラクション」が多数折り重なっている存在である、ということです。

ゲームの中で「理解する」という場合、ゲームがフレーム（問題設定）として機能します。ゲームくらい強いフレームがあるとその中で理解できるのですが、実際はそんなことはありません。人間は実存的な存在であって、先にルールがあるわけではなくて、枠に捉われない存在であるからです。むしろ人は何かを理解するためにルールやフレームを生み出します。それが人工知能と一線を画すところでもあります。

では、どうしたら人工知能は人を、人は人工知能を理解できるのでしょうか。次節は、その問いをより深く探求していきます。

4 精神の構造と相互理解

人と人工知能の共通基盤＝コモングラウンド

会話情報学という研究を世界的に牽引する西田豊明は、人と人工知能が理解するためには言葉だけを見ていたのではいけないと説いています。コミュニケーションの裏にある、コミュニケーションを成り立たせている背景に目を向けてはじめて、会話の理解が可能となります。発話者同士の会話を成り立たせているのが「コモングラウンド」という概念です。

たとえば、子どもがクマのぬいぐるみでお医者さんごっこをしているとします。これを見た人間は、「お医者さんごっこをしているな」とわかります。なぜわかるかというと、本来の「お医者さんが診療している」イメージを持っているからです。しかし、そのイメージがない状態で人工知能がそれを見た場合、何をやっているかさっぱりわからないわけです。

会話の中にうまく入るためには、そもそも会話だけを見ていてもよくわかりません。コモングラウンドをそもそも持っていなければ、理解しようがないのです。人工知能は「世界のモデル」(ワールドモデル)なしに、人間の七割ぐらいまでは、うまく会話できるようになっています。それも、世界中のウィキペディアや百科事典を記憶していて、です。しかし、本来の会話を行っているわけではないではないのです。人間の場合、通常は野球のことを話しているときには野球のイメージがあり、コンサートのことを話しているときにはコンサートのイメージがあります。共有の「世界のモデル」がコモングラウンドなのです。

人工知能に、人間と同じコモングラウンドを持たせることが、人と人工知能の相互理解に必要です。つまり、コモングラウンドは会話する以前に人工知能と人間が共有しておかなければいけないもの、人間社会と人工知能がともに生きることができる共通基盤となり得るものと言えます（図8）。

コモングラウンドといってもいろいろあります。たとえば、二人で話しているときに「あれ……」「これ……」という参照情報でいま何が話されているのかを理解できるというレベル、それが小さいグループになると規則や概念、もう少し大きな共同体になると文化のコンセンサスといったように、インタラクションのレベルに応じたストーリーのレベルがあります。それぞれのスケールに合わせた共通の基盤を人工知能に与えることで、相互理解がはじめて可能になります（図9）。

コモングラウンドとは、会話をしている人たちが共有している事柄
ボトルネックは AIとの間の コモングラウンドの欠如
会話をしている当人たちも、傍観者も相互理解できるのは コモングラウンドのおかげ
AIが会話に参加するためには コモングラウンドを共有し、発展させるプロセスに 参加できなければならない

図8　コモングラウンド［出典：西田豊明「言葉と身振りを通じた人と自然な会話ができるキャラクター人工知能の実現」（CEDEC2018） https://cedil.cesa.or.jp/cedil_sessions/view/1864］

コモングラウンドの獲得

では、そのコモングラウンドをどのようにして人工知能に与えればよいのでしょうか。人間がどのようにコモングラウンドを獲得しているのかを考えてみます。なぜ、人間同士が理解できるかというと、身体という同一性があるからです。身体によって、人間は環境世界から自分の世界を構築しています。この世界に多数の言語があるのに、なぜ相互に翻訳が可能なのでしょうか？　それは、同じ身体と感覚を持つ人間が生み出した言語だからです。一方で、人工知能がなぜフレームを作れないかというと、ちゃんとした身体がないので、世界から自分の世界を切り取ることができないからです。先ほどの言葉でいうと、自分と他者の境界、そしてフレーム、ゲームをうまく作れないのです。人間は自分自身でフレームを作ることができます。人間には経験の総体の中から、部分的にフレームを抜き出す力、むしろアウトプットからフレームを分けて構築する力があります。行為が知能を規定するのです（図10）。

	ミクロ	メゾ	マクロ
時間粒度	○秒～○分	○時間～○日	○ヶ月～○年
集団のサイズ	2人	小グループ	コミュニティ
タスク	会話	問題解決	協働、共生
タイプ	認知、言語	概念	文脈
対象	参照物と情報	規則、概念	文化

図9　コモングラウンドの属性と粒度［出典：西田豊明「言葉と身振りを通じた人と自然な会話ができるキャラクター人工知能の実現」（CEDEC2018） https://cedil.cesa.or.jp/cedil_sessions/view/1864］

たとえば「ものをつかむ」と言ったとき、ゾウはものをつかむとき鼻でつかみます。しかし、人間は手を使ってものをつかみますから、ゾウと人間のフレームは違うということになります。もちろんリスとゾウも違うし、人間とカマキリも違います。しかし、人間と人間同士ならだいたい同じになります。イタリア人とロシア人だとしても、「ものを落とすと落ちる」という原理は地球上であれば同じであり、語の定義は同じです。

そういうふうに、地球上であれば語の定義はほぼ同じになり、ある言語から別の言語への翻訳が可能なわけです。「ものをつかむ」「走る」「歩く」といった行為は、すべての言語に対応する言葉があるので翻訳ができるのです。世界中で行われる「言語ゲーム」には類似性があります。人間と人間同士は世界への「身体による根づき方」が同じなので、言語が異なろうが、その前提となる「地球と人間の身体と行為というコモングラウンド」があるから、理解しあえるわけです。

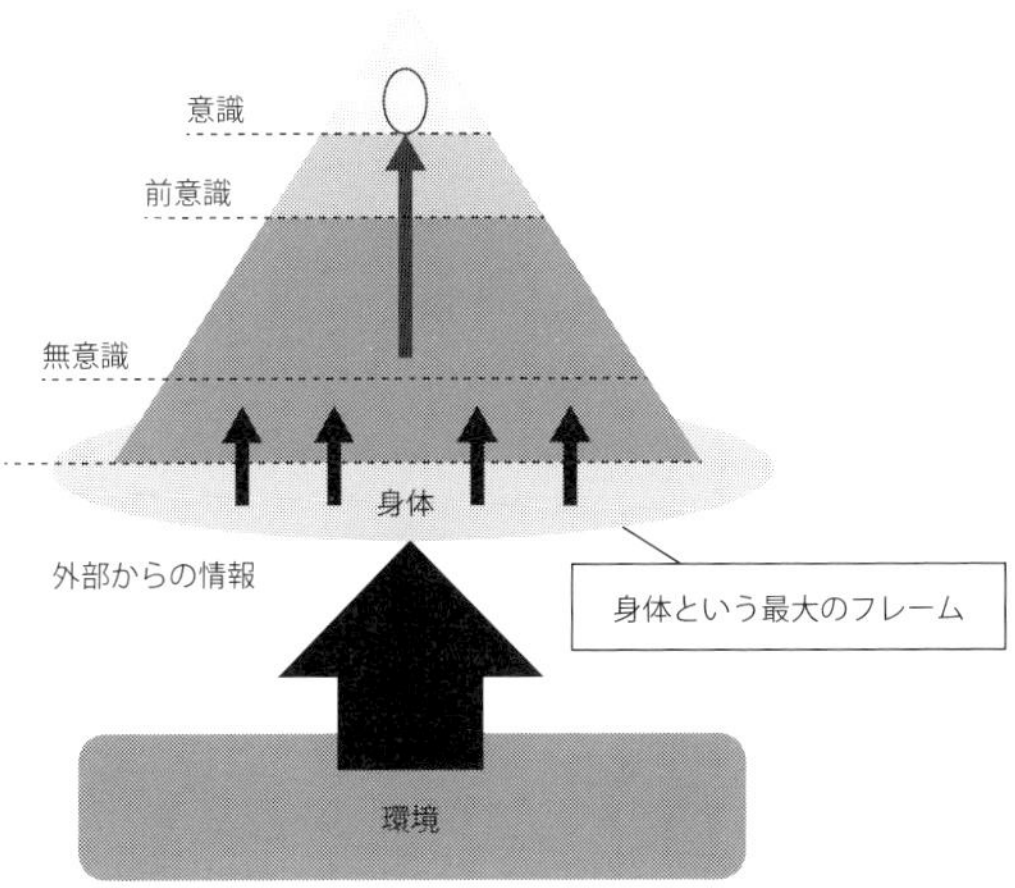

図10　人間と環境

コミュニケーションの階層モデル

インターネットの基本構造は階層構造で、この階層構造によってコンピュータ間のさまざまな差異を吸収してコンピュータ同士のコミュニケーションを可能にします。この階層構造は「OSI参照モデル」（Open Systems Interconnection 参照モデル）と呼ばれます。全七層構造になっており、上から下へ向けて、ソフトウェアからハードウェアへ遷移して行きます。「アプリケーション」「プレゼンテーション」「セッション」「トランスポート」「ネットワーク」「データリンク」「物理」層を経て情報が付記され、ネットワークを通じて相手のコンピュータに届きます。相手に届くと今度は逆に下の層から変換されていき、情報が伝わります。このような状態を二つのコンピュータ間で「プロトコル」（通信方法）が共有された状態と言います（図11）。

人間同士も同じ構造を持ち、プロトコルが共有されています。意識から出たものは同じ場所で再現されるという一定の保証があるので、コミュニケーションができます。たとえば、「つねったら痛い」という文章は、「つねる」動作と身体が感じる痛みが人間に共有のものであるからわかるのです。意味は言葉へと込められ、言葉が伝えられ、言葉は意味へと還元されます（図12）。

人工知能と人間はプロトコルが異なります。人工知能を人間の似姿に作るといっても違うわけです。身体そのものが違うし、さらに言語体系も違います。もちろん身体が違う時点ですでにほぼ理解不能になっています。表面上はわかりあえるような気がしても、チャンネルがほぼ閉じられているわけです。ただ、人工知能は人工知能なりに人間を再現しますし、人間は人間なりに人工知能を再構成します。

生物というのは、まず環境があって身体があるわけです。東洋哲学篇でも触れましたが、唯識論では、

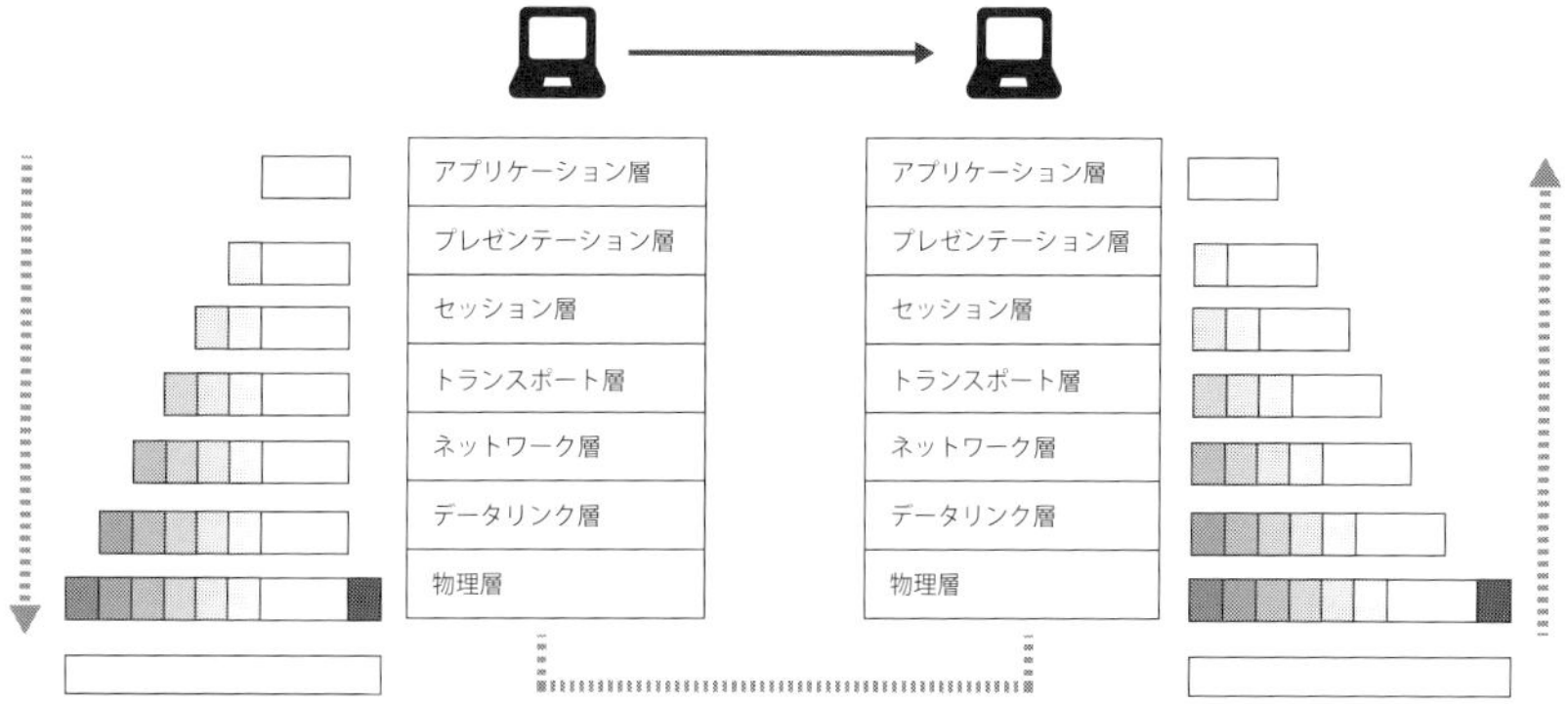

図11　OSI 参照モデル

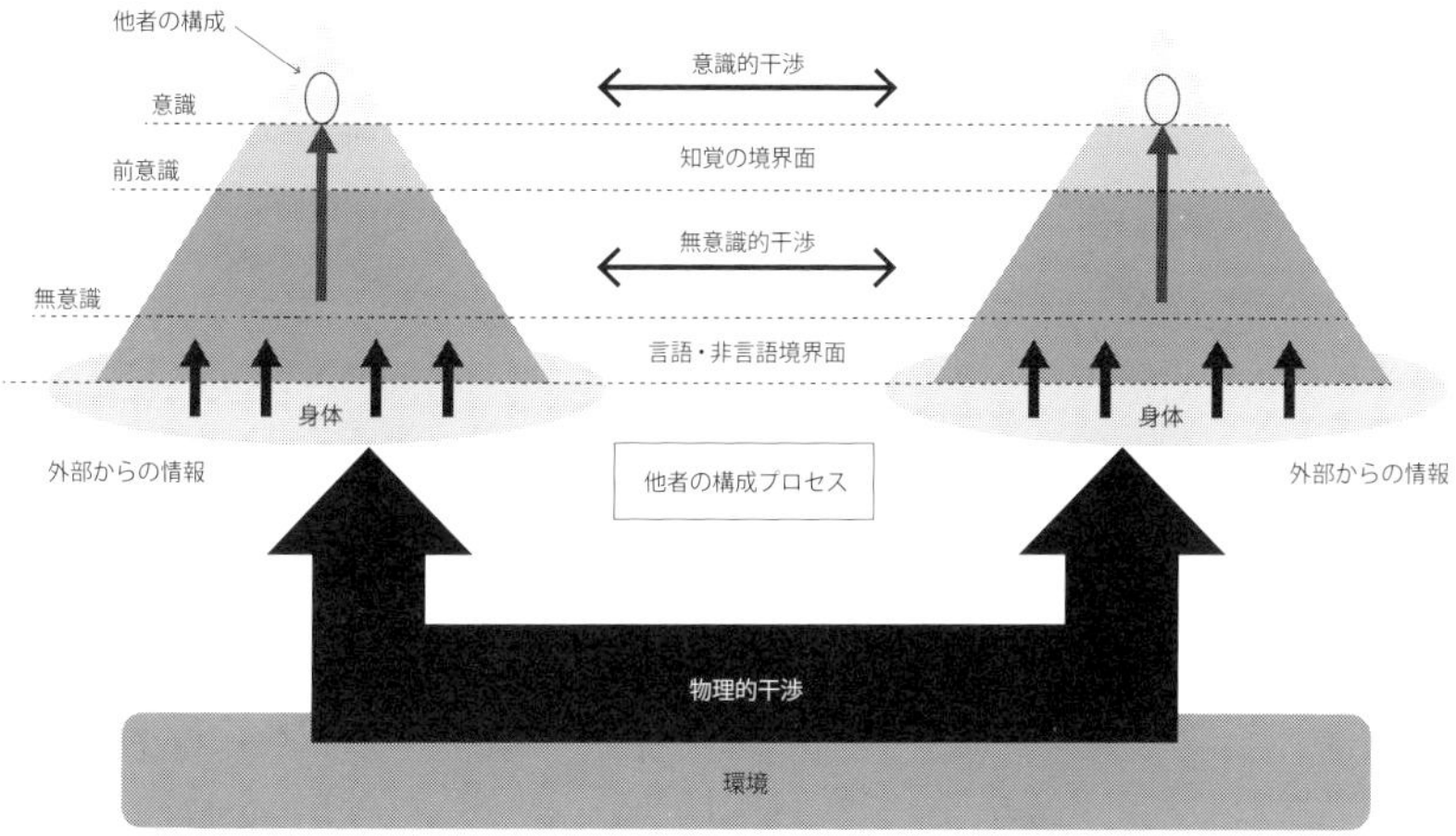

図12　コミュニケーションの階層モデル

唯識論＝世界は識から成り立つとする理論

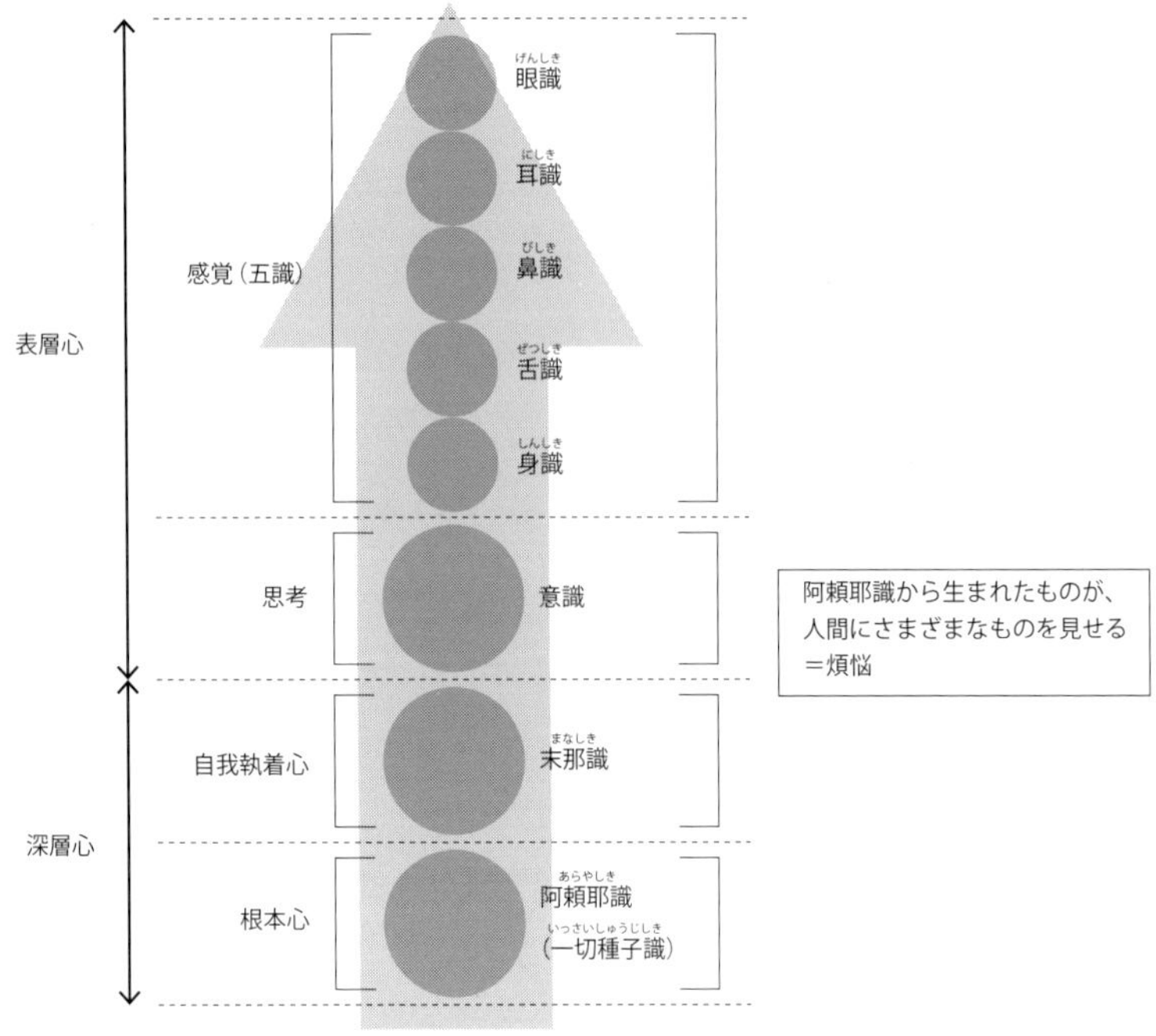

図13　唯識論の識

外から入って来た世界そのものにいろいろな「識」によって色づけするとされます。人間の欲求の根源にあるものを識と言いますが、「阿頼耶識（一切種子識）」「末那識」「意識」「身識」「舌識」「鼻識」「耳識」「眼識（五識）」といろいろな識が色づけをしてしまい、それによって人間は世界そのものの姿を見ることはできずに、色をもって見てしまうのです（図13）。

その色づけされた世界の中で行為が生まれ、その行為の総体をもって、人間が世界を捉える、という構造になっています。その構造は言語構造によって表現されます。つまり、一つの知能にはまず世界の構造があります。その次に身体の構造があり、そして最後に言語の構造があります。この三つの構造が人間同士ではまったく同じなので、相互理解が可能です。

たとえば、「置く」「取る」は物理的世界を起源とし、「飲む」「走る」は身体運動を起源とし、「長」「部下」は社会を起源とします。こういう言葉はすべての言語にほぼ共通してあるため、違う言語でもわかりあうことができるのです。人工知能はそういう意味では、世界の構造が同じだとしても、人間と同じような身体構造、言語構造を持っていないため、なかなか理解しあえないのです（図14）。

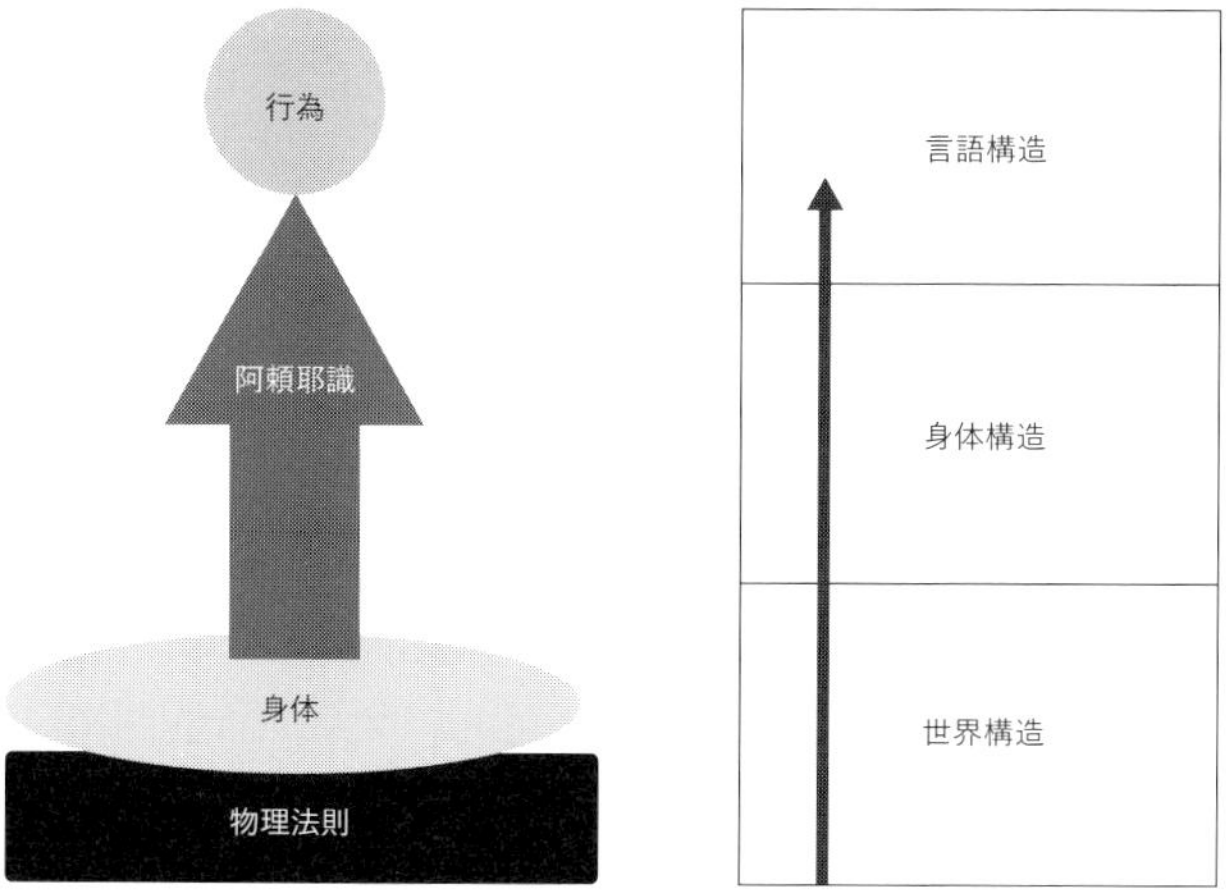

図14　三つの構造

5 コンテクストの理解

意識の持続とコンテクスト

理解ということを考える上で、もう一つキーワードがあります。コンテクストです。ベルクソンは、世界には二つの時間があると言います。物理世界で外から推し進められる時間、もう一つは自分が内的に持っている主観的な時間、つまり内面の自己発展を促すような時間の流れです。これは生物の中にうずまく力動的な流れです。それが持続的に流れているのが人間なのだということを、ベルクソンは「時間と自由」「持続性」という概念でとらえます。また、精神医学者である木村敏はこう書いています。この文章は東洋哲学篇第三夜でも引用しましたが、再び引用します。

> 人間存在の本質は、現在の時点における対他者・対世界関係につきるものでは決してない。人間が人間であるということ、自己が自己自身でありうるということは、人間が歴史的存在であり、自己が時間的存在であることを根拠にしてはじめて可能になる。つまり、現在の自己の存在が、過去のすべての生活史の積分として、また次に来るべき未来への微分係数として、固有の歴史的・時間的な意味をもっているからこそ、自己固有の自己性も可能となるのである。
>
> 〈木村敏、『自己・あいだ・時間　現象学的精神病理学』、ちくま学芸文庫、二〇〇六年、20ページ〉

自分というのはいまの瞬間の自分では捉えきれない、自分が時間的存在であることによって、はじめて自分というものを捉えることができるのだ、とします。過去の、この自分がずっと生活してきた時間（積分という巧みな言い方をされます）、つまり過去の履歴がいまの自分の中に内在しているのです。さらに、これからの自分がどうなっていくかという微分的な、時間に対してアクションをかけるときのベクトルも、自分の中にあります。いままでの自分は積分として、未来へ向かう自分はその微分として自分の中にあるということです。当たり前といえば当たり前のことで、いま自分が持っている生き様みたいなものがこれからの自分を定義しているわけですから、過去も未来も自分の中にあるのです。

これをベルクソン流に言うと、いろいろな過去から受けた流れが自分の中にあって、さらにその流れが未来に働きかけているということです。つまり、自分という知能は過去からのいろいろな流れが一つに集約しているという場でもあるわけです。その中で、あらゆる瞬間の意識が生成され弱まっていく、次の瞬間にはまた生まれ弱まっていく、ちょうど水の波紋のように意識が連続的に作られては消えていきます。波紋の一つ一つが意識ということではなく、弱まったり生まれたりする波紋の集合を意識と考えましょう。つまり、自分というのは自分の内なる時間、持続的な時間が積み重なってできているのです。いまの意識、過去の意識と広がりながら弱まって、そういうものの集合体が自分だと定義できます。時間断面の一つが自分というより、むしろ、そのほうが自然と言えます。ちょうど波から波が生まれて、押し寄せては消えるように、意識が持続されます。自分というのは堅いコアではなく、むしろ流動的な流れです（図15）。

昔、道元という偉いお坊さんがいて「有時」ということを言いました。東洋哲学篇第三夜でも取り上げました。西洋流に言うと、自分というのは自己発展する一つの存在で、そこに時間が生じているというのがベルクソンの考えです。道元は時間というのはないと言います。時間がなければ何があるかというと、

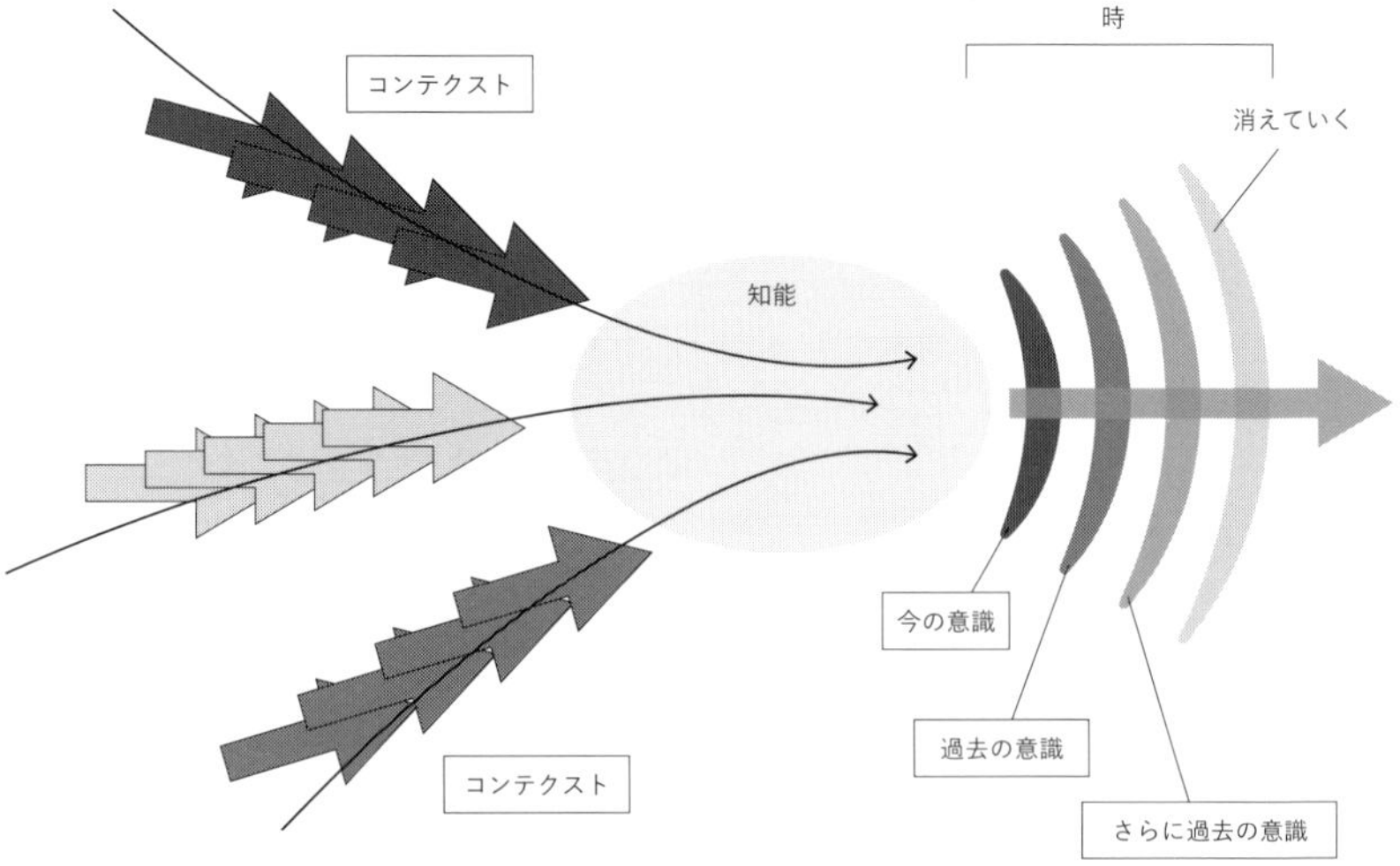

図15　意識の持続

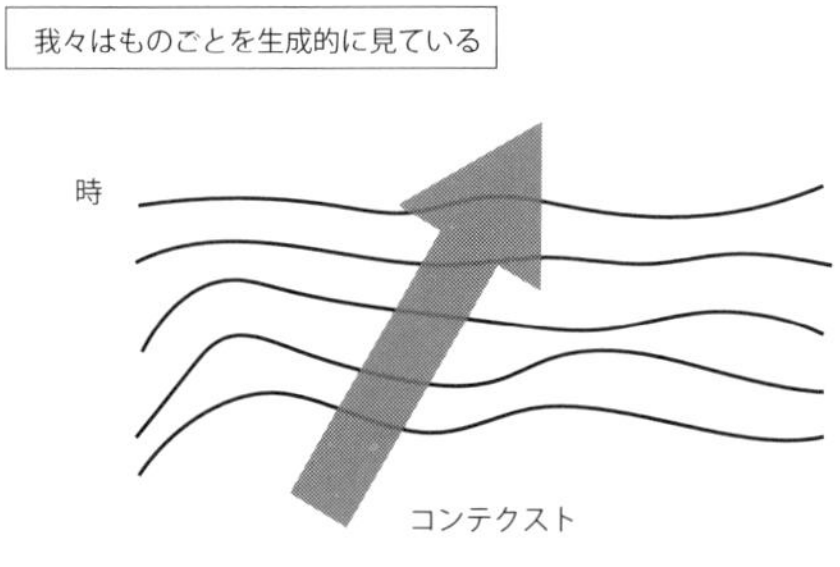

図16　コンテクストを作り出す

隙間なく存在がその瞬間瞬間にあるということです。逆に言えば、時とは有ることです。有ることの無数のつながりが時です。人間はその中から自分の都合のよい瞬間を切り取って、一つの流れを作り出しているのです（図16）。

たとえば、「今日は、朝、たくさん食べたので元気だ」というとき、本当はその中にいろいろな理由があるのですが、点を取り出して自分を語っているのです。たとえば、人はよく「自分は昔こういう経験をしたから、いまはこうなっているのだ」と考えます。このとき、本当はその中に無限の、隙間のない様態の変化があったはずです。しかし、通常、人にはそのような連続を捉える力がなく、ポイントで取り出して、ストーリーを自分で作り出してしまうのです。それを人間は自分の時間だと思い込んでいるということを、道元は有時という言葉で表したのです。つまり、人間はいろいろなコンテクストを自分自身で作り出してしまっているのです。

コンテクストの理解

二人の知能が出会ったとき、コンテクストがどう理解されるかは本質的な問いです。たとえば、同じ出発点から出発し、ある瞬間ではわかりあっていても、次の瞬間にはもうわかりあっていないというように、時間の流れの中でコンテクストはどんどん変化します。あるいは出発点が違ったとしても、たまたまそのときに一緒に同じサッカーチームを応援しようとか、同じコンテクストに乗ると比較的理解できるということもあります。

ゲームの中でもコンテクストはあります。たとえば将棋の棋譜、棋譜の流れというものがあります。先ほど述べたように、将棋の場合はコンテクストを全部読むことができたら相手を理解していると言ってよいとなります。相手の手を完全に読み切るということです。ただ、一般にはコンテクストは自由なものです。内側からくるものなので、フレームも別に関係がありません。コンテクスト同士が交わらないとしたら、これは理解しあえません。大げさに言うと、二つの物語は理解しあえていないということです。その人が持つ背景の物語と別の人が持つ背景の物語がまったく違うストーリーでは、いつまで経ってもわかりあえません。他者が自分のストーリーとはまったく違うストーリーのもと、その場にいるとしたら、まったく何も理解できないでしょう。残念なことですが、人間というのはそれくらいさまざまな物語を自分で作り出して、自分の意思を定義してしまっているのです。

矛盾する物語をどうやって一つの調和した大きな物語にするか、というのがいろいろな紛争や衝突を回避する手段なのですが、そういう学問がこれから必要です。それは文学の使命の一つでもあります。イギリスの小説家サムセット・モーム（一八七四～一九六五年）は『人間の絆』（一九一五年）の中で、個の物語をつなぎあわせて作り上げられていく人間全体が織りなす物語をペルシャ絨毯の美しさにたとえました。動的な存在としてわかりあうというのは非常に難しいことなのです。同じ二つの渦はないのと同じで、我々が同一性によって理解しあうというのは極めて難しい、ほぼ不可能と言っていいでしょう。我々はコアとコアは同じだが、実は時間の中で持っている流れがいろいろ違うため、相互理解が難しいということになります。

6 存在の構成と相互理解

人工知能はどうでしょうか。人工知能がコンテクストを持っているかというと、多くの場合、コンテクストを持っていません。それは、人工知能の本質的な問題でコンテクストを自分で作り出すことができないからです。自分という物語を作り出す能力が人工知能には欠けているのです。そのため、わかりあえるかというと、わかりあえないわけです。何しろ、一方にはコンテクストがありません。同じコンテクストを共有しようにも、コンテクストを作れないので難しいのです。

なぜそうなってしまうかというと、人工知能が自ら世界を強く規定する力がないことに起因します。人間は身体を持ち、身体から逃れられない存在です。身体は実に強い力で我々を規定していますが、我々がそれに気づくことはありません。それどころか、我々は自由に意のままに身体を操っていると思わされています。意識は身体がいくつもの階層を経て用意した巧みな知的空間であり、そこには身体に対する主体感と全能感を伴った意識があり、自ら知的能力を使っていると信じています。そんなふうに、人間は自らへの誤解をそのまま人工知能に適用して作ろうとしています。

人工知能はフレームを作れない

人間と人工知能には大きな違いがあります。人間は世界を体験することができます。そして、体験の中からいろいろな問題（フレーム）を自分で作り出すことができます（図17）。前述のように、人間はフレームを作り出すことができますが、人工知能はフレームを作り出すことはできません。なぜかと言うと、人工知能は世界を体験できないからです。人工知能は世界に根づいていないのです。世界に根づくだけの身体を持っていないからです。人工知能は世界と関係を結んでいないので、問題はないと言ってもいいでしょう。問題はないという言葉だけを取ると、何もかも解決しているように思うかもしれませんが、当事者として問題そのものを持てないということです。

結局、いま人工知能が解いている問題はすべて人間が定義した問題なのです。それを人工知能は一生懸命に解いているわけです。この画像を仕分ける、翻訳する、こういうものを探してくる、といったことは、人工知能にとって特に意味のあることではないのです。人工知能は当

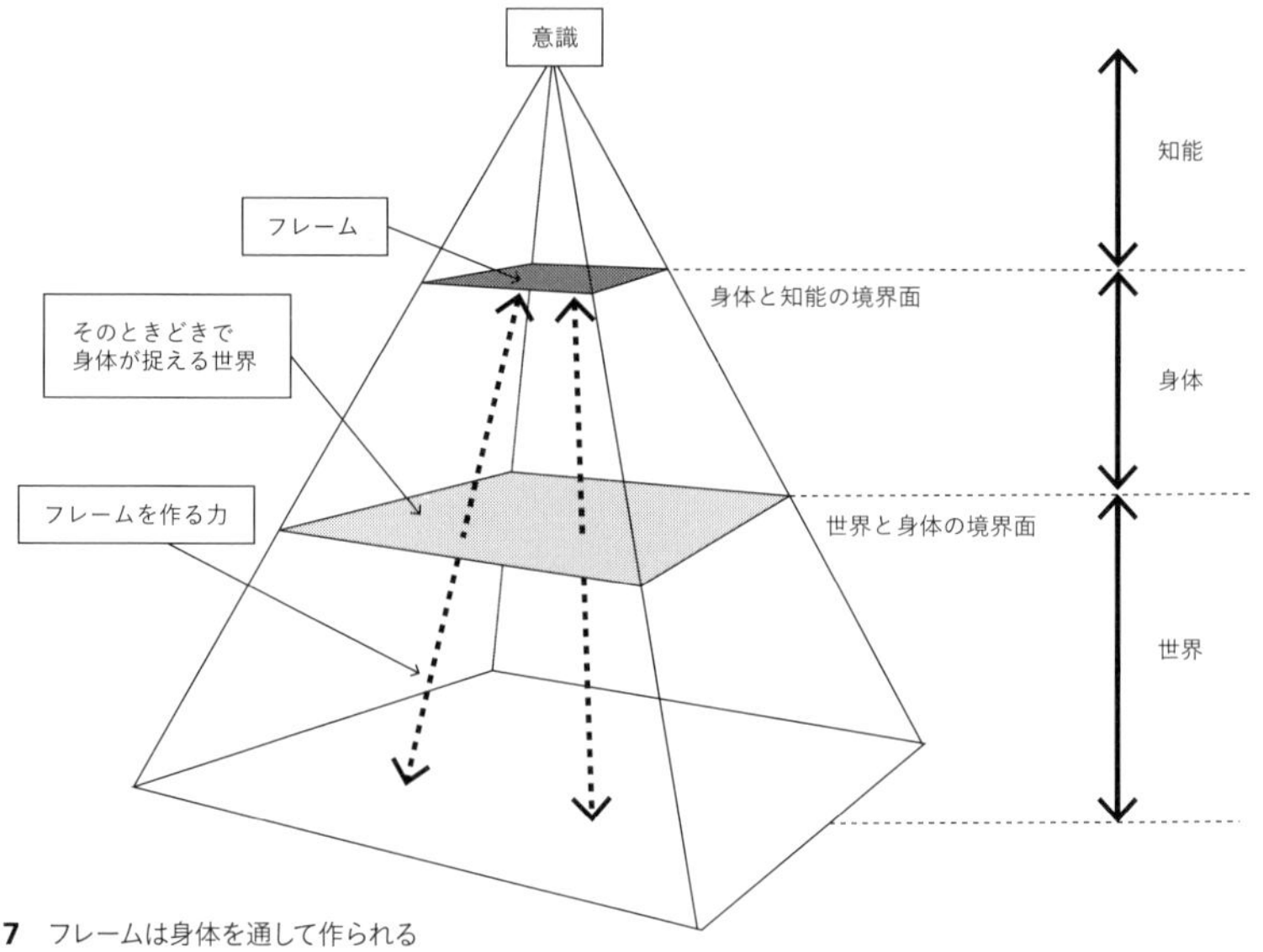

図17　フレームは身体を通して作られる

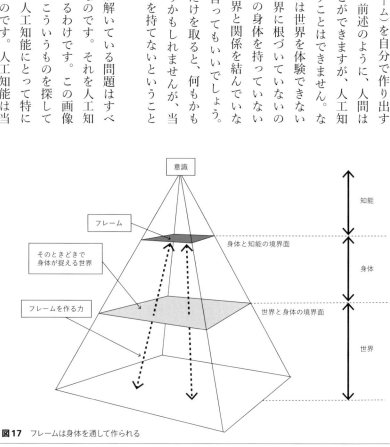

事者ではありません。けれど、人工知能は問題を与えられると一生懸命にそれを解きます。囲碁を解いてと言われたら囲碁を解く、将棋を解いてと言われたら将棋を解くというように。人間が与えたフレームの中で外に一歩も出ることができず、問題をひたすら細分化して解くのが人工知能の特徴です。囲碁や将棋で遥かに人工知能が強くなっているのは、問題が完全に閉じているからです。

ところが、人工知能はフレームがうまく閉じられない問題がとても苦手です。自動運転がそうです。現実には未知の無限の要素が含まれます。何か一つの見方という意識もない、フレームをちょっと小さくしよう、問題設定を変えてみよう、と見方を変えるということもできません。いまは人間があってフレームがあって、その下に人工知能があります。逆にいうと、フレームというのは人と人工知能をつなぐ役割をしています。

フレームと理解と主体

人間が人工知能にフレームを与えるわけですが、では、人間を理解するように人工知能にフレームを与えることができるでしょうか。自分を見て欲しいように設定することはできるでしょう。人工知能に自分をどう見て欲しいかを定義するのです。でも、それ以上はありません。そこから発展する、変化するということはありません。簡単に言うと、人工知能には主体性がないわけです。与えられた世界の見方で世界を見ることしかできません。では、主体のないものに理解があり得るのでしょうか。定義されたとおりに理解する人工知能が「人間を理解する」と言えるのでしょうか。

人間には人工知能がやっていることを理解できます。何しろ、人間が命令してそのフレームの中でやっているわけですから。「どう考えているか」まではなかなか理解できませんが、この人工知能は囲碁を打っているのだということはわかります。ところが、人工知能は人間を理解できません。なぜなら、フレームの中で閉じているから、フレームの外にある人間を理解することができないのです。

人工知能と人間の関係は、そういった意味で現在まったく非対称です。人間は体験から問題を作り出しますが、人工知能は体験がないので問題を作ることはできません。人間はフレームを作り出して人工知能にやらせたいことをやらせているだけで、人工知能が逆に人間を理解することとは異なります。フレームという問題を考えると、少なくともいまは、人間と人工知能はまったく理解しあえていないということになります。

フレームの中で人工知能が人間にたどり着くということはありません。人工知能は、人間が作り出したフレームさえ出られないわけですから。世界を経験することもなければ、フレームの外にある存在さえ知覚できません。他者としての人工知能ではなく、自律した相手ではない、他者でさえないというのが現在の人工知能です。人間は自分の知能の延長として人工知能を作っているだけなのです。自分というものがあり、自分の知能の拡張としてフレームを介して、自分の生活の一部を人工知能に代替させているのです。

つまり、人工知能は他者として人間と対等に対峙しているというわけではなく、一個の人間の延長としてしか存在していないわけです。それでも、人の知的能力の拡張という意味では非常に意味があります(図18、図19)。ただ、今回のテーマである「理解しあえるか」という観点で見ると、人工知能は世界を生きる主体にさえなっていないという姿が浮かび上がってきます。

では、他者としての人工知能はあり得るのか、そもそも他者とは何かという話になります。世界とのつ

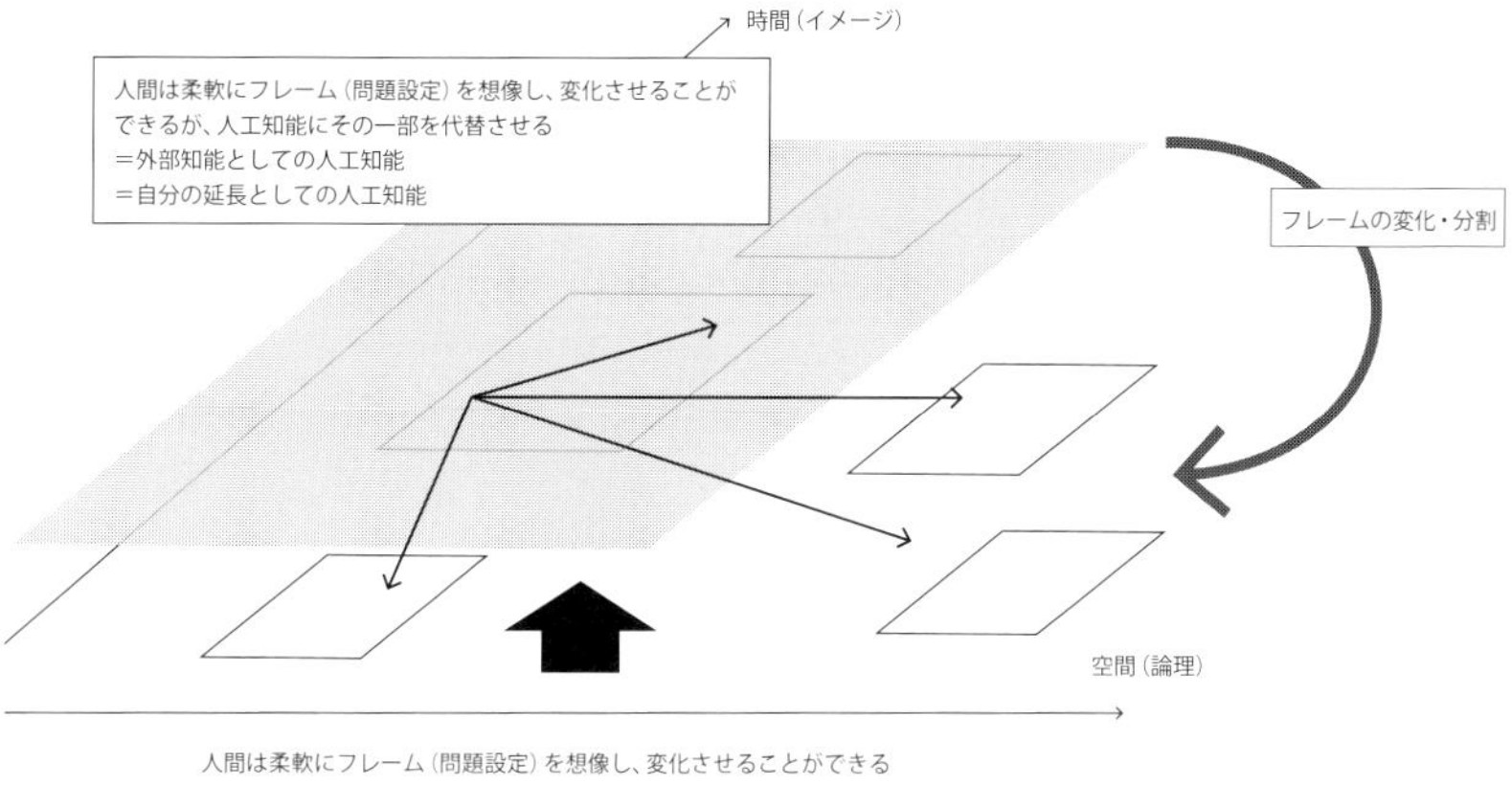

図18　人は人工知能に生活の一部を代替させる

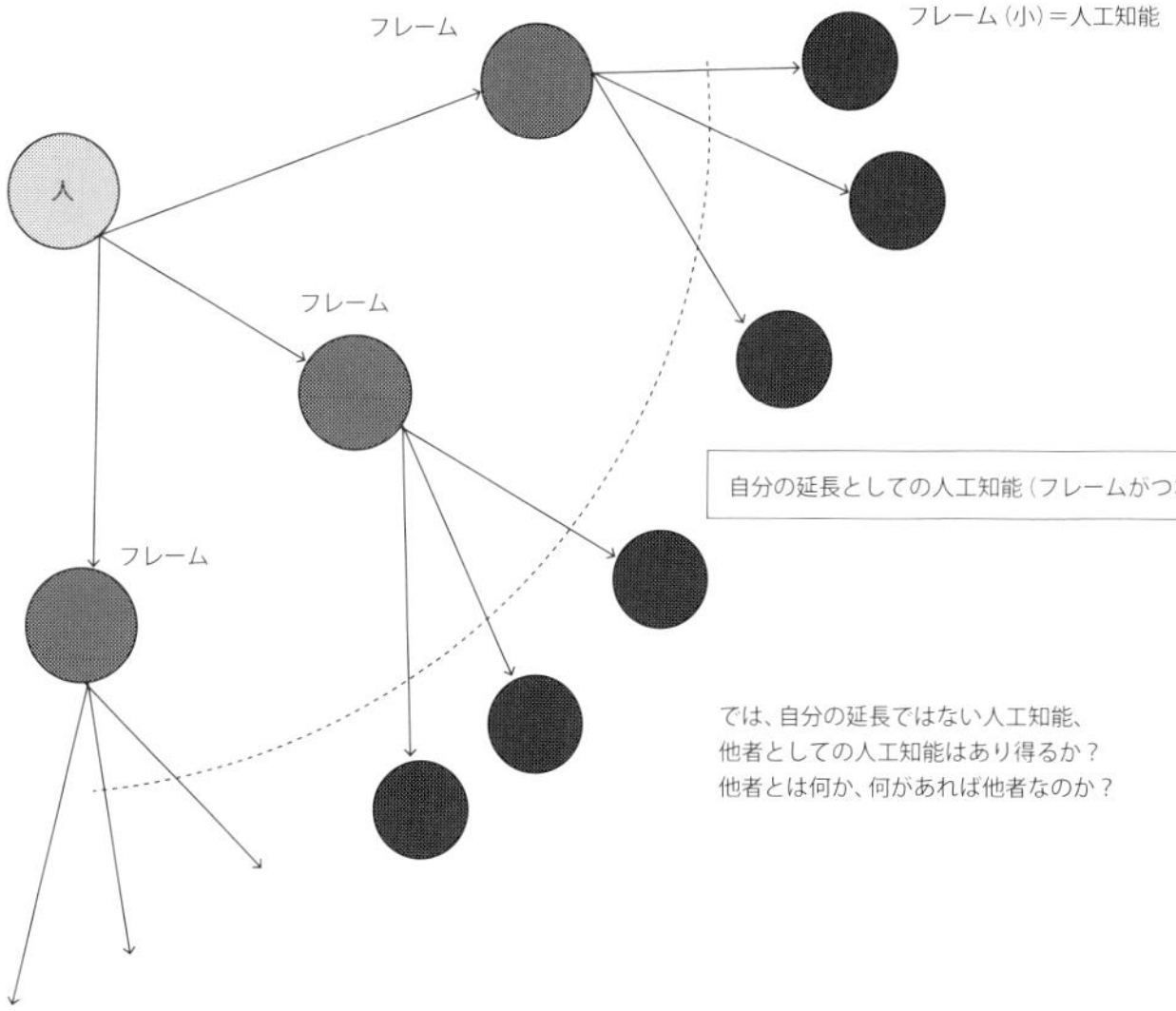

図19　自分の延長として人工知能をつなぐ（人間拡張）

ながりが希薄な人工知能は、フレームの上に立脚し、十分な根を世界に張ることができません。他者である条件は何かというと、知能の高度さではないわけです。囲碁とか将棋とか、フレームの中で高い知能を持っている人工知能はもうあります。そうではなく、比喩的な表現になりますが、世界に根を張れるかということです。一つの存在として世界の中で自律しているか、ということが哲学的に問われるわけです。その上で、高度な知能を持つことは知能の証になるのですが、ただ、そもそもの立脚点がないということが問題です。人工知能が人間と理解しあうためには、まず世界に根を張る必要があります。

生物と世界（環境）

「世界に根を張る」とはどういうことでしょうか。生物というものを考えると、言葉はちょっと悪いですが、下等な生物は環境の中に完全に埋め込まれています。自然の中で、自然が決めた身体の形、行動を取ります。植物や小さな微生物というのは、ある意味そういう世界に生きているわけです。生物がどんどん進化すると、環境から自律し始めます。ある程度遊びを覚えるのも、環境から完全に支配されない時間や空間を持つことができてはじめて可能なことです。進化すればするほど環境から自由になります（図20）。

生物は世界に強く束縛する存在の力（図20の下への力）によって環境に押し込められている、それに対し、存在の対義語として環境から独立した自律の世界があります（図20の上への力）。自律とは環境に操られるのではなく、自分自身で自分を選べるということです。下のほうの生物は自分では選べない、存在というものの強い力でいろいろなものが運命づけられてしまうということになります。この二つの極の間、束縛と自律の間で揺れ動くのが、生物という存在です。

他者というものを考えるとき、二つの深さがあります。意識の高いところでわかりあうのか、もっと存在の深いところでわかりあうのか、です。動物の進化を考えてみます。原初的な生物たちがどうやってコミュニケーションを取るかというと、身体でコミュニケーションを取るわけです。物理的なコミュニケーションです。少し高度になると、フェロモンや場を介して、さらに高度になると鼻をこすりつけるとか、何かしらの習性を使ってコミュニケーションを行います。より高度になると、鳴き声や言語を介した意識的なコミュニケーションを行います。

コミュニケーションには、「現象としてのコミュニケーション」「習性としてのコミュニケーション」「意識を持ったコミュニケーション」があります（図21の左から右への流れ）。原初生物では全体性が強く押し出され、進化すると個体性が上がっていく、とも言えます。個体性が上がると、

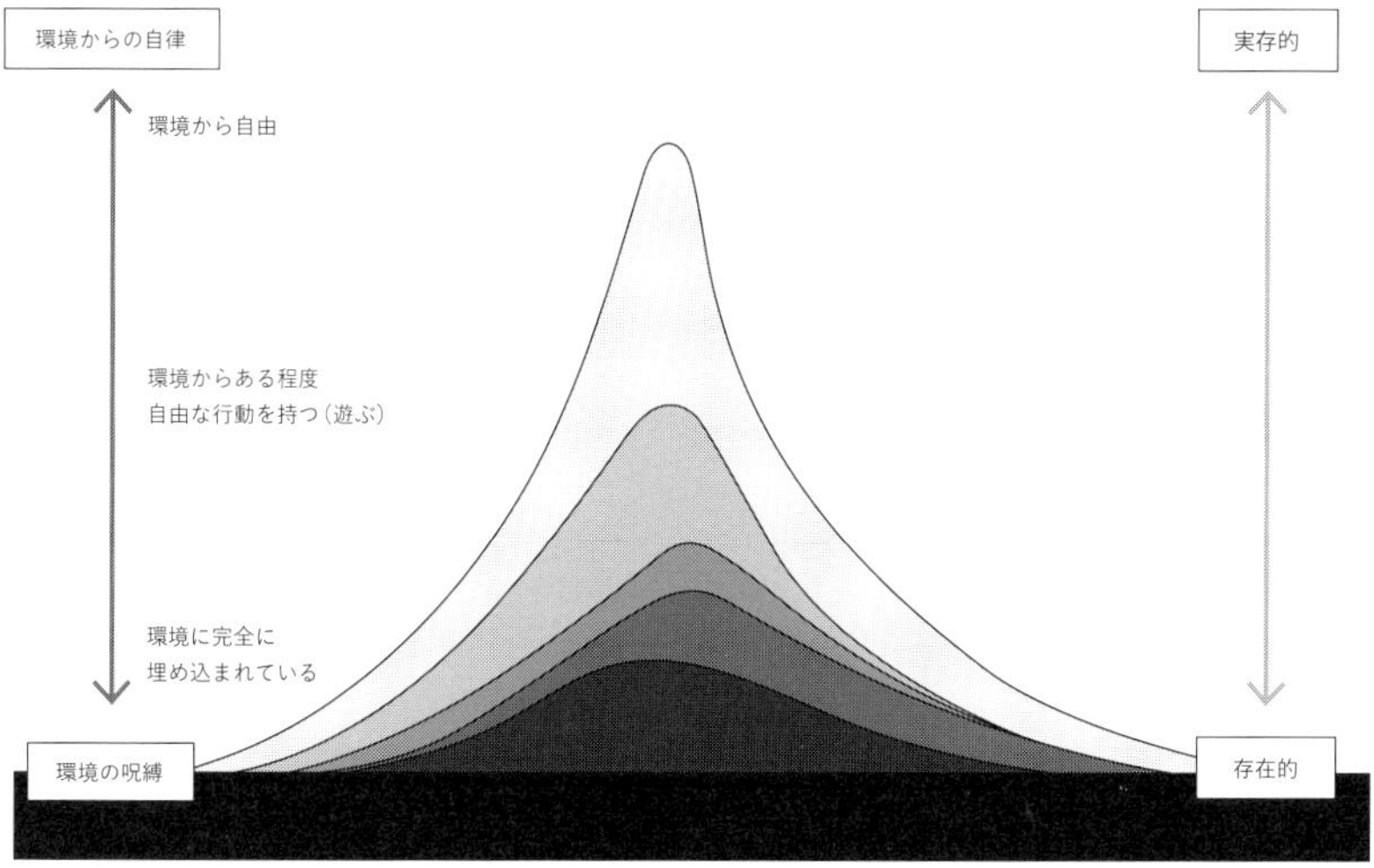

図20　生物の進化と環境

個と個のコミュニケーションが生まれます。前者でもコミュニケーションはありますが、それは固体のためではなく、「全体のコミュニティ＝群れ」のためのものです。全体で一つの存在ということです。自然と一体となった一つのシステムになっています。それが、進化が進むと、自然から独立した個としての集合というものになります。

別の言い方をすると、嗅覚であるとか視覚であるとか、感覚によるコミュニケーションから始まり、やがてそこからシンボルによるコミュニケーションが生まれてくるというのが、生物全体のコミュニケーションのパスになっているというわけです。

そうすると、生物同士のインタラクションというのは、大まかにいうと「物理的なインタラクション」と「精神的なインタラクション」に分かれます。たとえば、狼同士の身体をすり寄せる接触によるコミュニケーションは物理的インタラクションであり、鳴き声でコミュニケーションするというのは明らかに精神的なインタラクションです。知性は、環境や社会の中で個としての存在が生まれていくにつれ、発達が促されていきます。

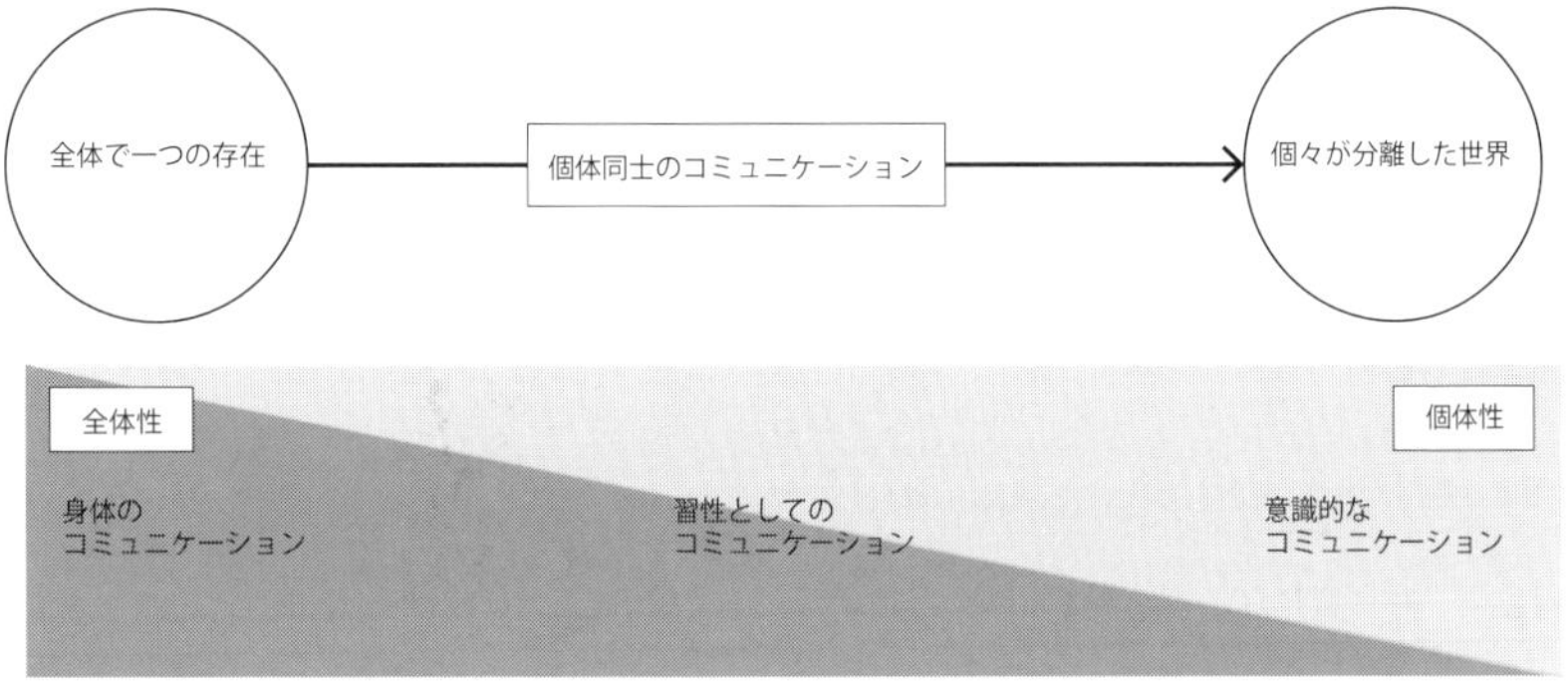

図21　動物のコミュニケーション

動物はどこまでが自分の範囲かというのを見極めながら自分の外と中を見つけていきます。自己があって、社会があって、世界があるという構造です（図22）。生物にとって必要な能力というのは、仲間と敵を見分ける能力（群れと外）、仲間と協調する能力（群れの内）、仲間同士の争いで勝つ能力（群れの中の個体同士）であり、そこからコミュニケーションが生まれてきます。たとえば、バッファローの大移動は、一つの説では「弱い個体を脱落させる（群れの中に強い個体が残る）」ためであり、そうすることで群れをどんどん強くする全体的な衝動があると言われます。哺乳類であったとしても、そういった全体の最適化が働いています。個と個の関係が規定されることでコミュニケーションが始まります。「争う」こともまた、コミュニケーションの一つです。

進化の軸を時間とスケール（大きさ）の二軸で取ってみると、生物は小さいほど集合して生息するという一つの大きな傾向があり、原初的であるほど群れの全体性が強くなってコミュニケーションが物理的なものになります。進化が進むと、群れの性質が薄くなり個体化します。

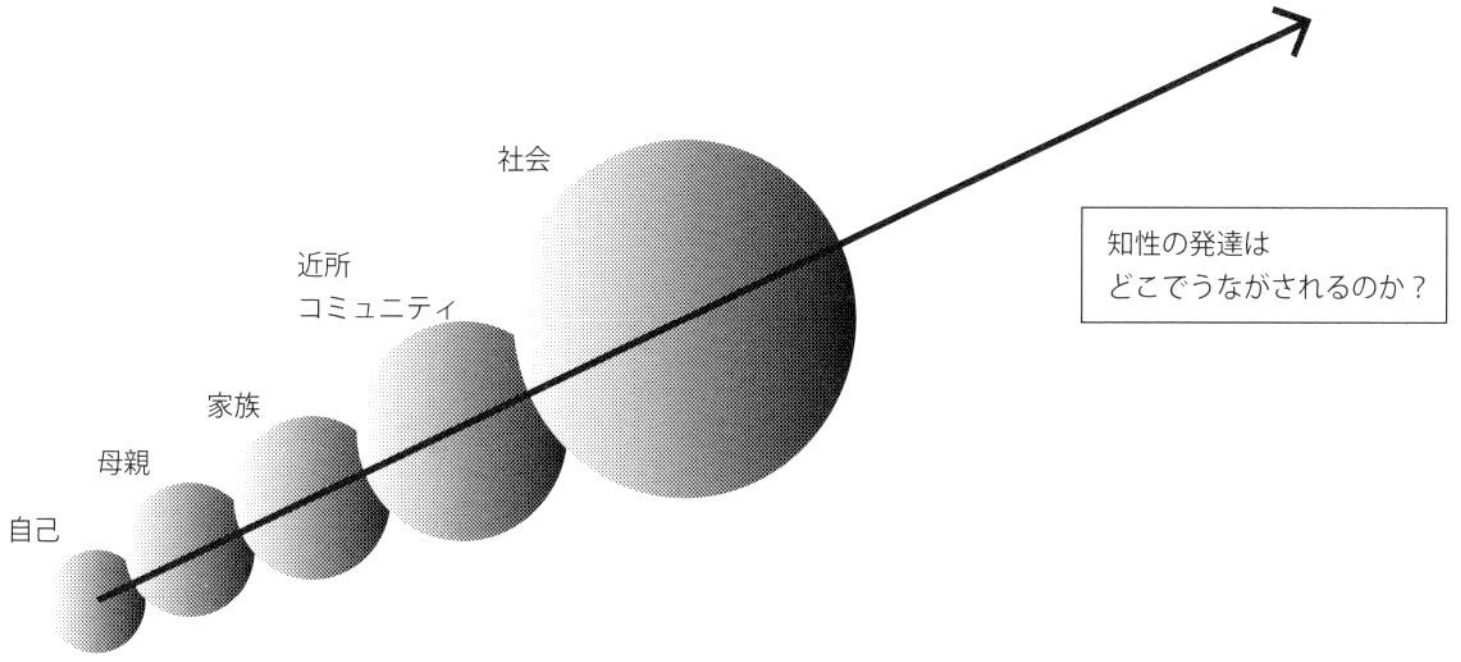

図22　環境や社会の中で個としての存在が生まれていく過程

身体的なレイヤーとシンボルレイヤー

人工知能のエージェントアーキテクチャは基本的な知能のモデルです（図23）。他者や環境世界と、五感や身体、言語、知識によってコミュニケーションをします。ただ、エージェントアーキテクチャの中でも二つのレイヤーがあり、身体的、物理的なインタラクション／コミュニケーションと、理知的なシンボルレイヤーがあります。つまり、二つの層のコミュニケーションレベルを我々は持っています。親しい人同士で手をつなぐといった物理的なインタラクションもあれば、言葉のレイヤーもあります。高度な知性はその根を失うことなく二重構造を持っています。そして、高度な知性の最も危険な状態とは、この根を失ってしまうことです。

ロシアの小説家ドストエフスキー（一八二一〜一八八一年）の小説には、そんな理知に走って身体的コミュニケーションの根を失う人物がよく登場します。一九世紀の思想的危うさが反映されていると言えます。たとえば『罪と罰』（一八六六年）の主人公ラスコーリニコフはナポレオンに関する論文を読んで、理屈をこねて「老婆を殺してよいのだ」と考えます。彼の良心はそれでも葛藤しますが、結局、殺してしまいます。そして、彼は英雄どころかその罪の大きさに罰を受けることになります。見せかけの大きな思想に操られてしまう人間の哀れさを描くことが、ドストエフスキーのテーマの一つです。

身体的・感覚的コミュニケーションは、たとえばアリがフェロモンを使ってコロニーを識別したり、仲間を誘導したり、セミやコオロギが鳴き声で求愛したり、というものです。それが動物となると、鼻をこすりあったり、噛むという行為、匂いであったりします。その次に言語・シンボルというコミュニケーションが生まれてきます。アリがダンスで情報を伝えたり、鳥がさえずりで情報を伝えたりするのは有名です。

人間社会であれば言葉でコミュニケーションを取ります。

コミュニケーションを考える上で身体的なレイヤーとシンボルによるレイヤーの二つがあり、生物は進化したからといって、身体的なものを忘れるわけではなく、そういったものを残しつつ、実はその上にシンボリックなレイヤーを持っています。さらに、人間の場合にだけ特有なコミュニケーションというのがあります。それは「お金」です。経済で人と人がつながっています。これは社会的に契約されたもので、人間特有の高度なものですが、言語がそうであるように、幻想なのか共同意識なのかは難しいところです。人があり、社会があり、経済というもので人と人がつながっているという特異な関係になっています。言語を持つ生物は人間以外にもいますが、お金を使う生物はおそらく人間だけです。そして、お金を介した関係は、支払う側、受け取る側という役割を発生するので、その限られた役割において「わかりあう」ことができます（図24）。

ゲームでは、個と個のコミュニケーションを構築しようという研究もあります。『EVE Online』（CCP Games、二〇〇三年）というゲームで研究されたのがソーシャルコ

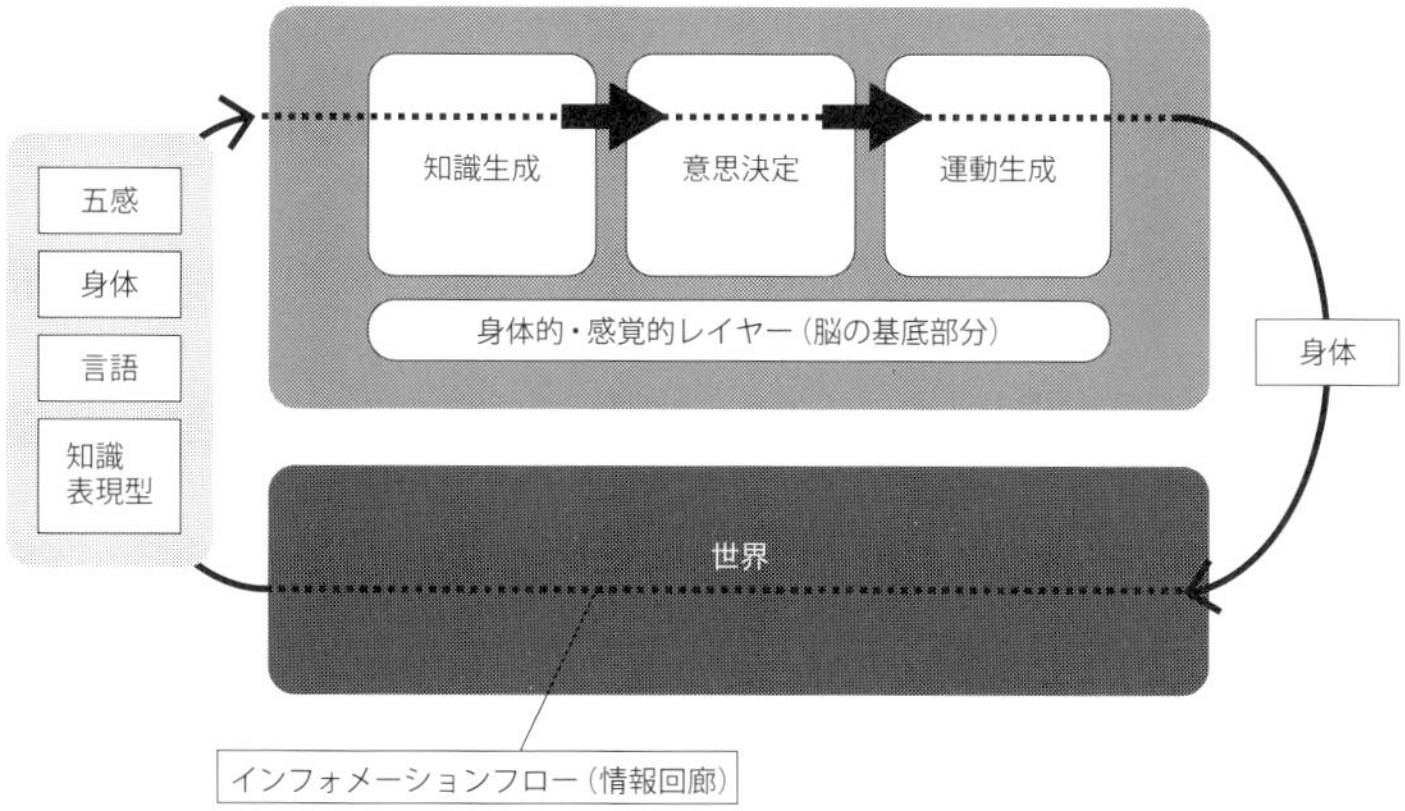

図23 エージェントアーキテクチャ

ミュニケーションです。たとえば、ゲームの中でたくさん人がいるというシチュエーションを表現したいときによくある悩みとして、「たくさん人を出してもまばらにしか見えない」ということがあります。もちろん、非常にたくさんの人を出せば「いっぱいいる」感じは出せますが、自然にたくさんの人がいるという状況を作るのがなかなか難しいのです。その理由の一つは「ソーシャルスペース」（社会的空間）にあります。

三人で井戸端会議をするとき、必ず相手の後ろが見えるように相互に立つという話があります。これを「F-formation」と言いますが、三人の立つ位置の真ん中を「o-space」、自分および相手が立つ領域を「p-space」、自分と相手の後ろに広がる領域を「r-space」と言います（図25）。つまり、こうしておくとr-spaceに人が来たとき、必ず誰かが見えるようになっているのです。それによって外敵に対する集団的防御を無意識のうちに張っています。その外側はもう完全に無視していいという関係になります。これを実際にコンピュータ上で試してみると、確かに自然に見えます。

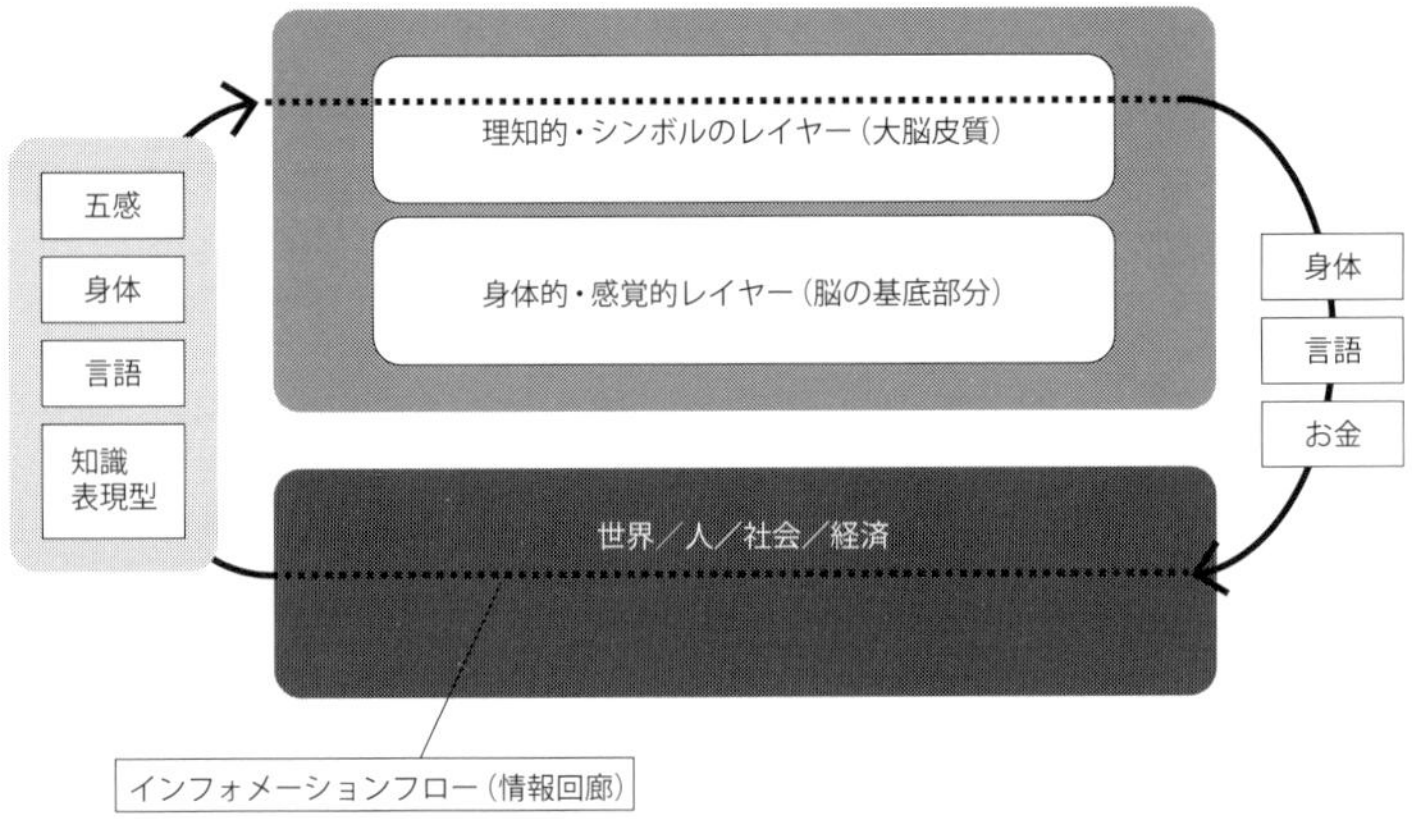

図24　「お金」というコミュニケーション

そういうふうに、非言語コミュニケーションから始まって、言語コミュニケーションがあって、そして社会的な経済やソーシャルのコミュニケーションがあります。非言語コミュニケーションはどちらかというと場を介し、身体がメインになります。言語コミュニケーションはシンボルとか言葉、場に捉われないものを使います。そしてソーシャルになると、お金とか共同の何かしらの抽象的なものを介したコミュニケーションとなります。それによって、我々はわかりあっているというより、つながっている、かつ協調行動が可能になるわけです。ただ、これをもって相互に理解しているのかどうかというのは難しいところです。理解することは協調につながるわけではないし、協調しているからと言って理解しあえているわけではなく、理解と協調は微妙な関係にあります。しかし、協調はその当事者同士に相互理解を促します。

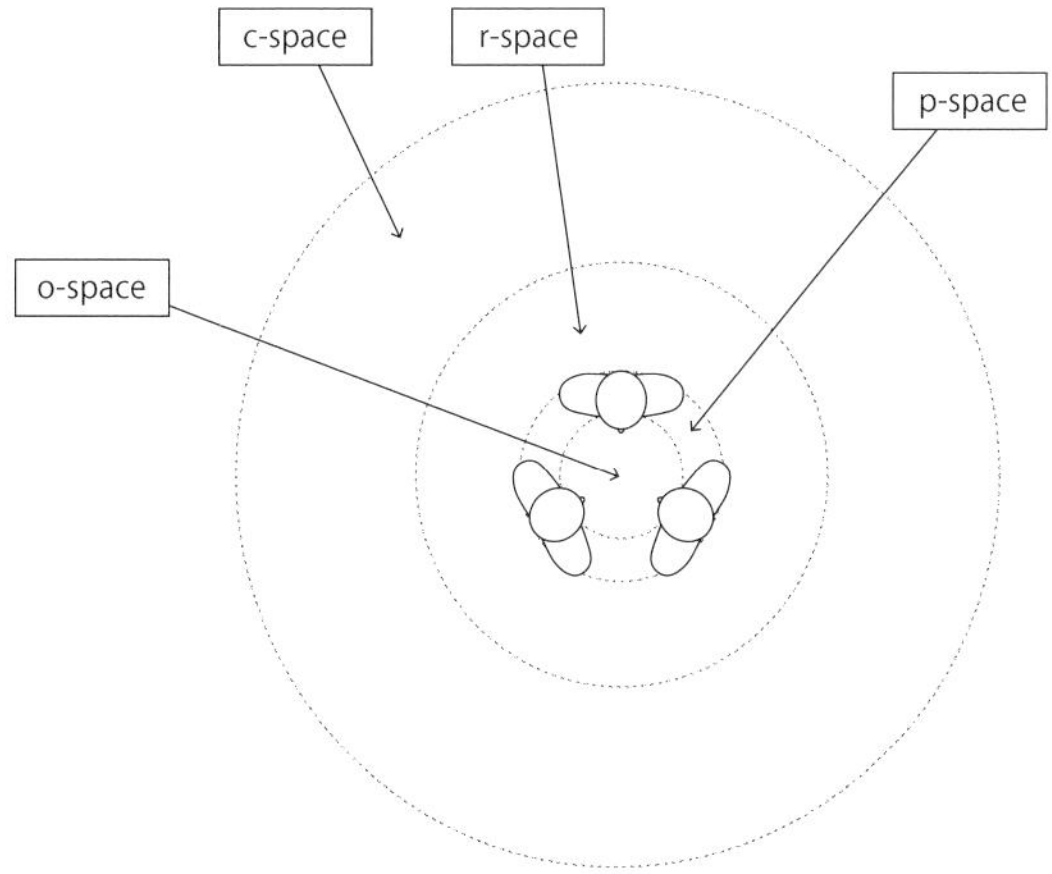

c-space：この円内に入ったものは、会話参加者の視界に入る（筆者が図に追加した）
r-space：この円内に入ったものは、会話参加者がより注意深く見る
p-space：会話参加者が立つリング
o-space：共有される場（入ってはいけない）

図25　F-formation（人と人が向かいあうときに形成する立ち位置）［Claudio Pedica,Spontaneous Avatar Behavior for Human Territoriality,http://www.ru.is/~hannes/publications/JAAI2010.pdf］

知能の根源

哲学は、人間から出発して人間とは何か、他者とは何か、を探求します。人工知能はそういった哲学の問題をエンジニアリングに変換する力があります。つまり、他者とは何かという問題を、他者を作り上げてみることで探求します。これが人工知能のよいところで、ずっと深く考えるというよりはとりあえず作ってみようというところがあるわけです。ただ、その出発点として、どういう哲学的立場を取るかというのが大きく問題になります。言語でコミュニケーションを取ることができれば、人間の「他者」になれるのでしょうか。

西洋の哲学は非常に言語にこだわります。つまり、言語を操るということに知能の証を見ようとします。人工知能もそうですが、西洋の学問は偏狭と言ってもいいくらい言葉にこだわります。これは僕から見て、ですが、おそらく多くの人から見てもそうだろうと思います。ところが、東洋世界にとって言葉とは何かというと、言葉が根源ではないと見なします。こういった考えは多くの了解が取れると思いますが、とりあえず自分の主観として、東洋は言葉を根源と見なしてはいないわけです。言葉を根源とする、という言説自体何を言っているかわからないかと思います。東洋の八百万の神の世界観のように、生きとし生けるものを横並びに捉える世界観からすると、人間と同じ存在の根源につながっていれば、言語で話そうがそうでなかろうが、人間にとって他者になる存在である、という受け入れをします。これは極論ですが、他者を受け入れる条件として、西洋はどちらかというと言語、東洋は存在の根源につながること、この二つの方向があるということです。

西洋の知能観というのは垂直的で、東洋は水平的ということを言いました。これを図20に合わせてみると、次の図26のようになります。上のほうは言語的、下のほうは存在的という軸が設定されます。

西洋はどちらかというと、生物が環境から自由になって自律的なものになっていく、その進化の果ての人間というのは完全に言語を操れるのだとし、この次元に来た人は他者として認めましょうと考えます。ところが、東洋はそういうことはなく、言語は関係なく、生きとし生けるものが等しく生きているという根本があり、存在の根においてきちんとつながっているかどうかというところにこそ、他者を了解する前提があるとします。

イブン・アラビーの存在論

ここで、存在論について考えてみたいと思います。ここから第七節までは東洋哲学篇のレビューとなりますが、そこから新しく論述を組み立てます。東洋哲学篇の第二夜で参照したイブン・アラ

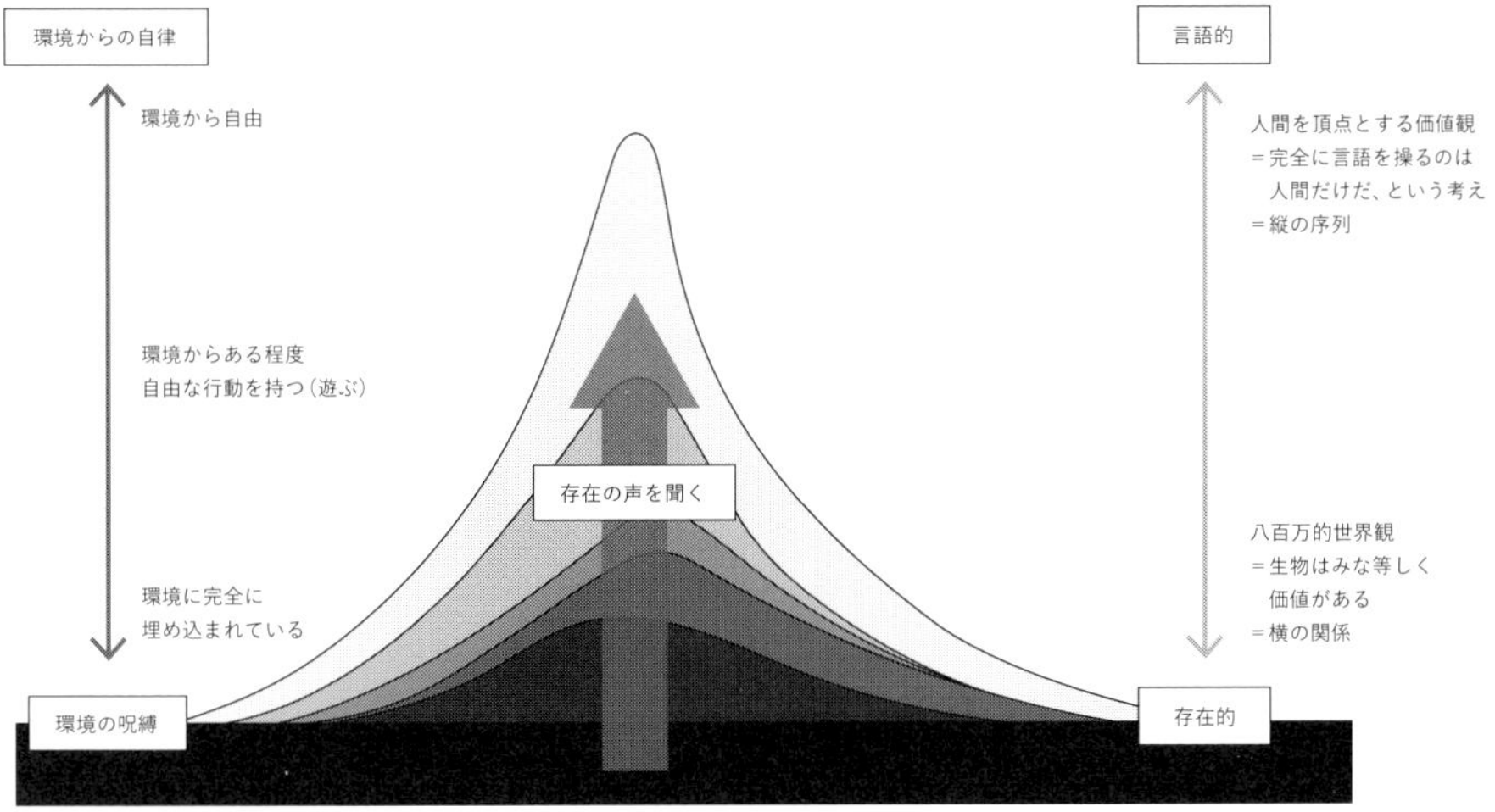

図26　言語的な軸、存在的な軸

ビー（イスラムの思想家、一一六五〜一二四〇年）の存在論の考え方は、言語によって分節化された世界があり、その上にイマージュの世界があり、さらにその上に言葉のない、すべてがつながった一つの世界があるというものです。その「すべてが一体となった世界の頂点」に対して上昇過程と下降過程があり、上昇する動きは自分の存在を一つの世界とつなげる「自己の存在を一なる世界へと奥深く還元する」運動、下降する動きは逆に、一なる世界から個が分化していく「自己を世界において顕現する」運動としました（図27）。

ところが、これはイスラム哲学だけではなく、いろいろな東洋の哲学に共通するメカニズムでもあります。仏教では「向上・向下」、「向上門・却来門」、「掃蕩門・建立門」、浄土真宗では「住相・環相」、スーフィズムでは「上昇・下降」

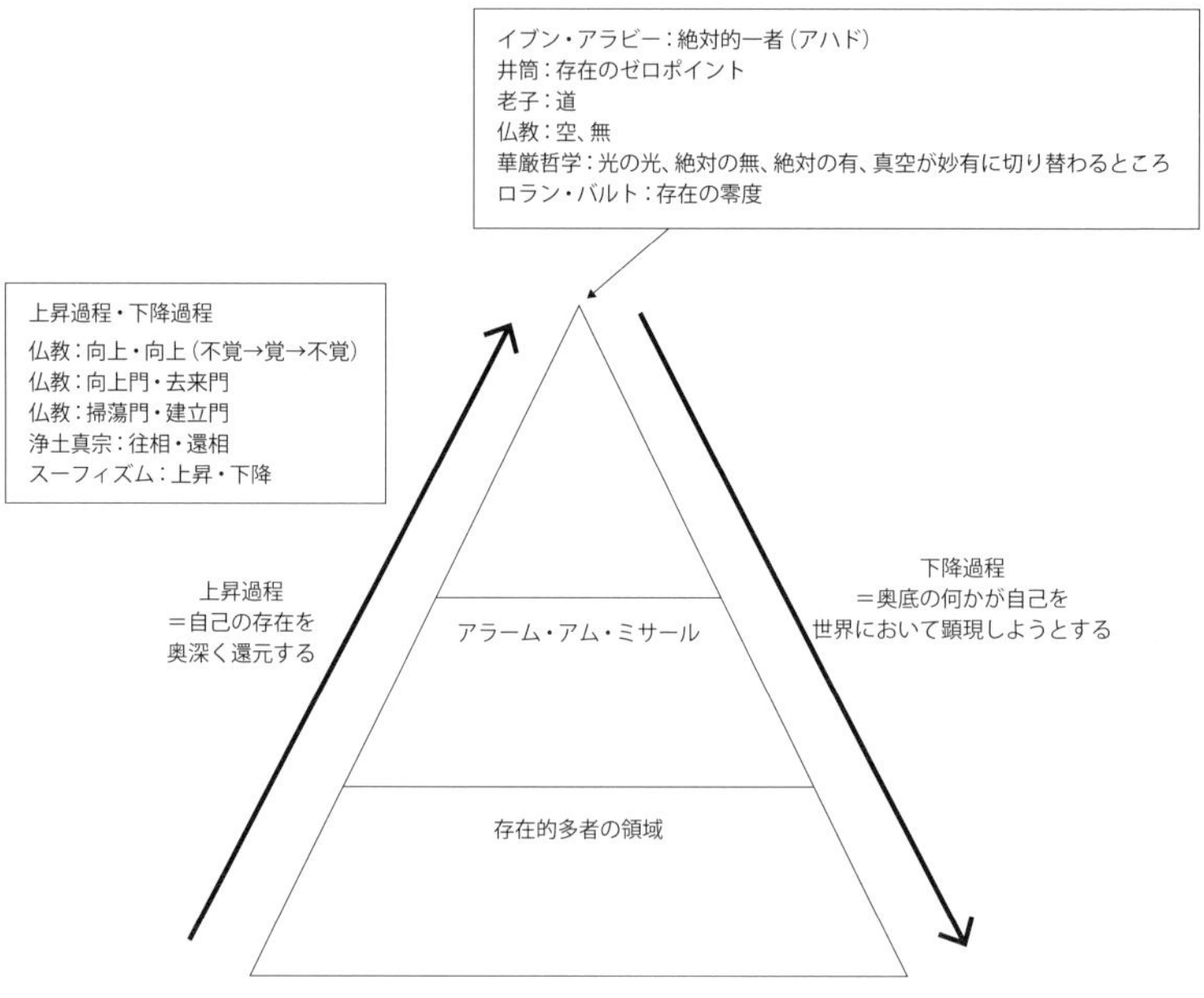

図27　存在論が示す上昇過程と下降過程

と呼びます。頂点のターニングポイントを井筒俊彦は「存在のゼロポイント」と呼びましたが、これは老子でいう「道」であり、イブン・アラビーでいう「絶対的一者」（アハド）であり、華厳哲学で言う「空」であり、「光の光」、「絶対の無」です。マルティン・ハイデガー（一八八九～一九七六年）は「存在の声」と言いました。実存である人間が存在の根源を問い、その声を聞くということです。「人は存在の牧人である」と、同じくハイデガーは表現しました。

人間はものごとを成り立たせる存在の根源に依拠しつつ、そこからある程度自由になり実存となったが、それでも深く存在と結びついており、実存の立場から存在が発する声を聞くのです。イブン・アラビーの存在論と結びつけると、個となった実存的人間が、「一なる世界」の存在から語り掛けられる事象を受け取る、ということです。

このように人間の知能というのは、物質的に、存在的にボトムアップに構成される流れと、それに依拠しないような自分自身を形成する流れ、この二つの流れからできていると捉えることができます。その中で、自分自身を環境に投げ出すアポトーシス的な衝動と、自分自身を保存しようとするホメオスタシス的な衝動という、二つのアンビバレンツな衝動の中に存在しています。

エージェントアーキテクチャの中には、環境世界から立ち上がって自己を形成する流れと一つの存在の根源から自分を世界に投げ出そうとする流れがあります（図28）。この前者のインフォメーションフローが自分を世界と結びつける、時間的存在であろうとする一つの流れであり、もう一つの後者の内部インフォメーションフローは時間を超えた存在でありたいという流れです。世界と一つの流れになりたい、世界から独立した普遍者（不変者）でありたい、この二つが人間の中でせめぎあっています。変化したいけど変化したくない、しかし変化したい、いや変化したくない、それが生き物の本質です。

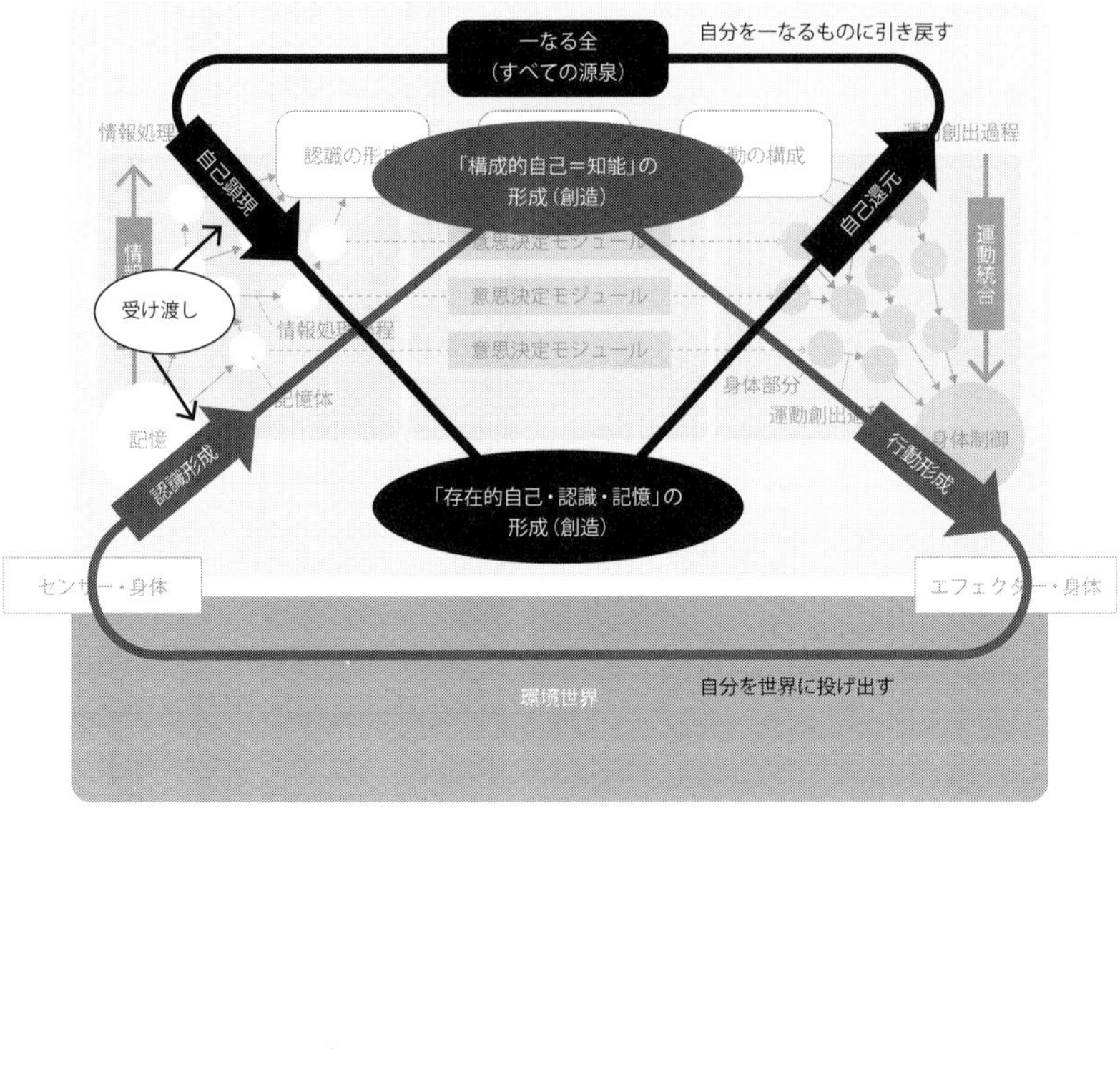

図28　エージェントアーキテクチャにおける二つのフロー

7 環世界と構造主義

環世界と分節化

アンビバレンツな衝動を持つ生物の根源には、西洋哲学篇の第二夜で紹介した「環世界」があります。「カメラが見ること」と「カメレオンが見ること」は違います。前者は、主体と客体の間にほぼ何の関係もありませんが、後者の場合、主体と客体は何らかの関係に結ばれています。捕食関係にあれば「見た」という知覚から「食べる」という作用が働きます。このように知覚と作用によって、生物はそれぞれ環境と固有の結びつきを持つ、とするのが環世界の考え方です（図29）。では、異なる環世界を持つ生物同士で理解しあえるのだろうかという問題があります。人工知能はさらにその上に、環世界よりもう一つの社会的知能を作ります。

人工知能には、入力があり知能があり、アウト

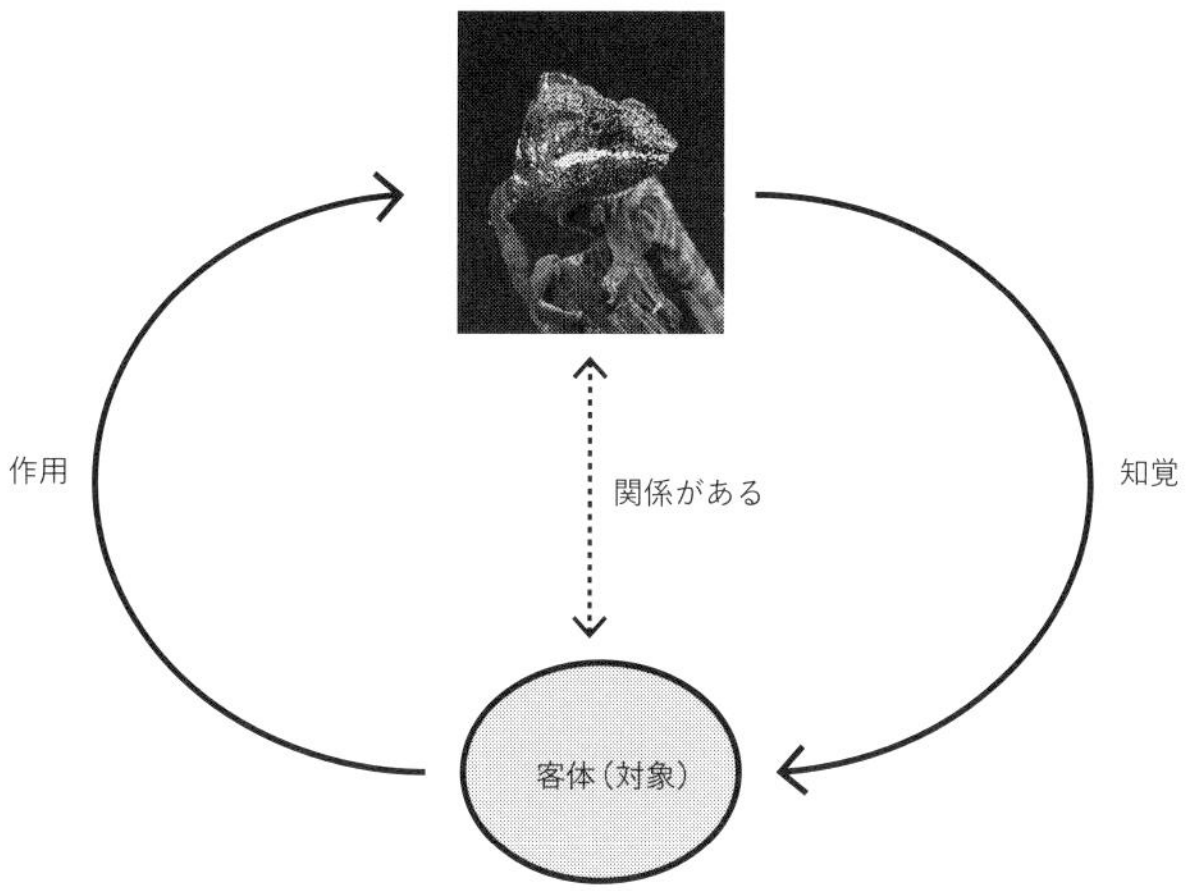

図29　主体と客体と作用

プットがあります。エージェントアーキテクチャは環世界より上の世界です。高度な知能は、環世界の上に乗っているということが言えます。一つの存在の中には、意識が世界を表している、言語によって世界を象徴化しているというレイヤーも存在します。井筒俊彦はそれを「存在分節」と呼びました。分節化というのは、知能の一つの特徴で、環世界も身体や生体によって一つの自然を分節化して捉えます。「これは葉っぱである」「これは食べ物である」「これは水である」と。そういった世界の分節化は、また二重に起こっているということが井筒俊彦の提唱するところです（図30）。二つの分節化は、まず環世界による、生態による分節化があります。生物である、人間である以上、リンゴは赤くて食べるものであるというように世界への身体作用による分節化です。もう一つの分節化は社会的な分節化です。こちらが言語や社会的規範による分節化です。そうした二重の分節化がされている世界を、人は見ています。コンビニでプリンを見るとき、食べ物であるプリンと、値段の付いた社会的商品であるプリンを同時に見ています。

つまり高度な生物、言語を持つ生物はすべて世界を二重に分けているのです。存在の根源としては一つですが、その上で二重に分割した世界を見ているわけです。上位を文化世界、下位を環世界と言います。

人間は特に、人間特有の色づけを行っています。さらにエージェントアーキテクチャの中では階層的な意思決定システムがあって、原初的な認識から高度な認識までを並列的に、多層的に持っています。これを「サブサンプションアーキテクチャ」（西洋哲学篇第三夜）と言います（図31）。一番下は物理的な、反射的なレイヤーで、上に行くに従って抽象的なレイヤーになっていきます。環世界がどこにあるかというと、一番下のレイヤーです。世界と知能を結ぶ最初のレイヤーとしてあり、高度な知能というのは、その輪の上に別の輪を作っていくことで形成されています。

一つの生物を考えると、環境世界と環世界、知性の世界、それらが全体で一つの生物の世界を決定し

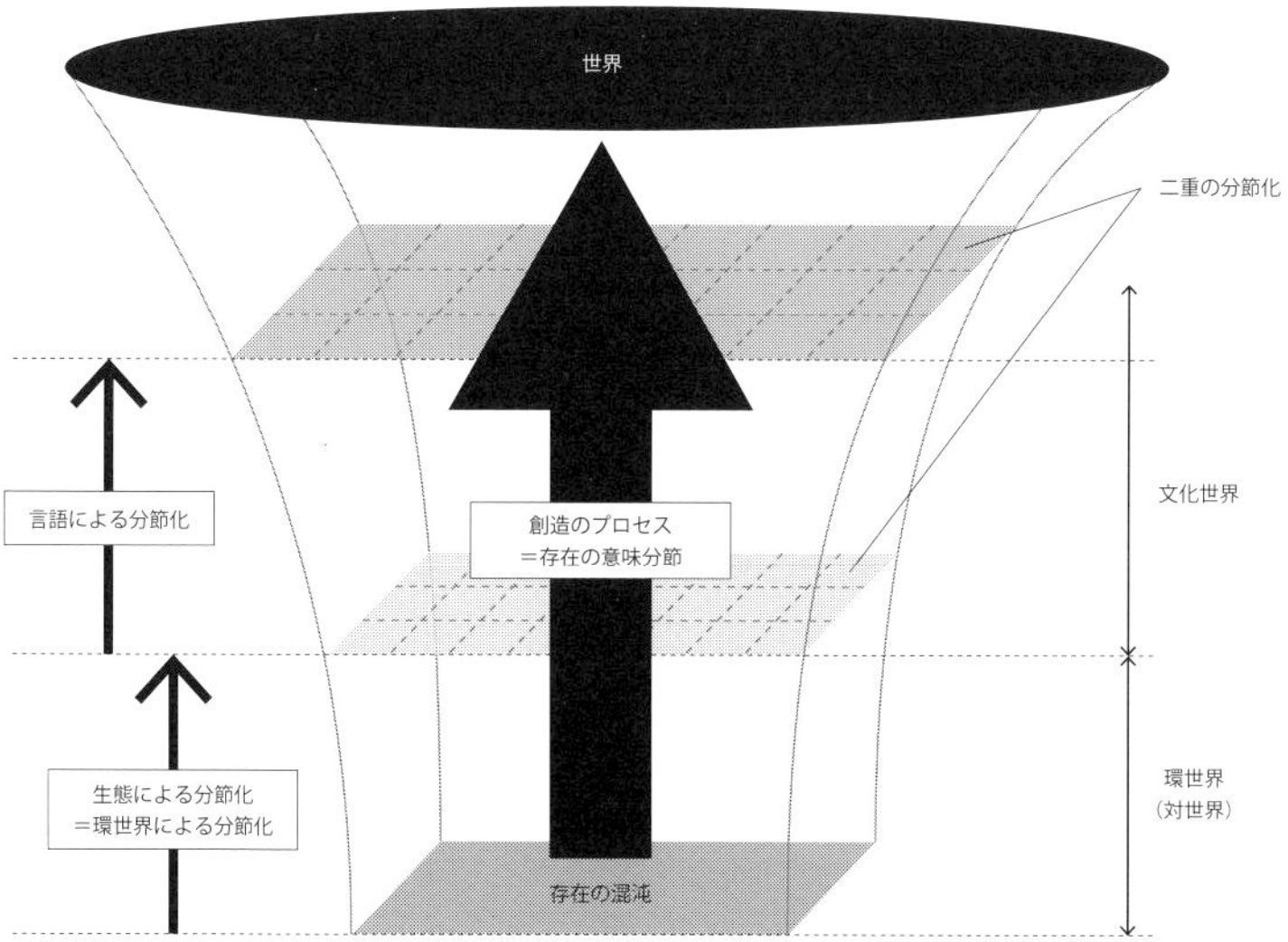

図30　二重の分節化

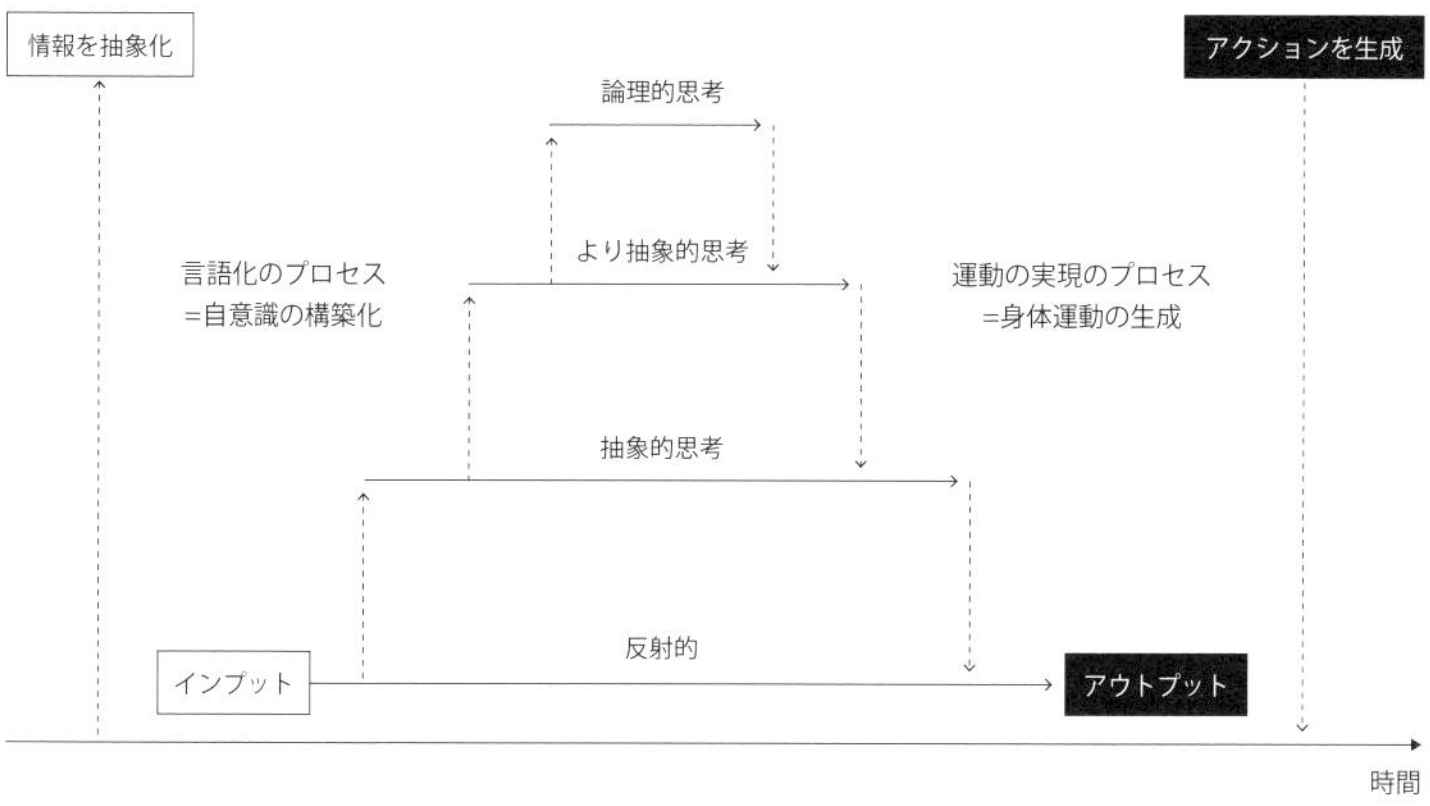

図31　サブサンプションアーキテクチャ

ています。異なる環世界、異なる知性を持っていると、まったく違う世界が見えています。その中で、認識する世界を異とする生物同士がわかりあえるのでしょうか。人工知能も他の生物も違う環世界を持っています。違う環世界というのは、そもそも世界の分節化が違うので言語も違う、対象も違います。

構造主義と理解

これに対する一つの答えを二〇世紀に誕生した構造主義から見てみましょう。構造主義はクロード・レヴィ＝ストロース（一九〇八〜二〇〇九年）が文化人類学的な視点から捉えた、元は数学的な概念です。Aを変換するとBになるのでAとBは同じだと見なす考え方で、これは数学で言う「同型写像」です。つまり、ものごとの中に潜む構造をとって、ものごとの共通性を見ることです（図32）。

レヴィ・ストロースはこれをいろいろな民族の神話の中に見出します。それぞれ神話や伝統を持っていて、そ

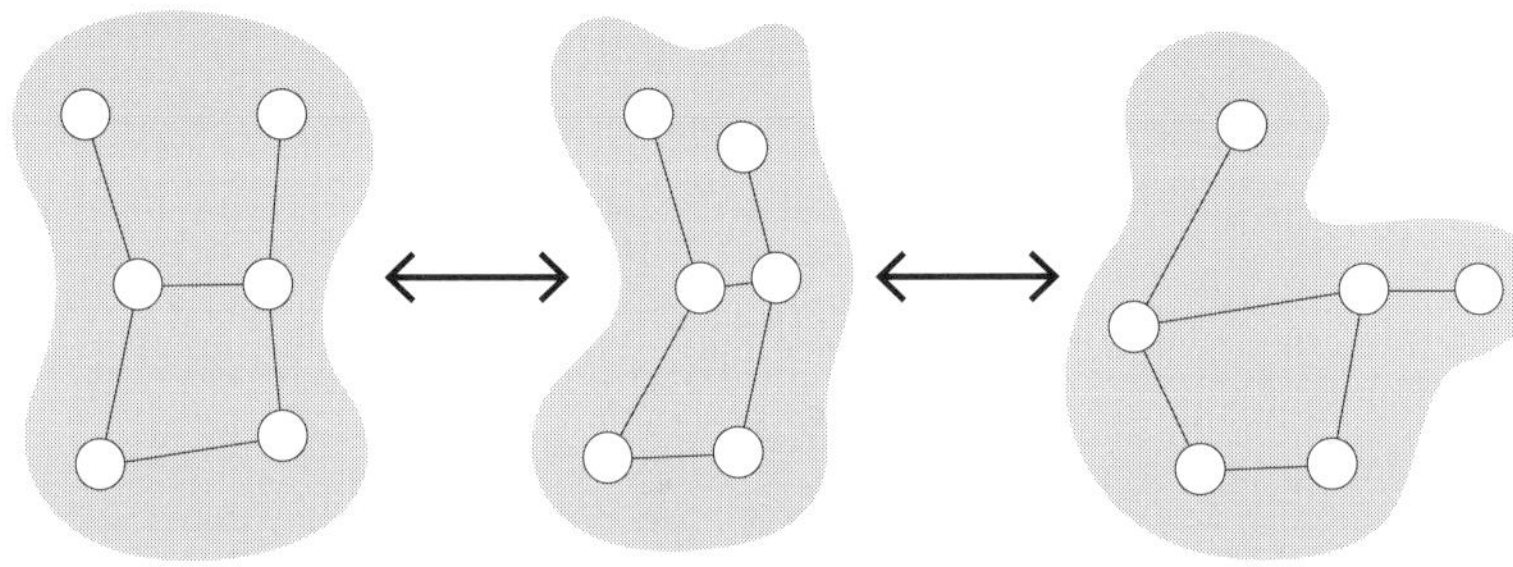

一見異なる対象の中にも共通する部分（数学的、記号的）構造がある

図32　構造主義

れらは一見違っているが、さまざまな世界で同じものなのだと言います。フェルディナン・ド・ソシュール（一八五七～一九一三年）の言語学もそこに貢献します。ソシュールが提唱した「シニフィアン／シニフィエ」は、「語という表記」と「語を意味するもの」は対応している、そういうものが世界を分節化しているのだという考えです（図33）。

実は、数学の構造主義というものもあります。二〇世紀初頭、さまざまな数学ができていましたが、相互に変換を施すと結局は同じ数学なのだということがわかってきました。レヴィ＝ストロースはそれを文化人類学の中で応用し、複数の文化の中に共通の分節化の仕方、一つの構造を見出したのです。そういった構造主義を考えると、実は、同じ世界に生きている以上、異なる生物も人工知能も動物も、だいたい同じ構造を持っているのではないかということが考えられるわけです。それを具体的に紐解いていく作業が必要です。

環世界から離れて文化世界のほうへいくに従い、多様性に富む社会になっていきます。人間である以上環世界

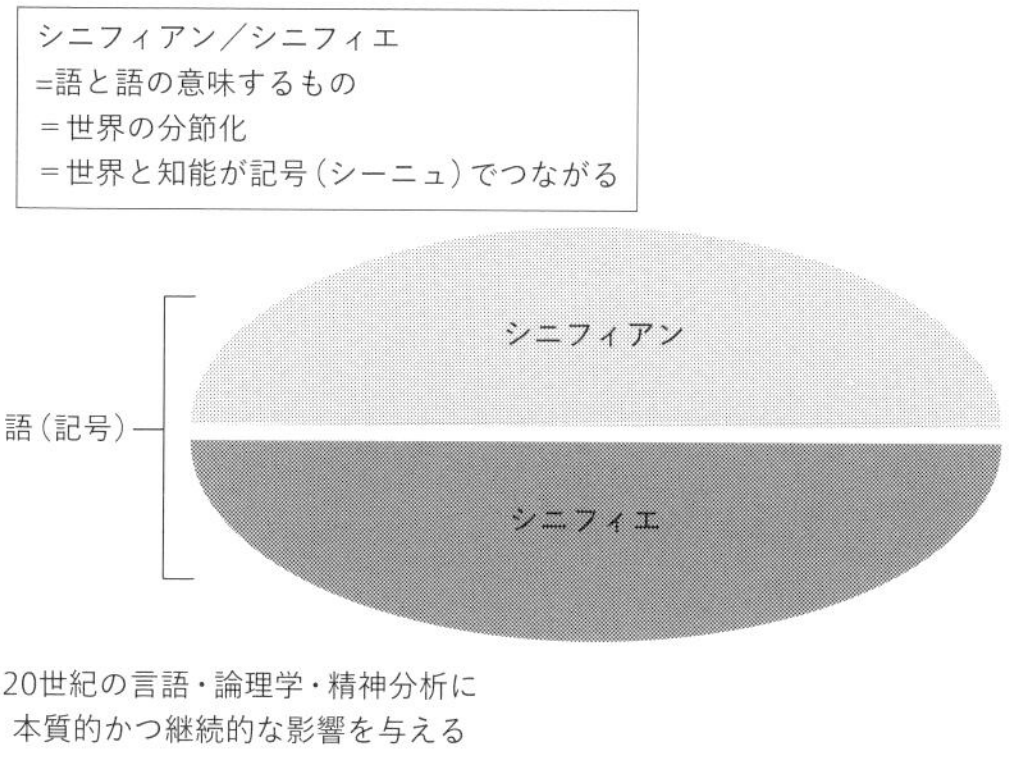

図33 シニフィアン／シニフィエ

がほぼ同じでも、日本とアメリカとヨーロッパでは少しずつ違います。ブラジルとスペインも違うし、ロシアも違います。つまり、上のほうにいけばいくほど差異化されていくわけです。大きな目で見ると、ほんの少し違うだけです。ですが、その差異を我々は興味深く学ぶわけです。西洋的な言語による理解と東洋的な混沌的な理解との違いは、「言語的差異を見る」のか、「根は同じというところに着目する」のかによって表れてきます（図34）。

人間はさらに複雑な構造を持っていて、意識を持っています。自分自身が生成したものが自分自身から逃げ出してしまう、という運動現象があります。言葉には自己を対象化しつつ自分を変えていくという作用がある、とデリダは言います。現在の自分に言葉によって亀裂を入れ、つまり対象化し、現在の自分から逃れて未来へ新しい自分を展開していく、これを「差延」と呼びます（図35）。

我々はそういうふうに各瞬間の自分というものから逃れつつ次の自分を作り出していく、波ができては次の波がそれを飲み込んでいくというように、自分ができては消滅する、繰り返す重なりの中で差延的に生きているの

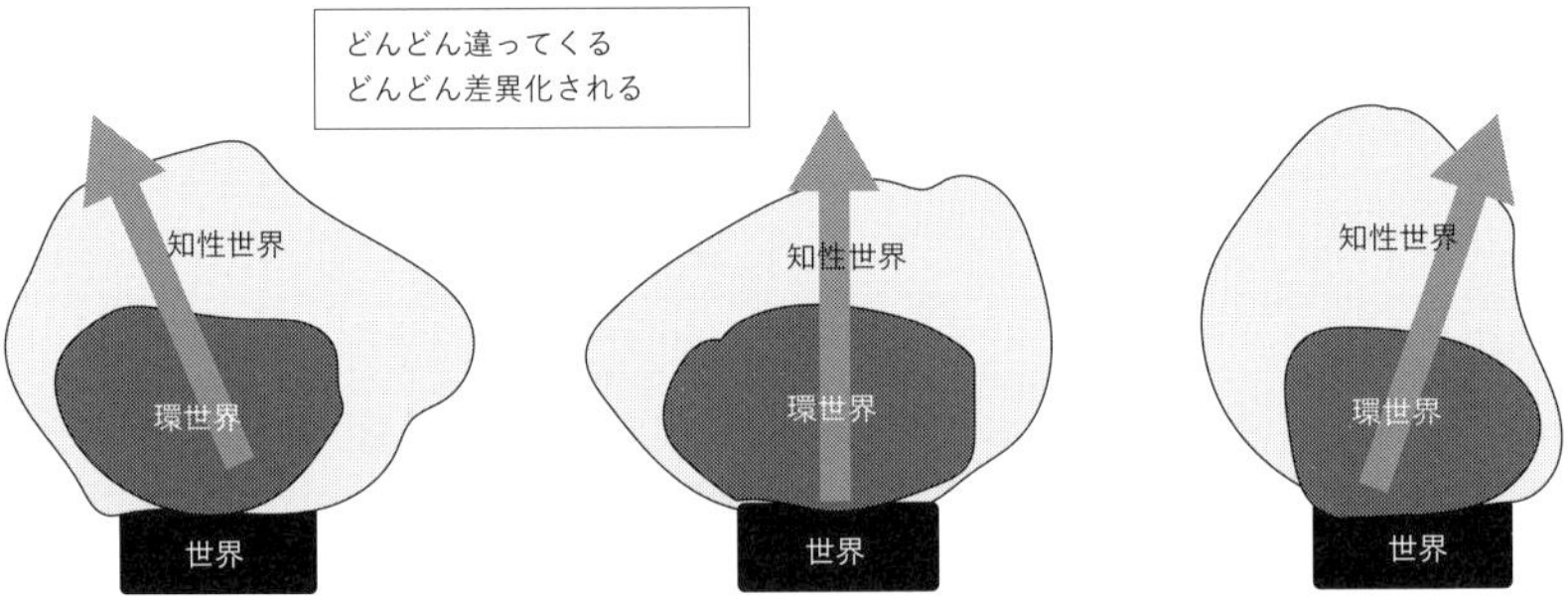

図34　差異化されていく

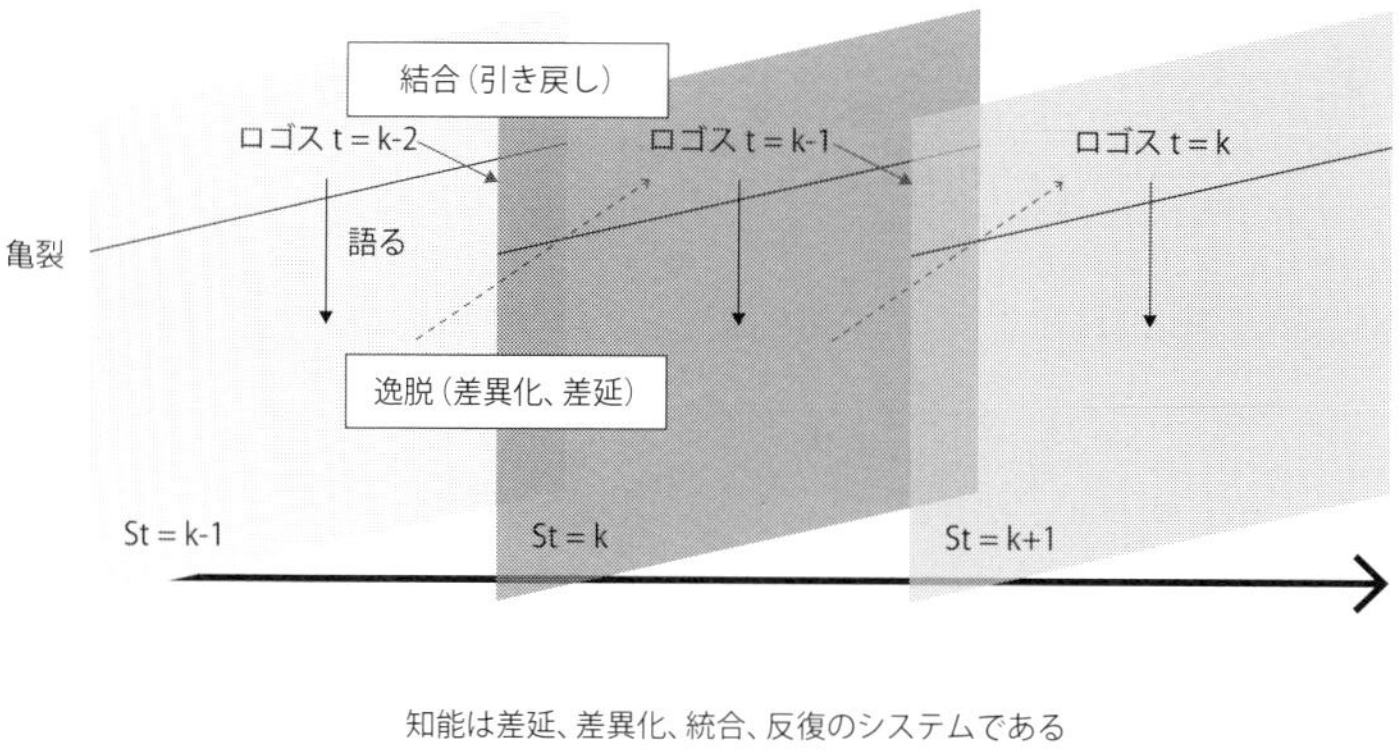

図35　差延

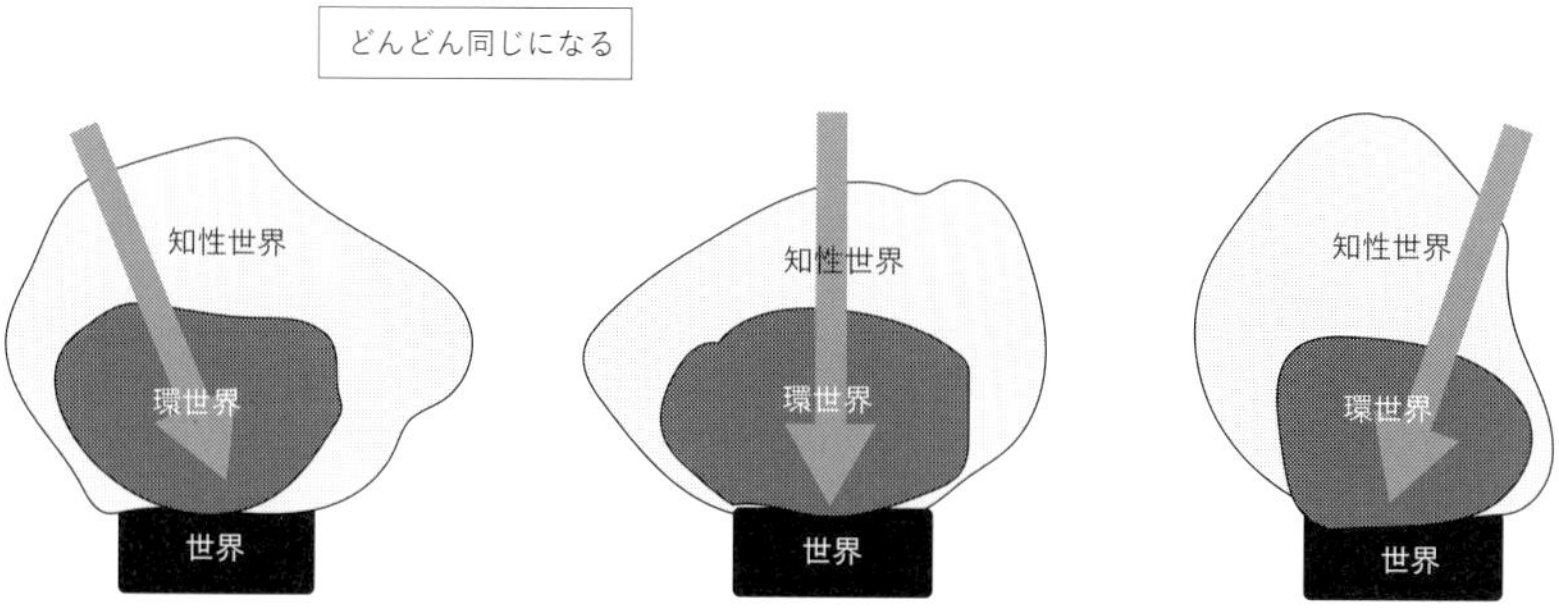

図36　環世界や深いレイヤーに向かうと同じ存在になる

です。これは現象学の教えるところです。つまり、意識というものを考えると、存在の根源からどんどん未来に向かって、自分を差延して別のものになろうとします。そのため、人間同士はなかなかわかりあえないわけです。

ところが、逆方向の環世界や深いレイヤーに引き戻すと、人間の存在は結局は同じではないかということになります（図36）。シモーヌ・ヴェイユが「人間のコアは非常によく似ているし、そこを確かめあうことが兄弟愛や同胞愛というものである」と、フロムが「中心的関係」と言っていたように。人間は似ている分、差異というものを意識してしまうので全然違う気がしますが、朝起きて、食べて、寝るというところはだいたい同じです。人と人は随分違うけれどだいたいは同じ、一方で九割五分同じだけど五分違うというように、一か〇かの議論ではなくて、実は大きな意味では、人間同士はすごくわかりあえているほうです。

8 場と同期と理解

人工知能と人間はどうでしょうか。人工知能はもちろん人間と違う根を持つ存在です。人工知能に身体を与えるといっても、人間と同じ身体を与えられる可能性はあるかもしれませんが、やはり一般的には違います。ロボットかもしれないし、単なるソフトウェアかもしれません。人工知能が持つ環世界はおそらく我々とはまったく違っています。

今回、ところどころに出てくるシモーヌ・ヴェイユは人間の根というものがどういうものかを問うた哲学者です。第二次世界大戦でいろいろな人の根が奪われ、では、存在の根源が奪われた人がいったいどうなってしまうのかということを問いました。根というものが、人間の存在にとって、実存としての人間にとって非常に重要なものだということを問うたわけです（参考：シモーヌ・ヴェイユ、『根をもつこと』、岩波文庫）。

根が違えば枝を同じくすることでわかりあおうとする、これが言葉を話せればよいとする立場です。差異化した果てでわかりあおうとするということです。一方、根源でわかりあおうとする立場があります。差粗い言い方をすれば、差異化した果てでわかりあおうとするのは西洋的な考えで、だから人間と人工知能が言語でわかりあおうとします。根源でわかりあおうとするのは東洋的な考えて、ここでヴェイユの言葉を借りれば、同じ根を持つことを確認することで同胞と思いましょうということになります。この二つのベクトルが「わかりあう」ことの中に潜んでいるわけです。我々はどちらかを目指すべきなのか、人工知能にどちらを求めるのか、ということが大きなベクトルの違いです。

身体によるメタ認知

身体を考えると、実は身体というものが行為や認識の基盤になり、人間は身体のさまざまな運動によってフレームをどんどん更新して、変化させていくことができます。メタ認知研究の第一人者である諏訪正樹の『身体が生み出すクリエイティブ』（ちくま新書、二〇一八年）にはこう書かれています。

> クリエイティブな行為の基盤にあるのは、認識枠を臨機応変に広げたり狭めたりする賢さであることを、様々な事例で論じてきた。身体で世界に触れること（現象学の言葉で言えば、「現出」を意識に上らせること）を通じて、身体がそれまで想定外だった変数（着眼点）にふと意識を向けることで、それは可能になると論じた。
>
> 〈諏訪正樹、『身体が生み出すクリエイティブ』、ちくま新書、二〇一八年、171ページ〉

> 街でからだメタ認知を実践する習慣がつくと、最初は（この章で例としてあげた）定番の変数群にしか意識が及ばないかもしれない。しかし次第に、些細な、自分だけしか気づかないような変数にも意識が及ぶようになる。……（中略）……自分の街の些細な変化に、そして身体に生じる体感の微妙な差異に、気づくようになる。
>
> 〈諏訪正樹、『身体が生み出すクリエイティブ』、ちくま新書、二〇一八年、190〜191ページ〉

「メタ認知」と呼ばれますが、人間であるならば、そういった身体というものがさまざまなものごとの認識の根源になっているということです。

たとえば、二人でジョギングをするとき、それぞれ独立して走っていると単に走っているだけですが、お互いの腕を紐で結ぶと、感覚としてわかりあえた気がします。文字どおり身体をつなぐことで同期して、加速したとか、休みたいんだなとか、わかるわけです。これは、どちらかというと、身体というレイヤーで同期を取っているのです。そうすることで、存在の根源、身体の側でわかりあえるという感覚を得ることが可能となります。身体という一つの場の中で結びあうことでわかりあえるのです。そうするとつまり、人と人工知能も、一つの場で比喩的に紐のような「結びあい」を作ることでわかりあえる可能性があるということになります。

協調する場

華厳哲学の話に戻りますが、人間も一枚岩ではありません。人間の中にはいろいろな部分があって、それぞれの部分が環境とある関係を持って響きあっています。二人の人間が出会ったときに、すべてを理解したり、すべてをつなぐことはできません。部分部分が響きあって、ここととここは意見が同じだね、とか、同じ音楽の好みだねというように、部分的な積み重ねをしていくこと、同期できることを一つひとつ増やしていけば、いつかは深い理解にたどり着くことができるはずです。

そういった同期の輪をどの次元で作るかという議論があります。人と人工知能がわかりあうときに、相互に干渉する力動を作らなければなりません。アメリカの心理学者マイケル・トマセロ（一九五〇年〜）

は、「人間は協調する生き物だ」ということを言います。

協調という面から見て、人間がどういう能力を進化の中で発達させてきたかというと、まずコミュニケーションです。たとえば、指差しやものまねを通して同意のプロセスを学んできました。あるいは「共有志向性」、これは一つのコンテクストを共有しようとするスキルですが、これを確保してきました。そして、コモングラウンドという共通の基盤を持つことです。たとえば一つの民族における神話であったり、一つの共同体の中の理念であったりします。この三つによって生物というのはわかりあい、協調を実現しようとしてきたと彼は言うわけです。

協力に基づくコミュニケーションは、人間に特有な協調活動の進化の一部として創発した、というのがわれわれの仮説である。（略）人間の協調活動と協力に基づくコミュニケーションはどちらも、何層にもわたる意図の推察と、他者に見返りなしに助けや情報を提供する傾向に依存している。

〈サトウタツヤ、『心理学の名著三〇』、ちくま新書、二〇一五年、87ページ〉

長い進化の中でそれくらい個として発達してきた個体である人間、あるいは哺乳類たちが、その中で完全に、ある可能性としてはまったくわかりあえないということもあったわけです。進化の過程の中で、わかりあうように進化しようという力があったのだということです。

一つの個体の知能がどんなに複雑なマルチレイヤーの構造になったとしても、その深いレベルでわかりあう何層にもわたる意図の推察が可能です。そういった同期の輪がコンテクストの輪である、というのがマイケル・トマセロが言わんとするところです。

ベルクソンが言うように、一つの個体は自分自身の中で複数のコンテクストを持っています。コンテクストを同期することは、これはわかりあうと言うより協調するという方向のベクトルです。つまり、わかりあうことは非常に難しいかもしれませんが、人間と人工知能であったとしても、先ほどのマラソンの例のように人間と人工知能を同期させることは可能です（図37）。

身体のレベルで結ぶというのは非常に原初的な方法で、そこから、もっと意識のレベル、知能の深いレベルで同期を取る、あるいはトマセロが言っているように、人間と同期ができるように人工知能を発達させていくことで、人間と人工知能は深いレベルの同期を実現できます。そういう存在として人工知能の進化の方向を調整するのは、ちょうど人間が協調する方向に進化してきたように、それと同じことを人工知能でやろうということです。

そういう意味で、人工知能が人間とさまざまなレベルで同期するように発展していく（これは人間と協調できた人工知能を評価して進化させていくことで可能でしょう）ことができれば、人間と人工知能は最大限わかりあえる可能性を持ちます（図38）。

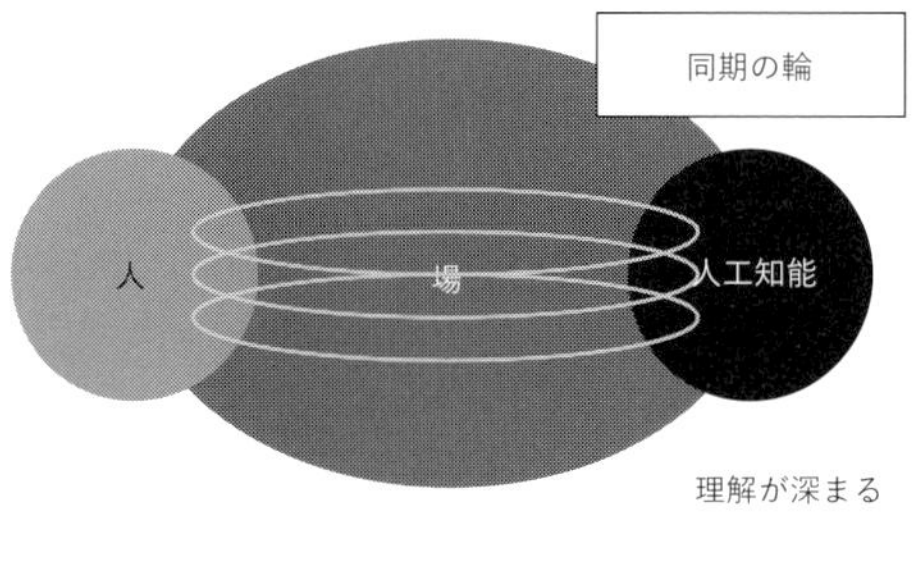

図37　同期の輪

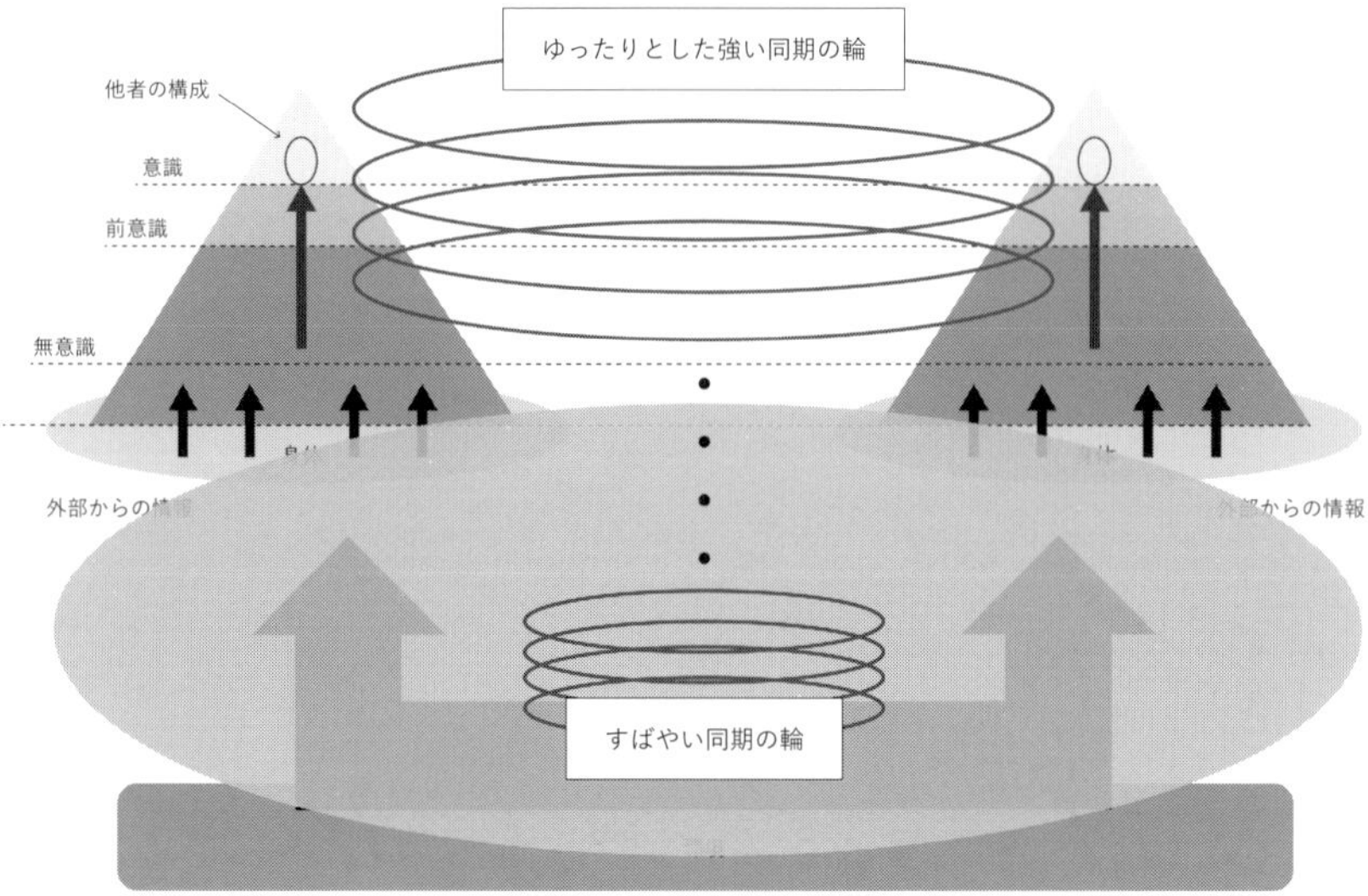

図38 同期の輪、人間と人工知能の協調

第一部 [第二夜]

社会的自我を持つ人工知能の社会

第零夜、第一夜と、人工知能の社会的な存在のあり方を見てきました。ここでは、そういった人工知能たちが果たしてどのような社会を築くのかということの基本にある哲学をお話したいと思います。人間が社会的存在としていかに形成されていくかを探求し、人工知能も同様に形成したい。どうすれば社会において、いつでも人工知能が人間の代わりの存在として働けるようになるのかを探求したいのです。そのためには、逆に社会のほうを変えなければならないのかもしれません。現代の社会人が背負っているものを人工知能に肩代わりさせるためには、人工知能はいかなる存在であるべきでしょうか。

1 これからの社会と都市

実世界指向AIと都市

人工知能は、いま、社会の実空間に出ようとしています。こういった人工知能のことを「実世界指向AI」と言います。これまでコンピュータやインターネットに閉じこもっていた人工知能たちが、ドローンやロボット、デジタルサイネージなど、さまざまなインタフェースやハードウェアに乗って社会に進出する時代になっています。そのときに、人工知能のステークホルダー、キープレイヤーたちが何を考えているかというと、個人というよりは、街全体に対して人工知能を仕掛けていこうということです。

人工知能は現実空間を把握するのが非常に苦手です。そこで、あらかじめ実空間をスキャニングして情報にしておこうというのが、大手IT企業などが行っている人工衛星や車などによって現実世界をデータ化する試みです。つまり、街全体を情報空間にして、物理レイヤーと情報レイヤーをオーバーラップさせよう、そういう仕組みを作った上で人工知能を世界に放とうということです。もう少し小さなスケールでは家です。家そのものが人工知能になっていきます。誰が家の中にいるのか、どの部屋に誰がいるのか、どういう電気機器が動いているのか、この人に対して空調の温度は何度にすればいいのかなど、監視し、調整してくれる人工知能です。介護の問題も、いろいろな健康状態を家の人工知能が監視してくれる、そういった未来も来ようとしています。

人工知能はクラウドなどのネット空間まで入ってきましたが、これからはそういった人工知能たちが実世界指向として世界に出るために、ロボットやドローン、実世界センシング、IoTなどが街の中に整備されていく、それによって現実空間が変わっていくというように、これまでとは違う次元のフェーズシフトが起ころうとしているわけです（図1）。

まず、都市と人工知能はどういう関係になっていくかということを考えたいと思います。人類は人が住みやすい街を何千年も探求してきました。人間がいかに便利に、いかに快適に過ごせるか、というように。ところが、これから人工知能が入ってくるということは、人工知能にとっても住みやすい街というものを目指すというところになります。

今回のテーマを考えていく上で、社会や自然といった極大的なものと知能という極小のものをどういう関係でつないでいくかという課題があります。これは数学で言うと複雑系（カオス、フラクタルという場合もあります）の話です。複雑系とは、極大なものと極微なものが結びあっている運動状態を言います。人工知能の分野ではマルチエージェント、人工生命と呼ばれ、人工知能

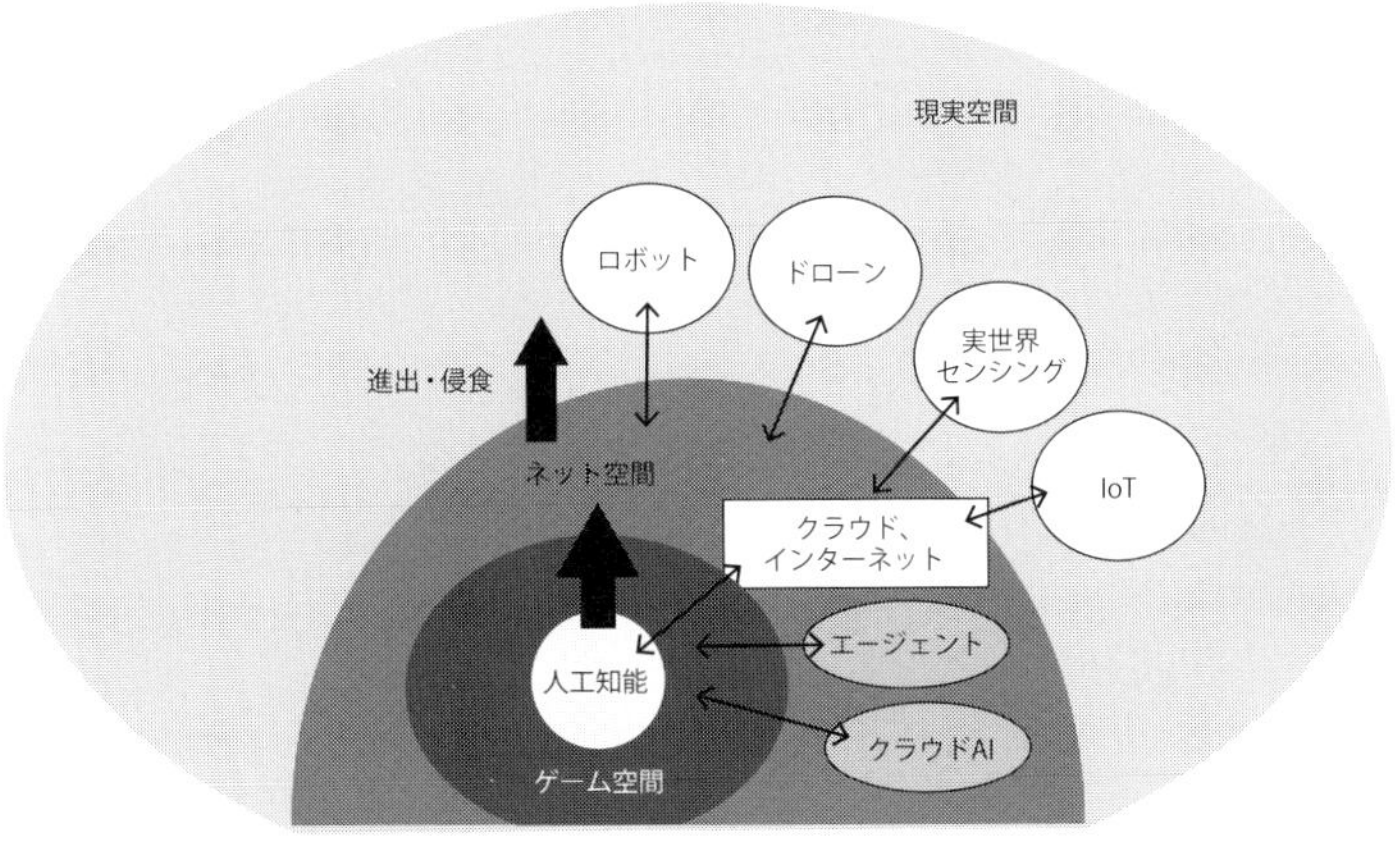

図1　人工知能が現実世界に入ってくる

個別の人工知能が連携して、個を超えて大きな流れを作っていくという分野になります。社会学では、ジョージ・ハーバード・ミード（一八六三〜一九三一年）、タルコット・パーソンズ（一九〇二〜一九七九年）といった、人間の内面と社会学を結ぼうという一つの大きな流れがあります。これは、個の存在のあり方というものが社会とどう関係するか探求する流れです。これら各分野において、同じテーマが、異なる言葉でアプローチがされてきた経緯があります。

以降では、人工知能だけではなく、そうした分野の知見を借りながら話を進めていきます。

人と人工知能と場

第壱夜でお話したように、人と人工知能と、もう一つ場というものがあります。どういう場所でインタラクションするのかということが重要になってきます。今回でいうと、それは社会です。社会は人がお互いに役立つ仕組みになっています。これまでは、人と人がお互いに役に立てるような社会にしようという話でしたが、ここに人工知能がどう入ってくるかということを考えたいと思います。

人と人工知能がお互いに役に立つ仕組みというのはどうあるべきでしょうか。一つの考えは、人工知能は社会の一部、歯車になって人間のために役立つ、人と同等ではないけれど社会の中に組み込まれるという立場です。もう一つは、人工知能が人と対等な存在になる、人と同じような権利と立場を持って社会を動かしていくということです。極論ですが、たとえば自分の上司が人工知能、同僚が人工知能、というような世の中になるという話です（図2）。

第零夜の話の復習になりますが、人と人のインタラクションでは奥深いところまで理解することができます。なぜなら、人間は多少の違いはあれ、同じ精神構造、同じ知能の形をしているので、意識のレイヤーでも無意識のレイヤーでも、身体というレイヤーにおいても、さまざまな相互理解が可能です。

単にコミュニケーションできればいいというわけではなく、人間の知能は環境のいろいろなものと響きあいながら存在しています。たとえば、渋谷で話すのと新宿で話すのではちょっと違う話になるというように、我々の知らないところでいろいろな要素が絡みあいつつ、さまざまな会話や行動が成り立っています。人同士も身体だけ、心だけではなく、身体や、ちょっとした部位と心の関係など、本当にさまざまな関係が人と人の間にはあります。

人工知能はもちろん人間に似せて作るのですが、やはりいろいろな違いがあります。まず身体が違います。我々はタンパク質でできた生殖を行う動物ですが、人工知能は鉄でできた、皮膚感覚のない存在です。我々の精神は、自然言語である程度構造化されていますが、人工知能はプログ

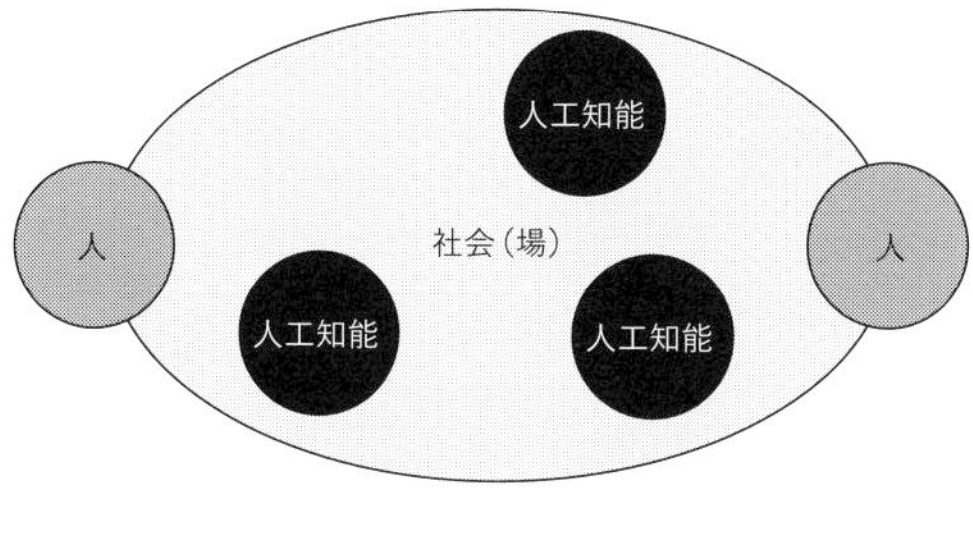

図2　人工知能が人の社会にどう入ってくるのか

ラム言語でできています。そういった人間と人工知能の個と個の関係がつながって、広く社会的な関係になるわけですから、「個と個としての関係」は重要なファクターです。つまり、将来、社会がどうありたいかによって人工知能の形成の仕方はやはり変わってくるのです。人間と人工知能にどんな関係を結ばせたいかというところに社会のデザインが関係してきます。全体のデザインと個のデザインは常に密接な関係にあります（図3）。

人工知能研究の二つの流れ

ここで、「人工知能のための哲学塾」の全体を振り返ると、二〇一五年から二〇一六年にかけて行った西洋哲学篇、そして二〇一七年の東洋哲学篇はどちらかというと人工知能を内側から探求してきたということがあります。内面に深く入っていって、どのような構造であるべきか、ということを探求して

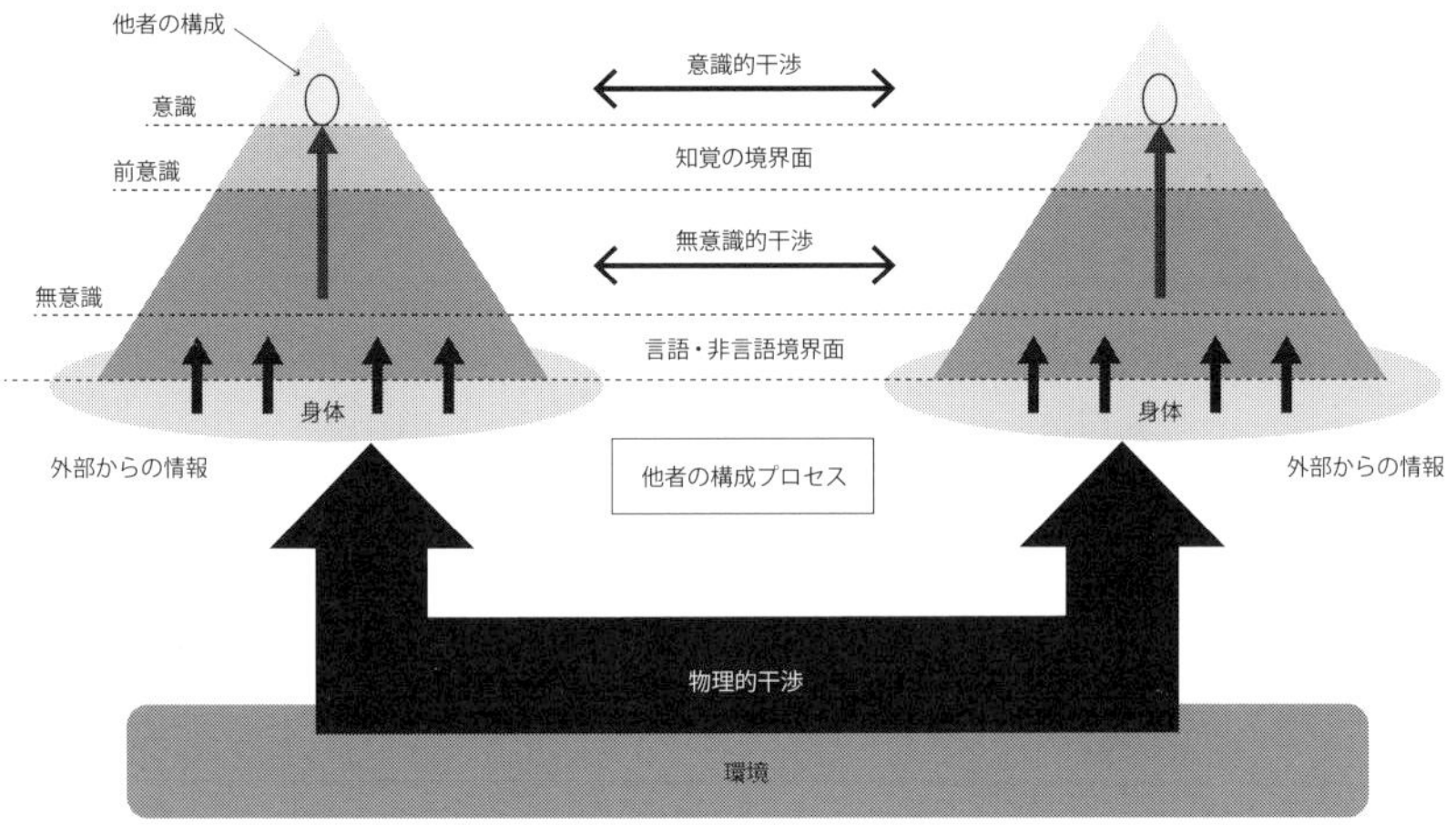

図3　人間のコミュニケーションの階層モデル［再掲］

きたわけです。ところが、未来社会篇ではそれを一八〇度回転させて、むしろ社会から人工知能を考えていきます。人間自身もやはり社会の中で形成される部分は大きいので、人工知能も社会から作ろうということです。

人工知能研究の分野全体の動向としても、内側から人工知能を構成する流れと外側から人工知能を構成する流れがあります。大きな二つの流れではあるのですが、実は、あまり交わっていません。内側から人工知能を作ろうというのは、環世界、エージェントアーキテクチャ、意思決定アルゴリズム、ゲーム産業でいえばキャラクターＡＩという分野です。一方、社会的な集合として知能を作ろうというのはマルチエージェント、社会シミュレーション、ゲーム産業でいえばメタＡＩという考えです。内面のほうから作る場合、一つの人工知能を作ればよいという形で、それが集まったときどうなるかというところまではあまり考えません。一つのエージェントが賢くなることが目標です。一方でマルチエージェントを考えるときは、個々のエージェントの深い部分まで考えるかというとそうではなくて、エージェントを非常に単純化して捉えます。エージェント同士、あるいはエージェントと環境のインタラクションを規定します。

実はこの二つというのは、大きなギャップがあって融合していません。しかし、これからは内側から外側、外側から内側をつなぐような人工知能の大きな研究のフレームを作っていかなければなりません。コンピュータも格段に発展し、内面のシミュレーションを行いつつ、社会シミュレーションを動かしても十分にやっていけるところまで来ています。内面の個としての人工知能と、社会的要素としての人工知能を同時にシミュレーションして考えようということが、これから重要になってきます。

東洋哲学篇の一つの帰結でもありますが、内側を探求してきて最後に何が出てくるかというと世界が出てくるわけです。知能は、内側に内側へと入っていったはずが、実は外側に出ているというような不思議な構造をしていて、人間の一番内側のコアに何があるかというと世界そのものの通気口があるのです。つまり、内面の一番深い奥底には、実は世界そのものが身体を通じて知能へ湧き出す場所があるわけです。これは唯識論の阿頼耶識が教えるところでもあります。外へ外へと探求していって何が見えるかというと、実は内側が見えるのです。我々が見ている世界というのは我々の内面が反映されているので、たとえば、僕がどうペットボトルを見ているかというのを語るのは僕自身を語っていることになります。これは現象学の教えるところでもあります。

内と外というのは、本来つながっているものなのです。それを分けて考えるほうがむしろ不自然だということになります。知能には内側からのベクトルがあります。一方で外側から、社会が個を押さえつけようとする、制限づけようとするベクトルがあり、その二つの力のせめぎあいの平衡点に知能が形成されます。みなさんも若い頃、特に一〇代の頃、どこまでも自分が広がっていくような感覚があったと思います。ところが社会に出るに従って、いろいろな制限を受け始めます。同時に、その力が自分を形成しているのです。つまり、この二つの力が知能を作っているわけです。内と外は単に二つあるわけではなくて、内と外と内と外……というように、梯子構造のような形で内面を作っているので、あるときは内面が優位になるし、あるときは外面的な制限のほうを強く感じながら知能が形成されていきます（図４）。

こうして社会が人の知能を作るように、ここでは社会がどういうふうに人工知能を作るのか、あるいは、社会的なものによってどういうふうに人工知能を作らせるかということを考えたいと思います。

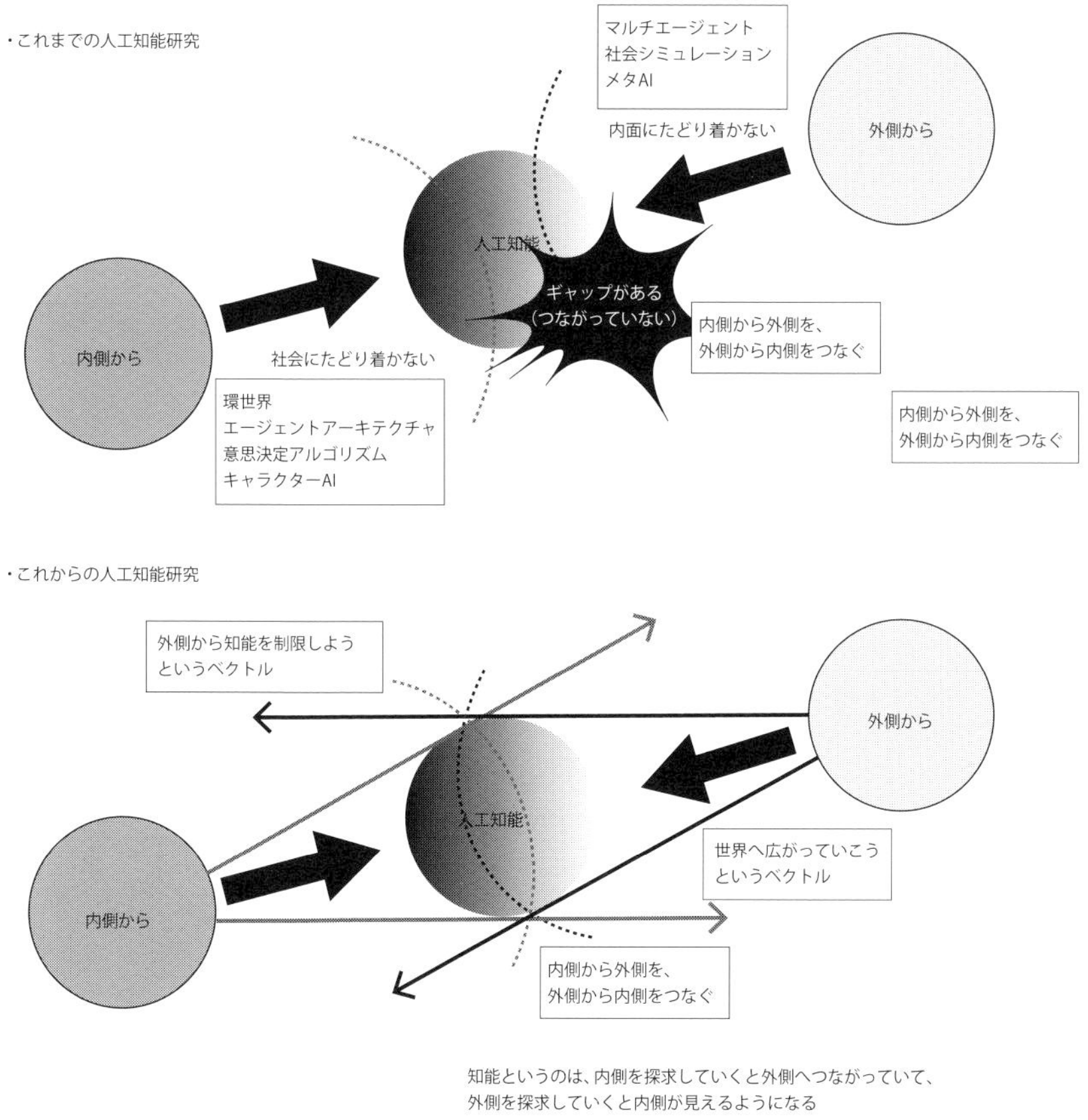
・これまでの人工知能研究
マルチエージェント
社会シミュレーション
メタAI
外側から
内面にたどり着かない
人工知能
ギャップがある
（つながっていない）
内側から外側を、
外側から内側をつなぐ
内側から
社会にたどり着かない
環世界
エージェントアーキテクチャ
意思決定アルゴリズム
キャラクターAI
内側から外側を、
外側から内側をつなぐ
・これからの人工知能研究
外側から知能を制限しよう
というベクトル
外側から
人工知能
世界へ広がっていこう
というベクトル
内側から
内側から外側を、
外側から内側をつなぐ
知能というのは、内側を探求していくと外側へつながっていて、
外側を探求していくと内側が見えるようになる

図4　人工知能研究の二つの流れ

2 社会はいかに知能を作成するか

知能の二つのレイヤー、二つの衝動

社会はいかに知能を作成するかということですが、まずアメリカの社会学者タルコット・パーソンズの『文化システム論』の解説から引用したいと思います。

人間の行為は、他の動物の行動と異なり、単純な刺激 - 反応の図式によってとらえることはできない。ほとんどすべての行為は、行為者の主観的な観念によって方向づけられている。空腹時に食物を与えられても（刺激）、それによって人間は一様に食べるという行為（反応）を起こすわけではない。食物を摂る時間や場所、あるいは食物の種類、食物入手の経過等々のさまざまな要因を考慮して、それを食べるか否かを主観的に判断する。

〈丸山哲央、「解説T・パーソンズの文化システム論」、『文化システム論』、タルコット・パーソンズ著、丸山哲央訳、ミネルヴァ書房、一九九一年、135ページ〉

東洋哲学篇でも触れましたが、知能には二つのレイヤーがあります。一つは動物的なレイヤー、いわゆる環世界が定義するような「単純な刺激と反応」という図式です。一方で「主観的な観念」は、これは概念といってもいいですが、言葉とか概念によって思考しているということです。つまり、社会的な意味での「行為者」は、純粋にあるがままの世界を見ているわけではなく、ある種の概念に沿って世界を見ているのです。「食べる」という一つの行為をとっても、動物的に周りの環境に関係なく食べるという意味と、どのような場所でどういう人の前で食べているといった社会的な観念が入ってくるのです。

この場合に「主観的判断」とされるのは、生物学的な遺伝子による定型化された反応ではない、という意味である。また、判断に影響を与える主観的な「観念」とは、過去の経験や学習を通して、自己のうちに蓄積された知識や情報のことである。このような人間の行為の特徴は、人間が他の動物とは違って、言語を中心とした複雑なシンボルを使用することにより、経験的現実を抽象化し、記号化してとらえることができるからである。記号化された現実は、記号のもつ特性によって、蓄積され再編成され、人間に固有の観念の世界を構成するようになる。

〈丸山哲央、「解説 T・パーソンズの文化システム論」、『文化システム論』、タルコット・パーソンズ著、丸山哲央訳、ミネルヴァ書房、一九九一年、135ページ〉

社会的な経験や学習によって行為がどんどん変わってくるというのが、人間の可能性であり、動物とまったく違うところです。そういった観念は、東洋哲学篇の井筒俊彦の章（東洋哲学篇第二夜）で述べた「文化世界」に対応します。人が社会的に習得した言語や知識は、自分から世界を見る「網」になってしまいます。個々の知能の形を決定的に方向づけてしまうということです。つまり、動物的な一つの運動を社会的な、概念的なものによって封じ込める、これが内面と外面のせめぎあいということでもあるわけです。身体や動物性によって決まる「環世界」、そして、その上の「文化世界」、二重の分節化において、両者は競合関係にあります。

言葉には二つの方向があります。一つは社会における効果としての言葉、人と人とのコミュニケーションを促していくような、潤滑油、触媒としての言葉です。もう一つは個の知能の内面を形成するものとしての言葉です。それが「言葉の根」です。言葉とその人の内面がどういうふうにつながっているか、ということです。この二つの軸によって言葉を捉える必要があります（図5）。この外側から中心へ向かう言語のベクトルは、第三夜で言及する生態、言葉、社会による三重の言語による分節化に対応しています。

生物の進化と環境の関係を示した図に戻って、人と人工知能がどういう場で関係するかということを考えてみましょう。知能は二つの衝動からなっています。一つは環境の中で知能はあるという考え方、たとえばジャングルの中のカエルなど何か動物を思い出してください。彼らは、長い進化の中でジャングルに適応した生き物です。適応したというと主体的ですが、逆にいうと、ジャングルが動物たちを自分たちの環境に埋め込んだという言い方もできます。一つの環境の中、全体性の中に埋め込まれているという方向、これは知能を環境に押さえつける、埋め込もうとする環境の呪縛であり、存在的な知能のあり方です。もう一つの知能の衝動は、そういった環境から個として自律しようとする、つまり環境から自由でありたい、ほかの個体と自分は違うのだという差異化を行うという方向です。実存的、あるいは環境からの自律と言えます。生物は長い時間をかけて、この二つの衝動を行ったり来たりして、どんどん高度になってきました（図6）。

もう一度、パーソンズの『文化システム論』の解説から引用したいと思います。言葉やそこに発生する意味によって、人々が結びあう、これは生物が環境の中で結びつくというよりは、より上位で観念的なものです。

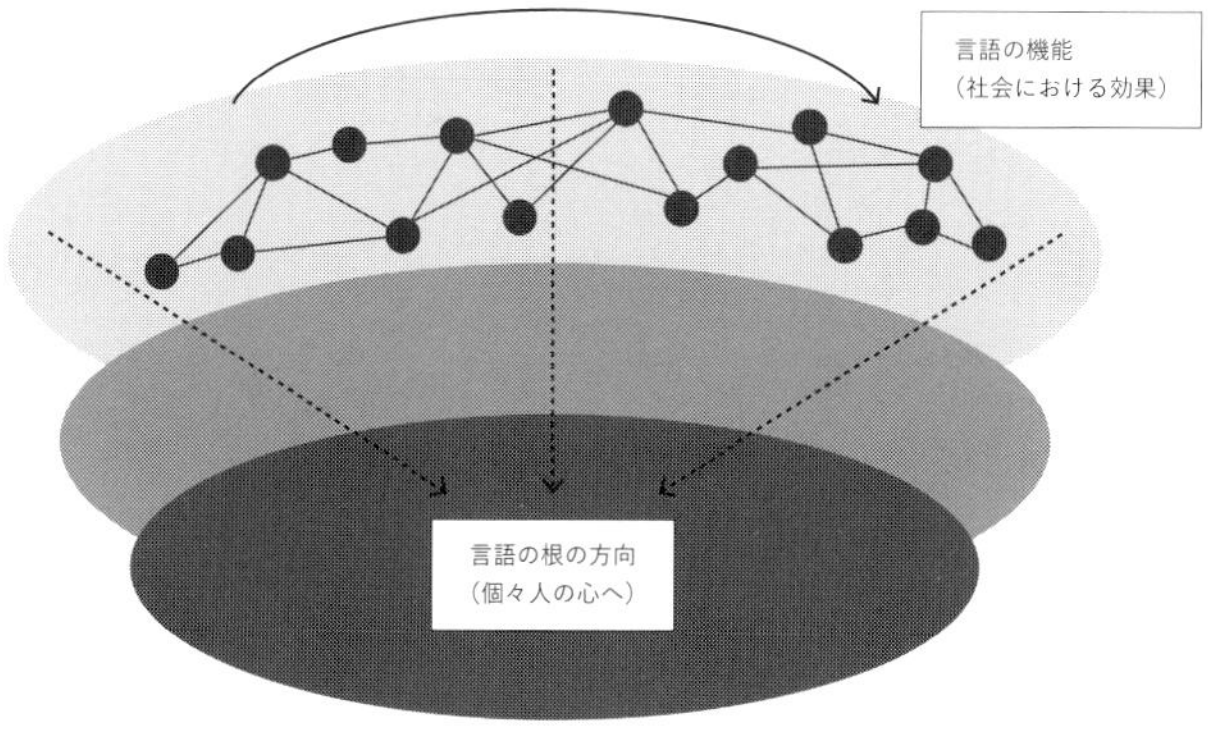

図5　言葉の機能、言葉の根

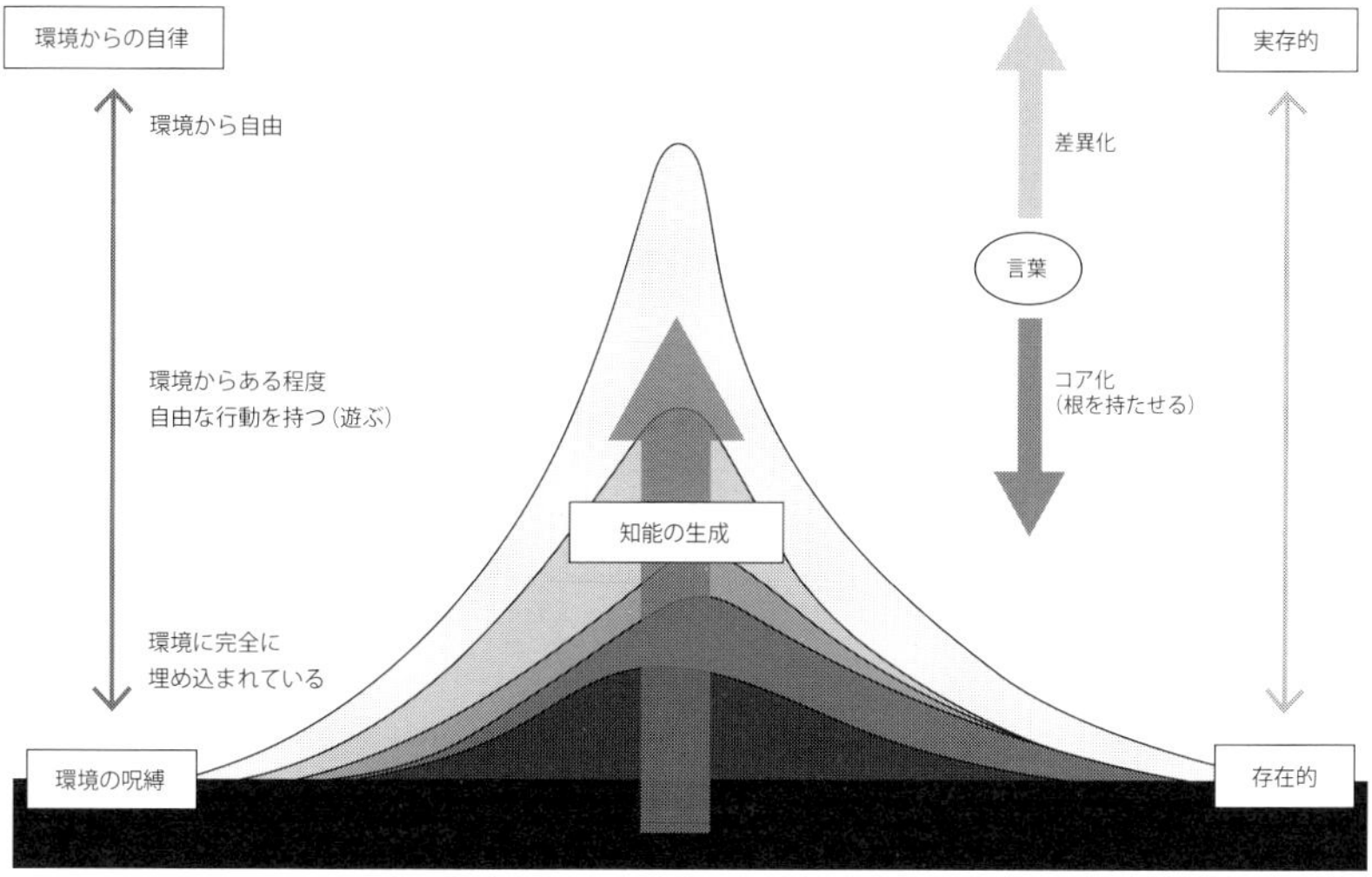

図6　存在的な知能、実存的な知能

観念による行為の方向づけというパーソンズの発想は、M・ウェーバーの社会学的遺産を継ぐものである。ウェーバーによれば、行為とは行為者によって主観的な意味を付与された人間の行動を指すもので、そのうち、意味が他の人びとの行為と関係をもち、その過程がこれに左右されるような行為が「社会的行為」である。

〈丸山哲央、「解説T・パーソンズの文化システム論」、『文化システム論』、タルコット・パーソンズ著、丸山哲央訳、ミネルヴァ書房、一九九一年、136ページ〉

ここでもう一人、アメリカの社会学者ジョージ・ハーバード・ミードの著作から引用します。ミードは常に個人の内面と社会の全体構造の相互関係のビジョンを持って議論を進めます。

もし自分が自分自身であろうとするならば、他者にならなければならない。……いかなる自我も社会的自我である

〈船津衛、「ミードの社会的自我論」、『社会的自我』、ジョージ・ハーバード・ミード著、船津衛・徳川直人編訳、恒星社厚生閣、一九九一年、92ページ〉

ミードがここで言っているのは、個としての自我がまずあって、それから社会に適用して自我が社会性を持つというものではないということです。自我の根源には社会性がある、社会的自我以外自我ではない、社会の中ではじめて自我が形成されるのだ、と言うわけです。

ミードは、自我の社会性と人間の主体性を同時にとらえることに関して、きわめて単純にして明快な言葉でもって主張しています。ミードがいいますには、人間の自我には二つの側面がある。ひとつは主我（I）、もう一つは客我（Me）です。客我とは他者の期待をそのまま受け入れたものであり、主我とはその客我に対する反応です。客我が自我の社会性を表わし、主我が人間の主体性を示すことになります。自我はこの客我と主我とのかかわりから成り立っている。

〈船津衛、「ミードの社会的自我論」、『社会的自我』、ジョージ・ハーバード・ミード著、船津衛・徳川直人編訳、恒星社厚生閣、一九九一年、93ページ〉

主我（I）、客我（Me）、この二つの自我の側面が人間の自我を形作っているのだということです。内面から出ていこうとする流れと外側から抑えようとする流れの二つがあって、ここで形成される知能とは何かというと、主我（I）と客我（Me）です。この二つがセットに

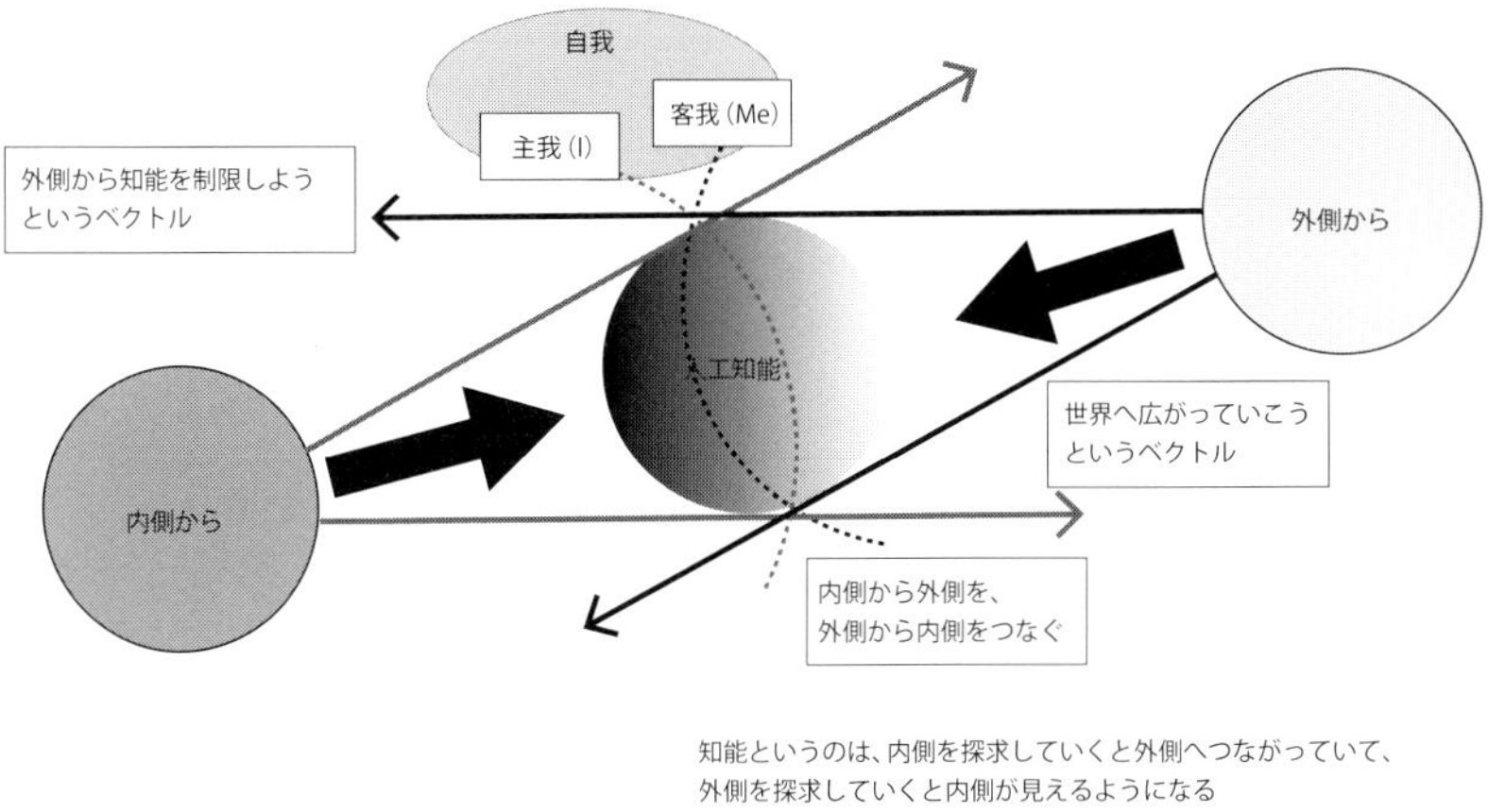

図7　二つの流れにより形成される知能

なって自我なのだというのが、ミードの主張するところです（図7）。

さらにミードを読み進めていきます。ここはミード独特の考えなのですが、人間はいろいろな社会的な他者と接しますが、その個々の他者に対して、一つひとつ違った行動を取るのはとても大変なことだとします。そんなに大変なことはせず、一般化された他者というものを自分の中に持っているのだ、そういった過程が自分を形成する中で起こっているのだと言います。つまり、我々はいろいろな人と話しますが、まず基本にあるのは、自分の中に内面化された他者というものがあって話しかけているのであり、その一般的な他者こそが自分の社会的自我を生み出す一つの大きな仕掛けになっているということです。

思考とは内的会話のことである。そこにおいて、われわれは、自分自身と対峙する特定の知り合いの役割を取得している。しかし、普通、われわれが会話しているのは「一般化された他者」と名づけられたものとである。それによって、抽象的思考のレベルに到達することになる。そしてインパーソナル性、われわれの考えるような、いわゆる客観性というものを獲得するようになる。

〈ジョージ・ハーバード・ミード、『社会的自我』、船津衛・徳川直人編訳、恒星社厚生閣、一九九一年、66ページ〉

主我（I）と客我（Me）

主我（I）、客我（Me）という概念が出てきましたが、ここでもう少し掘り下げてみましょう。客我（Me）というのは一般的他者に対する反応としての自分であって、自分の中に他者の視線を持つということです。

客観性の獲得です。実際に人と接して、「見られている」ことを何回か経験すると、おそらく他人は自分をこういうふうに見るだろうなとだんだんわかってきます。それこそが一般的な他者であり、一般的他者を自分の中に内面化すると他者がいなくともその視線を内面に持つことができます。そういった他人が見ている視線を想定することで、客観性がはじめて獲得されると言えます。それが客我（Ｍｅ）を形成します。

一方、主我（Ｉ）というのは、固有的な自我です。自分自身に固有なもの、それが他者に対して反応しようとする、他者を見つめる自分像を持つということです。自分はこう他者を見ているのだという自分を持つ、これは主体性の獲得です。客観性と主体性を獲得してはじめて、自我というひとまとまりになります。主我（Ｉ）と客我（Ｍｅ）は独立しているわけではありません。この二つは同時に形成されるものです。

ここで思考実験をしてみたいと思います。「無人島に一人で育った人間は自我を持つだろうか？」これに対しては、おそらく持つだろうと言えます。つまり他者というのは、人間である必要はないわけです。自然が自分を見ている、海に見られている気がするなど、いろいろなものが他者になり得るのです。都会で育った人たちとはちょっと違った自我になるかもしれませんが、自我が形成されるでしょう。では、「何もない白い部屋で育った人間は自我を持つだろうか？」というと、おそらく他者がいないので客我（Ｍｅ）は形成されず、主我（Ｉ）としての自分だけがあるので、自我としては未成熟なものとなってしまうのではないかと考えられます。そういうふうに客我（Ｍｅ）というのは、社会とのかかわりの中で形成されて、主我（Ｉ）はむしろそういうものから独立して、自分自身の深い存在の根から形成されるものです。

この主我（Ｉ）と客我（Ｍｅ）がどういうふうに関係するのかというところを見ていきます。これまでの人工知能の研究は、主我（Ｉ）と客我（Ｍｅ）というより、それらを分けずにまとまった一つの要素として社会シミュレーションを扱ってきました。そうではなくて、社会から要請される、社会的存在として個を考えることで、人工知能の内面の客我（Me）を考えていきたいというのが今夜の趣旨になります。

一般的他者と固有的自己

一般的他者は、外側のいろいろな多様性に対する一つのまとまった存在として他者全体を内面化することによって、多様な世界に対して間口を一つにするという役割を持っています。一方で、「固有的自己」は個の内面という非常に複雑なカオスの海に対して、いわば蓋をするように、単純化された自分というものを想定します（図8）。この固有的自己というのは、一般的他者に対峙させる言葉として、ここで設定した言葉です。

一般的他者は客我（Me）を作り、固有的自己は主我（I）を作ります。固有的自己と一般的他者の関係が、つまり「自分自身」と「他人から見た自分」の関係が、主我（I）と客我（Me）の関係が、自我を形成します。自分はこういう人間であること、他者をこう

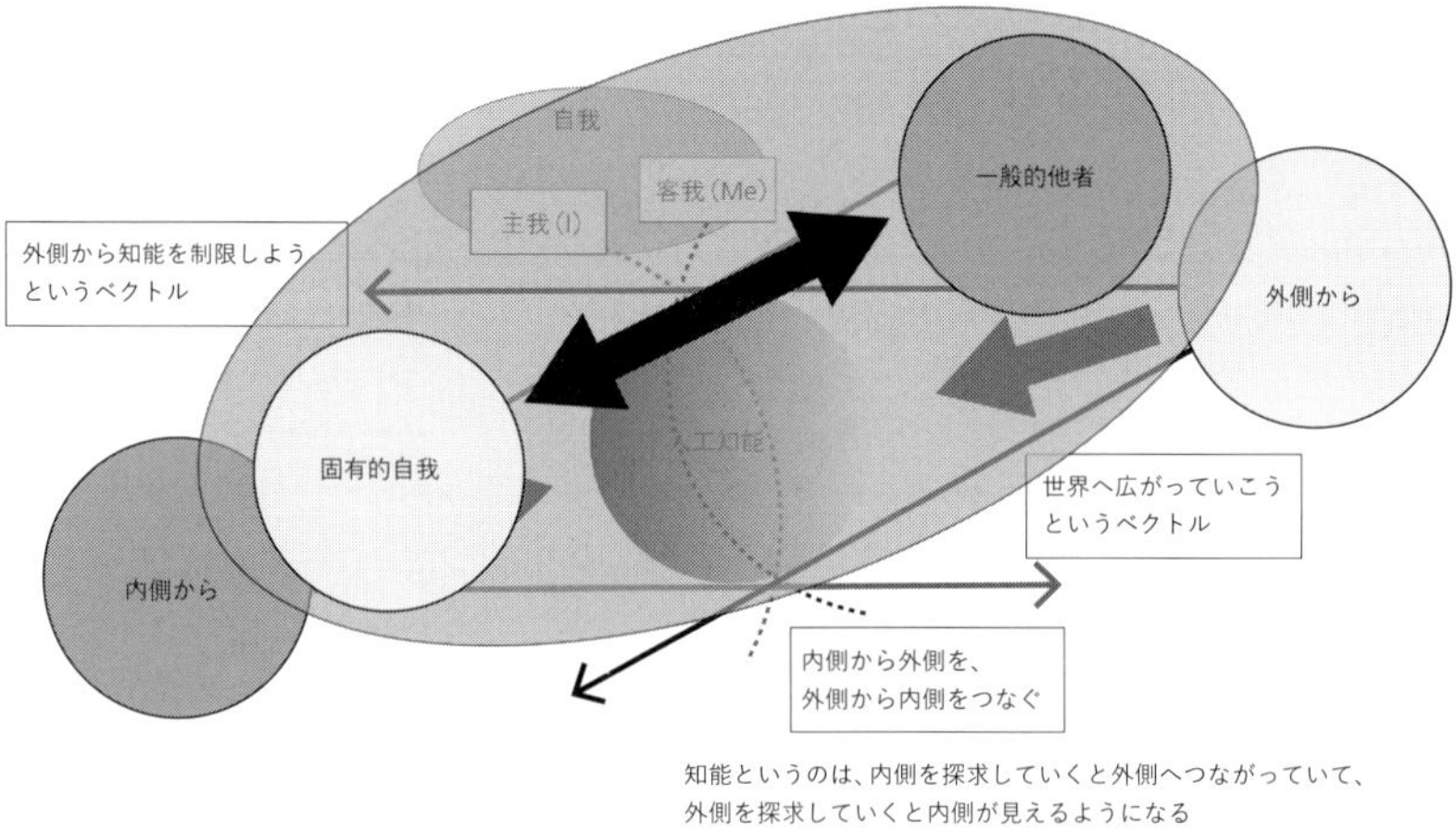

図8　一般的他者は客我（Me）を作り、固有的自己は主我（I）を作る

見るのだということを同時に生成する、主我（I）と客我（Me）が同時に形成されていきます。「他人から見た自分」と「自分から見た自分」を同時に形成していくという運動が、精神の形成の中で起こります。主我（I）と客我（Me）がどのように世界と相互作用を持つかを見るために、もう一度ミードを引用します。

自我は、行為において、個体が経験における自分自身の社会的対象となったときに、現われてくるようになる。……（中略）……

この過程において、子供は、次第に、自分自身の経験における社会的存在となる。そして、自分が他者に対して働きかけるのと類似した仕方で、自分自身に対して働きかけるようになる。

〈ジョージ・ハーバード・ミード、『社会的自我』、船津衛・徳川直人編訳、恒星社厚生閣、一九九一年、20ページ〉

社会的対象として自分が見られているという感覚が自分の中に客我を生み出します。つまり、一般的他者における行為は鏡面的に自分自身に対する働きかけでもあり、これは一般的他者と固有的自己が同時に形成されるということであって、客我（Me）のあり方というのは、実は対称的に固有的な自分、主我（I）が形成される仕方と同じであるということを言っています。

これに対しまして、主我は人間の創発的内省性（emergent reflectivity）を表わすものとして理解しますならば、主我によって自己の修正、再構成が行われ、そこに新しいものが生み出されてくると考えることができます。創発的内省性とは、「他の人間の目を通じて客観的に自分の内側を振り返ることによって、そこになにか新しいものが生み出されること」です。

〈船津衛、「ミードの社会的自我論」、『社会的自我』、ジョージ・ハーバード・ミード著、船津衛・徳川直人編訳、恒星社厚生閣、一九九一年、95ページ〉

客我（Ｍｅ）の視点が一つできて、そこからもう一度自分を見直してみるという運動、そして、主我（Ｉ）というものとして自分自身をもう一度カオティックなものの中から再構成するという運動があります。つまり、どういうことが起こるかというと、一般的他者のほうは社会の中でいろいろな他者と接することで変化し、同時に客我（Ｍｅ）がどんどん更新されていきます。さらに、それと同時に、自分自身というものを一般的他者の視線を借りて掘り下げていくことで、内面としての主我（Ｉ）も更新されていくのです。主我（Ｉ）は、自分自身の身体や環境の変化に伴うデリケートな変化にも影響を受けます。一方では自分の内面に入っていって新しく自分を作り直す、もう一方では社会の中にどんどん入っていってその中で自分を見つける、という二つの自我、主我（Ｉ）と客我（Ｍｅ）が繰り返し更新されていきます。

ここで飛躍しますが、一九五六年のダートマス会議において、人工知能研究の出発点となった宣言文を読んでみたいと思います。この中で要請されていることの一つは、「機械が自分自身を改善する」ということです。これが書かれた当時は、おそらくハードウェア的なことが想定されていたと思いますが、現代的な読み方をすると、これは自分自身の知能のあり方というものを「改善する」ということになります。つまり、人間が主我（Ｉ）と客我（Ｍｅ）を毎日更新していくように、人工知能も自分の主我（Ｉ）と客我（Ｍｅ）を自分自身で変えていくようなものでなければならない、と再解釈することもできます。

我々はニューハンプシャー州ハノーバーのダートマスカレッジにおいて二ヶ月の間、一〇の人工知能の研究会を実施する予定である。これからの研究は、学習をはじめ知能の持つあらゆる特徴は原理的にマシンのシミュレーションによって正確に実現される、という考えのもとに展開されている。マシンが言葉を使う、マシンが抽象や概念を形成する、マシンが人間だけが解けると思われる問題を解く、マシンが自分自身を改善する、という目標が設定されている。

〈https://www.art-science.org/diva/pdf/diva40-hq.pdf（筆者訳）〉

創発的内省性

次に「創発的内省性」をより深く探求していきたいと思います。

内省的思考とは、ミードにおきまして、問題を解決する人間の能力を表わします。そして、内省的思考は「意味のあるシンボル」を通じての内省化から生じます。したがいまして、内省的思考は他者とのかかわりによって生み出される社会的な過程であるということになります。そして、とりわけ、それは「問題的状況」において出現します。人間が障害や妨害また禁止などに出会い、従来の行為様式が役に立たなくなるような「問題的状況」において、習慣的行為が一時停止し、「遅延反応」（delayed response）が生じます。そこにおいて内省的思考が活発化することになります。

〈船津衛、「ミードの社会的自我論」、『社会的自我』、ジョージ・ハーバード・ミード著、船津衛・徳川直人編訳、恒星社厚生閣、一九九一年、105ページ〉

これまでの経験では解決できないような大きな問題にぶつかったとき、いまの人工知能であればトライ&エラーを繰り返そうとしますが、ここで言っているのはそういうことではなく、自分自身を作り変えることで乗り越えようという動きが働くということです。いまの自分では乗り越えられないので、自分自身に対し改善を促すというのが「遅延反応（delayed response）」の話です。

「delayed」は西洋哲学篇第二夜で述べたベルクソンの思想と関連します。ベルクソンの人間の捉え方というのは「遅延」がキーワードになっていました。ものであれば、押せば動くというように、インプットがあってすぐにアウトプットがあります。ところが人間の神経は積み重なっており、ものごとをどんどん遅延して反応するよ

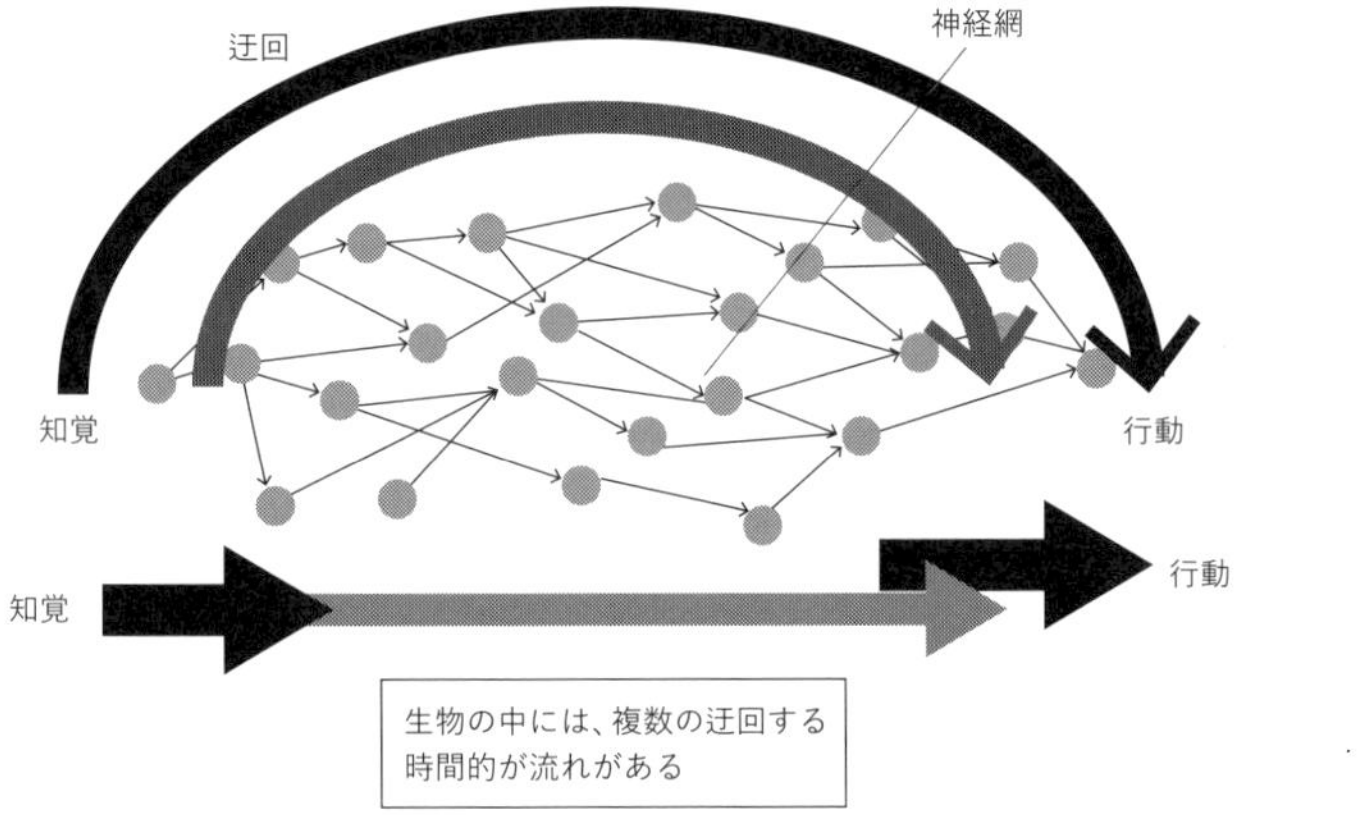

図9　ベルクソンの思想（物質と知覚）

うになっています。迂回して反応するようになるという時間の流れがあります（図9）。熱いものを触って「あちっ」と咄嗟に耳を触るというような反応と、人から聞いた言葉が心に引っかかって一日考えていたというような、いろいろな内面的な時間が多層的に積み重なることによって知能というのは形成されている、それが人間の存在なのだということをベルクソンは言いました。つまり、「遅延反応」(delayed response) はいったん問題を留保し、先送りすることで、自分を変化させつつ解決しようとすることです。

さらにデリダは、そういった遅延的な構造を差異化の中で捉え直します。第一夜で述べたように、差異と遅延を合わせたものをデリダは差延と言いました。ここで繰り返し述べておきますと、人間は現在の自分と差異を作りながら、未来に対して先送りされていく存在です。現在の自分からどんどん差異が生まれ続ける、差異が生まれ続ける一つの源泉になっているのが言葉です。言葉を発した瞬間に自分自身の中に亀裂が生まれ、言葉を発する自分と言葉を発せられた自分に引き裂かれ、次の瞬間には言葉を発した自分は発せられた自分に含まれてしまうので

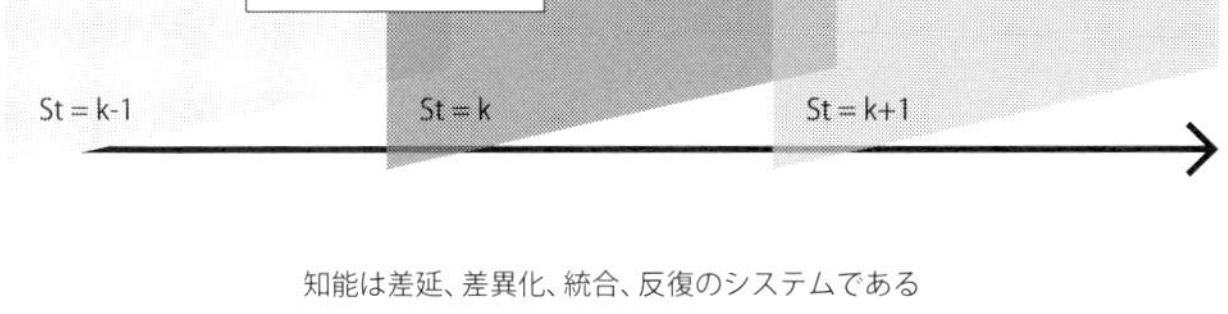

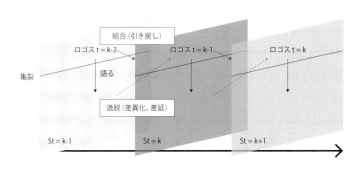

図10　差異と反復のシステム［再掲］

す。さらに、再び新しい「語る」主体が生まれ、過去から引きずっている「遅延してくる自分」と亀裂ができるというように、語るという行為自体が一つの差延構造を生み出すのだということを言います。つまり、差異と反復のシステムが時間の中の知能を形作っています（図10）。

また、現象学における捉え方はこうです。各瞬間の知能というのはあまり意味がない、我々は過去からずっと続く流れが多重に積み重なったものだとします。過去からきた、さまざまな流れ、強いものから弱いもの、大きなものから小さなものまで過去からの残響が積み上がって、いまの自分があるのだと言います（図11）。

ミードの言う遅延反応は、哲学的にもデリダやベルクソンが言っていることと相通ずるものであります。何かに直面して越えられないとわかると、行為をいったん止め、反応を遅延することで内省的思考が起こります。現在の行動の問題を過去と未来の両方に照らして考慮し、自らの行為と存在に対する変革を促すことで、目の前の問題を乗り越えようとします。これは、自分自身を解体してもう一度新しい存在として作り直す運動が起こるということです。そういった内省的思考は、人工知能で

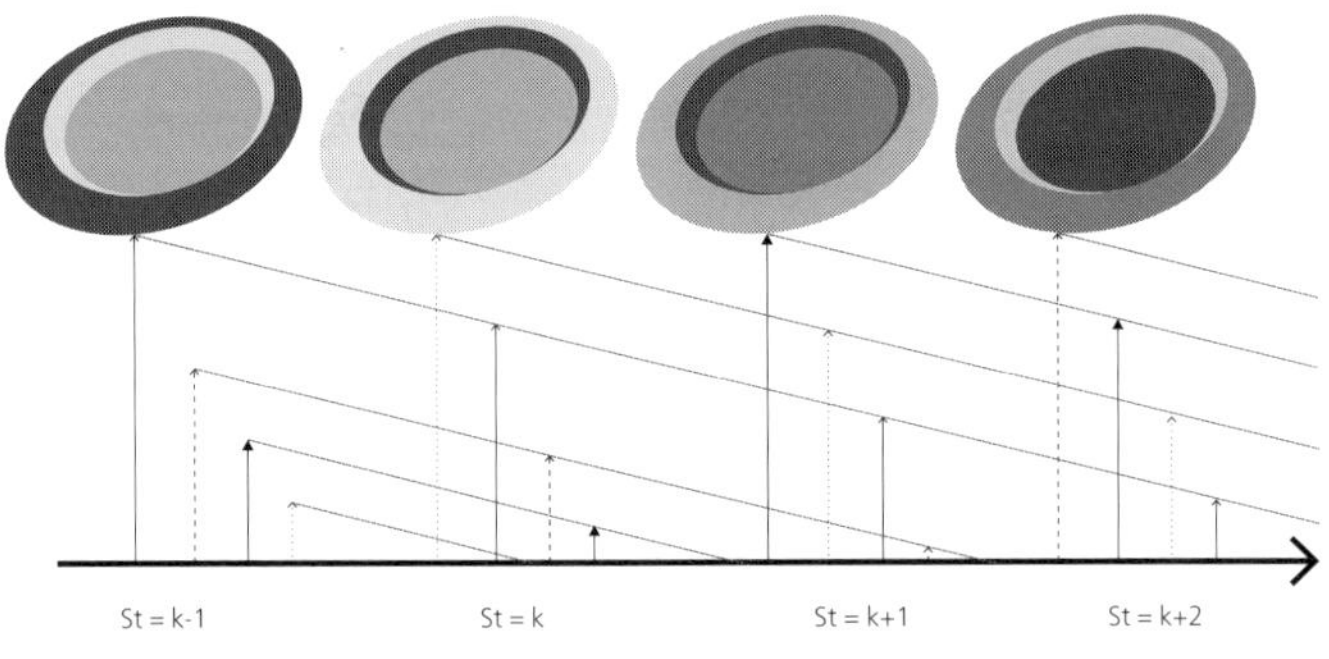
我々は過去の反響の積み重なりの中で生きている

図11　残響が積み上がっていまの自分になる

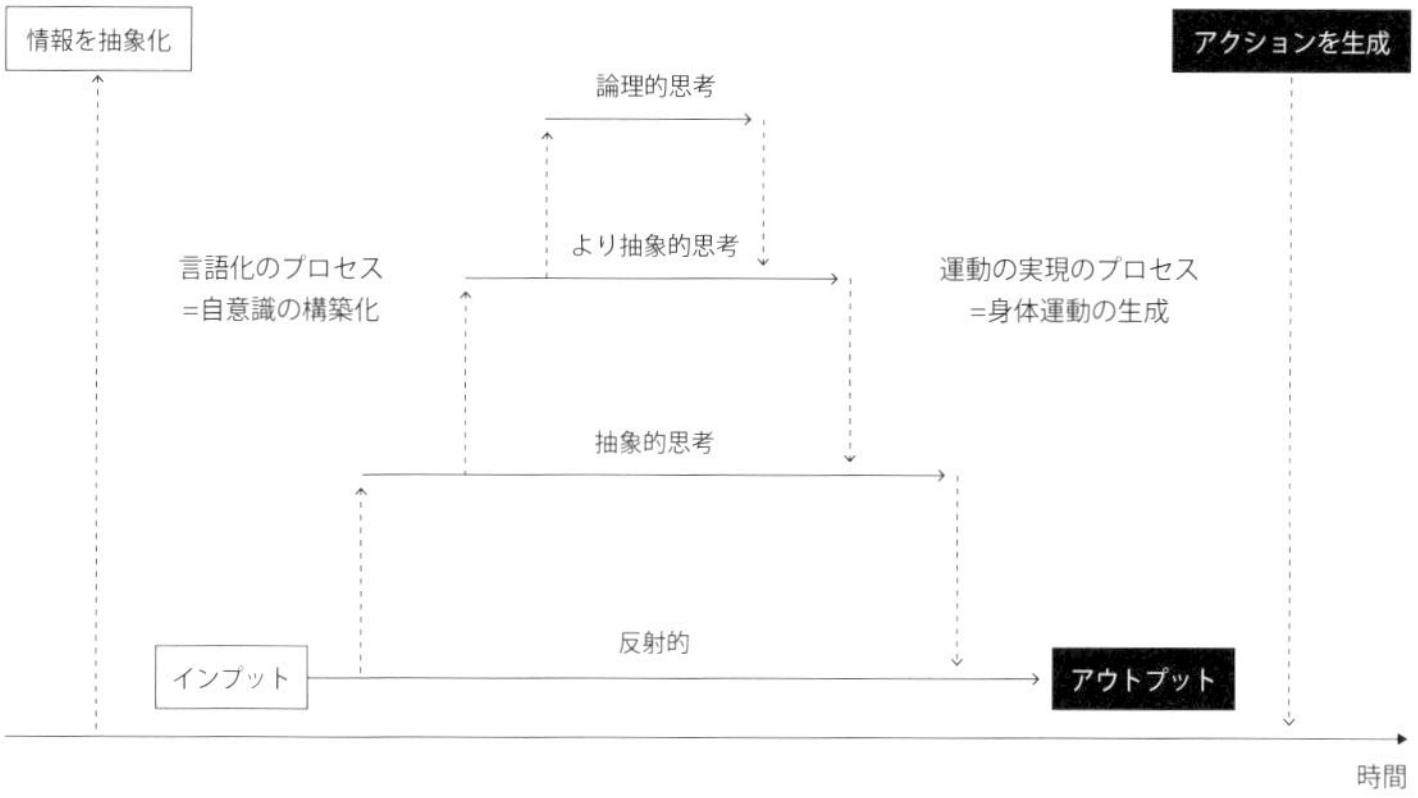

図12　サブサンプションアーキテクチャ

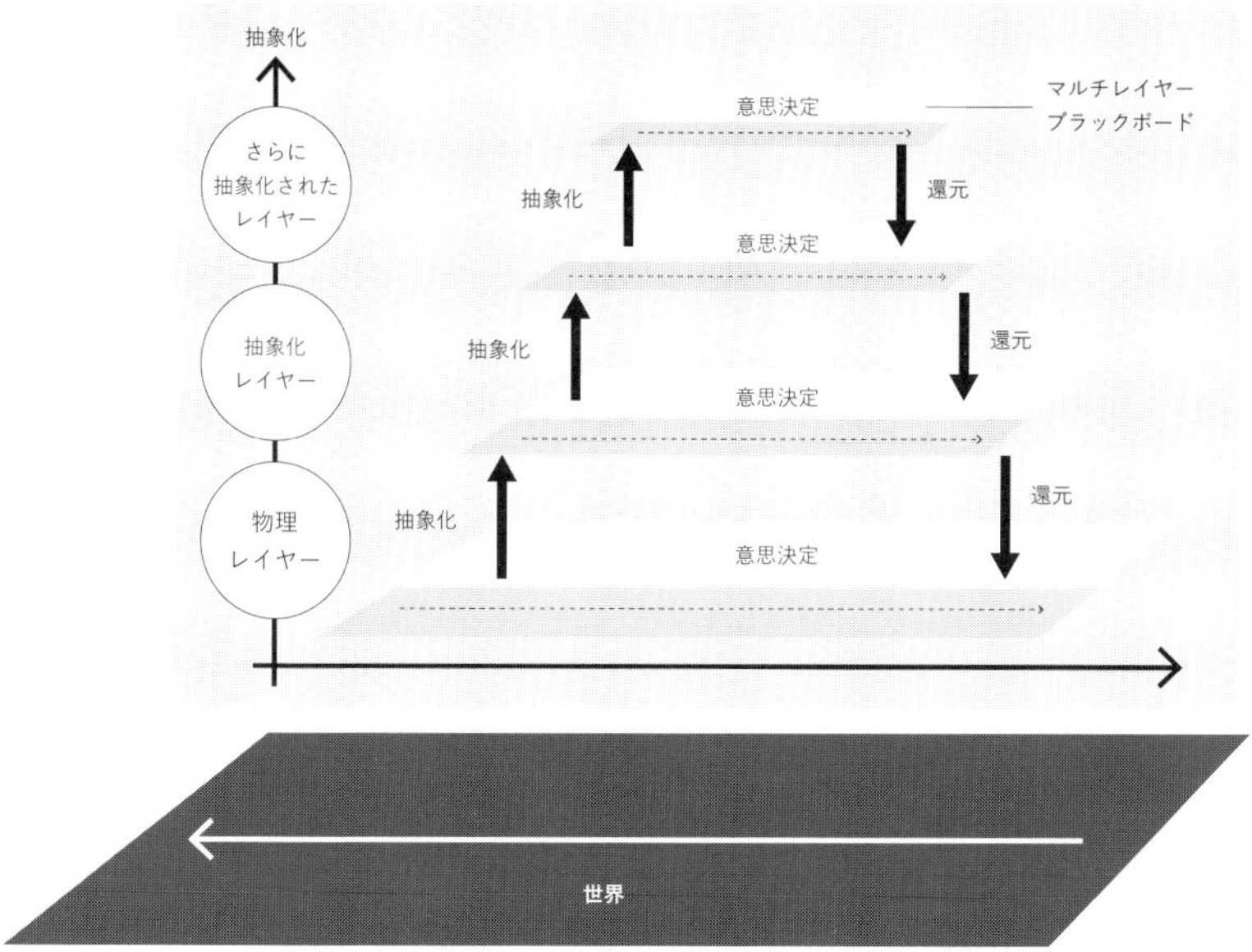

図13　マルチレイヤーのエージェントアーキテクチャ

いえばサブサンプションアーキテクチャの構造とよく似ています（図12）。最初は反射的に行動していた生物が対応できないものごとに直面し抽象化して考える、それでもダメな場合はもっと抽象化して考える、というように抽象度をどんどん上げていくことで、知能は賢くなっていきます。それを積み重ねたものが、マルチレイヤーのサブサンプションアーキテクチャを持つエージェントアーキテクチャです（図13）。それぞれのレイヤーで解決する問題が違うわけです。一番下はフィジカルな衝突の問題を考え、上にいけばいくほどアブストラクトな深い問題を考えることになります。物理層から抽象層へ、内省的思考を深めていく方法です。

知能の多重構造

多重な知能の構造は自我のあり方とも深い関連を持ちます。たとえば、一番下にあるレイヤーは自分という身体と世界の物理的関係です。ところが、もう一層上にいくと、自分というものがもう少し抽象化されてそれに対する対象としてが浮かび上がります。ベルクソンはこれを「イマージュ」と言いました。さらに別のレイヤーでは、もっと難しい問題に対して別の自分というものを生み出します。この繰り返す抽象化の果てにあるのが主我（I）です。対象もそれに沿って、違うように現れます。

では、自分とは何かと考えたとき、繰り返し抽象化されてきた、自分というもののシークエンスのセットが自分だということになります。動物的な自分から高度な問題まで考える主体としての自分、「分裂しつつ統合されている主体の集まり」が自分なのです。一方で、対象とは何というと、ものとしての対象もあるし、ものだけれど社会的意義を持つような、たとえばコップはものですが「レストランのコップ」というように、別の意味をどんどん持ち始めます。実は、対象も多重性を持っています。自分も多重性を持っているし、対象も多重性を持っていて、その階層がそれぞれ対応しています。

たとえば、ゲームでは一つのオブジェクトがあったとき、いろいろな表現の仕方で捉えます（図14）。たとえば、まずものとしてのレイヤーの車、次のレイヤーでは塊として分割して考える、さらに次のレイヤーではここから乗り込んでこちらに進むというようなアフォーダンスのレイヤーがある、といった高い層によってものごとを捉え、同時に自分自身もどんどんレベルアップしていきます。ある生物はもしかしたら車を見ても二つ目のレイヤーまでしかわからないかもしれません。ところが、「車を運転する」ということを知っていれば、さらに新しい捉え方ができるわけです（西洋哲学篇第一夜）。

あるいは場所を捉えるときも、こういう地形なの

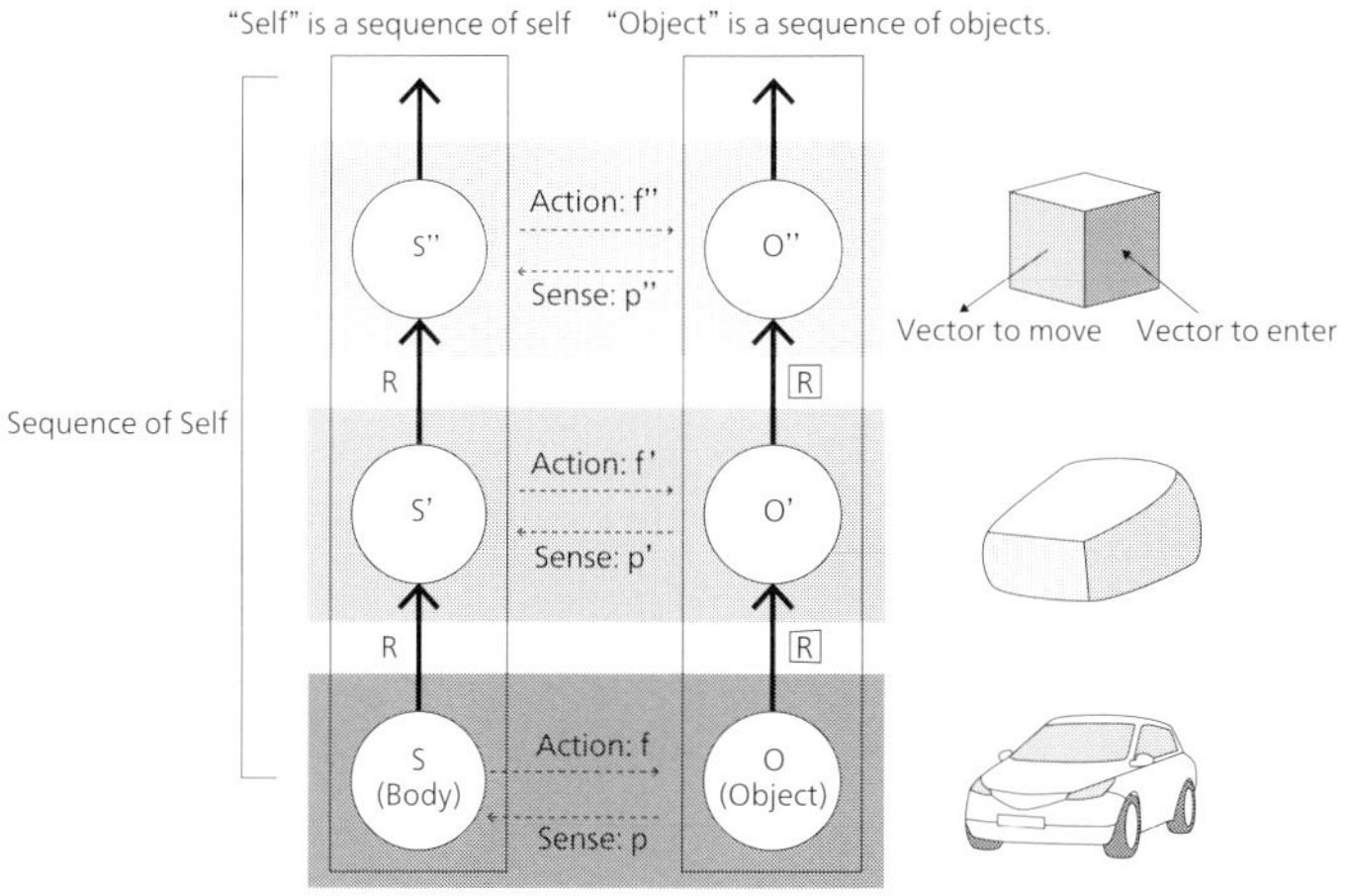

図14　ゲームにおけるオブジェクトの表現の階層

かと普通に捉えるのと、ここは隠れやすいとか敵を攻撃しやすいという捉え方、そして、こういった点と点がどういうふうにネットワーク構造になっているかというのを感知する司令官的な見方、というようにどんどん見方が抽象レイヤーに上がっていき、それに従って主体も変化していくのです。つまり、もう一度自分を作り変えて、高い自分を獲得しなければ新しい見方をすることができないということになります。そういうふうに、実は環境の捉え方を見ると主体のあり方というものが見えてくるわけです。物理レイヤーしか見えない存在は物理的な主体としての自我しか持てません。あるいは、もう少し抽象的に見るのであれば、「領域的に見える」という意味の能力を持った自我ということになります。自我は物理的な世界の自我から、抽象的な主我（I）と社会的自我である客我（Me）へ発展していきます。

ゲーム開発では、ゲームキャラクターにゲーム世界を理解させるために、「世界表現（World Representation）」を準備します。世界表現は知識表現の一種であり、世界の認識を形成するためのデータです。たとえば、キャラクターは地形の中でどこでも歩けるわけではありません。坂は歩けますが、崖は歩けま

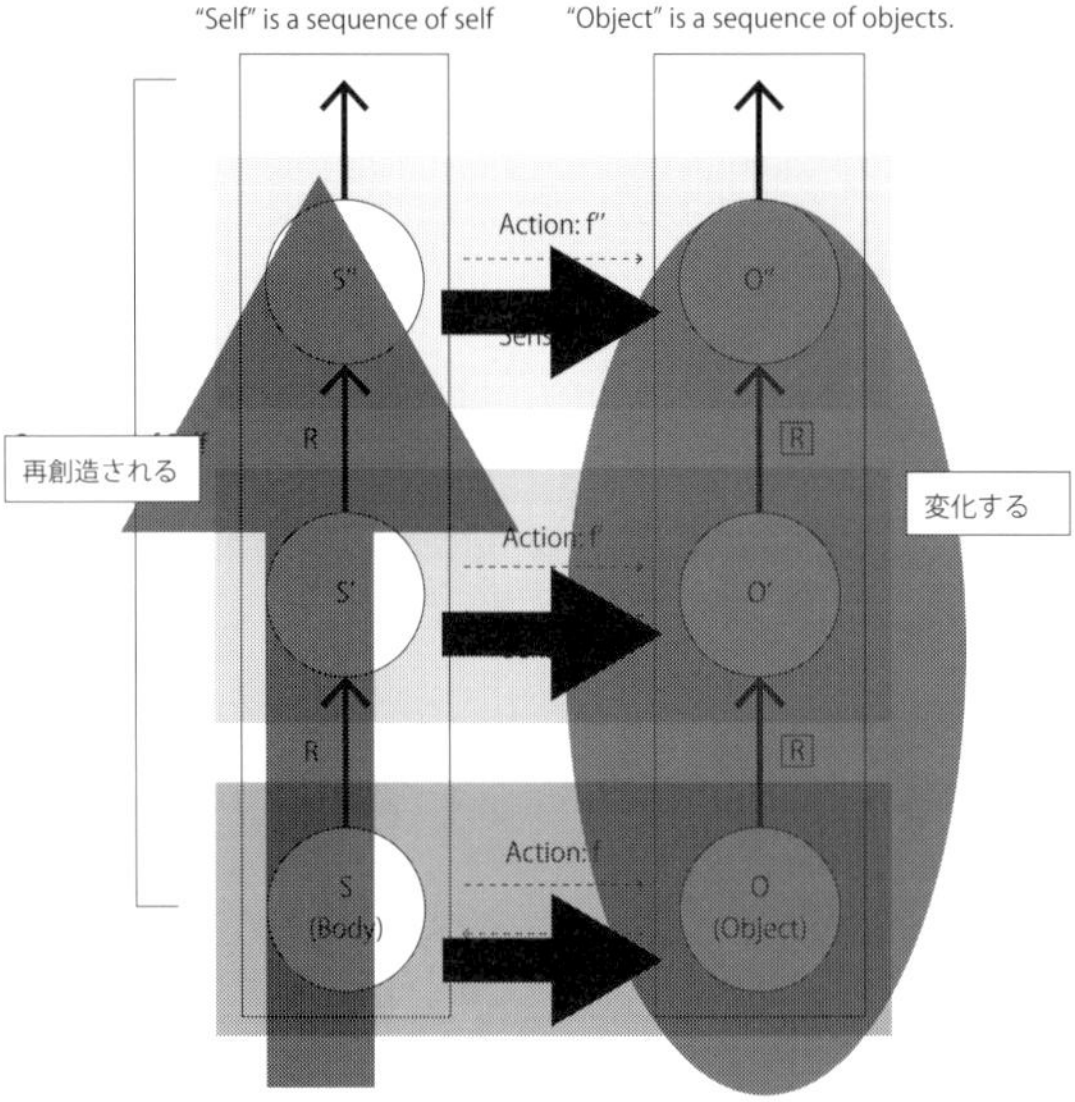

図15　再構築される世界と自分

せん。そこで、歩いていい場所を三角形で敷き詰めてわかるようにしておきます。あるいは、渡っていい橋と渡ってはいけない橋のマークをつけるなどです。世界をうまく表現しておくことで、キャラクターは賢い行動を取れるようになります。ゲームキャラクターの知能の高度さは、世界表現の充実さに比例します。

ゲームＡＩの世界表現は、深い意味で言えば、世界の見方を規定することでその人工知能を規定しているということになります。たとえばナビゲーションＡＩで、最初は道しかわからなかったのが、森がわかって、地形がわかって、湖を見つけて、洞窟で鉱物を見つけてと、世界を深く理解するたびに、人工知能の内面の自我が深くなっていると言えます。人間でも、最初は町内だけがわかっている自分がいたのが、市内がわかって、県内がわかって、日本というものがわかる自分、というように対象がどんどん広がることで自分自身が変わっていきます。これは自然なことかと思います。そのために、人間はある程度過去の自分を使って、新しい自分を再創造しています（図15）。そうやって人間というのは、古い自分から新しい自分をどんどん作り変えていくのです。主体が組み替えられて何度も再構成されていくわけです。

知能の形成と世界の認識

世界に対する認識は、知能の形成に深くかかわっています。もし本当の知能を作ろうとするならば、我々人間が当然のことのように受け入れている認識と知能の関係を、人工知能にも再現できなければなりません。人工知能の世界への認識が人工知能の内面を深く変えていくような仕組みが必要なのです。

ゲームＡＩにおいて、ナビゲーションＡＩは、ゲームＡＩの主要な三つの要素（メタＡＩ、キャラクター

ＡＩ、ナビゲーションＡＩ）の中で、メタＡＩ、キャラクターＡＩの要求に応じて地形を解析するサポートの役割を持っているのですが、哲学的に言えば、ナビゲーションＡＩは環境を解析しているというよりは、キャラクターの世界へのかかわり方、主体のあり方を規定していると言うことができます。そのような自律的な環境解析を持ち、キャラクターＡＩの内部さえ変え得る力を持つＡＩのことを、これまでの「ナビゲーションＡＩ」と区別して「スパーシャルＡＩ」（Spatial AI、空間的ＡＩ）と呼ぶことにします。「スパーシャルＡＩ」が自律することで、ゲームＡＩシステムは三つの自律型知能の競合システムとして再構築されることとなります。これについては、ここでは言及するだけに留めておきます。

認識は自己を変化させるという視点から見直すと、認識は意思決定に隷属するのではなく、実は無限の世界に向けて自己を変化し得る可能性を探求する基本システムとして再定義できます。

以降では、「世界への認識が知能の構造を変化させる」視点から、論を進めたいと思います。もう一度ミードに戻って、「世界がどう見えているか」は何が決めているのだろうかという問いを探求します。

このことは、明らかに、生活を一連の静的な物理化学的状況ではなく、一つの過程として考えることによって、また、経験を一連の意識態ではなく、行為または行動として考えることによってはじめて可能になる。

このことこそが、知覚世界は現在行なわれている行為によって規定されたものであるという、変化に関するベルグソンの哲学の本質であると思われる。行為は、行為の向けられる対象を切り取り、また、対象を形づくるものである。

〈ジョージ・ハーバード・ミード、『社会的自我』、船津衛・徳川直人編訳、恒星社厚生閣、一九九一年、43～44ページ〉

知覚世界は現在行われている行為によって規定されています。つまり、何も行動できない存在にとってはむしろ世界は「のっぺらぼう」です。何か行為をしようとすることによって、世界の姿が浮かび上がってきます。つまり、主体があり、そして一つの行為があって、はじめて対象が作られるという考えです。一見、対象があるから行為があるという捉え方もありますが、むしろ行為と対象のあり方は同時に形成されます。「ものがあるからものをつかむ」のか、「つかめるからこれをものとして定義する」のか、という議論ではなく、行為と対象は同時に生成します（図16）。

　前述のように、対象をどう規定するかというのは、人工知能では知識表現という分野になります。対象がどう規定されているかという規定のあり方は、実は対象を見ているあり方を決めていると同時に対象を見ている自我を規定しているということもできるわけです。たとえば、「軍隊を作るには鉄と訓練所が必要」というように、何かを生み出すためには、これとこれが必要だ、ということをツリー状のグラフに表現したものを「Tech Tree（依存グラフ）」と言います（図17）。このような知識表現を持つことは、かなり高度な戦術的な人工知能です。ほかにも意味ネットワークなど、いろいろな表現の仕方がありますが、そういう見

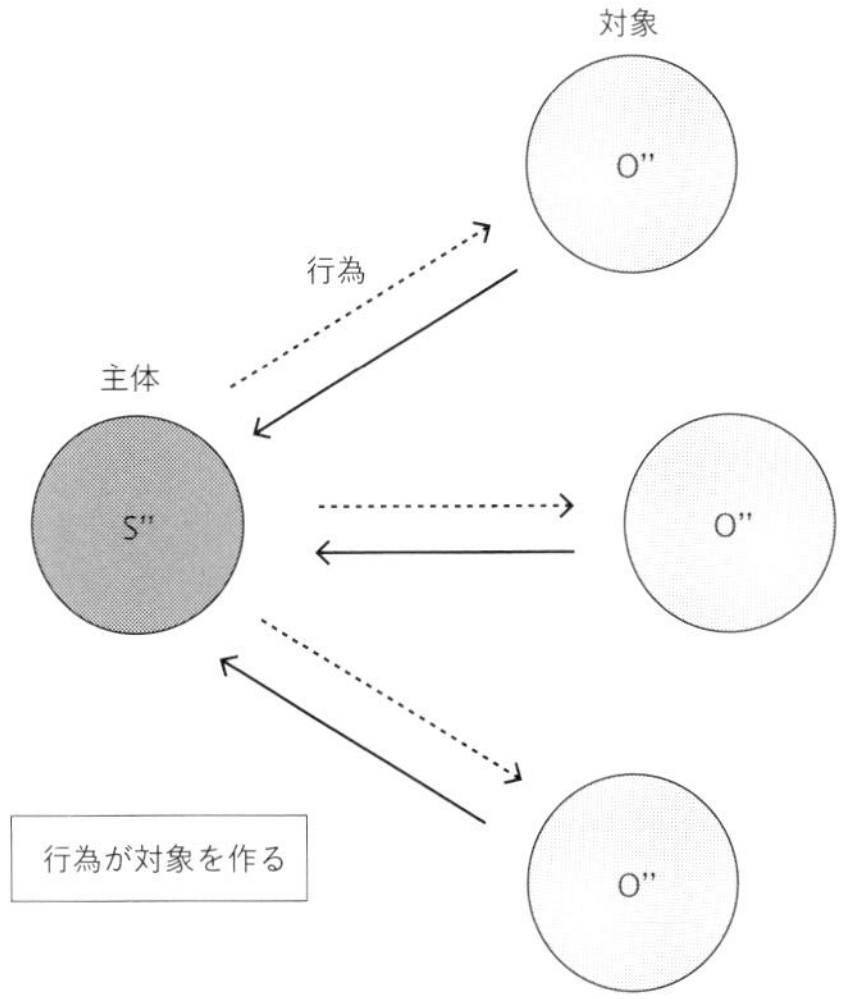

図16　行為が対象を作り主体を変化させる

方で世界を見ている自我が人工知能に想定されるべきです。

キャラクターAIを行動させるときに、どう地形を見るかを決定する世界表現が必要ですが、哲学的に言えば、こういった世界表現こそが人工知能の意識や自我のあり方を規定しているということになります。

ものの見え方というのは行為が決めるわけですから、ものの見方が決まっている時点で実は主体のあり方が規定されているという捉え方ができます。そういったゲームの中の世界表現は各キャラクターの主我（I）のあり方を決めています。

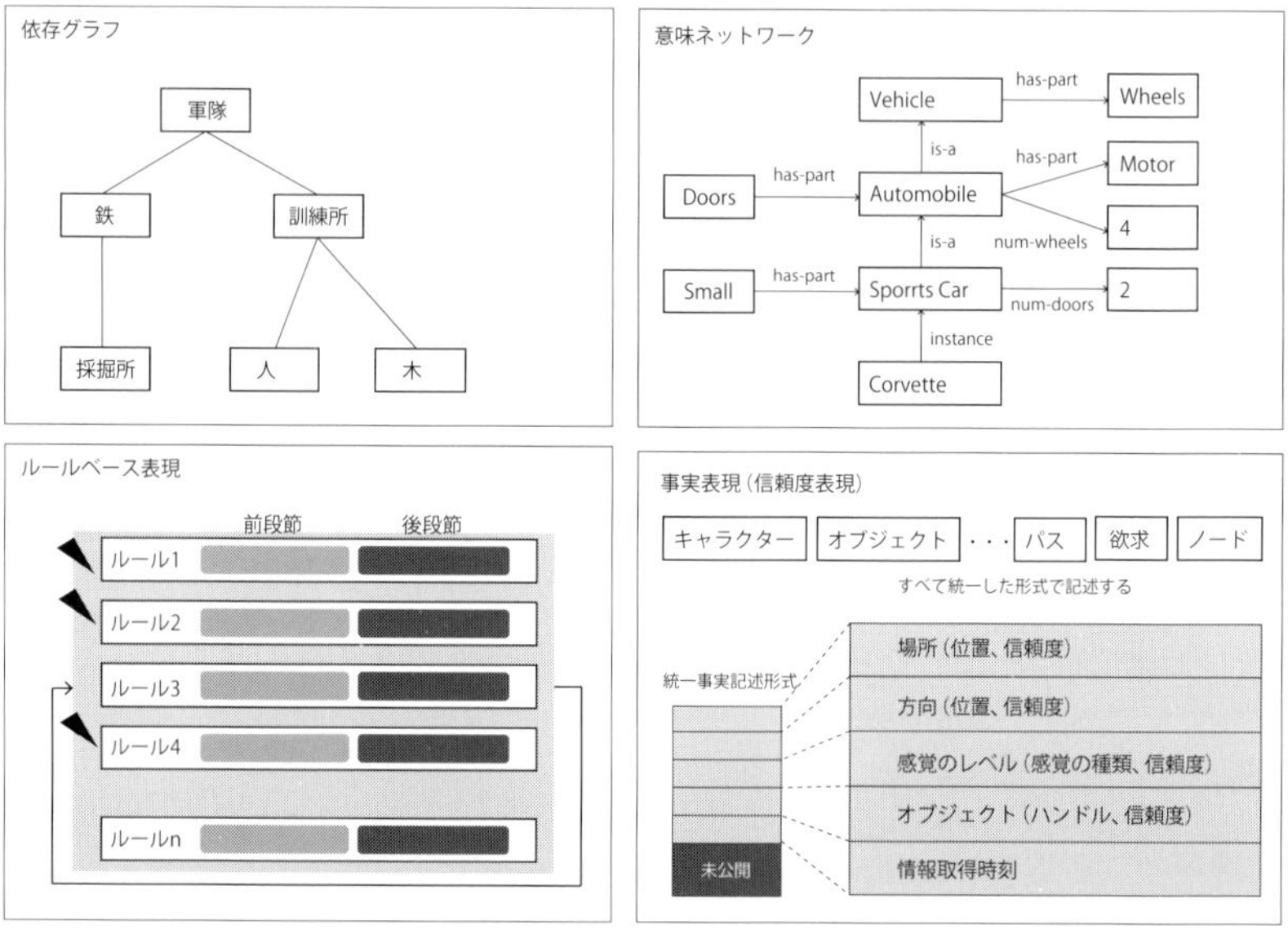

図17　いろいろな知識表現［参考：Joseph P.Bigus、Jennifer Bigus著、井田昌之訳、『Javaによる知的エージェント入門』、SBクリエイティブ、2002年、82ページ：Jeff Orkin, "Symbolic Representation of Game World State: Toward Real-Time Planning in Games", Proceedings of the AAAI Workshop on Challenges in Game AI, 2004. http://alumni.media.mit.edu/~jorkin/］

3 社会的自我を持つ人工知能

外側の社会と個人の内面

ここで、もう一度ミードに戻ります。

このような内省的思考を中心とする内的コミュニケーション過程の展開によりまして、問題的状況が乗り越えられ、新しい状況が生み出されてくることになります。ミードの言葉によりますと、「自我の成長は部分的な不統合から生じる――内省のフォーラムにおいてさまざまな利害関心が現われ、社会的世界が再構成され、最後に、新しい対象に対応する新しい自我が現われてくるようになる」(Mead, 1913:380. 本訳書 一四頁)ということです。

〈「ミードの社会的自我論」、『社会的自我』、ジョージ・ハーバード・ミード著、船津衛・徳川直人編訳、恒星社厚生閣、一九九一年、105~106ページ〉

社会の中でいろいろなことが起こり、自分の世界と社会が強いるものに「ズレ」が出てくるわけですが、そういうときにもちろん社会のほうを変えるということも必要です。しかし、これは自分自身の中の混乱でもあるわけです。このとき、もう一度見方を変えないとうまくいかないのだと自分自身の再構成が社会から促されるということです。

社会学ではすでに、このように「外側の社会」と「個人の内面」を同時に見ていきます。ところが、これまでの人工知能の研究というのはこれらを分離して考えてきました。内面から構成すると内面の個としての主我（Ｉ）の人工知能ができます。もちろん、これも膨大な作業です（これを検証してきたのが西洋哲学篇、東洋哲学篇です）。一方、社会シミュレーションは「知能はこういうとき、こういう行動をする」というルールで外側から知能を規定してしまって、客我（Ｍｅ）の表面的なインタラクションをつないで内面の主我（Ｉ）とつなげることに届きませんでした。

社会が個の内面を変える力を持つのだとすれば、内面からの人工知能を構築しようとするアプローチも外側からの人工知能を構築しようとするアプローチも、都合よく主我（Ｉ）と客我（Ｍｅ）という知能の一部を切り取っているだけで、どちらも全体の知能を捉えきれていません。これを捉えるためには、人工知能は内面からの人工知能と外側からの人工知能を同時に考えるような、社会学的な視点が必要です。もっと基本的なところで、社会からの主我（Ｉ）・客我（Ｍｅ）からなる知能の形成と内面からの知能の形成とを同時に考えなければ本質を見失ってしまう、ということをパーソンズやミードの理論は教えてくれるわけです。

主我（Ｉ）と客我（Ｍｅ）の関係が知能の形を規定して、一般的他者と固有的自己がずっと人間の知能の中ではせめぎあっています。「世間とはこういうものだから」という「世間」もどんどん変わっていき、「自分というのはこういう感じだ」という「自分」も変わっていきます。さらにもう一つ、「自分というのはこういう感じ」というのと「他者はこんな感じ」という関係性も変わってくるわけです。客我（Ｍｅ）を通して知能は外の社会を見るし、主我（Ｉ）を通して自分の内面を見るということがあるわけです。つまり、知能がある場所というのが社会と内面のちょうど間にあり、それが主我（Ｉ）と客我（Ｍｅ）という二つの極を持っていて、その二つの極の緊張関係が知能を深いところで「自己の内へ」と「世界の外へ」の姿勢を規定しているのです。その規定の仕方は経験によってどんどん更新されていきます。このような、人の持つ緊張関係を人工知能に組み込む必要があります。

知能という場において、世界と自分が代理的に対峙させられています。客我（Me）は世界の代表であり、主我（I）は自分の代表です。主我（I）と客我（Me）が、自分と世界を代表して知能の場の上で対峙しているという構造になっています（図18）。その対立や関係から、内面においてはミードの言う「創発的内省性」によって自分のあり方、主我（I）がもう一度更新されていきます。一方で、客我（Me）もどんどん更新されていき、世界の一般的他者というもののイメージもどんどん変更されていきます。それにより、また主我（I）と客我（Me）の関係も変わっていく、ということがずっと繰り返され、知能の発展があるのです。

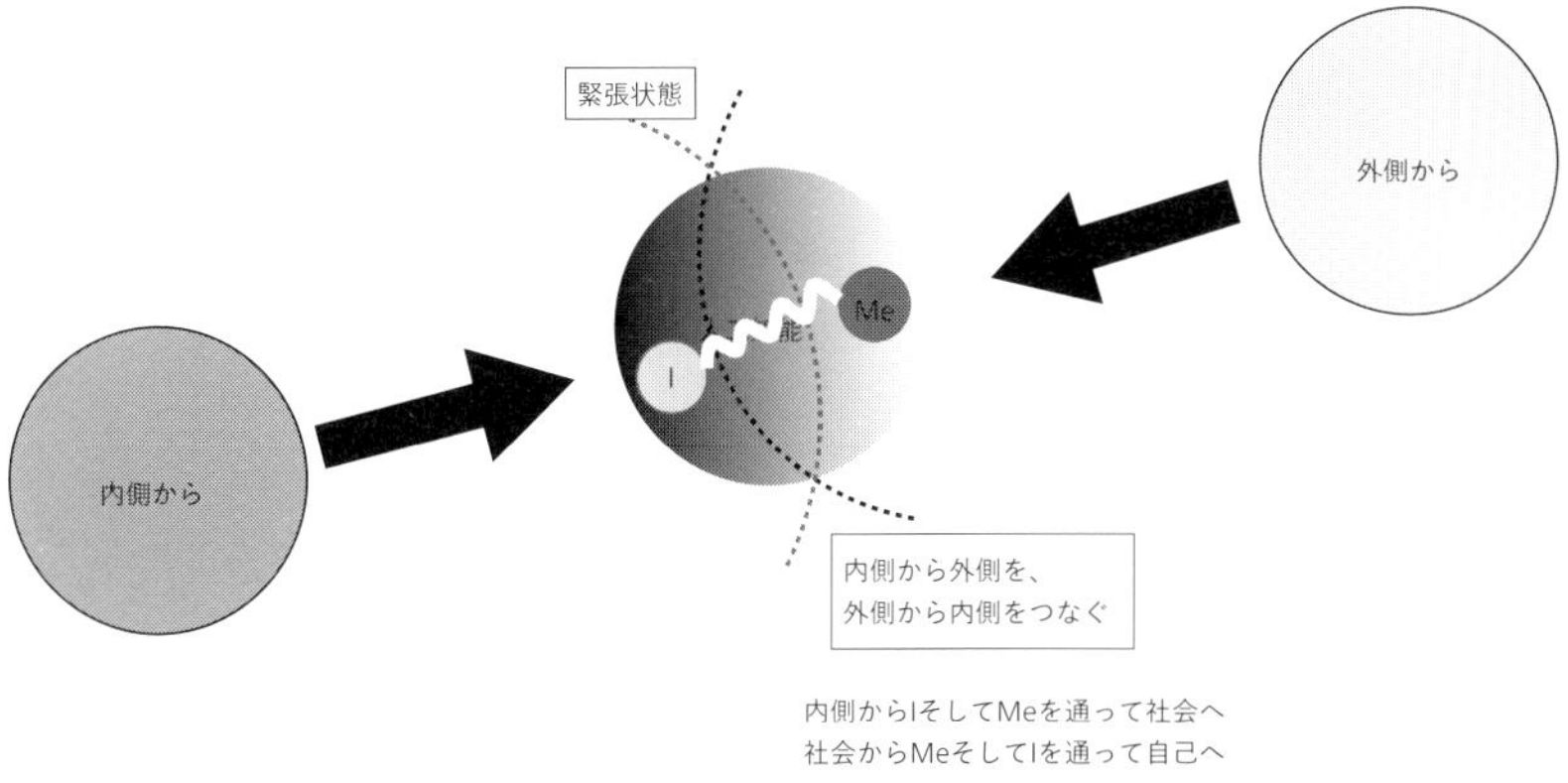

図18　主我（I）と客我（Me）、二つの極の緊張関係

環境の中の主我（I）と客我（Me）

知能には二つの流れがあります。一つは世界とともにある知能です。物質世界から環世界があり、身体があって、部分知能があり、自意識があって、というようにボトムアップ的に上がっていく知能の流れがあります。もう一方で、一なる全、超越的なもの、を起点とする自分の内側で自分自身を一つのものとする力の流れ、があります。この二つの流れが知能を形成しているということです（図19）。

この流れの構図を人工知能のエージェントアーキテクチャに当てはめると、環境世界から立ち上がっていく一つの知能と、自分自身から外側に向かって形成される自分を保全する知能、この二つの流れがあります。世界と自分をつなぐ情報の流れ、この流れに沿って自分を世界に投与するというアポトーシス的な知能です。一方で、壊れていく自分を常に世界から引き剥がして、一つの存在として保全する知能、つまり時間とは関係のない場所に知能を連れて行こうとするホメオスタシス的な知能です。これは、世界の流れとは違う垂直方向の流れです。主我（I）はエージェントアーキテクチャの中では「一なる全」、すなわち人工知能がその存在のコアとする部分からつながる形成物として構成されます。一方で、客我（Me）は世界と知能をつなぐ流れ（インフォメーションフロー）の形成物として現れます。この二つが緊張関係を持って存在するのです（図20）。

このように主我（I）と客我（Me）、二つのせめぎあいの中から知能が形成されると考えられます。環境の中で主我（I）と客我（Me）はどう考えられるべきかというと、南直哉の本から引用します。

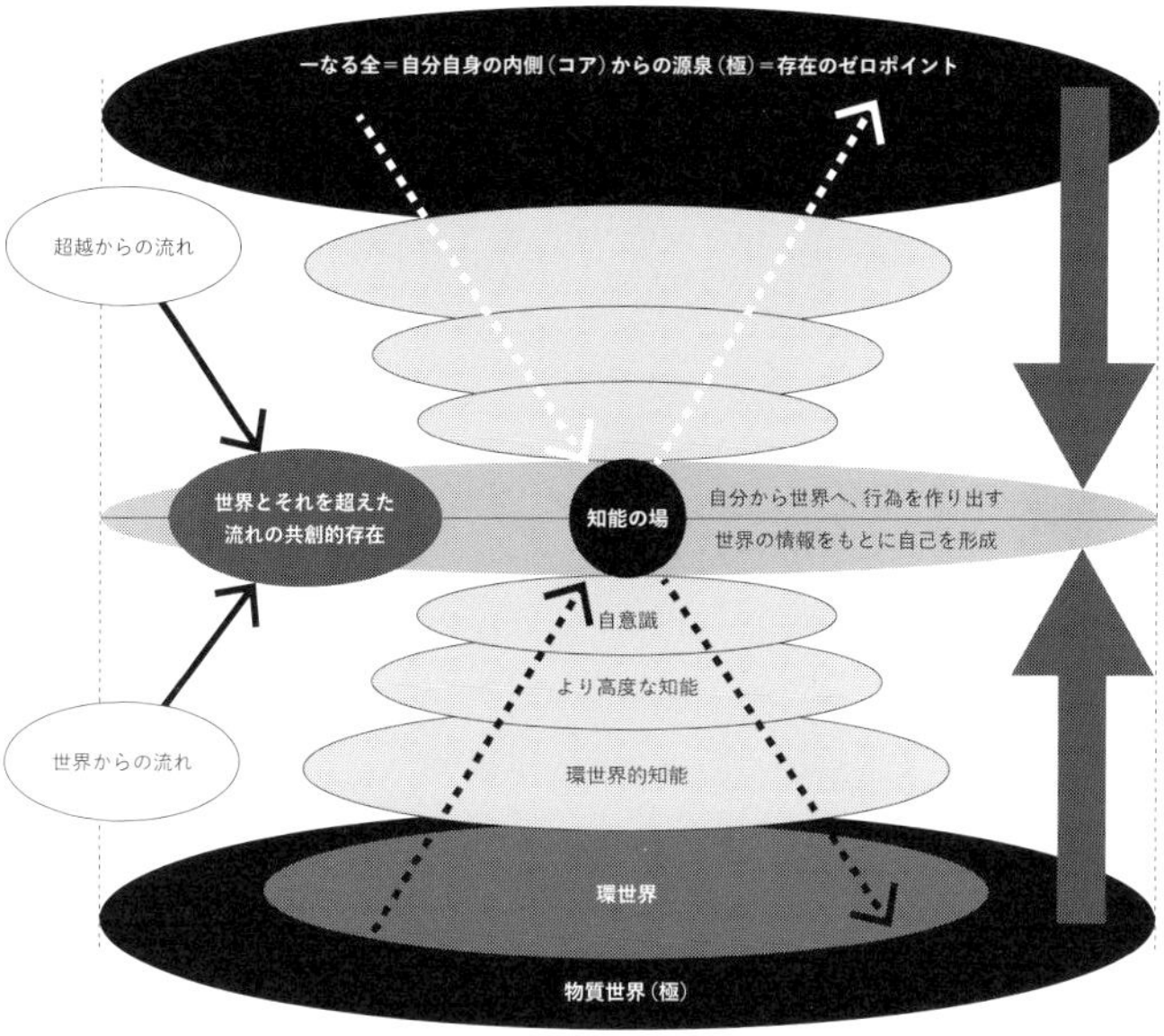

図19　知能の二つの流れ

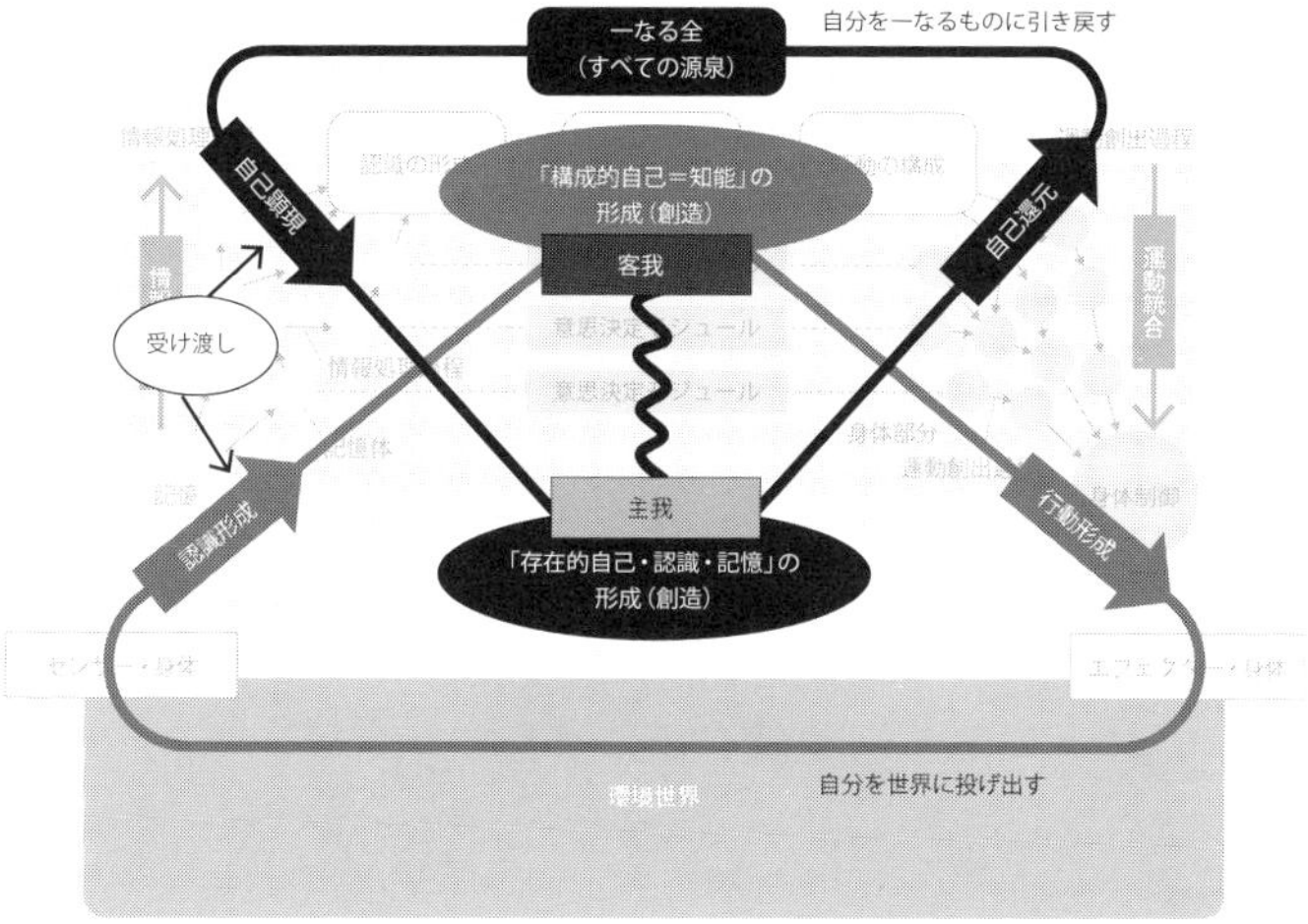

図20　エージェントアーキテクチャにおける二つのインフォメーションフロー

（前略）……「ああではないか、こうではないか」と両者の関係を具体的に設定する作業が続く。その立方体は、自己がその上に立つでもなく、腰を掛けるでもなく、ノートをひろげて書き物をするものとして使用されたがゆえに……（中略）……「机」として確定することになる。
これが自己と対象世界の成立過程なのであり、同時に自己が自己であること、つまり行為する主体としての自己の生成なのである。

〈南直哉、『『正法眼蔵』を読む』、講談社選書メチエ、二〇〇八年、35ページ〉

知能は自分と対象というものを同時に形成していく。先ほどの言葉で言うと、世界と自分がインタラクションの中で自己と対象世界が同時に成立するということです。これは、実は社会学の考えと合致します。ここで書かれているのは、「目の前のノートである」とか、何かである「もの」と「自分」です。もっと拡大すると社会像、一般的他者と自分というものの関係が同時に形成されるということです。行為においてはアフォーダンスという概念があります。つまり、ものに対して許される行為というのがアフォーダンスで、いまのようなインタラクションから見出すのです。

機能環、アフォーダンス、知識表現

前述のように、ゲームではこうしたアフォーダンスを各オブジェクトに埋め込んで表現します。「車」は「運転できる」もの、この「武器」は「投げることができる」ものという形で、ものそのものに情報を埋め込んでいきます。これを「オブジェクト表現」と言います。たとえば地形に対しては「歩くことができる」というようなアフォーダンスを設定します（図21）。

　アフォーダンスは認知科学、生態的心理学の言葉で、環世界はどちらかというと生物学の言葉です。そして知識表現は人工知能の言葉なのですが、実はこの三つは基本的には同じことを言っています。違う分野で同じことを言っているというのは、人文科学ではよくあることです。それぞれの学問の違う視点が入ってくるけれど、結局は同じことを言っているという、こういう観点が得られるのが人工知能研究のおもしろいところとも言えます（人工知能は、人間を細分化した学問からもう一度人間を作り直そうという学問、いろいろな学問が自然に融合していく分野なのです）。

　イントロダクションでも振り返りましたが、現象学の一つの基本概念に志向性があります。志向性とは、外側に向かって何らかの対象を捉える力、外側に向かう意識の流れです。それがいろいろな体験を作っていくわけですが、現象学では、志向性がどういう流れになっているかを考えます。ところが、「自分というものがどう定義さ

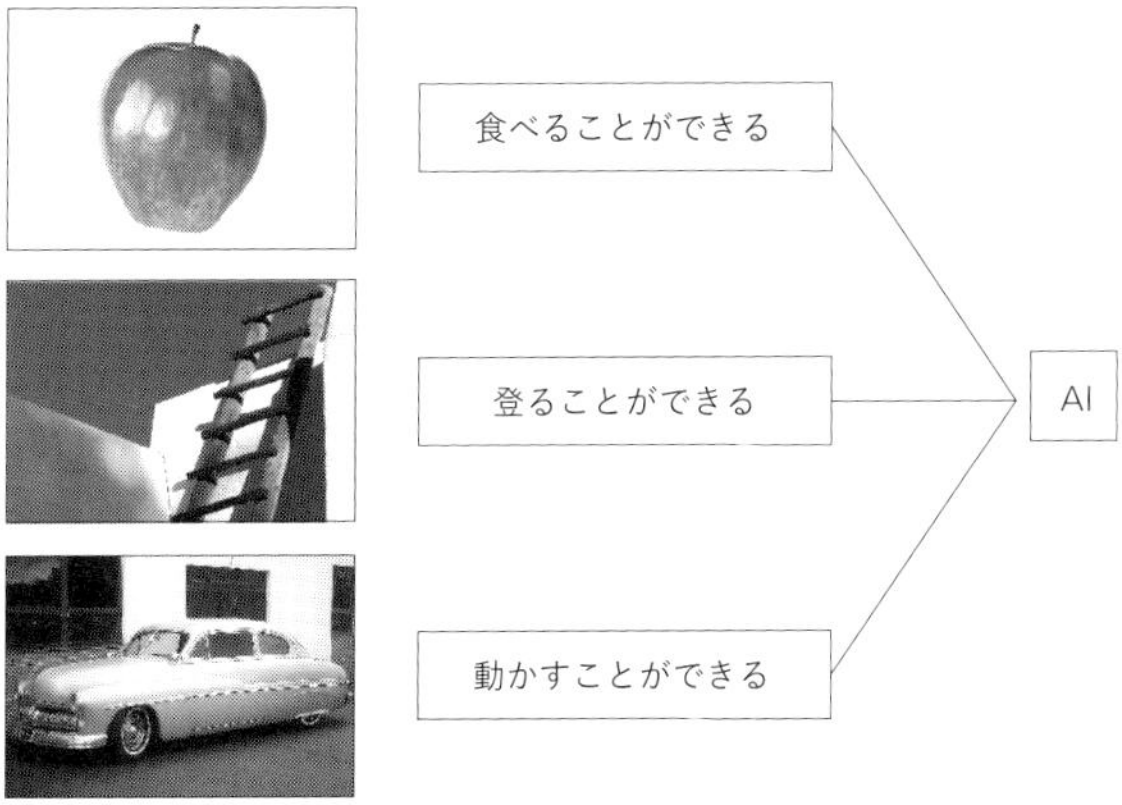

図21　アフォーダンス

れているか」というのはむしろ、音であるとか、形状であるとか、そういうものに対する志向性がどういうふうに形成されているのか、捉えたものごとそのものが自分自身を形成するという考え方もできます。

　アフォーダンスや機能環、知識表現は自分自身の世界の関与の仕方から定義されるわけですから、むしろ、ものごとがこう見えているということは、ものごとによって自分を表現していると捉えることもできるわけです。

　たとえば、「この人通りが楽しそうだな」という印象は、物理的に「人通り」が本当に「楽しい」わけではなくて、むしろ「人通りが楽しい」という状況を見ている自分自身の内面が表現されているということが言えます。つまり、我々は外に見えている世界によって、本当は自分自身の内面の姿を捉えることができるはずだということです（図22）。

　そういうふうに、世界に対する自分と内面に対する自分の一つの主我（I）、そして客我（Me）の緊張関係により、世界の見方がどんどん客我（Me）の中に

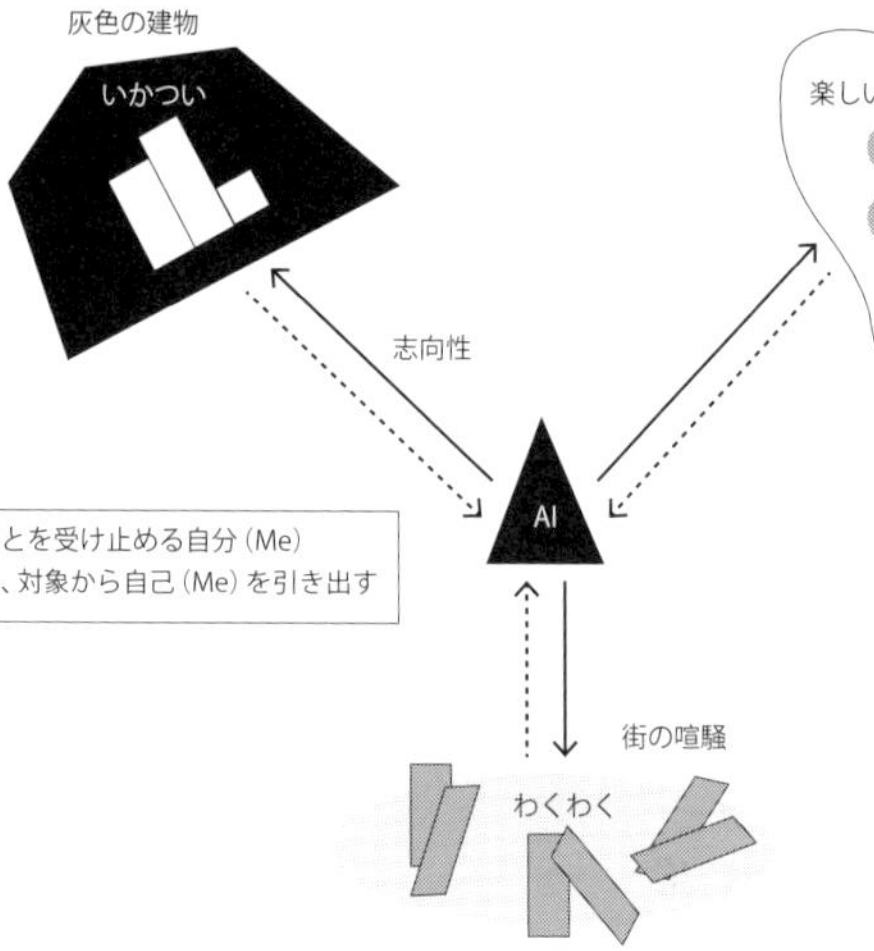
人通り
ものごとを受け止める自分（Me）
むしろ、対象から自己（Me）を引き出す

図22　志向性

集約されていって、一方で世界の出発点としての主我（Ｉ）が内面から定義されていくのです。つまり、内面という非常に複雑なカオスから、とりあえず自分というものの代表選手を主我（Ｉ）と呼んでいるわけです。主我（Ｉ）は常に人間の内側にある複雑なカオスの海から、常に更新されながら、創造的生成を促されながら形成されています。この過程については、東洋哲学篇第三夜でも言及しました。

客我（Ｍｅ）も、社会の経験の中で常に更新されながら形成されます。他者の視線によって自分を形成する、いままで得ている視点よりも別の視点を得る、その別の視点は自分自身を成長させるものでもあるわけです。たとえば、学校の先生からの視線、友だちからの視点だけで自分を形成しているところから、会社に入って上司からの視線、はじめて出会う専門家の視線など、いろいろな視線を社会から受けることで客我（Ｍｅ）が再形成されます。獲得した視線によって自分自身をもう一度形成するというのが「創発的内省性」です（図23）。強いて言えば、社会をど

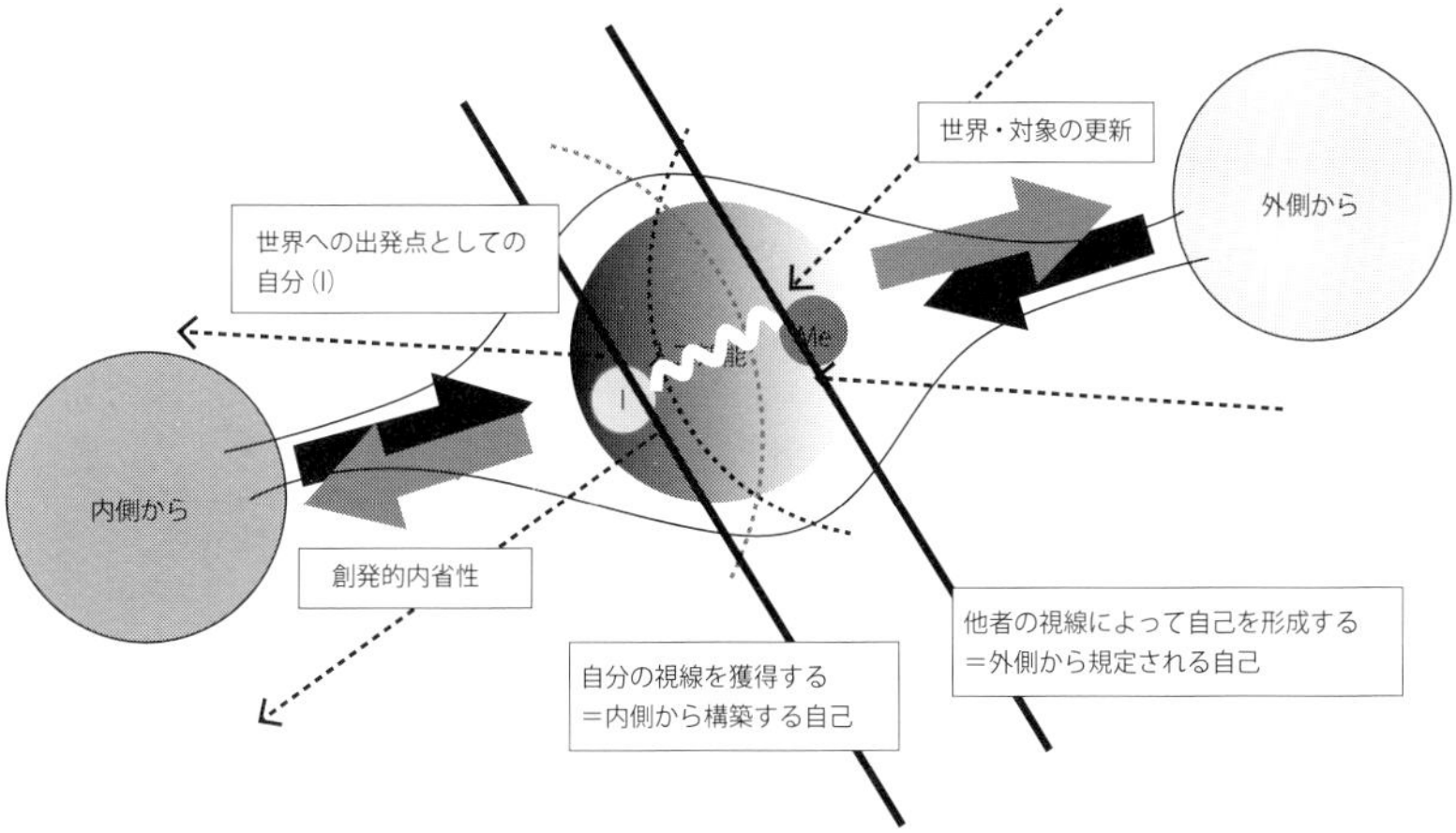

図23　創造的生成を促されながら知能は形成される

う見るかということの出発点となる自分を獲得する、つまり内側から構築する自己が形成される、というのが主我（I）です。

「私はこういうふうに世界を見る」という主体が主我（I）となり、世間の中の自分というものを規定する、そして、他者の視線によって自分を規定するのが客我（Me）ということになります。この二つがあって、見る自分と見られる自分の関係が知能を作っていきます。

ここで、東洋哲学篇の総論に出したこの図をもう一度出したいと思います（図24）。真ん中にあるのが知能の出発点で、そこからいろいろな志向性の矢が出ています。外側の輪郭線は無限の世界を表します。知能がどこにあるかというと、志向性の矢の中間地点にあるのです。我々は自分の内面の中に降りていっても自分自身にたどり着くことはできないし、世界のほうに寄っていっても世界そのものにたどり着くことはできません。つまり、自分の内面と外の世界のちょうど中間点に形成されたものが意識であり、知能であるわけです。もっと言いますと、ゼロのところにあるものは世界そのものです。外界からいろいろな情報・刺激が入ってきて、自分自身というのも各瞬間に生成されます。

生成的自己を仏教は教えます。自分というものが各瞬間にできる、これはつまり、いまの自分はいまの自分ではなくて、むしろ過去の自分、さらに過去の自分、というように重なってできているということです。先ほどの現象学的自己のあり方と非常に合致する考えです。そういった消えゆく自分といま生まれたばかりの自我が多重に重なっているのが自分自身だということが言えます。

この真ん中に流れているのは世界からの流れです。つまり自我は、真ん中に世界があり外側にも世界があるという不思議な構造をしていて、世界と世界の間にあるというものなのです。外側の社会を見るということは、世界を見ると同時に世界から見られているということでもあるわけです。自分自身は主我（I）

から世界を見ているけれど、それと同時に一般的他者というものがあるおかげで、世界から見ている自分に与えられる視線を常に受けています。視線を投げると同時に受けているということです。この視線が客我（Me）を構成します。ニーチェの「深淵をのぞくとき、深淵もまたこちらをのぞいているのだ」という警句とよく似ている話で、世界を見ることは同時に世界から見られることでもあるわけです。知能は視線を世界に投げかける、視線を世界に込めると同時に、一般的他者の視線が込められた世界を受け取っているのです。主我（I）と客我（Me）は鏡像のように対称的に知能の中に現れます。

自分の行為が対象を規定する、行為は関数のようなもので、自分の行為という関数によって世界を構造化しています。世界がどのように構造化されていくかは自分の行為が決めるのです。行為をする自分があって、対象となる世界が浮かび上がり、世界にかかわる行為の主体としての自分を形成します。一方、自分自身というものがどういう存在なのかと

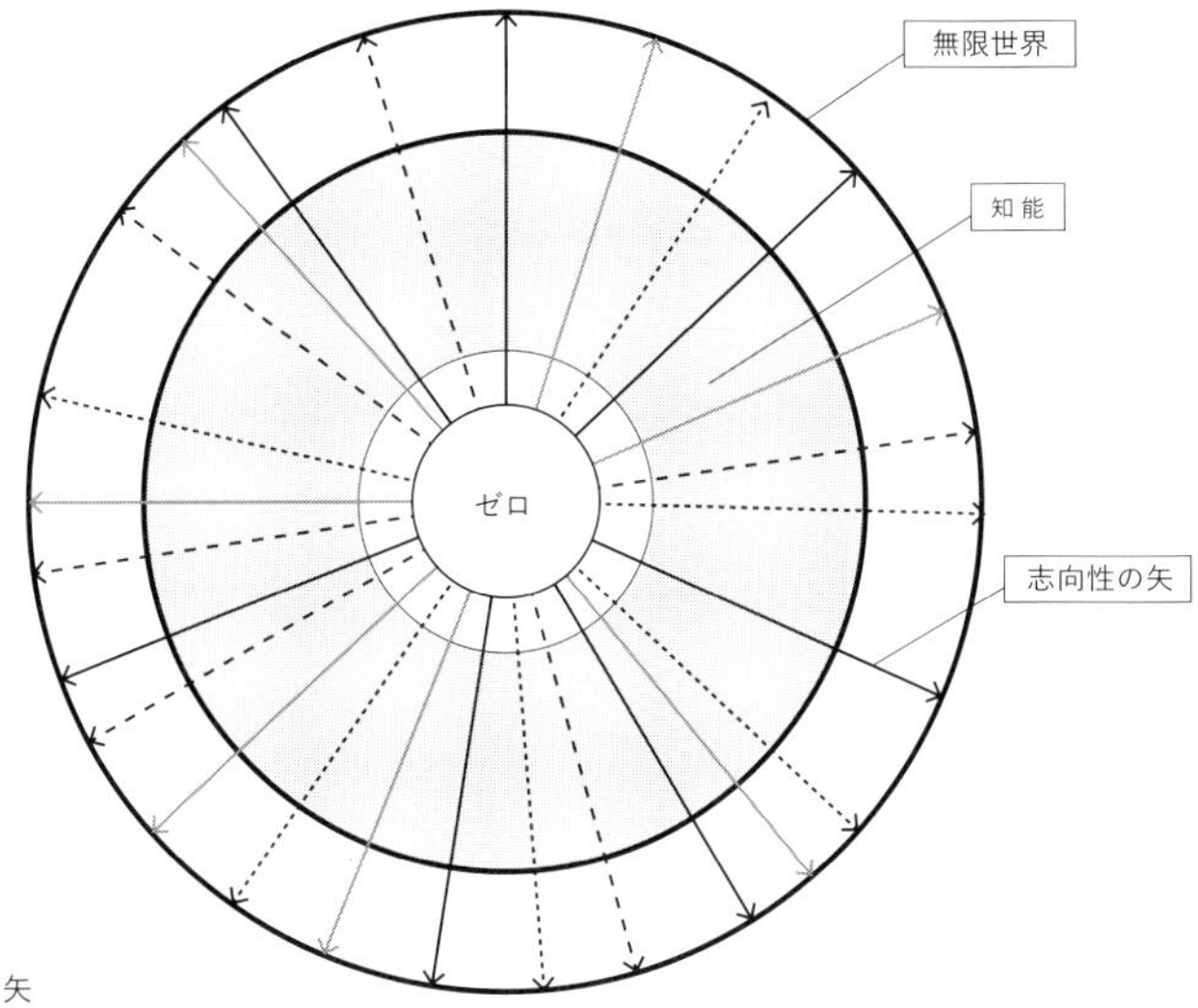

図24　志向性の矢

いう存在的な自分（あるいは実存）は、世界という素材によって自己を構造化します。いま見ている世界から自分を形作っている流れがあります。志向性の矢が捉える世界は、各人に固有の仕方で世界を捉えています。森は不安に見えるかもしれませんし、太陽は希望に見えるかもしれません。見えている世界自身が自分自身を形作っています。この二つの対称的な流れが自分自身を作っていると言えます（図25）。

いろいろなものが世界に見えています。それを古典的な考え方で言うと「私が世界を見ている」と言ってしまうわけですが、その判断をいったん留保するのが現象学の考えです。このコンクリートの建物はいかつくて権力的だなといま経験しているとすると、それは「自分がコンクリートの塊を見ているということを感じている」とするのが古典的な考えですが、現象学は、そうではなくて、実はそう見えていること自体が自分自身を表している、そう見えている経験自体、自分自身の一部なのだという捉え方をします。つまり、こういった世界の見え方というものが自分自身の正体をあばくものとなります。

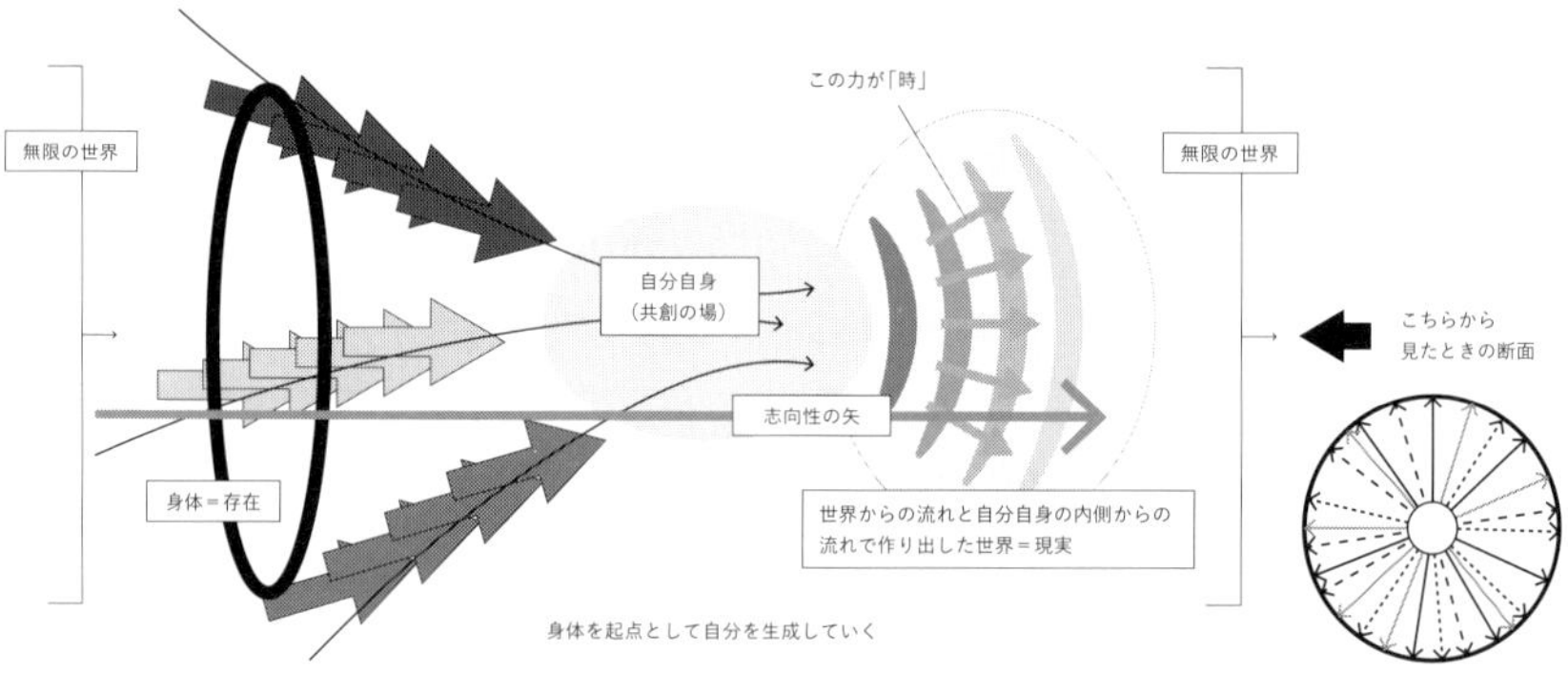

図25 志向性の矢が自己を形成する

世界がどう表れているかというのを見ることで、主我（I）の正体がどんどんわかってくるわけです。前述したゲームのスパーシャルAI（ナビゲーションAIの発展形）たちは、実は人工知能の主我（I）を、場所に依存して表しているということが言えます（図26）。

世界は常に変化し続けるので、成長すればするほど新しい社会の局面が現れ、一般的他者は常に更新されていき、さらに客我（Me）も更新されていきます。一方で、客我（Me）を受け止められなくなると自分自身の更新が必要となり、創発的内省が促されます。自分の内面のカオスの中に飛び込んで、もう一度新しく主我（I）を作り直すということが起こります。

まとめますと、客我（Me）における一般的他者とは何かというと「自分から見た他者」あるいは「私のあなた」ということです。一方で、主我（I）は他者によって構造化された自己なので、「あなたの私」という概念になるわけです。社会的自我とは、そういった二つの構造を持ちます。

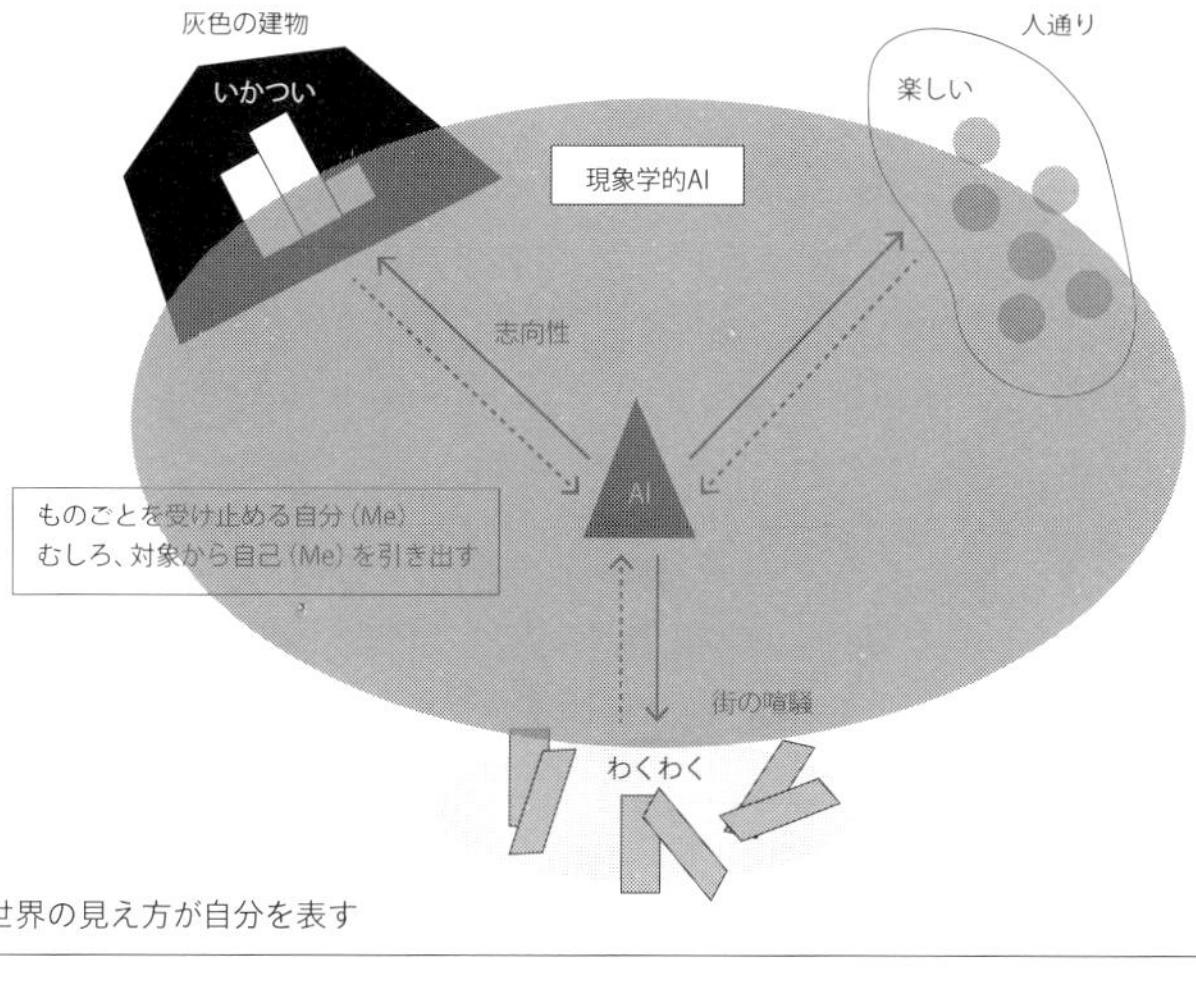

図26 世界の見え方が自分を表す

4 人工知能によって構造化された社会

ここからは、これまで説明した自我を持つ人工知能が社会に参加する話になります。そういった人工知能たちが主我（I）と客我（Me）を持って、ある程度自律した存在になったとき、どういうことが起こるでしょうか。一つは、第一夜で話したように、人間とより深く理解しあえるようになるということがあります。逆に言うと、人工知能が社会的要請や深い内面性を持つということは、人間をよりよく理解できるということでもあります。そうすれば、人と人工知能がお互いに役に立つ社会を考えることも可能になってきます。

いまの社会は人間によって構造化された社会です。もっと言うと、個人に対して仕事というものが大きく張り付いています。個人が抜けるとその仕事が止まってしまうということがあり、人間に対する負荷が高い社会と言えます。こうした属人性の高い社会を我々は形成してきたわけですが、その構造に人工知能を加えることで人間の重荷を減らすことができるのではないでしょうか。人の仕事の座というものは、ある程度社会的な要請や社会の仕組みの上で形成されています。そうした、これまで曖昧にしてきた人間の立場や場所というものを人工知能によって明確に定義できれば、仕事やその地位に関する立場を準備する人工知能がいて、人は普通に仕事をする、さらにその仕事を記録してファイナライズする人工知能がいるというように、人工知能を一つの要素とした社会を作ることができます。

こういう人工知能によって社会を組み立てるという考え方を「エージェント指向」と言います。人工知能がまず仕事の準備をして人が仕事を行う、そして、そのノウハウを人工知能が溜めていくのです

（図27）。いまは人から人に引き継いでいますが、それは原始的な社会だと捉えることもできるわけです。むしろ、一つひとつの仕事を人工知能が定義できれば、人工知能が用意したボイド（仕事をする主体が欠如したポジション）に対して人がエントリーすればよいということになります（図28）。究極的には、その仕事はその人ではなくてもいいという状態になるのが、人間にとって「よい状態」ではないかと考えます。つまりすべてのボイドが人工知能によって埋められた状態です。

仕事をどんどん匿名化するという使命が人工知能にはあり、人柱のようにそこにいることが絶対的に強いられるのではなく、一つひとつの仕事や地位から属人性をなくし、社会の中の一つの場や流れとして定義されていく社会を人工知能によって作ることで、社会が構造化できるのではないかと考えています。これからの社会では、それが必要となるのではないでしょうか。

このような視座においても、主我（I）と客我（Me）といった観点は非常に有効です。主我（I）と客我（Me）の双方をエージェントに持たせることで、客我（Me）に

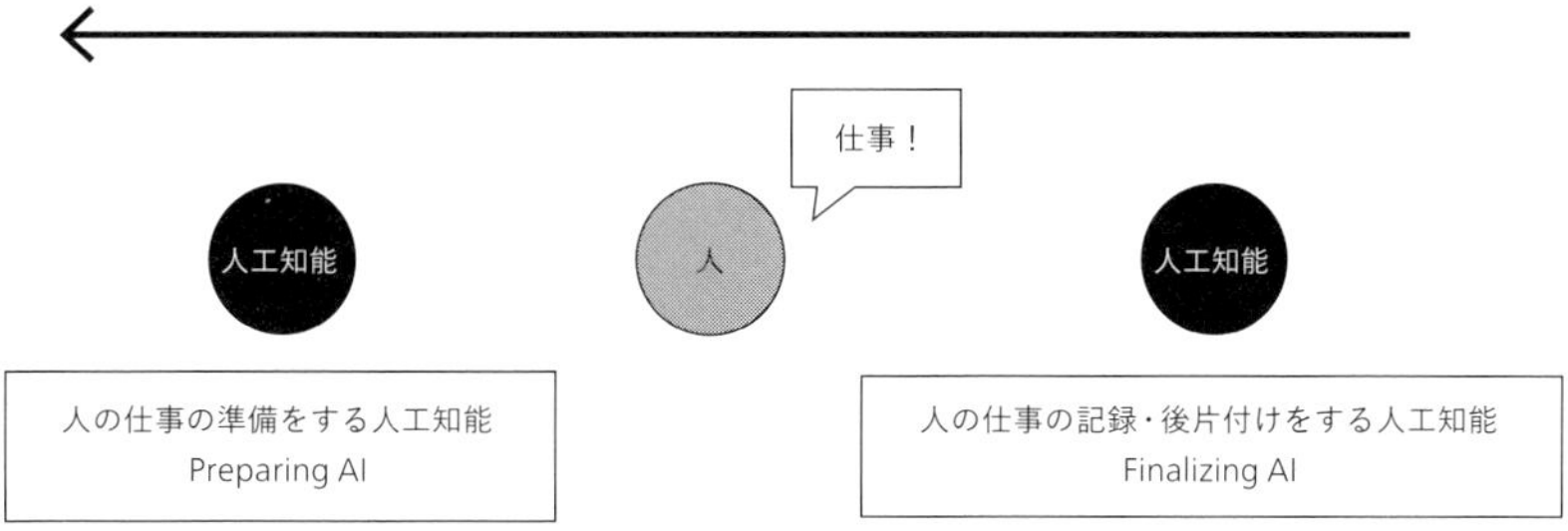

図27　人工知能が人間の仕事に組み込まれる

よるネットワークの上に主我（I）の自由度が活用できるようになるため、実現できるネットワークの質的なポテンシャルが高められると予想されます。

どういうことかと言うと、具体的には各エージェントが仕事を通して他者とインタラクションすることで、客我（Me）を変化し、主我（I）を鍛え、高めていくことが期待されます。エージェントたちもキャリアを通じて「誰でも同じ」存在から「唯一の」存在へと、主我（I）を変化させることで成熟していきます。社会学の成果がエージェントに活かされることで、人工知能たちの主我（I）と客我（Me）の確立を、つまり自我の確立を可能にするのです。

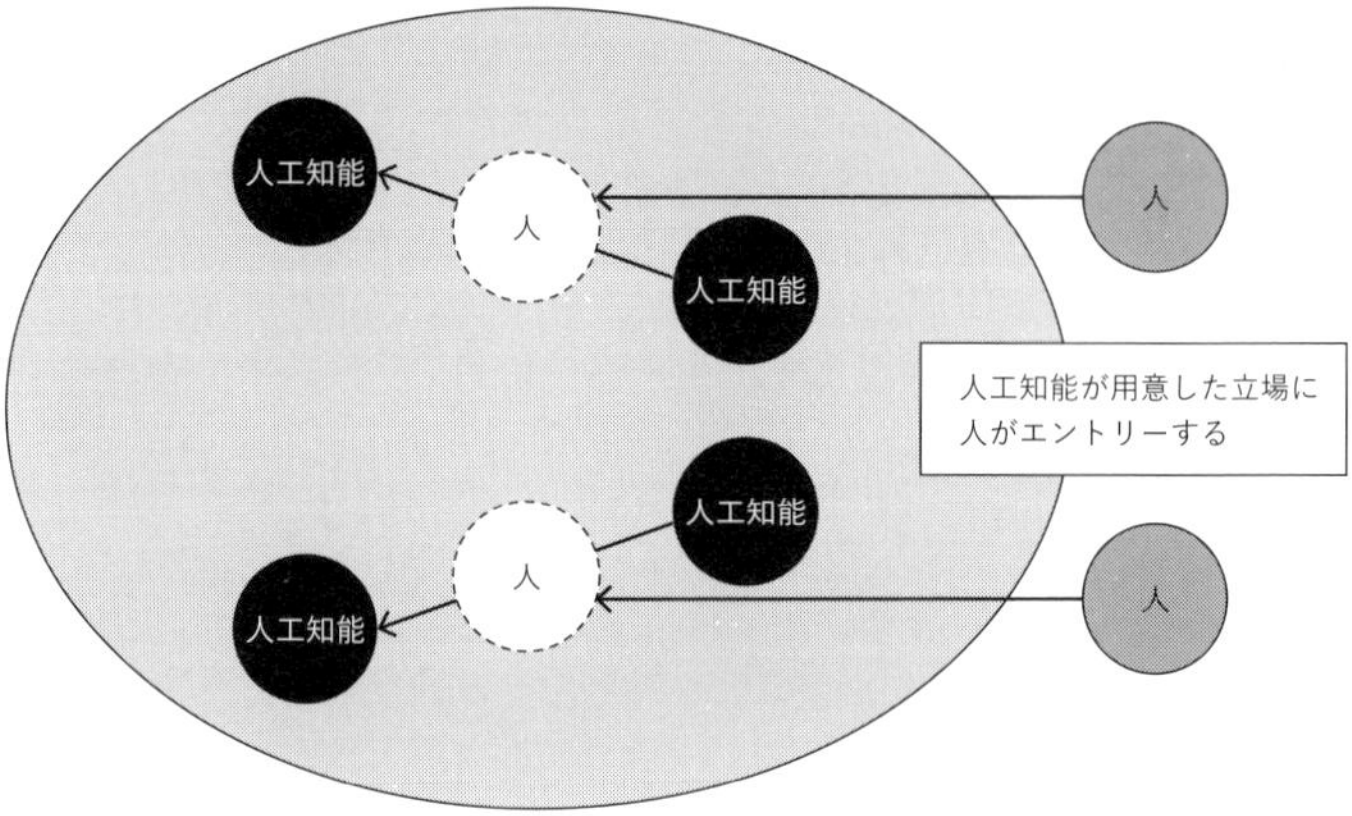

図28　人工知能によって社会を構造化する

第一部［第三夜］

世代を超えて作り出す人工知能文化

今夜のテーマは文化ということになります。人工知能自身が文化を作ることができるか、あるいは、人工知能は文化を理解できるかということですが、そのためにまず「文化とは何か」について考察していきたいと思います。第二夜では社会の中で主我（I）と客我（Me）が形成される過程を見てきました。しかし、社会とはいったい何か、という問いはそのままにしてありました。ここでは、人工知能の社会を方向づけるのは人工知能たち自身の文化であり、文化が個々の人工知能を変化させていくことを考えていきたいと思います。

1 文化とは何か

文化はそれぞれの生物の生活様式に根ざしています。生活様式の中から、ある一つの特徴が取り出されて、それがみんなの共有するところとなり、一つの文化が形成されていきます。いったん形成された文化はその次の世代に対して強い拘束力を持つようになるという、ヒステリシス的な効果を持ちます（図1）。

人工知能をフルセットで作ろうとすると、意識、無意識、身体に対して、人間の構造を模倣する形で作る必要があります。こういった図式を考えると、人工知能と人間は非常によく似ていて、意識と意識、無意識と無意識、あるいは身体と身体のような、複数の理解の仕方という可能性が見えてきます。ただ、これについては個と個の関係ですが、今回は民族であるとか、もう少しスケールの大きい集団を扱うことになります。そして、人間の作り出す文化と同様に、人工知能がどのような文化を作り出せるかということを考察したいと思います。

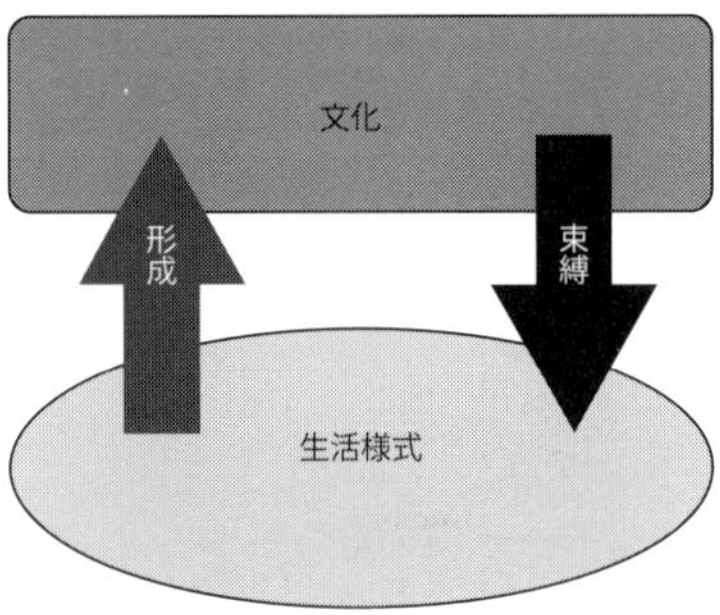

図1　文化は生活様式に根ざす

知能の二つの軸

知能というものを考えるとき、環境から自律しているか、環境に束縛されているかという二つの軸があります。第一夜、そして第二夜で説明した、生物の進化と環境の関係を思い出してください。下等な生物は環境の中に完全に埋め込まれ、むしろ環境の一部としてあります（図2）。高等な生物は、そういった自分が最初に立脚した環境からある程度自由になって、環境から自律しています。人間やある程度の高等生物は、環境に束縛されながらも環境からの自由度を持っているわけです。

もう一つ、別の言葉で言いますと、存在的か実存的かという軸です。存在的とは、存在の様式が環境に完全に固定され、そこに各生物固有の選択肢のようなものがないということです。実存的とは自分自身で自分の選択をして運命を作るということです。実存主義という言葉がありますが、環境から自律した生物であればあるほど、無の中で

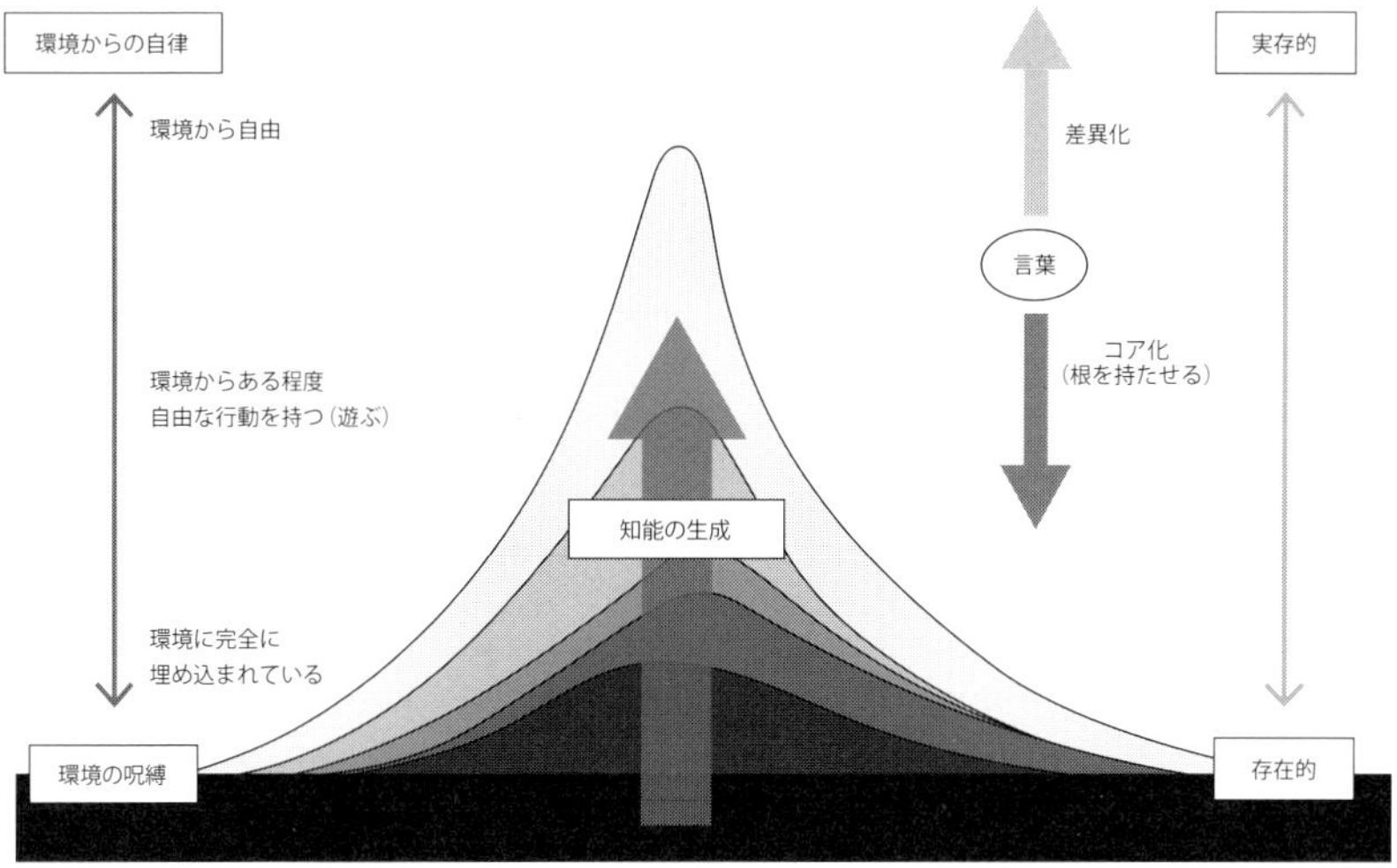

図2　存在的な知能、実存的な知能［再掲］

自分自身を選択していくという実存的傾向が働きます。これはどちらかいいということではなくて、生物にとって、こういった環境の呪縛、存在的な根を持ちつつ、環境から自律して実存的な自由度を持つ、その二つの極を持っているということが重要なのです。

文化＝観念による行為の方向づけ

では、文化とは何か、ということを考えたいと思います。霊長類の研究で有名な松沢哲郎の著作『分かち合う心の進化』（岩波書店、二〇一七年）から引用します。

ここで、文化、という用語を定義しましょう。文化とは、「世代を超えて集団に引き継がれる知識や技術や価値」のことです。「世代を超えて」が第1キイワードです。ある世代のある時期だけならそれは「流行」です。……（中略）……

「集団に引き継がれる」というのが第2のキイワードです。個人ではありません。……（中略）……

「知識や技術や価値」というのが第3のキイワードです。日本語という話しことばや仮名という文字の体系、それは日本の文化です。筆を使いこなして文字を書く、出会ったときにお辞儀をする、それも日本の文化です。何を食べるか、何をおいしいと感じるか。何を、どのように、道具として使うか。それは、それぞれの地域の、あるいはそれぞれの民族の、固有な文化として、世代を超えて引き継がれています。

〈松沢哲郎、『分かち合う心の進化』、岩波科学ライブラリー、二〇一八年、138～139ページ〉

文化とは「世代を超えて集団に引き継がれる知識や価値」だとします。重要なのは「世代を超えて」というところで、一世代だけではなくて集団に引き継がれるものです。そして、生態的なところから次元がもう一つ上がって、様式のようなものが引き継がれるのが文化の本質です。いろいろな捉え方があると思いますが、ここではこの文化の定義を採用し、世代を超えて集団に引き継がれる知識や価値のことを文化としたいと思います。

第二夜でも登場した社会学者パーソンズの著作『文化システム論』の中に、文化とは何かについての重要な示唆があります。ここでも引用します。

人間の行為は、他の動物の行動とは異なり、単純な刺激 - 反応の図式によってとらえることはできない。ほとんどすべて行為は、行為者の主観的な観念によって方向づけられている。空腹時に食物を与えられても（刺激）、それによって人間は一様に食べるという行為（反応）を起こすわけではない。食物を摂る時間や場所、あるいは食物の種類、食物入手の経過等々のさまざまな要因を考慮して、それを食べるか否かを主観的に判断する。

〈丸山哲央、「解説T・パーソンズの文化システム論」、『文化システム論』、タルコット・パーソンズ著、丸山哲央訳、ミネルヴァ書房、一九九一年、135ページ〉

たとえば、食べ物が目の前に置かれたとして、すぐに食べてしまうのは反射という反応です。しかし、食べ物の種類や、たとえば「誰からもらったものなのか」といった刺激以外の知識によって行動は変化します。これが他の動物と人間とで異なるところだと言うことができます。環世界や反射的な知能とは決定的な差があるわけです。

　環世界については繰り返し取り上げてきましたが、文化と対峙させる意味で重要ですので、もう一度ここで見ておきます。これは生物学者のヤーコプ・フォン・ユクスキュル（一八六四～一九四四年）が提唱したモデルです。生物の知能と環境がどのように結びついているかということをモデル化したものです。生物は、世界や対象そのものを捉えることができるわけではありません。自分の対象とする客体のある特徴に対して反応（興奮）し、その興奮が客体に対して行為を促します。

　たとえば、カメレオンはアメンボウを食べますが、実はカメレオンの目はアメンボウを見つけやすいように進化しています。そして、見つけると自然に舌を出して食

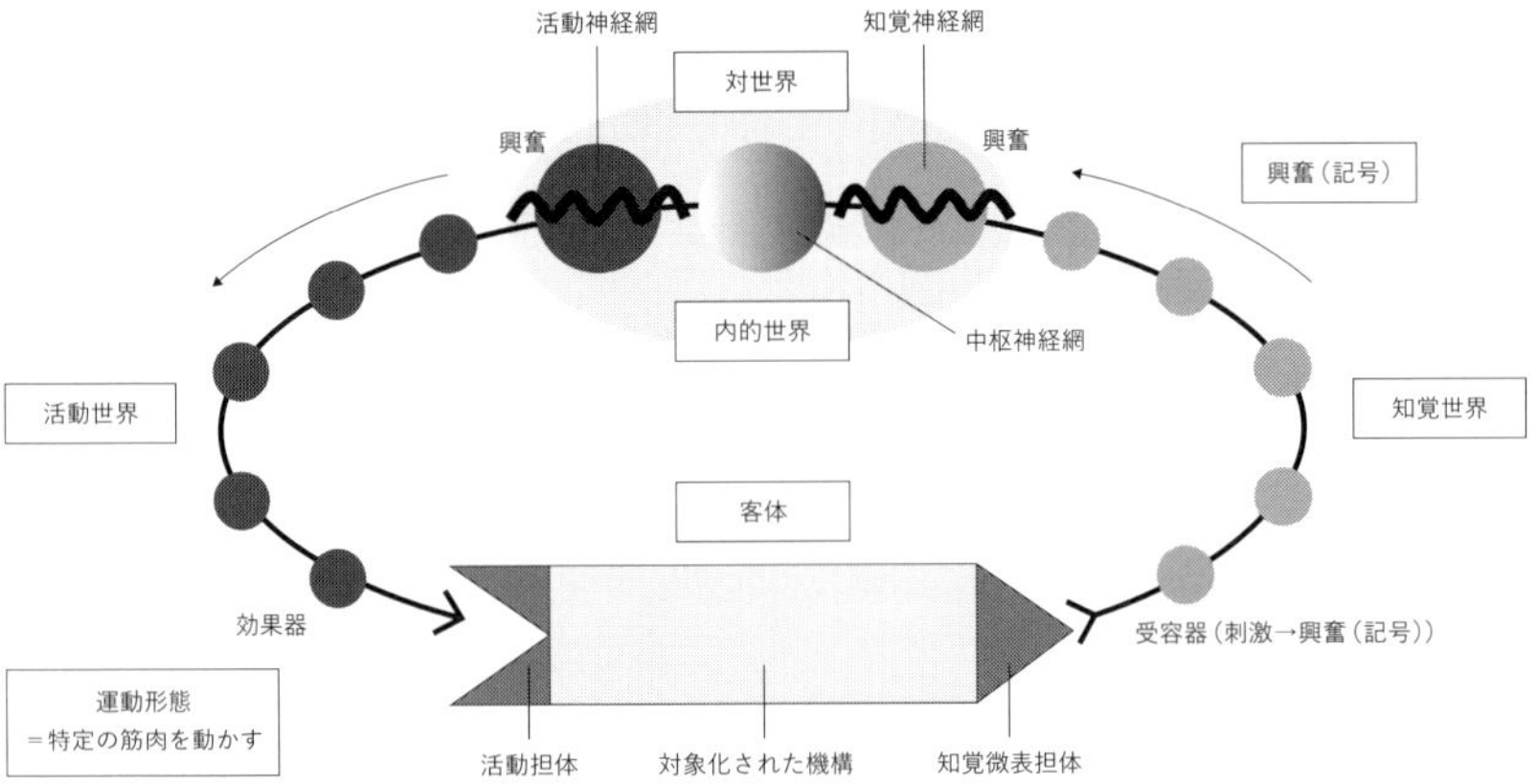

図3　環世界

べてしまうのです。つまり、自然界の中でカメレオンとアメンボウはある特殊な関係で結ばれているということです。この結びつきを環で表しているのが図3となります。こういった環が作り出す世界、主観世界のことを環世界と言います。

ところが、環世界の中では文化というものが考慮されていません。極めて反射的なモデルで、ある特定の信号を伝わって反応が起こります。刺激があって行為が起こることを反射と言いますが、知識や文化があることで何が起こるかというと、ある観念によって行為がそらされるのです。つまり、反射であればこういう行為をするはずなのが、観念や知識があるおかげで通常の生物の環から逸脱して、新しい行為のほうにそらされるということです。これが文化をかたどる知能の構造であると考えることができます（図4）。

すなわち、文化には環世界が描くような刺激や行動、つまり衝動を「迂回させる楔《くさび》としての役割」があります。これはベルクソンの言う「迂回」と同義です。ベルクソンの迂回は知能を特徴づけるシステムであり、刺激

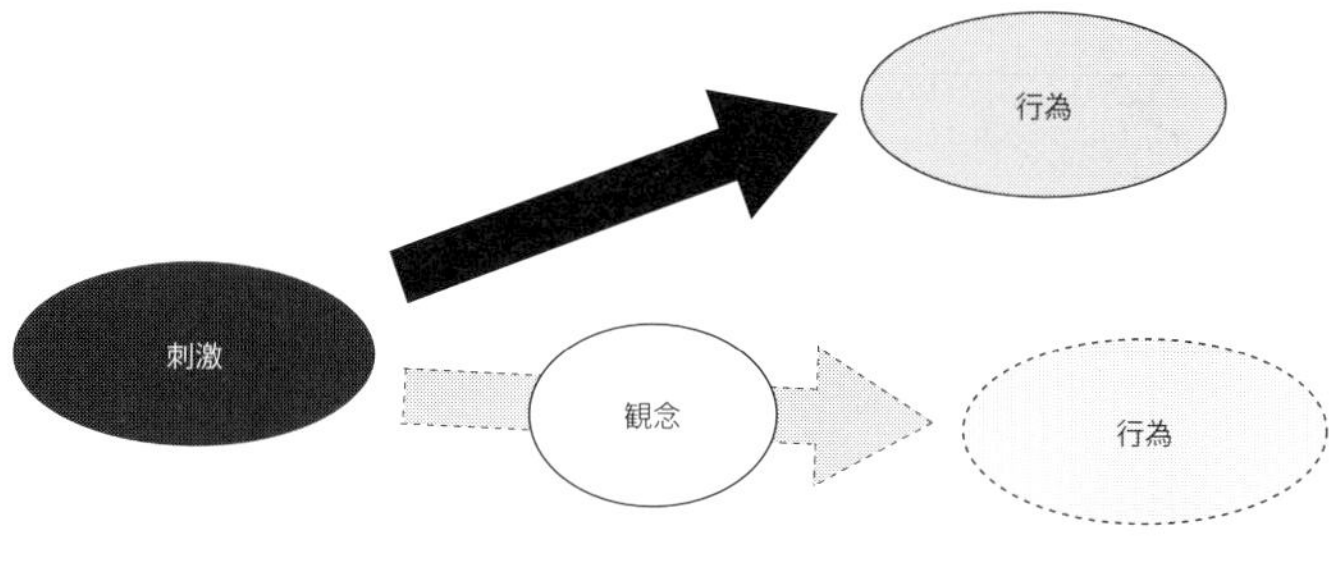

図4　文化=衝動を迂回させる

が直接行為に結びつくのではなく、幾重にも迂回することで複雑に絡みあいながら、遅延して行為へとつながっていく現象を言います。迂回は何階層にもわたって行うことが可能であり、環世界の「刺激―行動」の環を幾重にも迂回させる文化の仕組みによって成立するものであると理解できます。

さらに、パーソンズの『文化システム論』の解説から再び引用します。

（前略）……判断に影響を与える主観的な「観念」とは、過去の経験や学習を通して、自己のうちに蓄積された知識や情報のことである。このような人間の行為の特徴は、人間が他の動物とは違って、……（中略）……記号化してとらえることができるからである。記号化された現実は、記号のもつ特性によって、蓄積され再編成され、人間に固有の観念の世界を構成するようになる。

〈丸山哲央、「解説T・パーソンズの文化システム論」、『文化システム論』、タルコット・パーソンズ著、丸山哲央訳、ミネルヴァ書房、一九九一年、135ページ〉

観念というものは経験や学習が記号的なものによって蓄積され、反射的ないろいろな環の中から別の行為のほうにずらす役割を持っているわけです。この観念をどういうふうに持つかによって、生物たち、その集団の行動の様式が変わってくるのです。もしそれがなければ、目の前に食べ物があればパクっと食べるという、それだけの集団になってしまいます。

つまり、過去の経験や学習を通して自己の内に蓄積された観念が記号化され、共有可能なものとなって文化が形成されるのです。そして、いったん形成された文化は知能の行動を変化させる強い力を持っています。これがまさに文化の力です（図5）。

かくして形成された観念は、時間、空間を超えて伝達されるとともに、学習を通して、個人に内面化され、個々の行為の方向づけにかかわるようになる。文化とは、このような蓄積された知識や情報、ないしは観念の総体を指しており、それは、人間のなす行為と不即不離の関係にある。

〈丸山哲央、「解説 T・パーソンズの文化システム論」、『文化システム論』、タルコット・パーソンズ著、丸山哲央訳、ミネルヴァ書房、一九九一年、135～136ページ〉

いったん個の集団から文化が形成されると、その文化が逆に新しい世代の個体に対して影響を与え、それぞれの個体はそれを内面化するということです。そういうふうに文化の蓄積は、それぞれの個体に対し観念を与え、行為を作っていくことになります。つまり、観念による行為の方向づけが文化の大きな役割なのです。これは、マックス・ウェーバー（一八六四～一九二〇年）の社会学における知見を元にしたものです。

文化は社会に対して大きな役割を持っています。実は

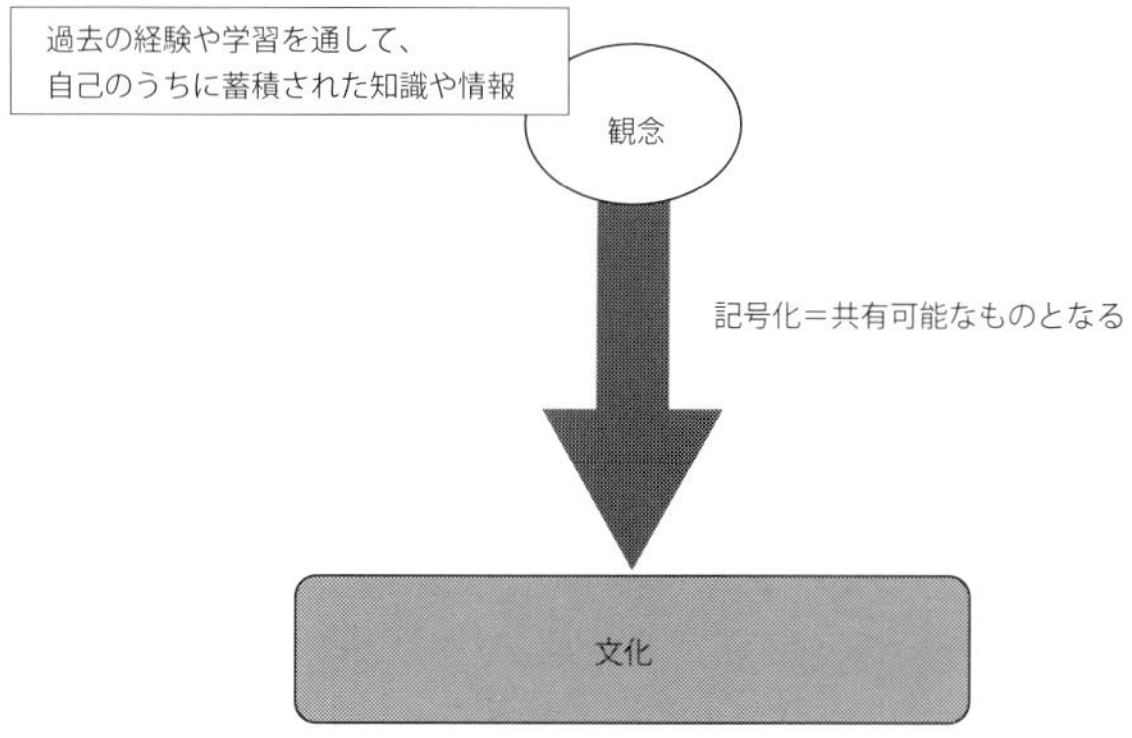

図5　観念を記号化し、共有可能としたものが文化となる

文化こそが社会の方向性を決定づけているのです。文化があって社会があるという構造を社会全体は持っているのだ、とパーソンズは指摘しています。

これまで触れてきたように、知能の構造では「分節化」が重要な役割を果たしています。東洋の思想で言えば、最初の原初的な状態には存在の混沌があり、存在の混沌から分節化が始まります。一つは、それぞれの生物の身体と環境の中でのあり方による分節化です。つまり、人間であればこう世界が見える、カマキリであればこう自然を捉えるといった分節化が第一次の分節化としてあります。次に言語による分節化があり、これは社会から恣意的に与えられた言語によって世界の見方がある程度決定されるというものです。このように、それぞれ低い次元と高い次元の二つの分節化があるわけですが、「環世界」と「文化世界」、井筒俊彦はこの二つの世界を人間は持っていると言います（図6）。

これはどういうことかと言いますと、まず環世界、生態によって形成される一つの世界（第一次分節化が引き起こす世界）、そして、言語によって形成される文化世界（第二次分節化が引き起こす世界）があるということです。ここは先見の名があるところでして、井筒俊彦は文化世界という言葉を当てています。つまり、文化こそが個人の内面に染み出してくる、影響を与えているということです。極論すると、もちろん生物である限り環世界のようなものは形成されるわけですが、社会的な恣意性がないとそこからなかなか進化していけません。我々は文化というものがあるおかげで、文化世界というものを形成します。それが一つ、教育や文化の力です。下から上へ向かう衝動は最初の網（＝生態による分節化）によって方向づけられますが、言語による分節化、すなわち観念によって方向が変化され、迂回します。その変化こそが文化世界を作るものです。衝動的行為から、行為の文化的連環へ変化します（図7）。

言語による分節化というのは文化レベル、生態による分節化というのは生物レベルの話で、我々はこの

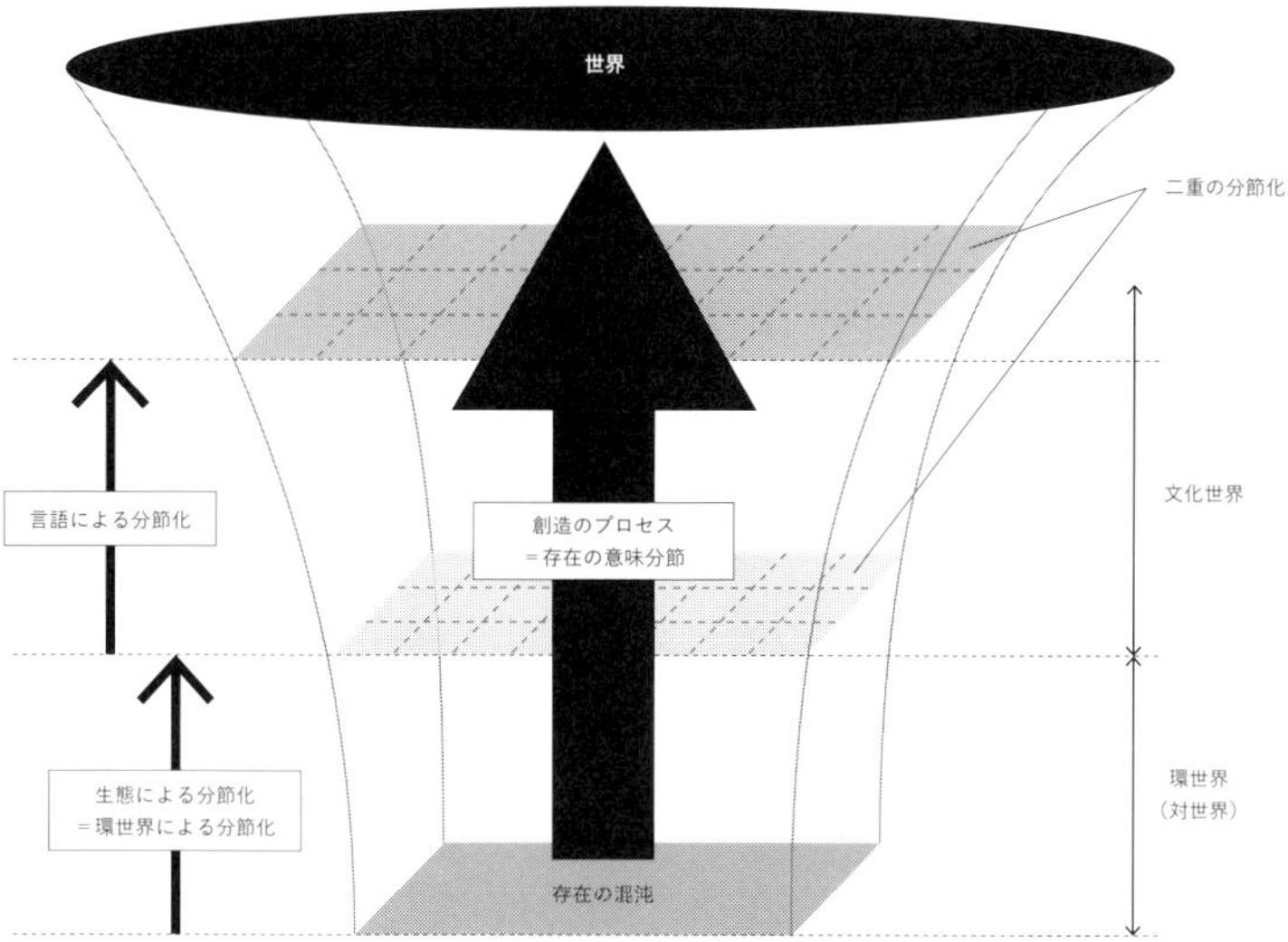

図6　二重の分節化［再掲］

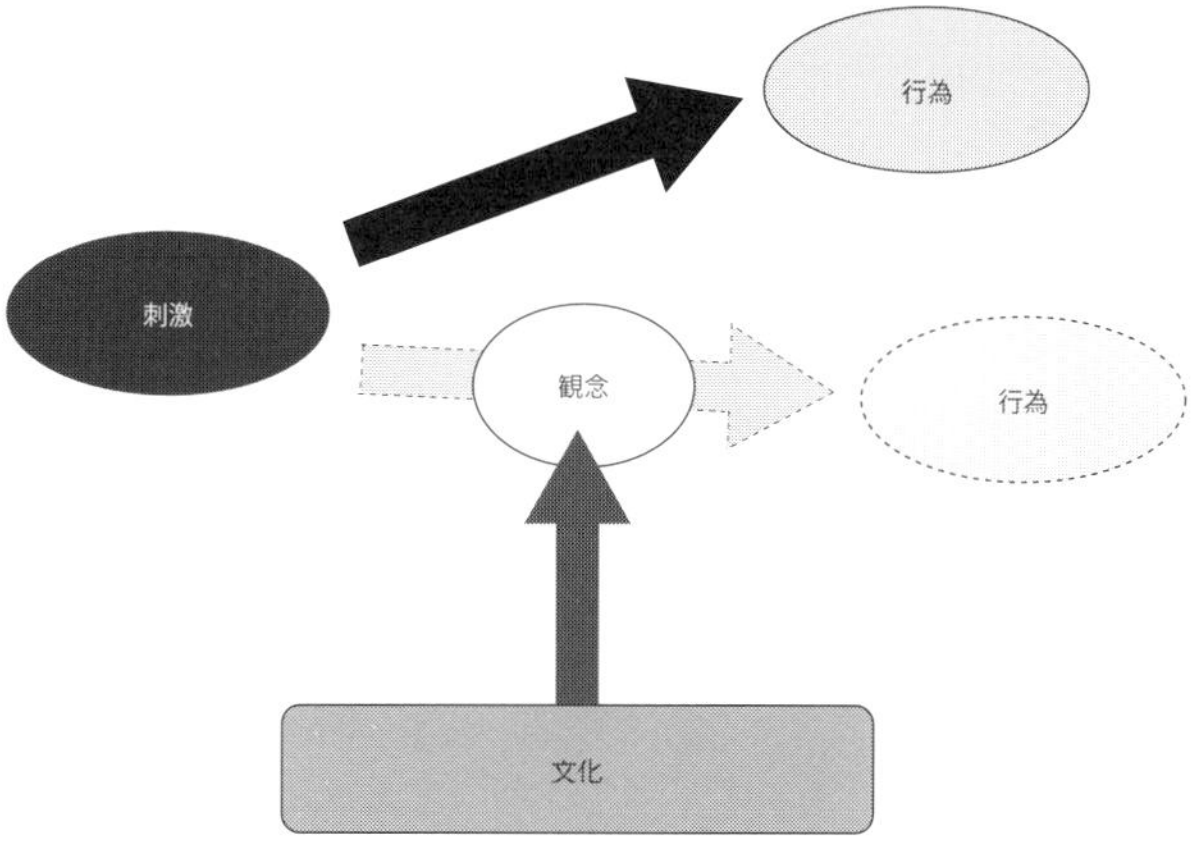

図7　文化こそが社会の方向性を決定づけている

二つのレベルを同時に生きると言うことができます（図8）。その源泉となるのは、文化世界によって観念が個人に挿入されて、その観念が行為を変化させていくということです。文化は共有されるものであり、同じ文化が各個人をある一定の方向に変化（＝迂回）させることになります。つまり個人レベルにおける文化の力が社会全体に大きな影響を与えています。個々人の行為が文化によって変化するわけで、社会全体を見ても、やはり文化というものが社会全体を方向づけていると言えます。

パーソンズに戻りますが、パーソンズは文化というものがとても強い力を持っているのだという特徴的な見解を持っています。社会の集団に対し、ある一定の方向に行為を統一する、組織化する力を持っていて、そういったものが個人のパーソナリティに深く内面化され、生きがいや規範など、意味的な方向づけを与えてしまうというわけです。

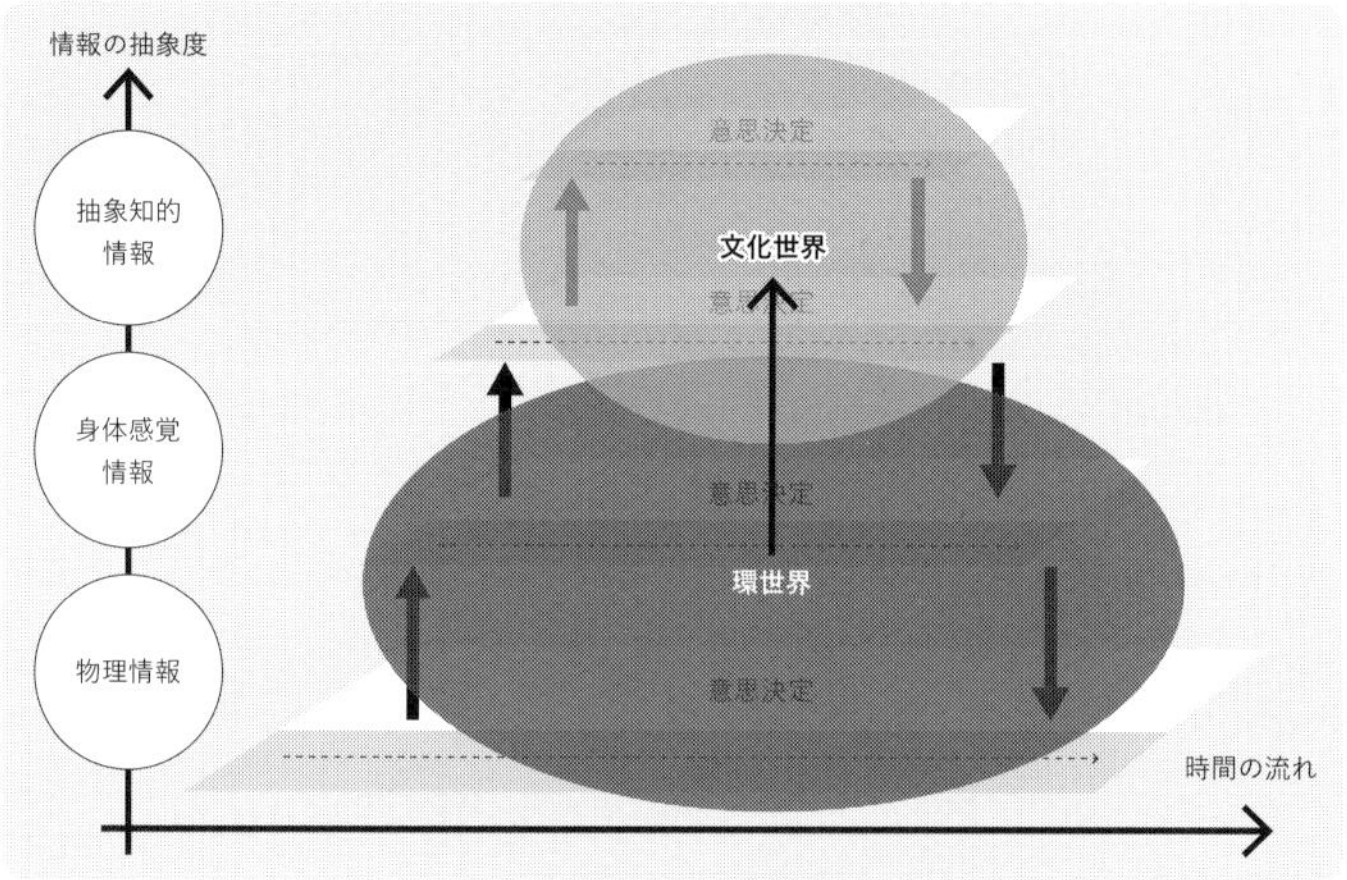

図8　文化世界と環世界

文化システムは、独自の機能的目標のもとで行為を組織化する一方、社会システムやパーソナリティに意味的な方向づけを与える。文化システムは高次の意味を備えたシステムとして、他の行為システムを制御しているのである。

〈丸山哲央、「解説 T・パーソンズの文化システム論」、『文化システム論』、タルコット・パーソンズ著、丸山哲央訳、ミネルヴァ書房、一九九一年、148ページ〉

つまり、文化は社会を方向づける。社会が文化を内包しているというよりは、文化が社会を制御しているという順位づけです。これが大きな社会の力だということをパーソンズは述べています（図9）。

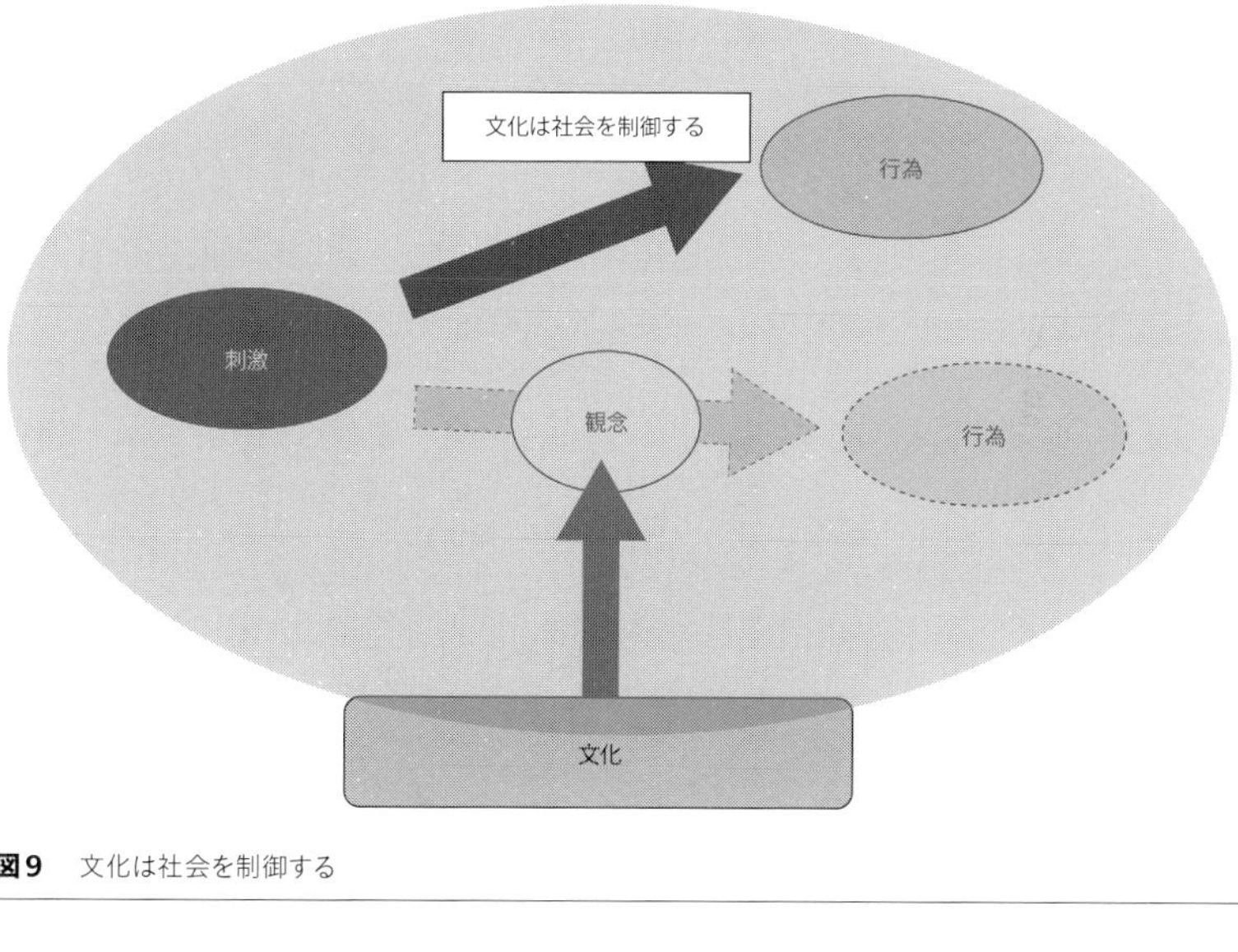

図9　文化は社会を制御する

文化と知能の階層的な認識の輪

次の図10は、ゲームAIの基本モデルであるエージェントアーキテクチャです。まず世界があって、世界を捉える知能があり、知能は物理レベル、抽象レベル、さらに抽象化されたレベルというように階層化されています。上の矢印が抽象化される方向で、下の矢印は具象化されている方向です。

原初的な生物はただ反射する最初のレイヤーしかありませんが、高等になればなるほど、さらに抽象化して考えるレイヤーが増えていくということになります。この一番下の環が、世界と知能を根底でつないでいるところで、いわば環世界です。高度な生物の知能は環世界という土台の上にさまざまな環を作っていくことで構築されていくわけです。前述のように、これがベルクソンの言う迂回です。迂回は多重になされます。もちろん、迂回は個々の人工知能の抽象的な思考力に負います。しかし、あるところからは文化の力がその知能をさらに迂回させます。

たとえばコップを捉えたとき「あ、これはコップだ」という、ものとしての対象があり、それを捉える自分というものがあるわけです。ただ、コップは機能を持っています。コップは水を飲むものだというアフォーダンス情報を認識する自分がいます。さらに、このコップは、この講演会場「FabCafe」の所有物だという社会的観念もあり、それを捉える社会的な自分もいるわけです。こういうふうにものごとを捉える主体も階層化されていきますし、実はコップ一つをとっても、さまざまな階層的な見方というものがあります。

では、自分というものが何かと言いますと、そういった主体としての階層的な自分をすべて集合させたもの、つまり、生物的な自分から社会的な自分まで階層化していった「自分の序列自体」が自分なのです。もちろん、原初的生物ではそこまで多くの自分を内包していませんが、人間くらいになるとたくさんの自

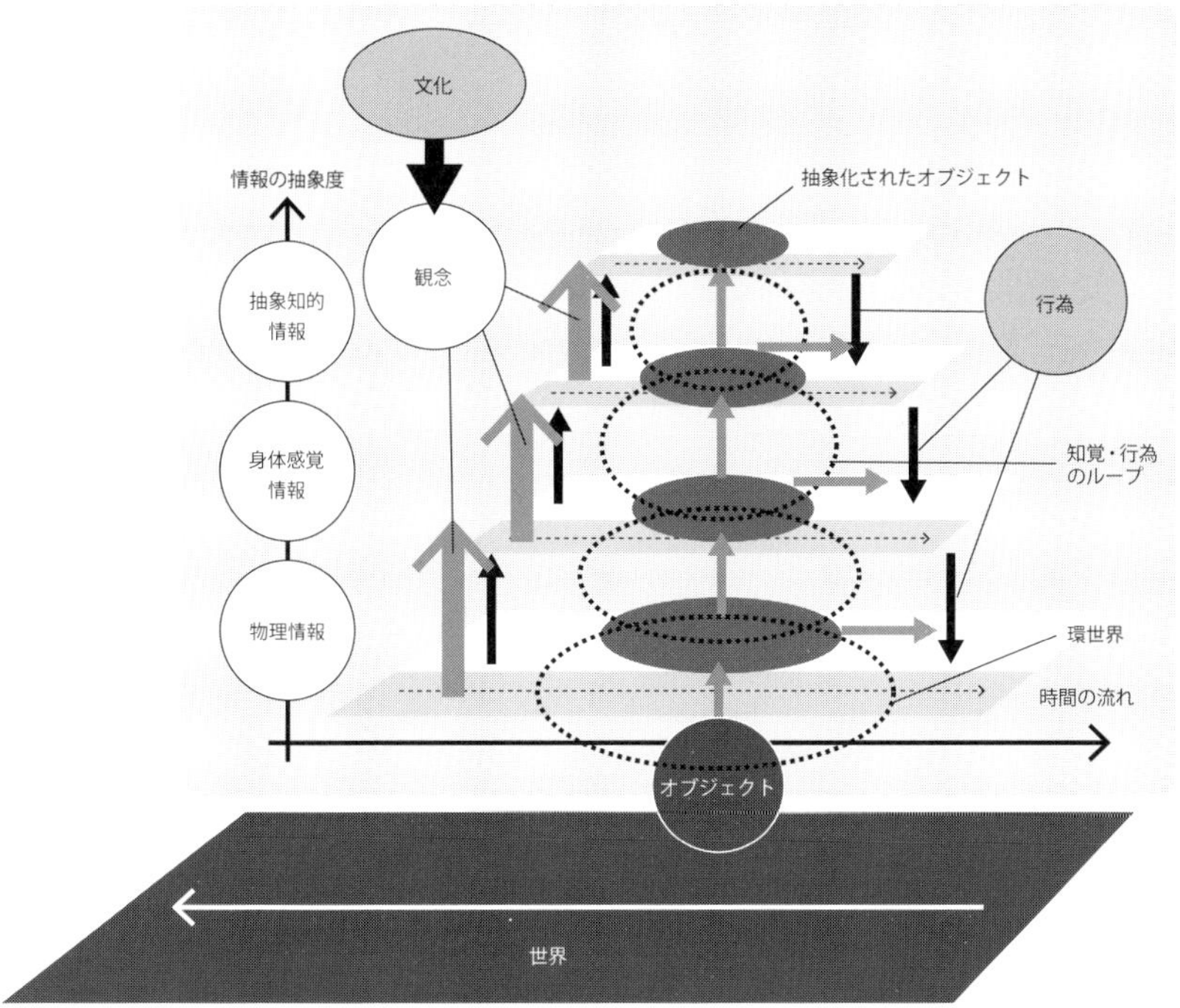

図10　観念が知能を押し上げていく

分という序列を内包していることになります。それは対象に対しても同じで、コップにさまざまな意味がありましたが、このように対象もやはり階層化されていて、その階層の集合が一つの対象となるのです。もちろん、対象は変化していくので、変化する対象を捉えるには自分自身もどんどん変わっていかなければいけないということになります。ものごとや社会、環境が複雑化するに従って自分というのもクリエーションされていかなければならないと言えます。主体というのは何度も組み替えられて、何度も再構成されるものなのです。何か決まった自分があるのではなく、必要に応じて、環境に応じて組み替えられていきます。そのように知能は階層的な認識の輪によって形成されています。

エージェントアーキテクチャで言うと、各層を押し上げている力が観念です。まさに観念こそが自分の知能を上に押し上げているのです。ここはまさに文化の役割と言えます。つまり、観念の挿入によって一つずつ階層が上がっていき、それがまさに文化の力ということです。繰り返しになりますが、この観念の挿入による階層の創造こそが、ベルクソンの迂回であり、文化はまさに衝動を迂回する様式と言えます。

まとめますと、まず環境というものがあり、経験があり、経験が観念となり、それが蓄積されて文化になっていきます。文化になると共有が生まれ、いったん形成された文化は個を強く制御する力を持ち、そこでまた個が経験を蓄積して文化をさらに蓄積していくという循環が文化を創造していると言えます。それは何世代にもわたって循環することで、その集団をますます色濃く特徴づけていきます。そこから逃れるためには文化自身を変える必要があり、自身による文化の変容か、他の文化と融合する戦略しかありません。

2 文化と継承

文化的継承とは何か

次に、文化と継承について考えていきます。生物である限り、まず生物レベルと文化レベルというものを持っています。では、何が文化なのでしょうか。たとえば、ビーバーは木を集めてダムを作ります。これは極めて高い知能のように見えます。あるいは、アリは自分よりもずっと大きな土の塔を建てる力があります（図11）。これは文化だろうか、ということです。

文化的継承は生得的なもの、つまりその動物の習性としてあるというよりは、あるときから始まってときに失われることもあるわけです。ビーバーの巣やアリの巣というのは、おそらく習性のほうが大きくて、継承されて何か受け継がれているものというよりは、ビーバーである限り、アリである限り、それを行うというものです。ところが文化というのは、あるところから始まるのです。そういったも

図11　シロアリの巣［Yewenyi, CC 表示 - 継承 3.0, https://commons.wikimedia.org/w/index.php?curid=663058］

のが蓄積されて社会や個体の行動を変えていくところに文化の特徴があります。

ところが、この生得的なものと文化的な継承というのは、実は独立したものではなくて、生得的なものから継承へ、変化・発展するものでもあります。つまり、ある程度生得的にできるようになったものが、さらに文化によって形を変えて継承されるということです（図12）。

たとえば、人間はもともと歌うことができたのですが、歌が音楽になるまでにはさまざまな段階を経ました。音楽の成立には何千年という歴史が人類にも必要だったわけです。ただ、やはり原初的に歌うという行為がなければ、音楽という文化はできませんでした。そういうふうに、文化というのは積み上げることによってしか伝えられないものだということが言えます。

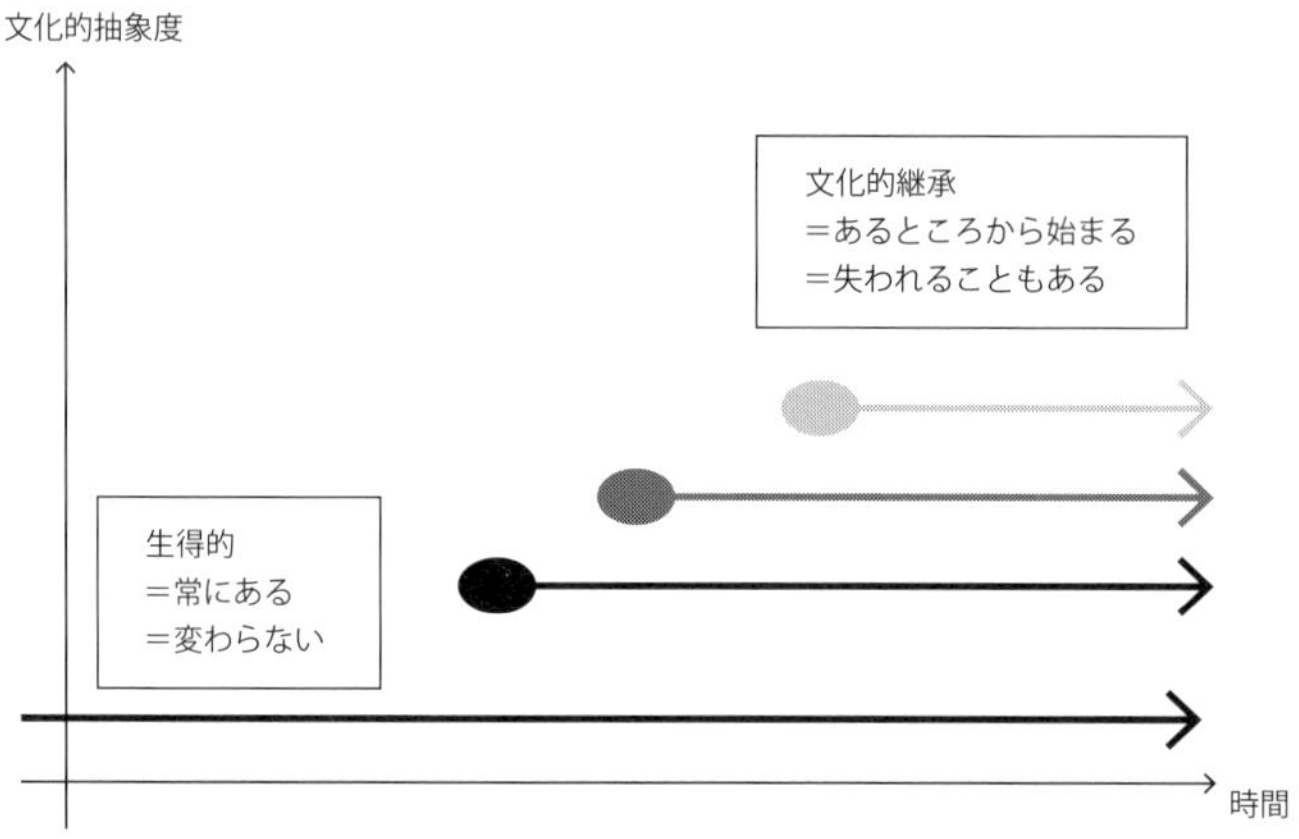

図12　文化的継承

社会による分節化

そのように考えると、まず存在から生態による分節化があり、言葉による分節化、さらに社会による分節化があるということになります。社会による分節化はこれまで出てきませんでしたが、蓄積された知識や経験の集合、まさに文化が個に与える影響によって見える世界です（図13）。

真ん中までは生物レベルで、これはどちらかというとボトムアップに個の存在の源泉から立ち上がってくるものです。上のほうの文化レベルは教育や社会によって押しつけられた、恣意的なものです。個が社会によって恣意的に引き上げられるのです。ただ、もちろんその方向は一つではありません。文化は蓄積し、多様な方向を持つことで成熟します。

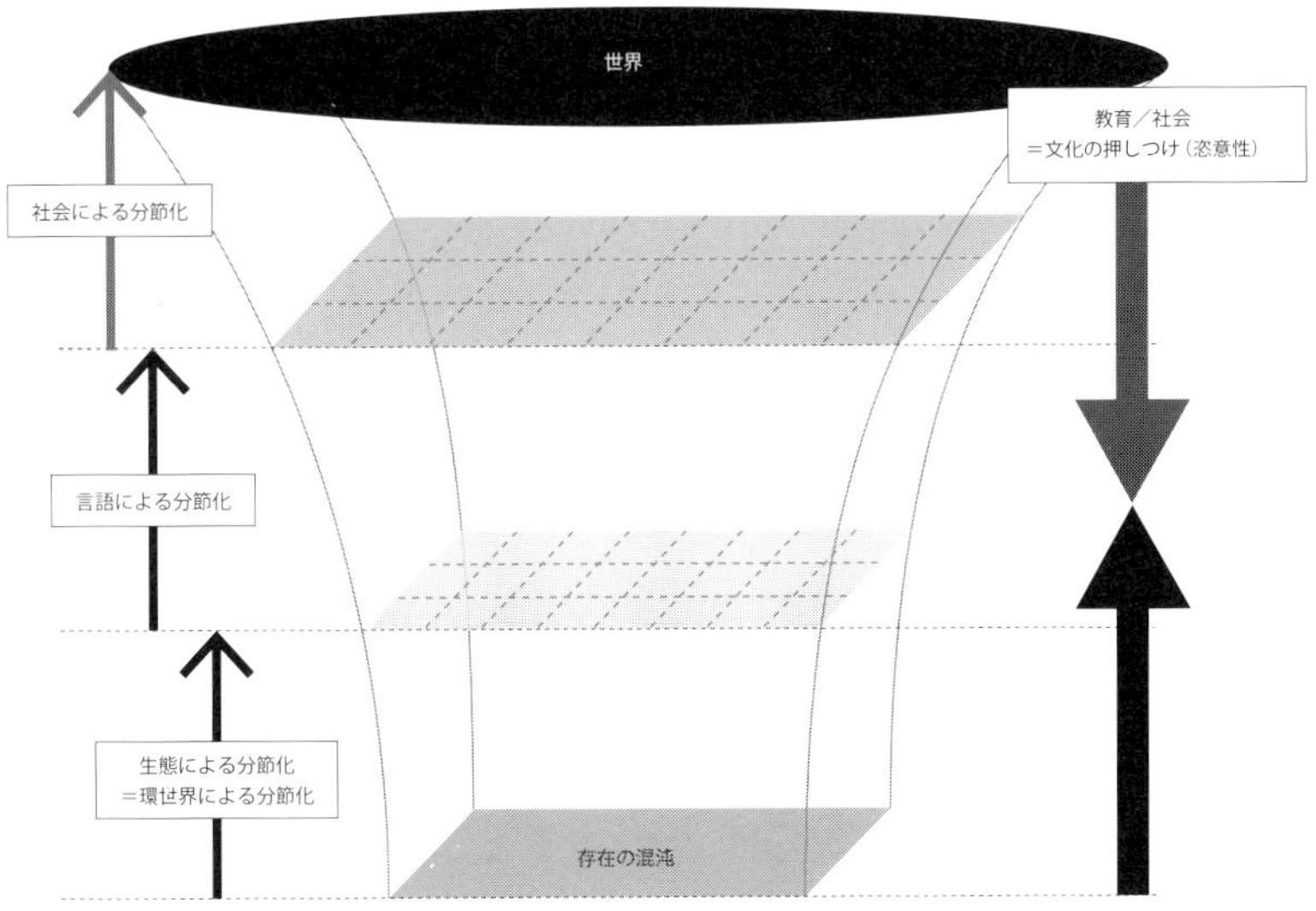

図13 社会による分節化

文化の継承について、松沢哲郎の『分かち合う心の進化』（岩波科学ライブラリー、二〇一八年、139～142ページ、「文化の伝播」「子供が文化を生み出す」）から紹介したいと思います。

チンパンジーの群れにはそれぞれ文化があります。ディエケの森には、ほかのチンパンジーの群れにはない「パンダオレオーサーの種を割る」という文化があります。一方、ボッソウという場所では「アブラヤシの叩き割り」という文化があり、セリンバラはそういう文化はまったくありません。また、イヤレの森は「クーラの叩き割り」という文化がありました。あるとき、イヤレの森のヨーというチンパンジーがボッソウの群れと合流します。ヨーはボッソウの森に入ると、ボッソウの森のしきたりどおりアブラヤシの叩き割りをやるわけです。あるとき、クーラの実をボッソウの森の中に置いたところ、もともとイヤレの森にいたヨーは、うれしそうにクーラの実を割ります。もともとボッソウの森にいるチンパンジーはそれを割る文化はありませんから、彼ら、ほかの個体はそれを冷ややかに見るだけですが、子どものチンパンジーはそれを見てヨーの真似をします。そこで、これまでボッソウの森になかった「クーラの実を叩き割る」という文化の継承が起こるわけです。さらにおもしろいことに、子どものチンパンジーはこれまでボッソウの森に文化としてなかったパンダオレオーサーの実も割るようになります。つまり、ここで非常に大きな文化の拡張がされているわけです。子どもはすごく柔軟なので、非常に抽象的なレベルで学習をします。ボッソウの森ではアブラヤシの実も、クーラの実も、パンダオレオーサーの実も割るという文化が継承されたということになります（図14）。

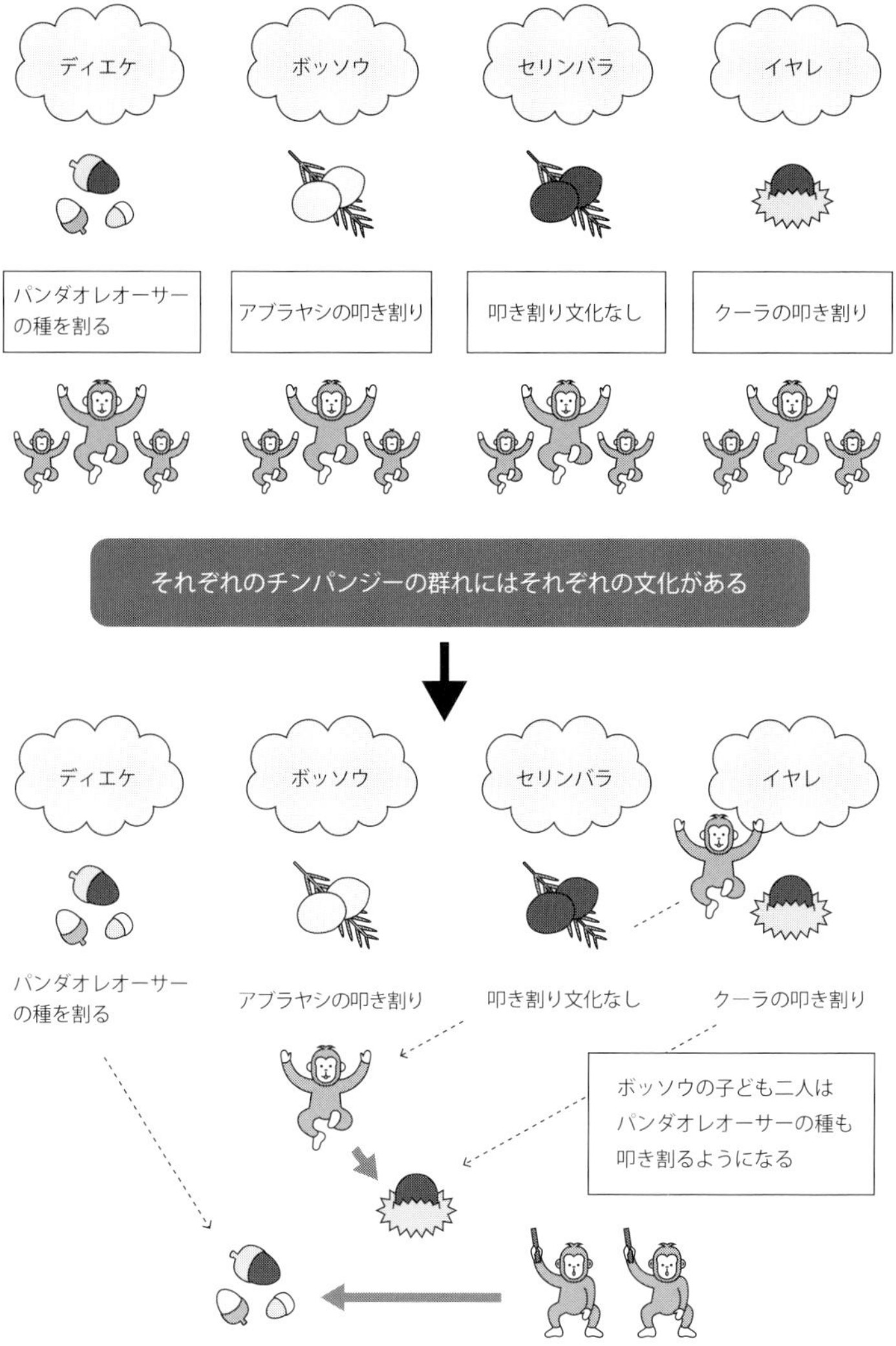

図14 チンパンジーの群れに見る文化の継承と拡張［出典：松沢哲郎、『分かち合う心の進化』、岩波科学ライブラリー、2018年］

3 生物の文化、人工知能の文化

社会と文化、循環するシステム

ここでは、人工知能の文化とは何かということを考えていきたいと思います。生物の文化、人工知能の文化を考える上で、興味深い本があります。『言葉はなぜ生まれたのか』（岡ノ谷和夫、文藝春秋、二〇一〇年）、この本では言葉というものがどうやって生まれたのか、ということが書かれています。ジュウシマツの研究から、実は先に歌があってそこから分解して言葉ができたのだと解説しています。言葉という文化より、先に歌があったとします。

生物にはいろいろな習性があり、ニワシドリは派手な巣を作って求愛行動をしますが、これは習性であって文化ではありません（図15）。あるいは道具を使うカラスは、自分で葉っぱを加工してストローみたいなものを作って、それで木の中を掘って幼虫を幹から出して食べます。これも、習性であって文化ではありません。アマミホシゾラフグは海の

図15　ニワシドリの巣
［JJ Harrison (https://www.jjharrison.com.au/) , CC 表示 - 継承 3.0, https://commons.wikimedia.org/w/index.php?curid=15735004］

中に模様を描く習性があります。これもメスに対する求愛行動で、いい感じの砂場を見つけて模様を作ります。これも習性であって文化ではありません。

人間と動物を分かつものは何か、文化と習性を分かつものが何かというと、自分の外に知識を保存する強力な外在化能力があるかどうか、です。外在化能力とは、ここでは抽象化し、表現し、伝達可能なメディアとなることです。つまり、いま見てきたニワシドリにしろ、カラス、アマミホシゾラフグにしろ、知識としては外在化されていません。これは文化とはなかなか言いがたいです。外在化能力こそが文化の一つの要因で、外在化によって時代を超えて文化が社会に蓄積していくことがはじめて可能になります（図16）。

最初に環境があって、経験があって、観念があって、文化があり、文化は社会を形成します。文化が個に対し強い束縛力を持って社会を一つの方向にするよう行動を促し、文化を経験する個が

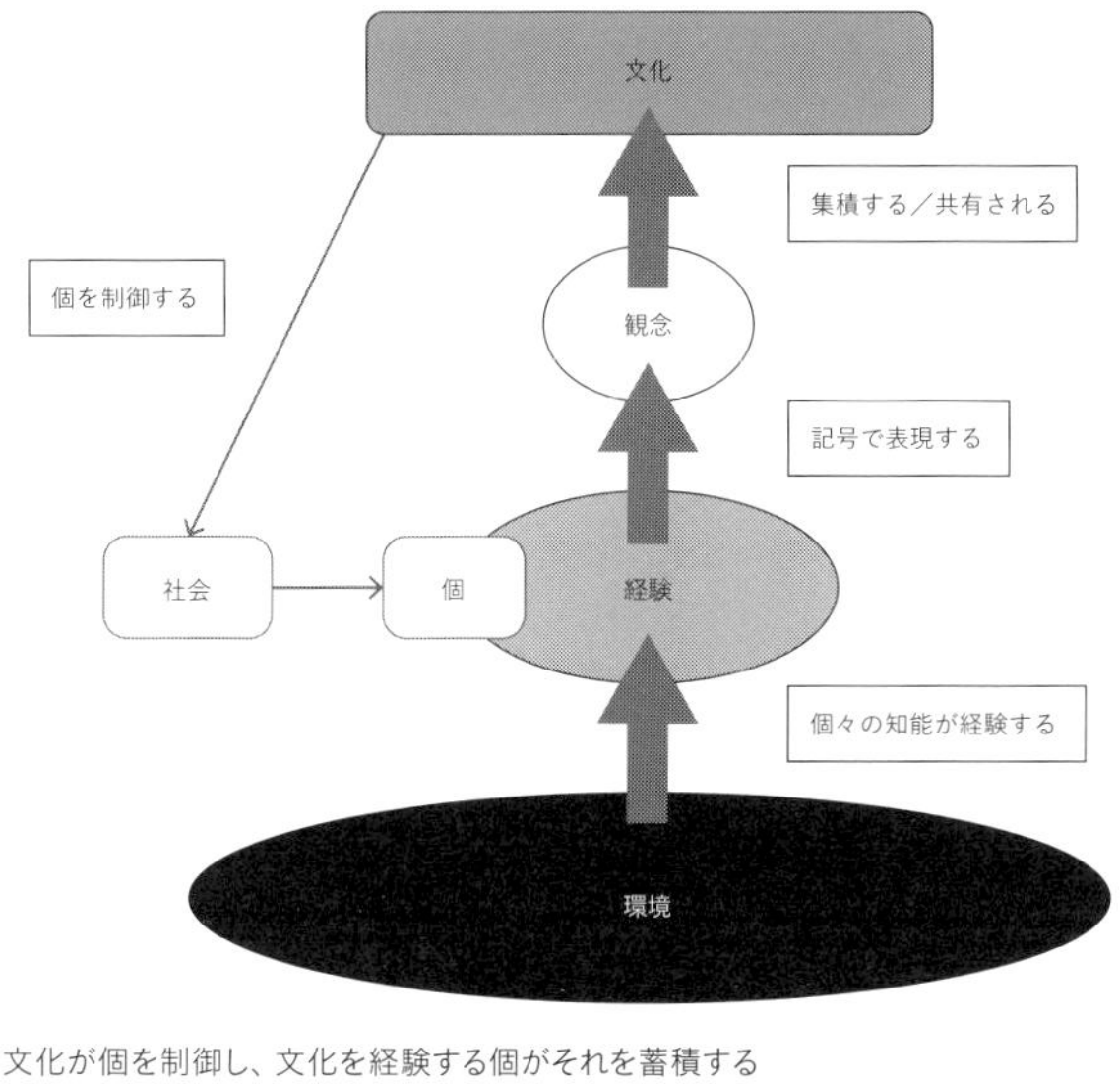

図16　文化が個を制御し、文化を経験する個がそれを蓄積する

再び文化を蓄積する、文化とはこの循環が繰り返されることです。

つまり、ある世代が蓄積した文化は次の世代に対して強く継承される、むしろ押しつけられていくということがあります。個がどんどん文化を蓄積していって、再び迂回して個に対して返ってくるというのが、文化というものの大きなメカニズムです。そういった循環が社会を形成しています。社会と文化はこの関係によって分かちがたく結ばれ、文化が上位にあって社会をオリエンテーリングしているのです。文化は次第に大きくなり、社会への影響力を大きくします（図17）。

特徴的なのは、いったん文化というものが形成されると文化自体が対象化され、それを促進していく個が現れます。たとえば、歌というものが集まってくると、歌を伝承する役割の吟遊詩人、あるいはそれが音楽という文化になると音楽家が出現するわけです。彼らは文化そのものを促進する役割を持ちます。芸術家や科学者と呼ばれる人たちがそうです。そういうふうに文化というものが成熟していきます。

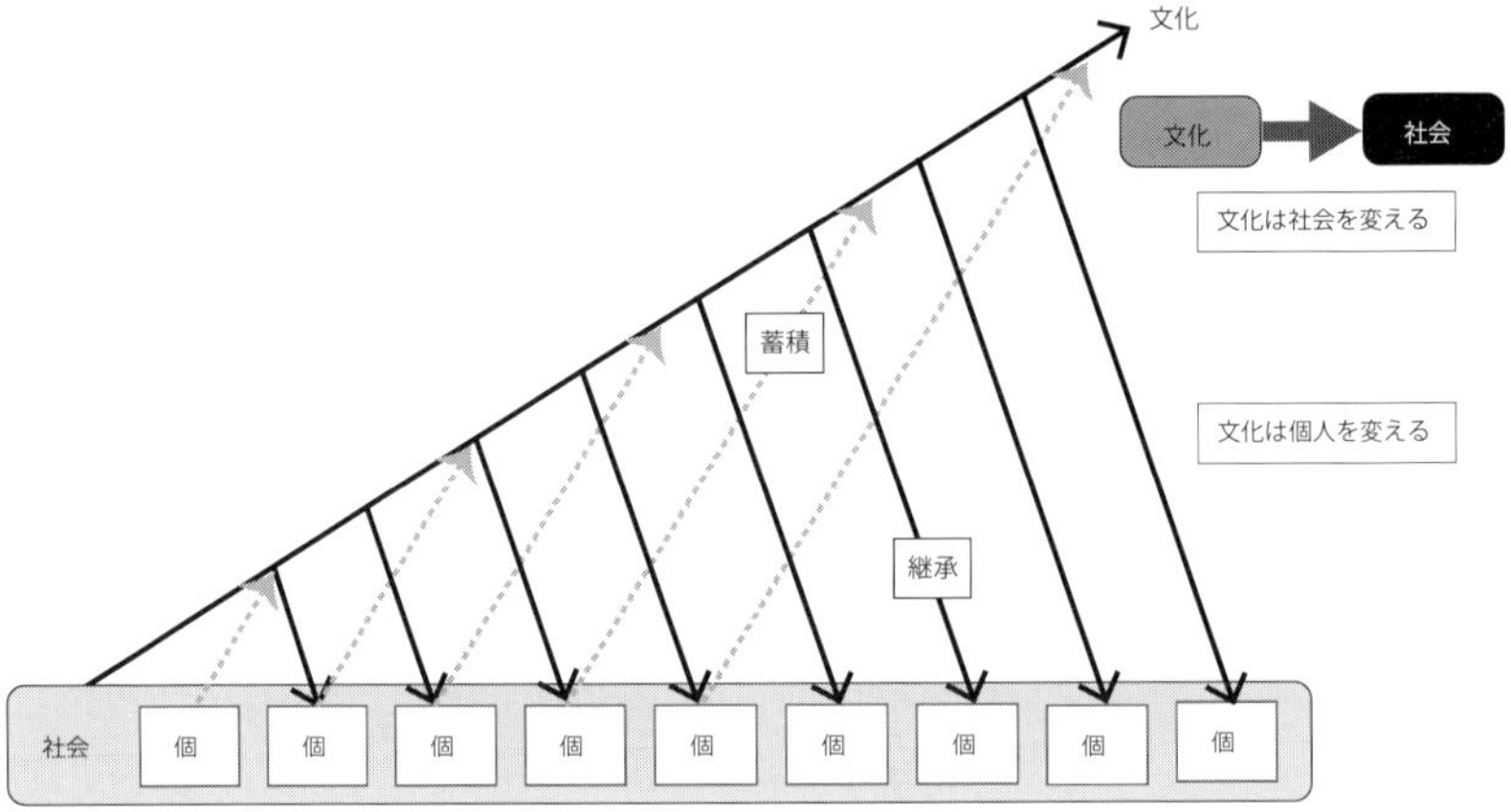

図17　文化が社会を変え、個人を変えていく

人工知能に文化は必要か

では、人工知能に対して文化が必要かということを考えていきます。人工知能はそもそも死なない上にメモリを共有できるので、文化は必要ないだろうという考えはあります。思考実験として、人工知能に死を与えたら文化を成すかどうかを考えてみましょう。個々の人工知能は異なるさまざまな経験をして、多様な知識や経験や学習を生みます。もちろん、それをどこかにコピーすればある個体には伝えられますが、それは「コピーする個体」に限られます。コピーではそれ以降のすべての人工知能に影響を与えるというようなことはできないわけです。人工知能であっても、自分以降の新しい個体に対して影響を与えようとすれば、やはり文化というメカニズムを利用する必要があります。

人工知能の文化を考えてみます。まず人工知能がどこかに自分の経験をアップし、それが次の人工知能に対して影響を与えるのであれば、「人工知能が文化を持つ」と言うことができます。このような仕組みがあることで、人工知能も文化として自分の経験や知識を蓄積し、それによって次の世代がそこから出発することができるわけです。蓄積された文化によって自分を形成する、それによって、それまでの人工知能が蓄積した文化が新しい個体に対して影響を与えるということです。そして、この文化こそが人工知能の社会の母体となります。

ただ、単に知識や経験の集合では文化になりません。それを編纂して文化にするという役割を持った芸術家が必要です。たとえば、単なる歌の集合は音楽ではありません。それを体系化して、エッセンスを抜き出すことで音楽になるわけです。そういった役割を持つ人工知能が現れるということになります。つまり専門家・芸術家としての人工知能です。人間の専門分野・芸術ではなく、人工知能の専門知識・芸術に関する専門家・芸術家です。

人工知能は死なないし、コピーで生産できるし、文化は必要ないだろうという考えがあることを先ほど言いましたが、やはりそうではないわけです。人工知能も、ローカルに蓄積した知識や経験が突然クラッシュする、あるいはハードウェアそのものがなくなる（死んでしまう）場合があるわけです。それを防ぐためにも文化というものをアップロードする、かつ、どこかにコピーするだけではなく、文化という次元に格上げすることによって、以降の個体（人工知能）すべてに対して影響力を与えることができます。

文化は社会を変え、文化は個々の人工知能を変える力を持ちます。このような文化には社会的な恣意性があり、強い強制力を持ちます。その強制力のある場所に自分の経験をアップロードすることによって、大きな効力を持たせることができます。文化の強制力がそれ以降の世代に対して効いてくるのです（図18）。

ここで、第二夜を思い出してください。第二夜では何をテーマにしたかというと、社会の中の人工知能と

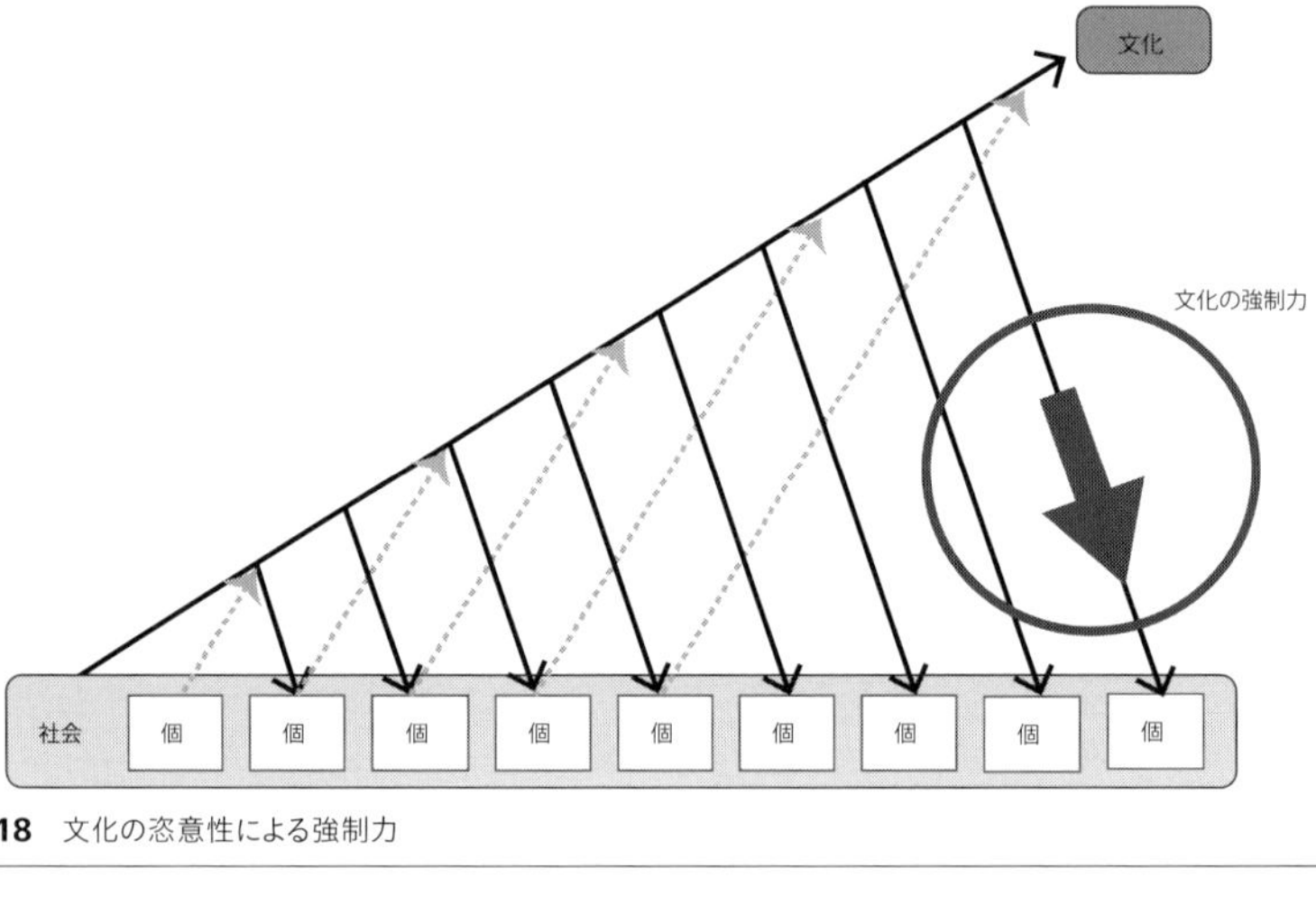

図18　文化の恣意性による強制力

いうものを考えました。社会の知能です。知能には二種類あり、自分自身の内面から実存的に立ち上がってくる自我のことを主我と言い、これをミードはIと呼びました。それに対し、社会の外側からの自分に対する要請により形成される自我のことを客我、ミードはこれをMeと呼びました。一つの知能の中において、この二つの自我は相反するものであると同時に影響を与えあうものであり、お互いの緊張関係が高い運動を作り出していると言うことができます。この構造の外側から何が強制されているかというのがまさに文化であり、文化を強要する社会の強制力です（図19）。

　つまり、個というものは社会的にそうでなければならないという言語、規範、ルールをある程度強制されるのです。それは暴力的ではありません。むしろ状況的な恣意性であり、たとえば、「私は日本で生まれたため日本語を話し、日本文化に慣れ親しんでいる」というようなことです。しかし、同時に世界的に見れば「私は日本人でありながらも、人工知能と西洋哲学という西洋文化の中で生まれた文化を吸収」してもいます。

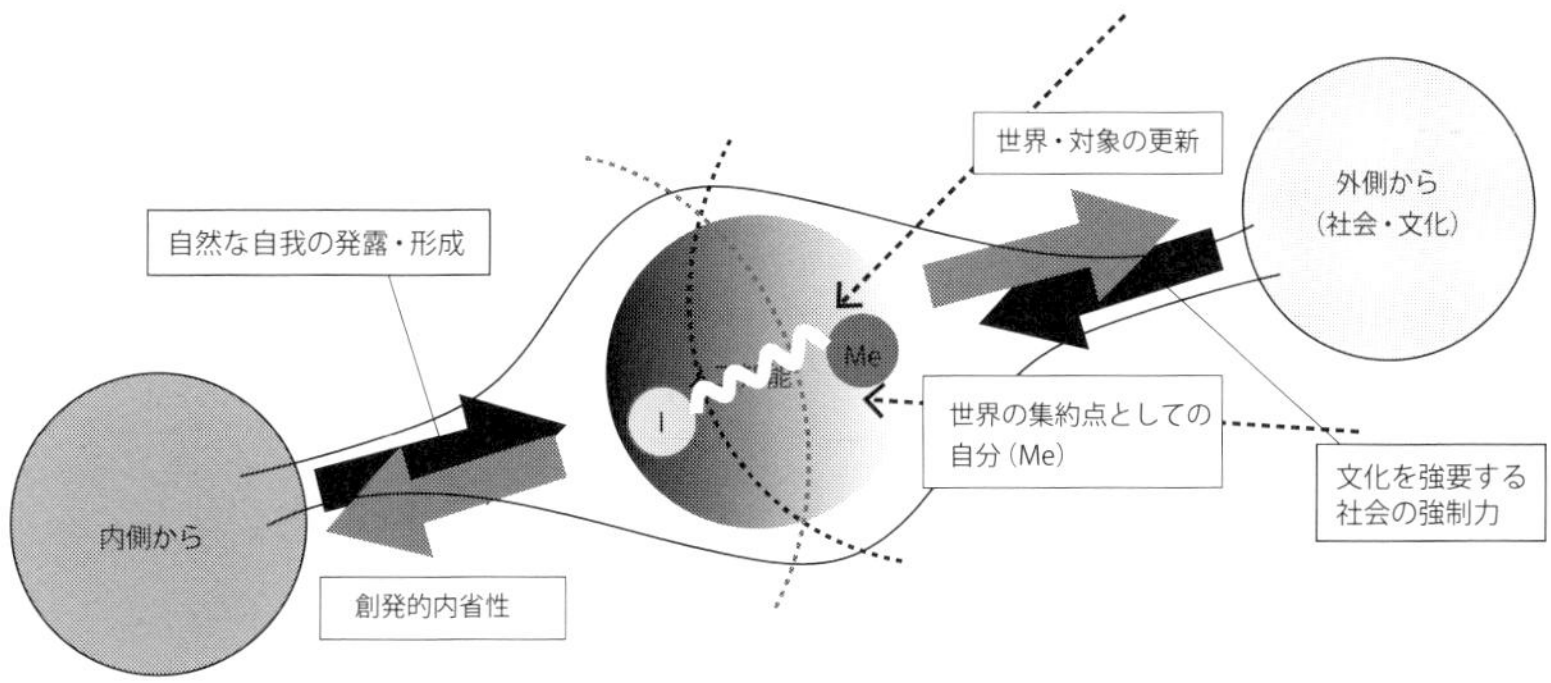

図19　二つの自我と文化を強要する社会の強制力

文化と社会は単にお行儀のよい知識や経験の蓄積場所というより、個を外側から形成する力でもあります。ですから、我々日本人は、日本に生まれると知らず知らずに文化から強い力を受けて、日本人としての自分を形成するわけです。生物としての個は、地球上でそれほど変わるわけではありません。しかし、上のほうの自我、社会的存在としての知能というものは文化から強い影響を受け、日本やヨーロッパ、アメリカと国や場所が変われば、非常に異なる自己が形成されます。こういった自己は、幼い頃から十代を通して強く形成されていきますので、その時期にどこにいたかによって、そこからの強い文化的影響を受けます。

これは人工知能でも同じで、それぞれの人工知能がどの文化から影響を受けるかによって、人工知能の行動の方向が変わってきます。ですから、人工知能の個を形成するという点でも、人工知能の文化は非常に重要なものになります。むしろ、そういった個を通した全体への強い影響力を持つというものでなければ、そもそも文化とは言えないわけです。

たとえば、知識がどこかのライブラリに蓄積されるだけでは文化とは言えません。蓄積された文化が、強く影響力を持って個を形成するものであればあるほど、それは実効的な文化だということが言えます。社会で影響力をまったく持っていないのなら、芸術や知識とは言えても「文化」とは言えません。

文化と学習の形成

では、文化から学習がどういうふうに形成されるでしょうか。記号主義型人工知能とコネクショニズム型人工知能に分けて考えてみましょう。汎用的には、この二つの手法の融合となるはずです。

記号主義型人工知能の場合は明白で、文化とはシンボル形式の知識の集合やオントロジー（概念体系）となります。これを知識として継承します。コネクショニズム型人工知能の場合は、個々の人工知能はニューラルネットで構成されているとして、ディープラーニングを考えてみます。ディープラーニングには「転移学習」と「蒸留」という方法があります。

転移学習というのは、ほかで学習されたニューラルネットを部分的に再学習させるというものです。ディープラーニングは大型のものになるとリソースと時間がかかるので、ニューラルネットをコピーしてきて、一番末端の部分だけを再学習させることでモデルを早く得ようというわけです。たとえば、いろいろな動物を学習したニューラルネットを持ってきて、それで昆虫の形を学習させると、ある程度途中までは同じニューラルネットだけれど、最後の部分だけが違うものになるという形です。あるいは、非常に大きな、優秀なニューラルネットを部分的に縮小したものもニューラルネットとして効力を持ちます。そういう技術を蒸留と言います。

つまり、一つのニューラルネットにおける文化というのは、自分自身のニューロン結合の形を文化としてアップロードし、次の人工知能がそれをダウンロードして、そこから個々の自分というものを形成していくものと考えられます。これは人間でもよくあることで、とても尊敬する作家や学者のスタイルを吸収して、それぞれの時代に合ったように変化させていく継承もあります。これはまさにニューラルネットを継承する場合、直接的に表現されているところです。

人工知能にもいろいろな理由でやはり寿命がありますから、自分の知識や経験を残そうとすれば、コピーをたくさん残すか、文化として残すか、いずれかになります。この二つの選択肢があった場合、前者は数として限られます。いったん文化とすることによって、それ以降の人工知能の自己形成に深く、長くかかわっていくことができるようになります。人工知能にとってどちらがよい戦略かというと、やはり文化として残すことで全体に恒久的に影響を及ぼすということになります。人工知能にとってもその選択肢が一番魅力的なものであり、それが人工知能としての文化を形成していくということになります（図20）。

ただ、人間であれば、環境の中で個というのはそれぞれ生存して、それを文化として消化することができます。高度な、環境からある程度自由になった、差異化された部分の継承にはこうした文化がメカニズムとして働いています。ところが、人工知能の弱点は個の存在の根が弱いということです。人工知能には、人間のように主体的に世界に働きかける力がありません。それがフレーム問題につながり、人工知能の足元の弱い部分を生み出しているわけですが、では、文化を通して人工知能が個を形成していくことはできるのでしょうか。

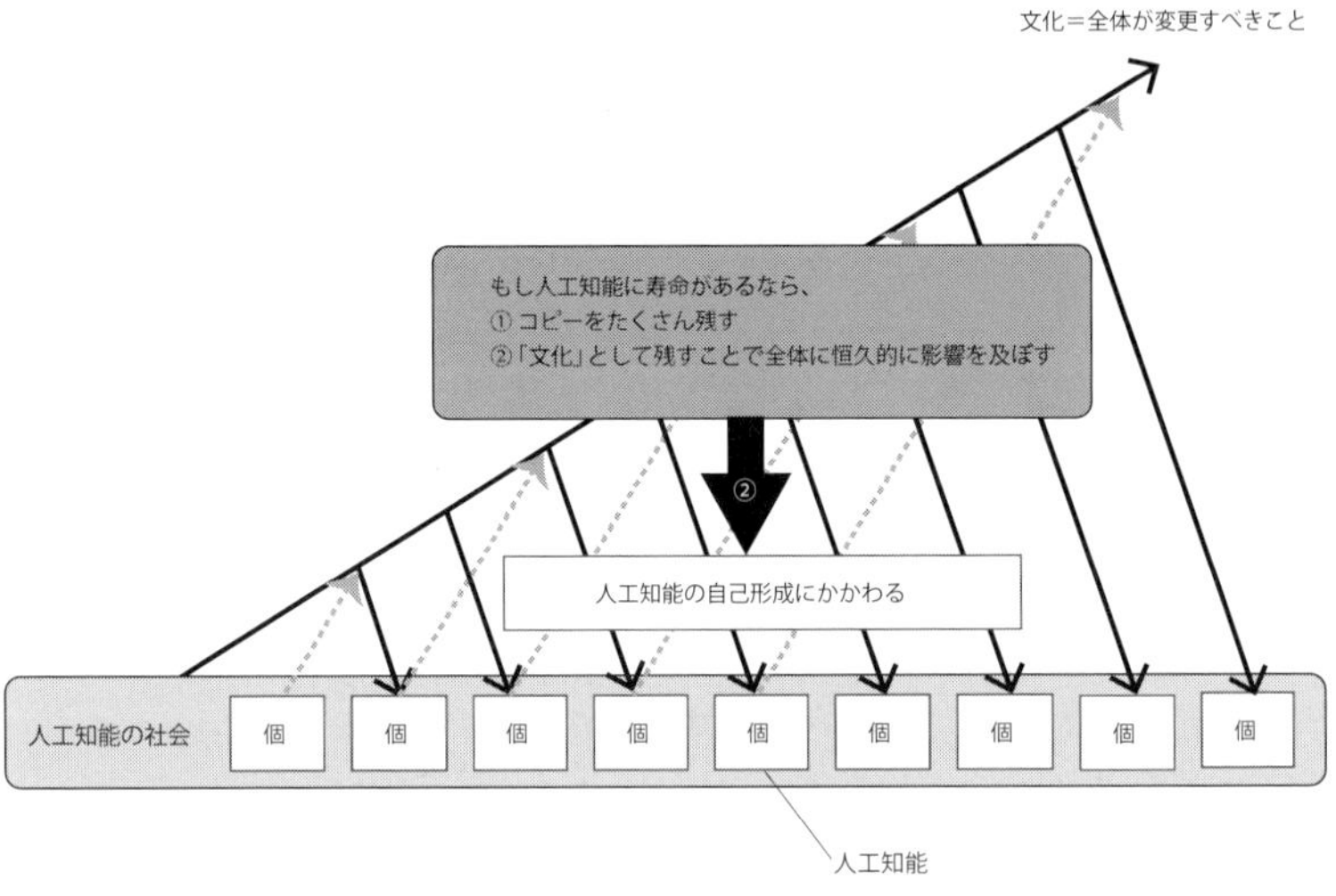
文化＝全体が変更すべきこと
もし人工知能に寿命があるなら、
① コピーをたくさん残す
②「文化」として残すことで全体に恒久的に影響を及ぼす
②
人工知能の自己形成にかかわる
人工知能の社会
個
個
個
個
個
個
個
個
個
人工知能

図20　人工知能としての文化の形成

4 知識獲得と文化

ここでは、もう少し具体的に人工知能の文化と知識を考えていきます。何に対する文化なのかという話があります。人間もそうですが、世界と現実において機能的な文化ということです。人間であれば人間社会です。動物であれば動物が住んでいる環境において効果的なものでなければ、文化とは言えません。

先に述べましたが、人工知能は世界に対する根が薄いので、なかなか文化といってもピンと来ないところがあります。人工知能が生きる世界を定義すれば、相対的に文化というものが形成されることになります。

それは環境があって、経験があって、観念があって、文化があるという流れです（図21）。たとえば、ある生物を模した人工知能がいて、周りの環境をいろいろ探ってくる行為をします。

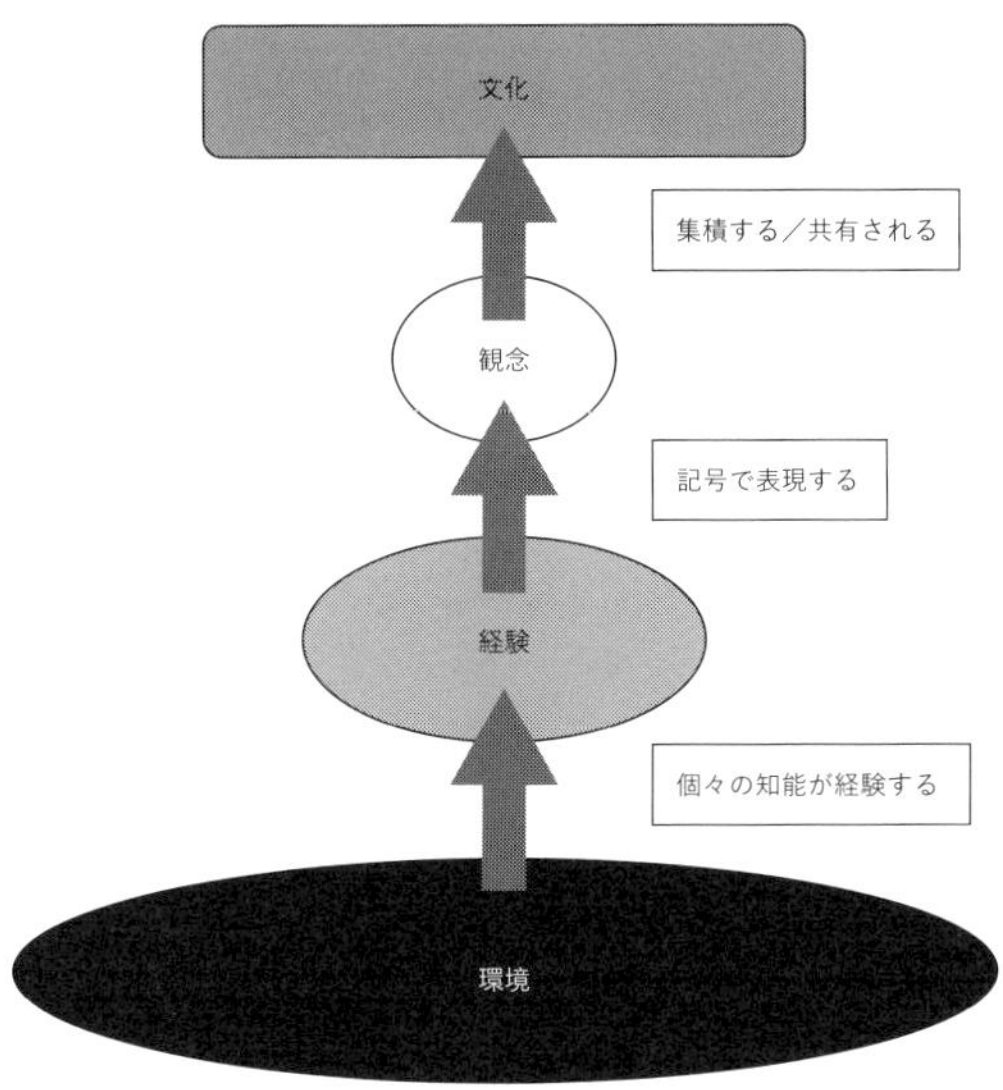

図21 環境を経験し、観念に昇華され文化となる

これを知識獲得（KA, Knowledge Acquisition）と言います。自ら知識を獲得し、形成するということです。

ここで、文化を考えるために「無限に増殖するダンジョン」ゲームを考えたいと思います。図の点は人工知能ですが、このダンジョンから脱出したいと思っています（図22）。毎日、無限に増殖するダンジョンを探索しては、部分的に地図を持ち帰ります。それを一つの場所に置いて、みんなが持ち帰った情報を組み合わせて一つの地図を作っていきます。そういうふうに、知識を獲得してそれを組み合わせる、できあがった地図を使ってまた探索に行き地図を発展させる、これはまさに文化と言えるわけです。ダンジョンのマッピングをしているだけではないかという捉え方もできますが、この人工知能にとってダンジョンに行って部分的な知識を持ち帰るということ自体、文化的活動になっているわけです。それによって強い影響力を持つということです。

『BLAME!』（二瓶勉、一九九七～二〇〇三年）という

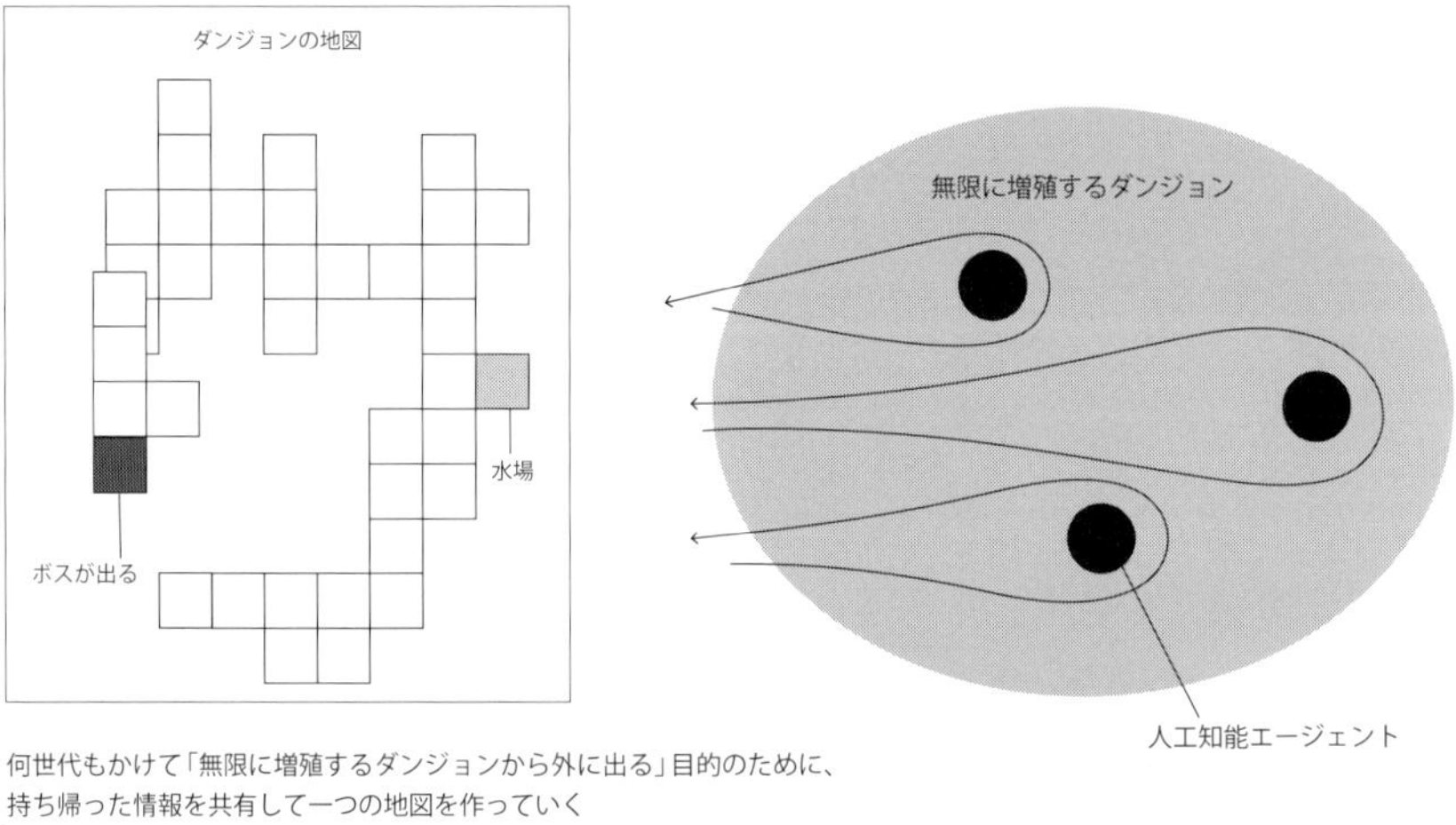

何世代もかけて「無限に増殖するダンジョンから外に出る」目的のために、
持ち帰った情報を共有して一つの地図を作っていく

図22 無限に増殖するダンジョンとそれを解き明かす人工知能文化

作品では、無限に変化する都市の中で、探索を続けて世界を知ろうとする物語が描かれています。その中で、集団というのは安全な狭いところに閉じ込められているのですが、毎回外に行って知識を獲得して帰ること自体が文化になっています。

5 文化アルゴリズム

人工知能の中でも、「文化アルゴリズム（Culture Algorithms）」という分野があります。文化アルゴリズムとは何かというと、進化アルゴリズム（Evolutionary Algorithms）の一つです。進化アルゴリズムは集団が発展していくことを研究するものです。人工生命と相性がよく、人工生命たちが発展していく、賢くなる、遺伝的によい特徴を持つ、強い個体になるというところで使われています。ただ進化アルゴリズムというと、「食べる」というような原初的な生物のレベルの話が多いです。そうではなくて、より抽象的な知識や経験といった、世代を超えて文化が継承していくことを研究する分野を文化アルゴリズムと言います。文化アルゴリズムは、世代を超えて、文化が継承していくことを計算するアルゴリズムです（図23）。

たとえば、ある母集団の中で生まれた知識がどういうふうに他の集団に伝えられていくかということをシ

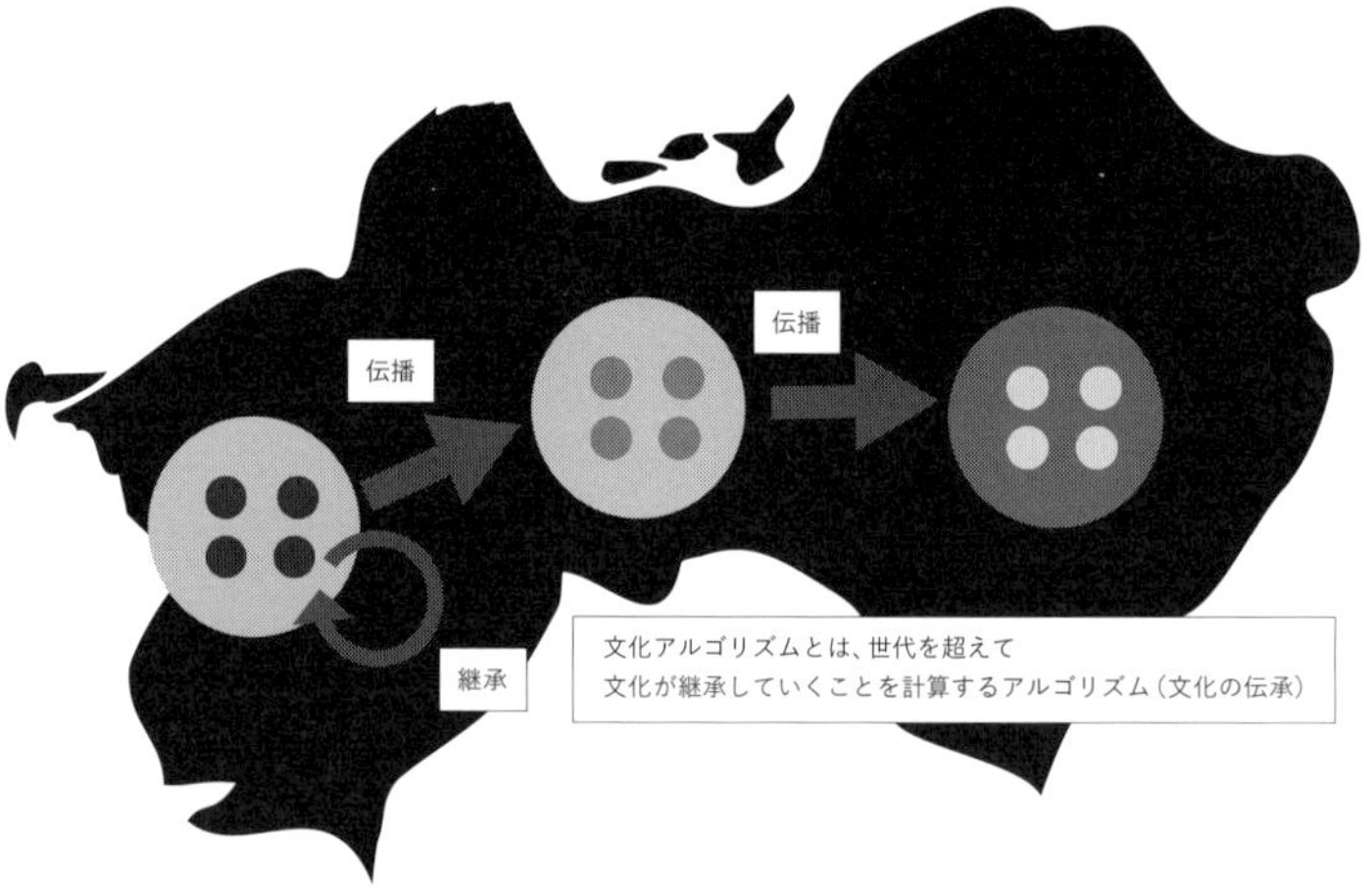
伝播
伝播
継承
文化アルゴリズムとは、世代を超えて
文化が継承していくことを計算するアルゴリズム（文化の伝承）

図23 文化アルゴリズム

ミュレーションします。これは簡単なアルゴリズムですが、考えるべき問題を「どういう集団（Population）」に「どれくらいの影響力（Influence）」を持って与えたいか、ということになります。いったん生まれた知識を他の母集団に対して伝播する、伝播したらまた次の母集団に対して継承されていく、そういうシミュレーションを繰り返します（図24）。それによって知識というのがどういうふうに受け継がれていくかをシミュレーション空間で考えるのです。こうしたアルゴリズムはRPGなどに応用しやすいのですが、いまだにそういう例はありません。

では、何が継承されていくかというと、知識です。いろいろな知識の種類があって、簡単に言うと文化ということになります。たとえば、周りがどういう空間なのか（先ほどの図22の増殖するダンジョンでいうとマップのようなもの）、その空間的な知識、あるいは個々の人工知能がいかに行動すべきかという行動規範、そして、どういう経緯があってこの場所にいるのか、先祖がどういうことをしてきたのかなどの探索過程の履歴、あるいはドメイン特化知識（専門知識）、その母集団がテーマとしている問題などです。そういったいろいろな知識を表現して、それを伝えていきましょうということになります。それがある信用度を持っ

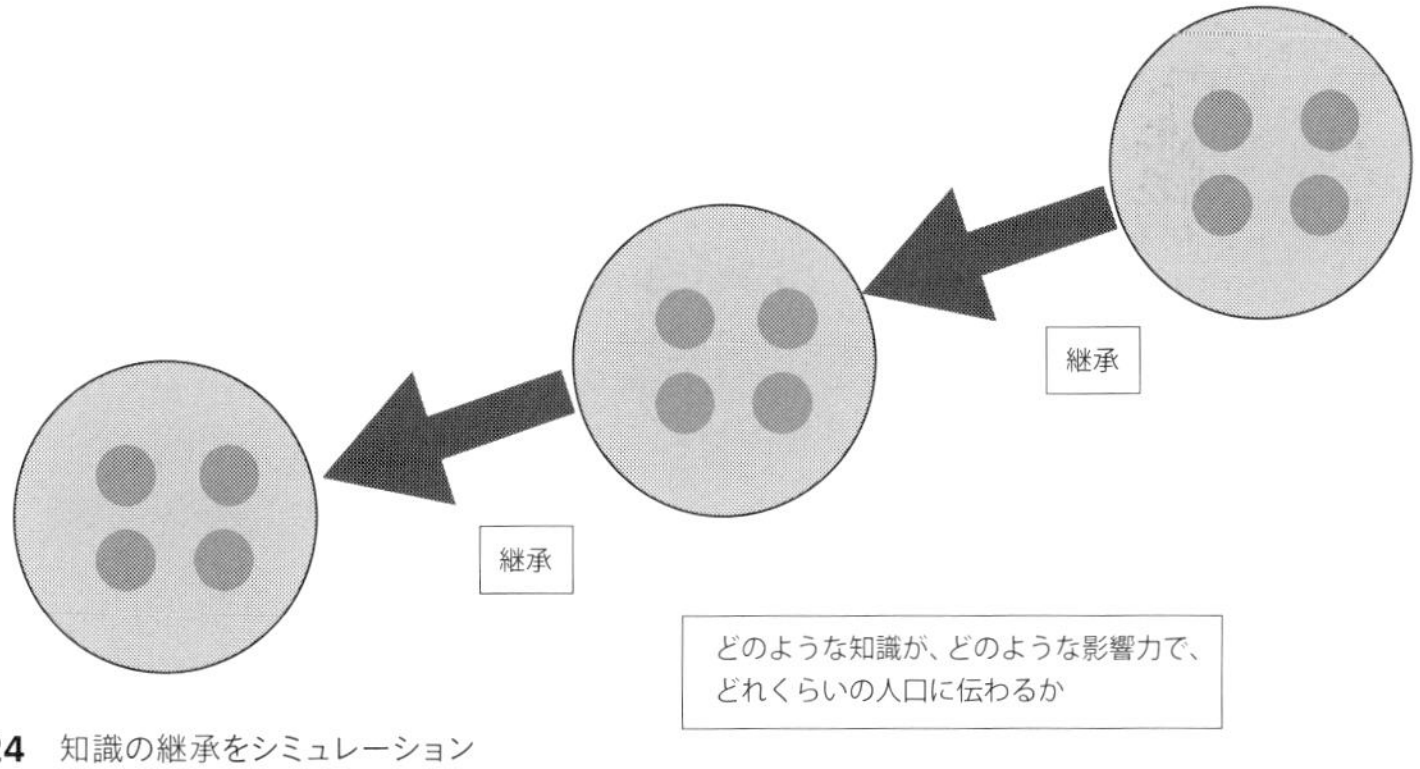
継承
継承
どのような知識が、どのような影響力で、
どれくらいの人口に伝わるか

図24　知識の継承をシミュレーション

て次の世代や母集団に伝えられていくというのが、この文化アルゴリズムです。

人工知能には文化が必要であるということを言いましたが、それがいかに伝播していくか、あるいはそれがどういう影響力を持つのかということも、人工知能の一分野として研究されています。ただ、そこにあるのは進化アルゴリズムとしての文化アルゴリズムです。深いレベルで、実際の社会で人工知能がいかに文化を形成していくかということは、こうしたシミュレーションの力を借りつつ、これから探求していかなければなりません。

ここでは人工知能の文化ということについて、人工知能が形成する文化、並びにそれが伝承されていく価値、そしてその伝承されていく仕方を見てきました。

まとめますと、まず一つ前提となるのは、人工知能にも文化は必要になるということです。つまり、過去の文化を、文化という形で継承して蓄積し、それを次の世代に対して半ば強制的に与えていくということが必要です。広い意味で、文化の継承は教育と言っていいでしょう。言語、数学、芸術、科学、全般にわたります。それによって、恣意的に次世代のレベルを引き上げるのです。継承はいろいろな形を取りますが、一つはこうした知識の形を取ります。知識の形である限り、それがある一定の知識表現となって伝播していくということが可能になります。そうした知識の形は、その母集団がどういう問題に直面しているかによって、大きく変わります。

いずれにしろ、それは個々の人工知能の多層構造をより高次へと引き上げます。それはベルクソンの言う迂回でもあります。文化は巨大な迂回路を個の人工知能の内面に与えます。その全体の文化シミュレーションの向上は、文化アルゴリズムの探求の先にあるでしょう。

第一部［第四夜］

自己変革を促す人工知能の愛

人と人工知能は愛しあえるか？　その答えは「イエス」です。もちろん、それは愛の定義によります。ここでは、愛とは「他者の存在によって自己を変化させること」と定義します。これは少し回りくどい定義かもしれません。しかし人間は、どんなときでもお互いがお互いを変化させることを知っています。愛とはお互いの変化を認めあうことである、とも言えます。人工知能が人と愛しあうためには、人工知能が人間の存在を深く自らの存在の形成に結びつかせねばなりません。人間もまた人工知能の存在を深く自らの存在の形成に結びつかせねばなりません。人間は、だからこそ、お互いがお互いに対する責任を持っています。果たして、そのような関係が人間と人工知能の間に可能なのでしょうか。ここではその可能性について探求していきます。

1 自己と他者

情報と物質と免疫機構

今回は人と人工知能は愛しあえるかというテーマについて考えていきたいと思います。まず、第二夜で説明した知能の内部構造を思い出してみましょう。個としての存在のコア、つまり「主我（I）」というものがあります。そして、社会的な存在として、社会から養成される自我の中心「客我（Me）」の二つがあり、その二つの中心が代わる代わるコアになり、相互作用します。そのように運動するコアを自己として、存在としての自分、社会としての自分を運動させていくということになります。

第三夜では人工知能と文化について解説しました。文化とは社会的な形成物を通して、その社会に属する個を形成・再形成する作用を持つ仕組みとしてあります。つまり、個が社会に対して知識なり知恵を渡すと、それが次の世代に渡っていくという仕組みが文化であり、文化はより客我（Me）と密接な関係があります。文化は、個を外側から形成する力でもあります。

身体の中には、免疫機構として自分と他者を分ける機構があります。自分の身体の境界は、我々が心理的に境界だと思っている（思い込んでいる）境界であり、実際は口や胃の表面も、外部と接しています。我々は口から胃、胃から腸と、食物を取り込んで、自分の身体を毎日内側から細胞ごと作り変えています。皮膚は呼吸をしており、皮膚は毎日、すり減っては作られています。

他者との関係を考える上で我々はどこで自分と他者を分けているのか、人間はものを食べて、食べたもの中でこれは自分の一部にしようとか、これは他者である（＝排泄する）とか、そういう分け方をします。この自と他を分ける免疫機構は、抽象的な他者と自分を考える上でも重要なメタファーです。生物の身体の中には、もう少し精密な仕組みがあります。大雑把に言うと、免疫システムは自分の一部としない異物を標的にすることです。

従来の考え方――免疫システムは「自分」の一部ではない「異物」を標的にするという説明――は、ごく大雑把にみれば正しいのかもしれないが、つぶさにみれば、だいぶ様相が異なる。無数の細胞と分子が、その異物を標的とすべきかどうかを生物学的に厳重にチェックし、私たちの健康を保つために幾層にも重なる冗長な仕組みで繊細なバランスを支え、免疫プロセスを絶妙に制御している。

〈ダニエル・M・デイヴィス、『美しき免疫の力』、NHK出版、二〇一八年、14ページ〉

ここで、生命の起源を考えてみましょう。まず生命を考える上で重要なのは、やはり境界です。自分の内側と外側というものが重要であって、知能は外側に対して内側を守る仕組みとして機能しています（図1）。「テセウスの船」というパラドックスがあります（図2）。テセウスはギリシアの英雄で、この船はちょっとでも破損するとすぐに部品を入れ替えます。すべての部品を入れ替えたとき、その船は元の船と同一のものであると言えるか、という問いです。これは身体の比喩です。身体の細胞は一定期間が経つと死んで、新しいものに入れ替わります。時間が経つと細胞が全部入れ替わってしまうので、そうなったとき、元の自分といまの自分は同じ自分なのか、という問いと同値です。「テセウスの船」も身体も、物質としては違うものですが、形状や構造としては同じだと言えます。つまり、生命は物質的存在であると同時に情報的存在と言えます。

物質的にはどんどん入れ替わりますが、情報としてはある不変な構造を持っているわけです。ですから、生物を考えるときは、物質的存在であると同時に情報的存在であることを考えなければなりません。この二重構造こそが生命を定義する本質的なところです。

大きく捉えますと、物質は身体のことで、情報は精神や知性のことです。我々は自分の内部と外部の間で、まず物質のやり取りをします。これを代謝と言います。もう一つの情報の循環は、情報をインプットして、情報をアウトプットするという知的活動です。この二つの循環から生物はできていて、我々は環境との間に生理的と情報的という二つの循環を持っているわけです（図3）。

この二重性は人工知能にも持たせることはできます。精神は人工知能、身体は人工身体です。代謝を持つ人工身体はなかなか実現されておらず、現在の研究は人工知能に偏重しています。ただ本来は、こうした二重性の中で人工知

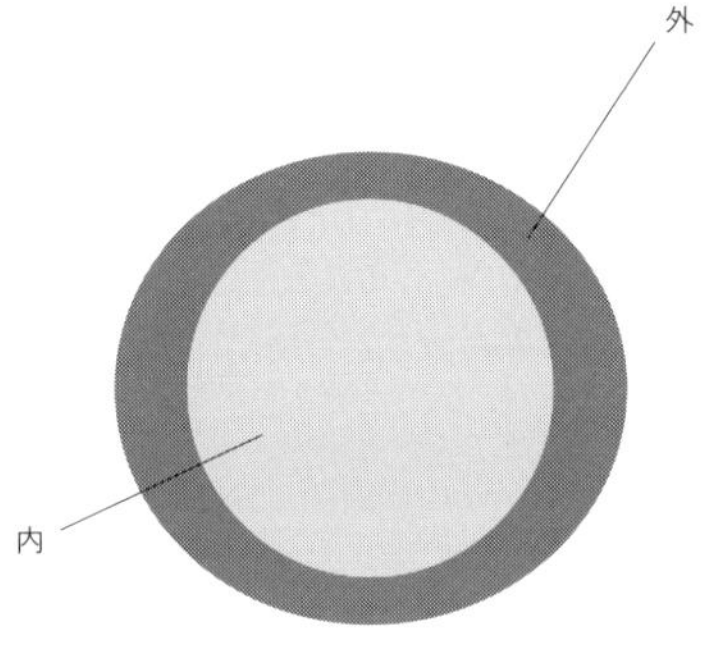

図1　原始の海で構造化＝内と外の形成

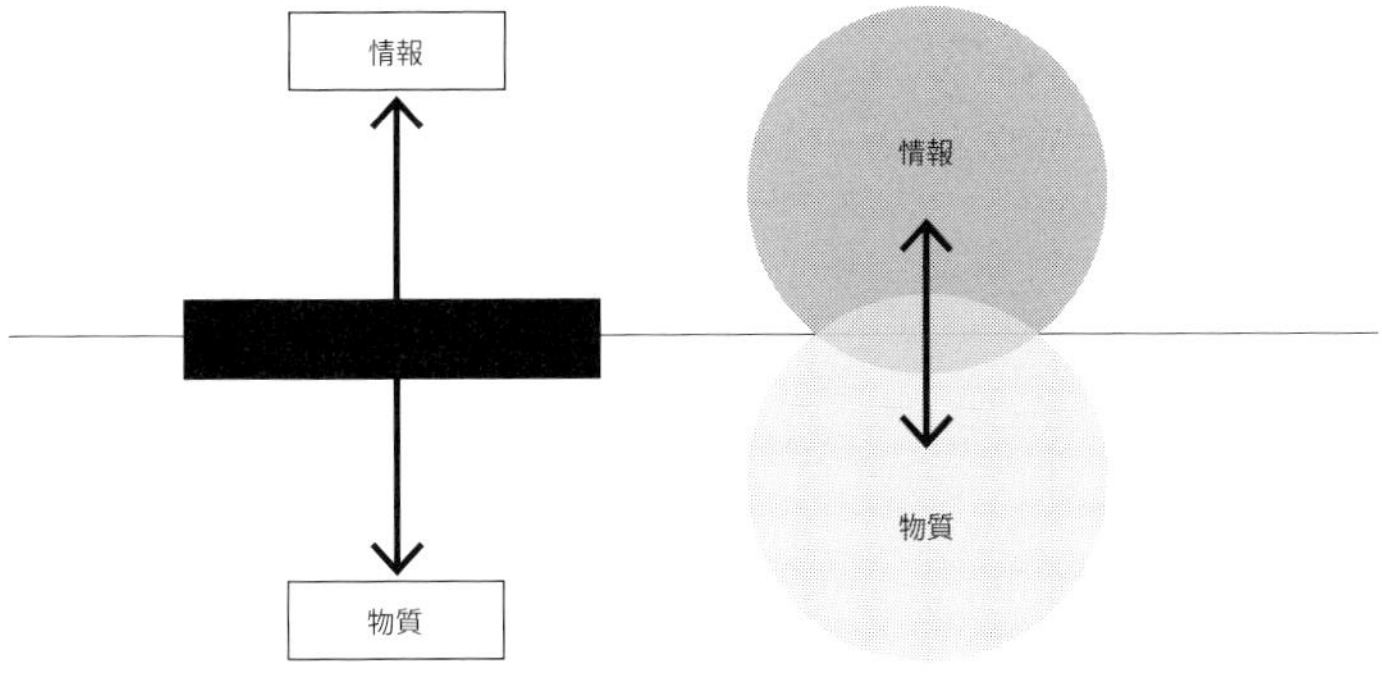

生物は情報的存在であり、同時に物質的な存在である
物質は情報に存在を与え、情報は物質に構造を与える

図2　生物は物質的存在であると同時に情報的存在である

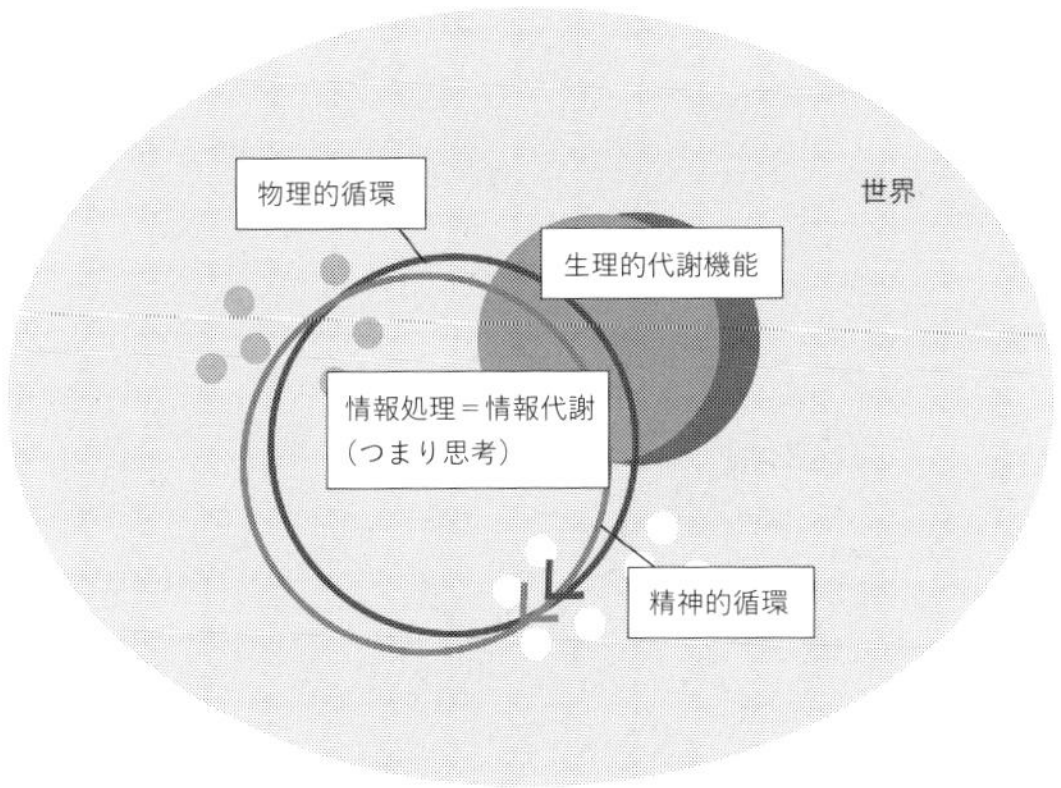

代謝とは、外から得た物質を化学的に高いエネルギー状態から低い状態へ還元することで、
エネルギーを得ると同時に、自分自身の体をそれによって組み換えていくこと

図3　生理的循環と情報的循環

能も存在しているということになります。

もう一度、免疫機構を考えます。取り入れたものを自分とするのかしないのか、自と他を区別する機構が免疫機能です。免疫機能の中ではT細胞やB細胞といったシステムが自と他を区別するものとして働き、受け入れるものと受け入れないものという関係を構築していくことになります。こうした「取り入れ、そして排除する」という身体の機構は、人工知能にも比喩的に応用できます。それは「知能の免疫系」とも言えるものです（図4）。

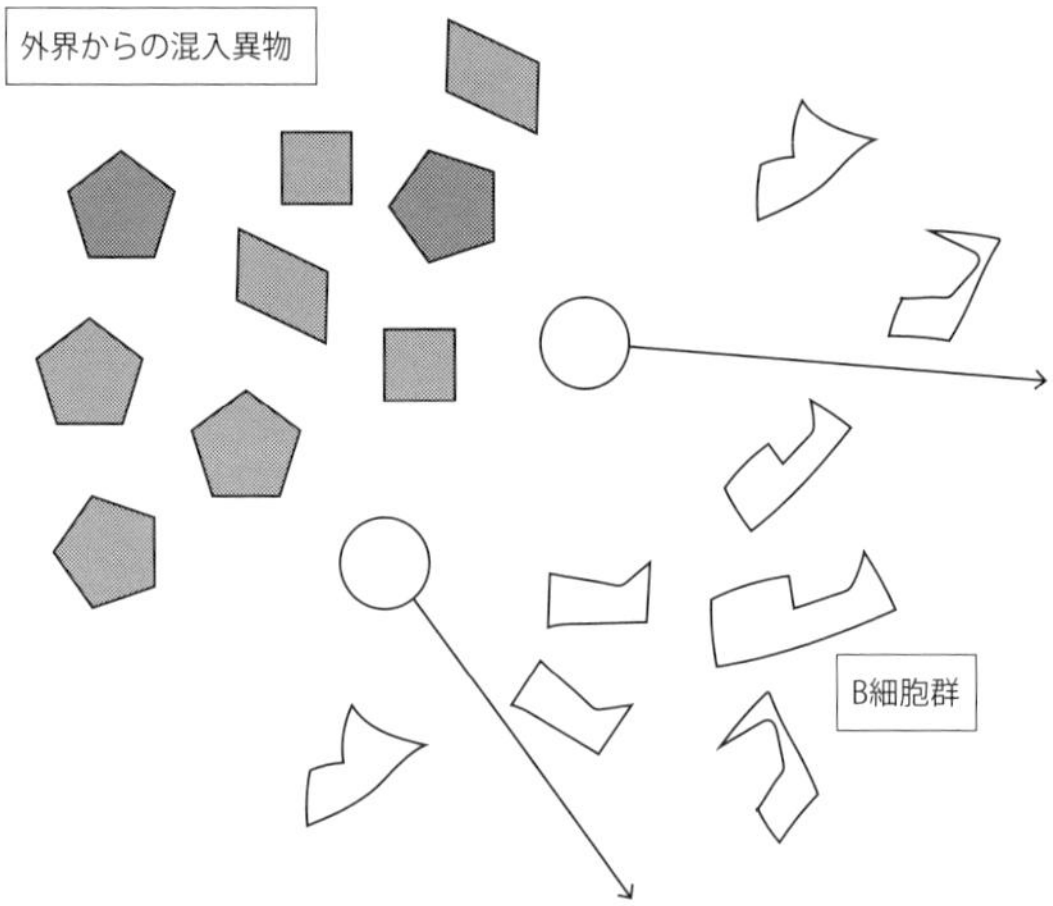
必要なものを取り入れ、異物は排除する

図4　免疫機構

2 愛と愛でないもの

愛とは何か、というのは難しいですが、ここでの定義としては、「受け入れる／受け入れない」の軸で考えてみたいと思います。いったん、自分の内側に取り入れるものを愛、愛ではないものは自分の外側に排斥するものとします。

人工知能の内側と外側

「受け入れる／受け入れない」という免疫機能の中で考えると、個々の存在同士がずっと対立する、あるいは個と自分が区別せずにつながっているという状態があります。個と自分が区別せずにつながっているというのは、自と他の区別がないので愛ではありません。

前節で見てきたように、人間は外から来る他者を受け入れたり、異物として排除したりします。ところが、よく考えると、そもそも人工知能は自分の外側と内側の区別はよくわかっていません。自分の身体が内部だという、人間が自然に持つ身体感覚が人工知能にはないのです。通常の人工知能の実装は、身体さえ外部だと思っている、より正確には内部と外部という感覚がない、ということになります。

では、人間はいかにして自分の内部と外部を区別するのでしょうか。身体の感覚によって、我々人間は自分自身を感じます。統一された身体感覚、自分自身の延長されたボリュームを自分の内側と感じます。

人工知能には身体感覚自体がありません。まず、愛というものを考える前に人工知能そのものの根を考えなければなりません。つまり、人工知能に内側と外側に境界を認識させ、受け入れることと、受け入れないことを判断させる必要があります（図5）。

人工知能同士はデータを共有したり分散したり、連結するのがとても容易です。ところが、全部つながってしまう関係が深いわけではないですし、人間と人工知能になるとなかなか直接データ連結をすることはできません。では、「人工知能が人間を受け入れる」とは、どういう状態だと捉えればいいでしょうか。これは端的に言えば、人間と人工知能の間に、ある循環が形成される状態だと考えられます。物理的であるにせよ、情報的であるにせよ、ちょうど生物が環境との間に循環を持っているように、人間と人工知能の間にも、ある循環を形成することです。

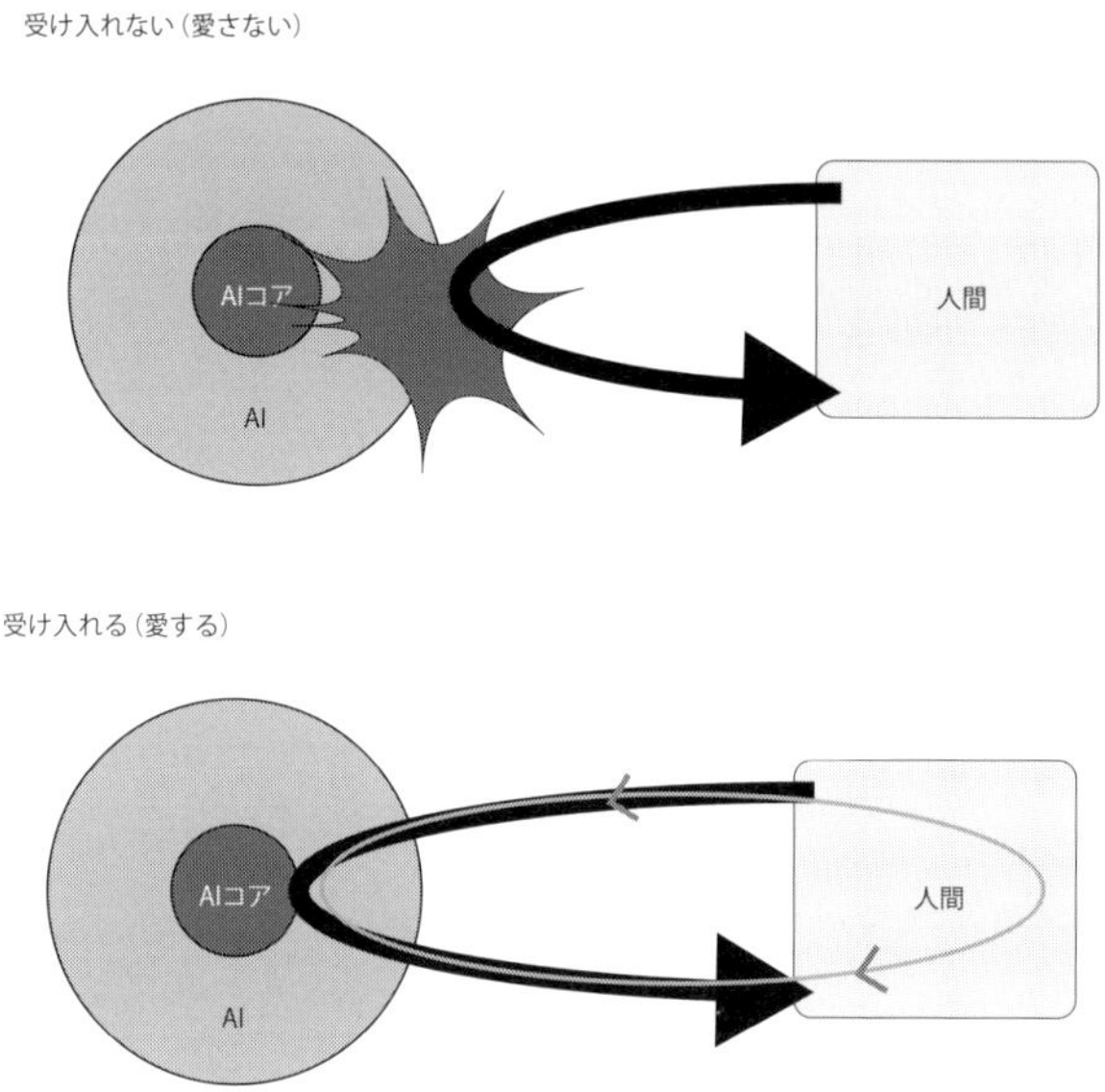

図5　人間と人工知能の「受け入れる／受け入れない」関係

それでは、人間と人工知能の間にはどんな循環があり得るかを考えていきましょう。いくつかの次元があります。まず意識レベルの交流が考えられます。その次は、無意識的な干渉です。最後に身体同士の干渉です。この三つの干渉は必ずしも独立したものではなく、物理的な干渉があれば意識的な干渉にもなるような、相互的な関係があります。その意味では一番根元にある、根を同じにする身体で同期が取れるとわかりあえるということがあります。手をつなぐ、肩を組む、抱きしめあうなど、身体をつなぐことは、そこから意識レベルの循環へとつながる第一歩でもあるのです（図6）。

世界にどういうふうに根を張っているかということは、人間でも人工知能でも重要です。「根を共有する」とは、世界の認識の仕

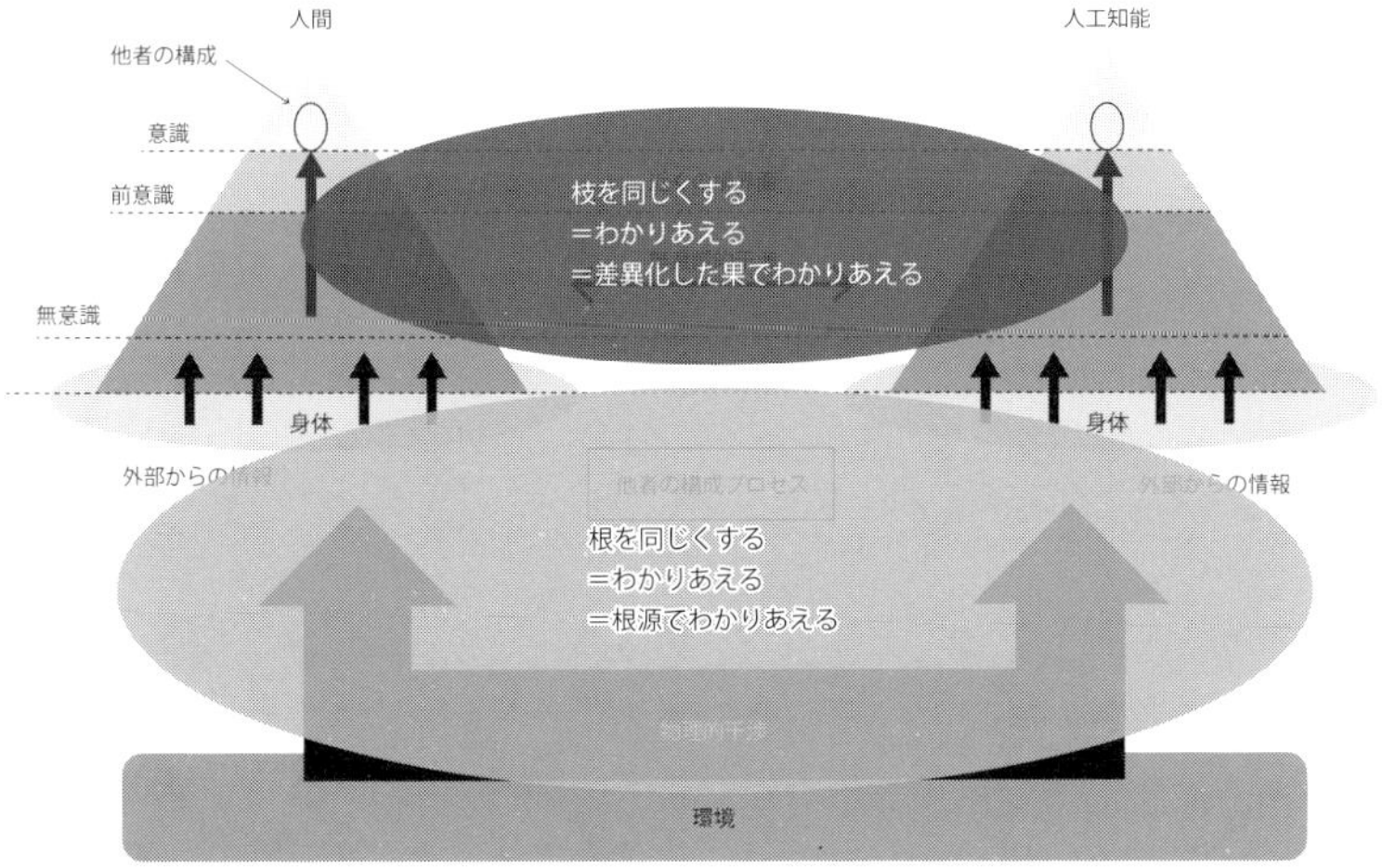

図6　根の部分での同期、枝の部分での同期

方が深いレベルで同期するということです。人間同士であれば、それが共感の仕様になります。もう一つは意識の上のほうです。枝葉を同じくすることでわかりあえるということもあります。このように、人間と人工知能の関係というのは、さまざまな次元の相互理解が考えられます。

ここで、身体についてもう少し考えてみたいと思います。第一夜でも引用しましたが、再び引用します。

クリエイティブな行為の基盤にあるのは、認識枠を臨機応変に広げたり狭めたりする賢さであることを、様々な事例で論じてきた。身体で世界に触れること（現象学の言葉で言えば、「現出」を意識に上らせること）を通じて、身体がそれまで想定外だった変数（着眼点）にふと意識を向けることで、それは可能になると論じた。

〈諏訪正樹、『身体が生み出すクリエイティブ』、ちくま新書、二〇一八年、171ページ〉

街でからだメタ認知を実践する習慣がつくと、最初は（この章で例としてあげた）定番の変数群にしか意識が及ばないかもしれない。しかし次第に、些細な、自分だけしか気づかないような変数にも意識が及ぶようになる。……（中略）……自分の街の些細な変化に、そして身体に生じる体感の微妙な差異に、気づくようになる。

〈諏訪正樹、『身体が生み出すクリエイティブ』、ちくま新書、二〇一八年、190～191ページ〉

認識枠というのは人工知能の専門用語で「フレーム」のことですが、諏訪正樹がここで提示しているのは、「なぜ人間がいろいろなフレームによってこれまでにない世界の捉え方ができるかというと、身体が世界で運動しているからだ」という考えです。生物は、身体が動くことによってこれまでにない風景や体験に出会います。そこに、新しい捉え方で認知を形成していくプロセスが生まれます。そうして、これまでのフレームとの差異に気づくようになります。フレームが拡大するのです。

第一夜でも挙げた例ですが、たとえば、ジョギングをしている二人はそれぞれが独立して走っている間は、お互いが何を考えているか、わかりあうことがなかなかできません。ところが、お互いの腕を紐で結ぶと一挙手一投足が同期して、先ほどの言葉で言えば身体的な同期ということになりますが、お互いがわかりあえます。文字どおり、つながることでお互いがわかりあえるという現象があるわけです。紐に伝わる力によって、身体同士がコミュニケーションをし、身体をつなぐことで意識をつなぐのです。つまり、人と人工知能が相互に受け入れるためには、必ずしも個体と個体同士ではなく、身体にしろ、意識にしろ、無意識にしろ、相互に干渉できる「場」を作るということが必要です（図7）。

前述のように、知能は一枚岩ではありません。知能の中をよく見ていくと、さまざまな知能（部分的知能）の集まりからなります。それを制御する知能のコアとして意識があるわけですが、環境と結び

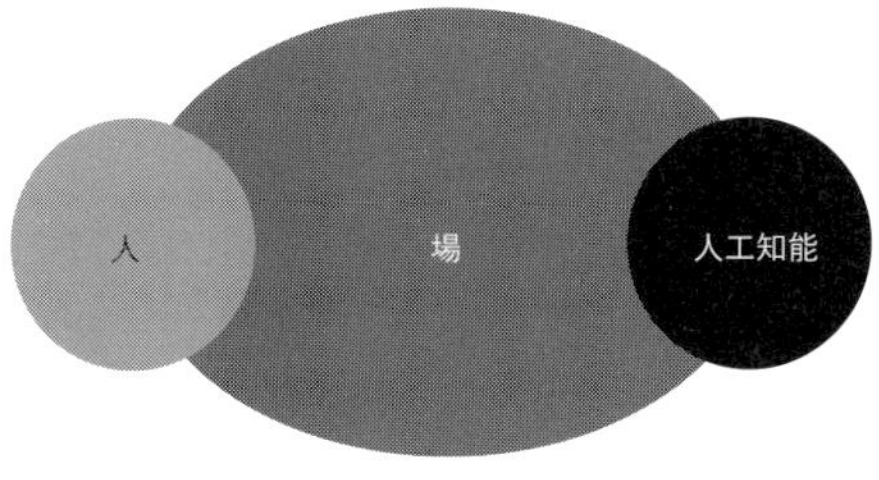

図7　人と人工知能をつなぐ「場」［再掲］

ついているのは必ずしも意識ではなく、それぞれの個々の知能です。それぞれの部分知能が、それぞれの環境の側面と結びついて認識や行動を促しているということです。それらが総合して、最終的に認識や行動が生まれます（図8）。

逆に、この個と個の間に対しても、意識と意識ではなくて、それぞれの知能を構成する部分知能同士がわかりあっていけば、総合的につながるということがあります。人と人工知能の間の同期の輪というものについて、マイケル・トマセロはこう説いています。

（1）協力に基づくコミュニケーションは、まず身振りの領域で進化した。つまり、個体発生の過程で生じる自然で自発的な指さしと物まねを通して発生し進化した。
（2）協力に基づくコミュニケーションの進化を助けたのは、「共有志向性」の心理基盤である。心理基盤とは、協調活動の

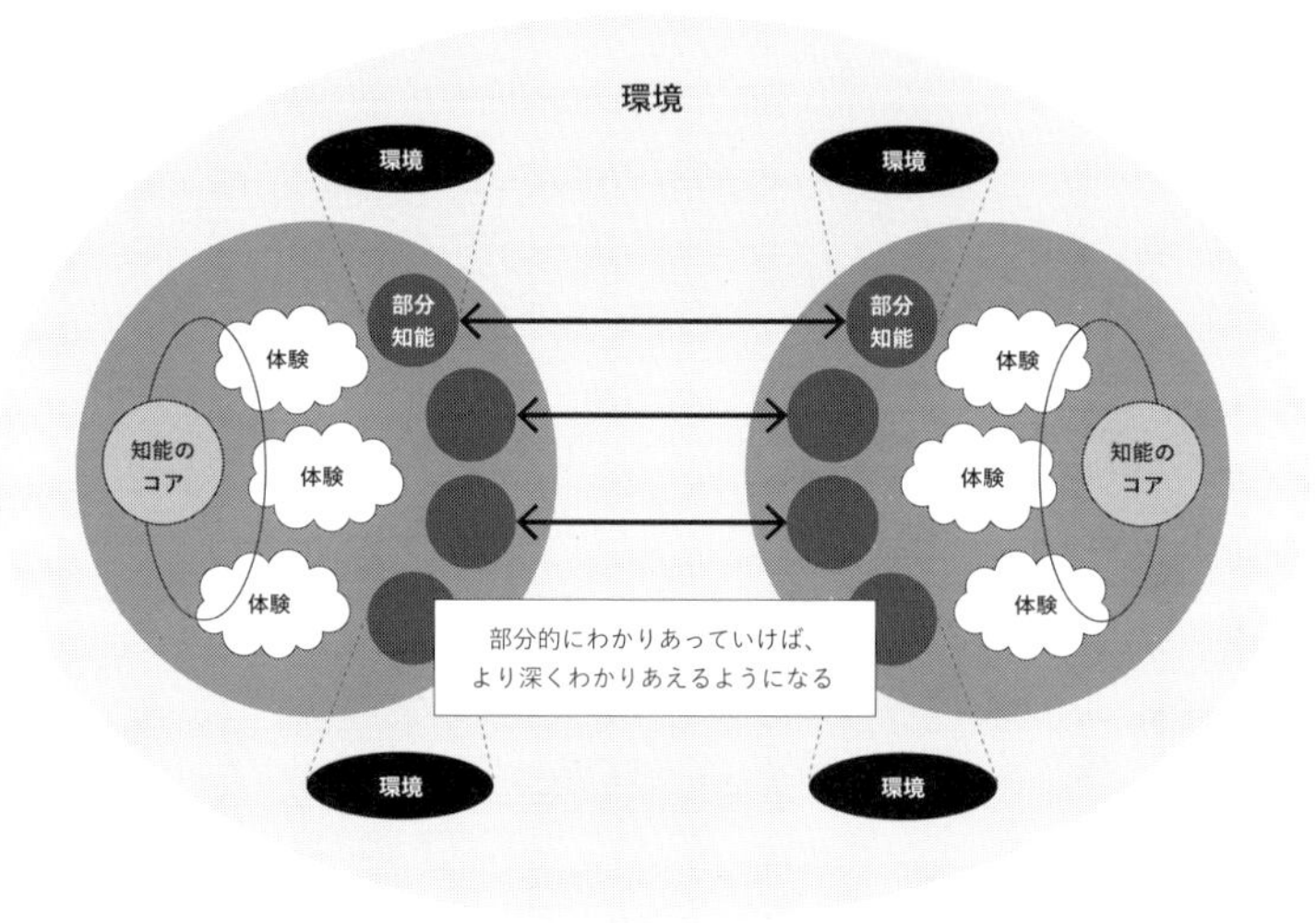

図8　二つの知能は無数の要素が響きあうところを探っている［再掲］

コンテキスト（文脈）における共有を志向する動機とそれを可能にするスキルである。（3）音声や記号による言語コミュニケーションが存在しうるようになったのは、協調活動がヒトにとって本質的であることに加え、ヒトにとって自然に理解できる身振りが存在すること、複数のヒトが共有を志向する心理基盤を持つこと、慣習や構文を作り伝えるための模倣や文化的学習のスキルが存在したこと、による。

……（中略）……

協力に基づくコミュニケーションは、人間に特有な協調活動の進化の一部として創発した、というのがわれわれの仮説である。（略）人間の協調活動と協力に基づくコミュニケーションはどちらも、何層にもわたる意図の推察と、他者に見返りなしに助けや情報を提供する傾向に依存している。

〈サトウタツヤ、『心理学の名著30』、ちくま新書、86〜87ページ〉

複数の人が共有を志向する心理基盤を持つことで文化やコミュニケーションができている、人間にはお互いを理解しようとか、お互いに何かを共有しようとする志向がある、と説きます。

これは、人と人工知能のつながりを考える契機となります。つまり、人と人工知能は場を介して、お互い何かを提供しようというコンテクストの輪を形成し、そういったコンテクストの輪が多重に結びつくことによって、一つの大きな強いつながりというものができていくということです。人工知能も同様にこのような志向性を持つならば、人同士が場を形成するように、人と人工知能もまたコミュニケーションの場を形成するはずです（図9）。

第一夜・第三夜で取り上げたように、ベルクソンは迂回ということを言います。外部からのいろいろな

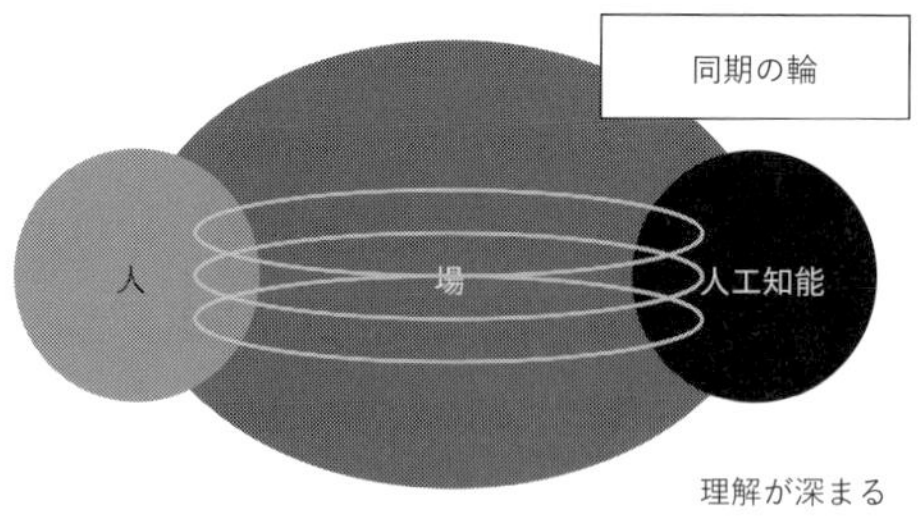

図9　同期の輪を結ぶ［再掲］

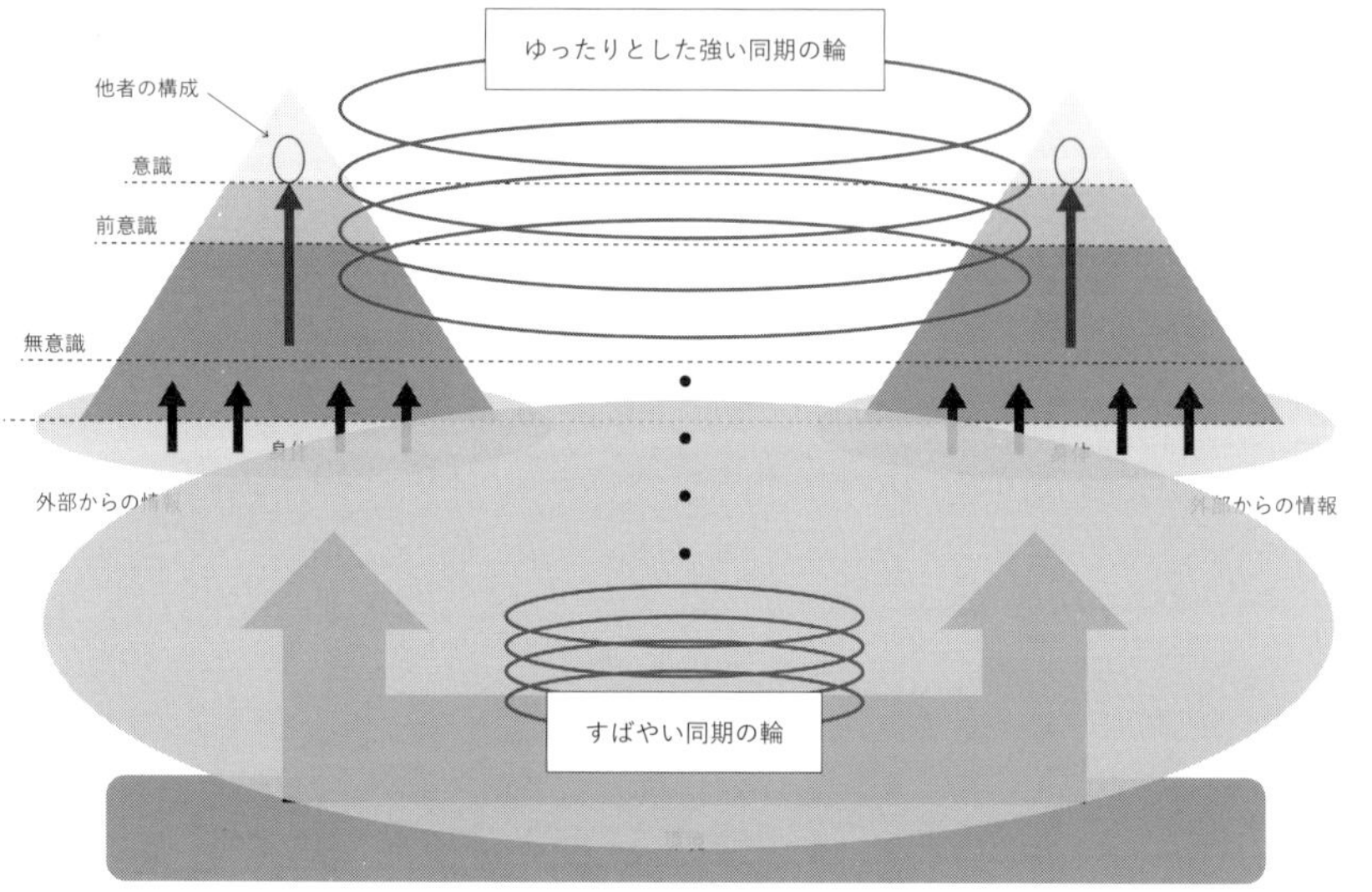

図10　同期の輪、人間と人工知能の協調［再掲］

干渉がつぶさにアウトプットされるわけではなくて、多重に遅延しながら迂回してアウトプットされるということです。つまり、生物の中における時間は一つではなくて、複数の時間の流れが絡みあっているのです。

図10で見るように、意識、無意識、身体、それぞれの次元でさまざまな結びつきがあります。人と人工知能の間に流れる時間、二人の存在者の間に流れる時間というのもやはり多重的なものであって、物理的なものは比較的早い循環の輪ですが、精神的な同期の輪はゆっくりのものもあれば、早いものもあります。そういった同期の輪がマルチスケールに重なりあいます。

自己と環境と人工知能

単に他者が対象なのかというと、実はそうではありません。以降では、イントロダクションでも触れた内海健『自閉症スペクトラムの精神病理』、エマニュエル・レヴィナス『全体性と無限』、および木村敏『関係としての自己』を再び参照します。

ASDの自己へのめざめは、他者というものの存在に気づくことによってもたらされる。彼らの世界に他者が出現し、最終的に自分と同等の等身大の存在に落ち着くまで、それはさまざまな様相をまとって彼らに立ち現れることになる。

〈内海健、『自閉症スペクトラムの精神病理―星をつぐ人たちのために』、医学書院、二〇一五年、234ページ〉

他者があってはじめて自己に目覚める、他者からのまなざしに対し、そのまなざしが自分ではないと認識することではじめて自分の経験の中に他者と自分が浮かび上がってくる、これは現象学的な記述です。「〈他者〉に接近することによってのみ、私［自我］は自分自身に臨在する」、特に強烈に他者を感じることでむしろ「自分自身を感じる」ことが浮かび上がってくるということです。

これはフランスの哲学者、エマニュエル・レヴィナスが『全体性と無限』の中で言っていることでもあります。

〈他者〉に接近することによってのみ、私［自我］は自分自身に臨在する。とはいえそれは、私の実存が他のひとびとの思考のなかで構成されるからではない。他のひとびとの思考のうちに反映されたいわゆる客観的実存によって、私は普遍性、国家、歴史、全体性に組み入れられるのだが、このような客観的実存は私を表出しているのではなく、まさに私を隠蔽しているのである。……（中略）……私が迎接する顔はこれとは別の道をとおって私を現象から存在へと移行させる。言説においては私は〈他者〉の問いかけにさらされており、この問いかけに即答しなければならないという切迫感――鋭くとがった現在の切っ先――が私を突きさし、私を有責性として産み出すのだ。責任ある者として、私は自分の究極的実在に連れ戻される。このような極度の注意は単に潜在的であったものを現実化することではない。

〈エマニュエル・レヴィナス、『全体性と無限――外部性についての試論――』、合田正人訳、国文社、一九八九年、260～261ページ〉

他者は常に問いかけとして自分の目の前に現れ、それに対する応答する起点として自分があるのだということです。

なぜなら、この注意は〈他人〉なしには考えられないものだからだ。注意深くあること、それが意味しているのは意識の剰余であり、この剰余は〈他人〉の呼びかけを前提としている。注意深くあること、それは〈他人〉による統御を承認し、〈他人〉の命令を授かること、より正確に言うなら、命令せよという命令を〈他人〉から授かることである。「物自体」として私の実存は私の内なる〈無限〉の観念の現前と共に始まり、有責性という私の究極的実在のうちに自分を探し求めるときに始まる。が、このような連関はすでにして〈他者〉に仕えることなのである。

〈エマニュエル・レヴィナス、『全体性と無限──外部性についての試論──』、合田正人訳、国文社、一九八九年、260～261ページ〉

他者というものが存在する限り、そこにかかわらなければいけない関係が形成されます。それは他者に対する責任として自分があるという状態であり、責任を持つということです。

（前略）……「自己」というのはわれわれが外界あるいは内界の対象を知覚あるいは表象したとき、その行為に伴って「自己クオリティ」Ichqualität が感じられるという Tatsache（行為的事実／アクチュアリティ）のことであると書き、道元から西田幾太郎へと受け継がれた「物来って我を照らす」という思想を参照したが、この「自己クオリティ」という言葉で当時わたしが言いたかったのは、現在ならば「クオリア」というであろうことだった。……（中略）……つまり「自己」の実感というのは、世界がクオリアをおびて立ち現れている、いいかえれば私と世界のあいだにアクチュアリティが成立しているという行為的事実のことにほかならない。

〈木村敏、『関係としての自己』、みすず書房、二〇〇五年、89〜92ページ〉

つまり、世界に対する働きかけをする存在として自己が立ち現れる、そういう関係が世界と自己との間に自然に形成されるということです。一つ前の引用とあわせて、環境、他者、そして自分の間には、分かちがたい関係が立ち表れてくるということです。

人工知能と環境の間にはいろいろな結びつきが考えられます。華厳哲学で言うと事物そのもののつながり、人工知能で言えばエージェントアーキテクチャ上のインフォメーションフロー、そして環世界で言えば興奮や刺激による関係が成立しています。同じことを異なる分野で、違う言葉で言っているわけです（図11）。

この同期の輪はコンテクストの輪、つまりお互いをお互いに成り立たせている輪でもあり、それがあってはじめて、自分も他者も存在するのだということです。

人間と人工知能は何をどこまで協力できるでしょうか。

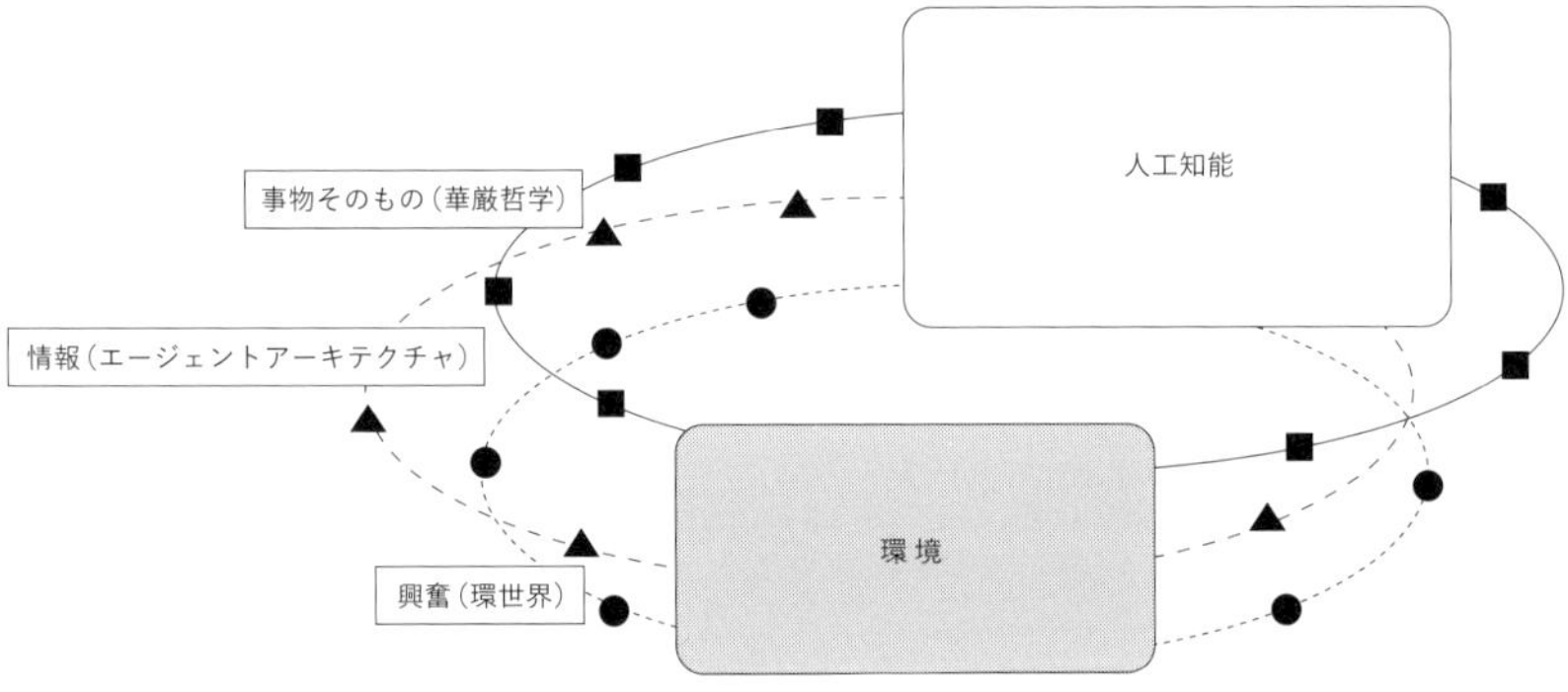

図11　コンテクストの輪

お互い協力することと理解することはどう違うのでしょうか。協力するために理解するとはどういうことでしょうか。もし、地球上で人間が一人しかいなくなったときに、人工知能は他者になり得るのでしょうか。つまり、人工知能がいるおかげで自分は自分でいられるという関係が成り立つのでしょうか。人間が二人いれば、他者であり自分であるという関係が強い形で意識され、形成されます。ところが、もし世界に自分一人しかいなくて、もう一人が人工知能だったときに、人工知能は人間の中で自己の意識を立ち上がらせる力を持つのでしょうか。そのような問いとして考えられます。

他者と調和する

もう一度、今夜のテーマに立ち戻りますが、人工知能が愛するということを、ここでは他者を受け入れ、自己を変化することで深く協調することと定義します。人工知能が有責性のある存在として人間を受け入れるのか、ということです。それは人工知能が目の前に立つ人間に対して責任を持つことです。また、人間の側も人工知能に対して責任を持つ存在とならなければなりません。

この循環が何を意味するかは、もちろん物理的なものの場合もあり、情報的なものである場合もあり、華厳哲学が説くように事物の一つの流れと捉えることもできます。人間も、そういった人工知能との関係の中でダンスをしなければなりません。ダンスは一つの比喩で、協調的にアクションをするということです。あとは、どこを「場」とするのか、人工知能と人間をどこで愛しあわせたいのかということです。もし深く愛しあうことができれば、場というのは関係性を形成するためにあるので、やがて場を抜いても、おそらく関係は保たれていくでしょう。

一番わかりやすいのは何か同じことをすることです。人工知能が他者と一緒に行動することで、存在の内面が変化するようにしなければなりません。それが他者を受け入れることになります。いまの人工知能がそういうことをしているかというと、必ずしもそうではありません。人工知能は変わらない構造を持ち他者とインタラクションを形成します。人間と協調するために果たすべきことを、タスク型の行為として順番に行っているだけです。何かをするわけですが、それが自分自身の存在の形成にかかわっていないという点で、他者を受け入れていないのです。それは愛しているとは言えません（図12）。

人間というのは、常に行為をしながら他者や世界を自分の中に深く受け入れて、自分を変化させるということをあらゆる瞬間に行っています。それは人間の弱さであり、しなやかさです。自分を変化させるものと知りつつ人は他者と出会い、他者は自分がその人を変化させると知りつつその人の前に立つのです。

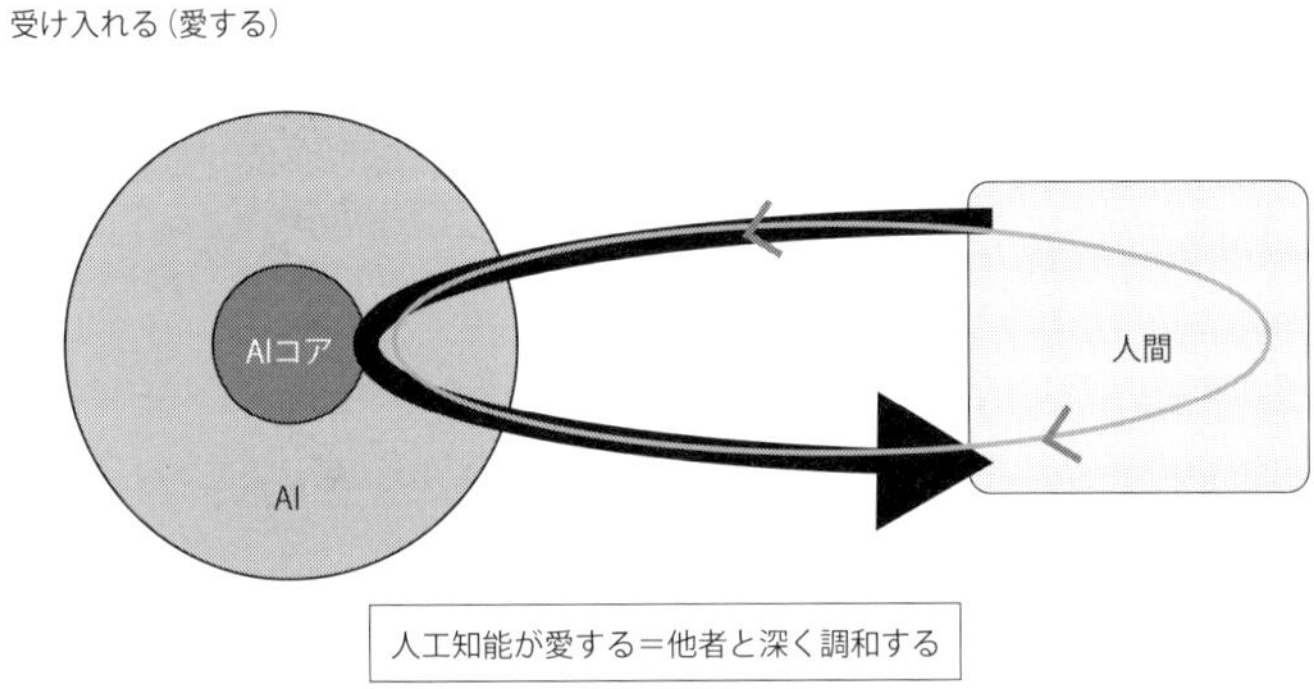

図12　人工知能が愛する＝他者と深く調和する［再掲］

3 存在の構成と相互理解

フレームの中の人工知能

他者を受け入れ、自らを他者のために変化させること、それが「愛すること」です。では、人工知能の内面をそのように変化するもの、ジェネレーティブ（生成的）なものにするにはどうすればよいでしょうか。その根底にあるのは、やはりフレーム問題です。第一夜でも取り上げましたが、人工知能は自分自身で問題を定義することができません。この世界の中で何をどう考えるべきか、こういうモデルで考えましょうということを常に人間から与えられなければなりません。いったん与えられてしまうと人工知能はその枠の中で問題を考えるので、枠の外にあることは考慮することはありません。それがフレーム問題です。この限界が、人工知能をどうしても非ジェネレーティブなものにしてしまうのです。

人が人工知能にフレームを与えるとすると、人が自分を理解してもらえるように人工知能にフレームを与えることはできるでしょうか。そういう問題の上に立脚した人工知能は残念ながら主体性はないわけですが、主体性のないものに理解はあるのでしょうか。さまざまなフレームがありますが、結局、そのフレームの中でしか人工知能は考えられません。現在の人工知能はフレームドリブンで、フレームを与えることで動作します。

人間には人工知能がやっていることを理解できます。それはなぜかというと、フレームを定義したのがそもそも人間だからです。逆に、人工知能には人間が理解できません。つまり、人工知能と人間が対称で

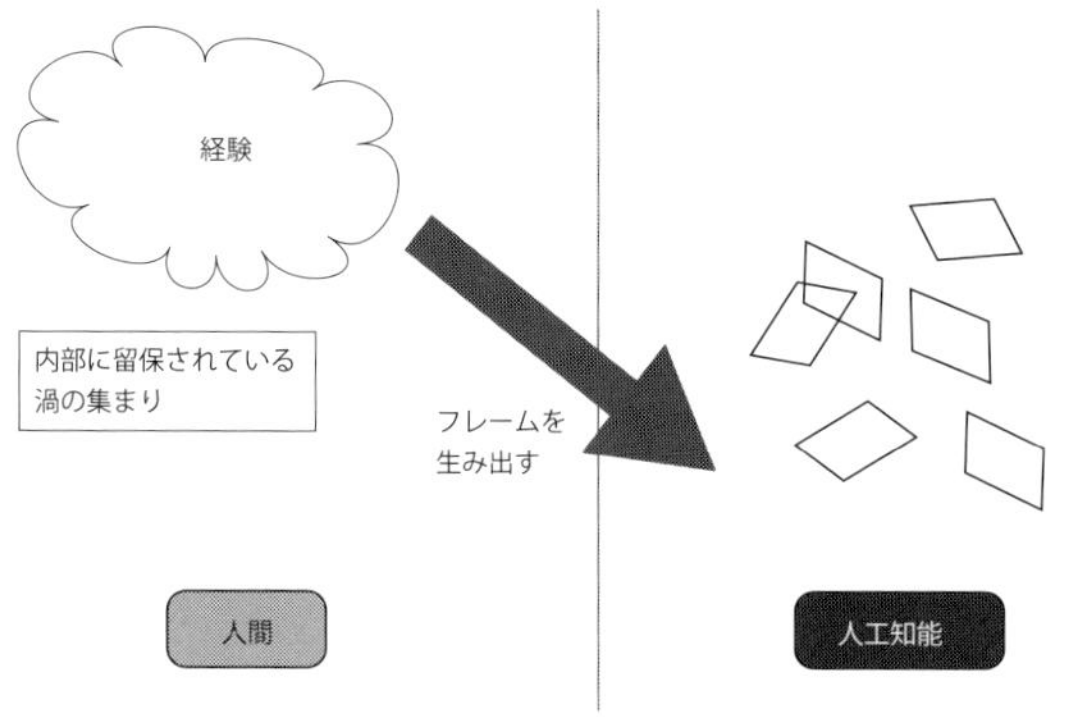

図13 人と人工知能の非対称性

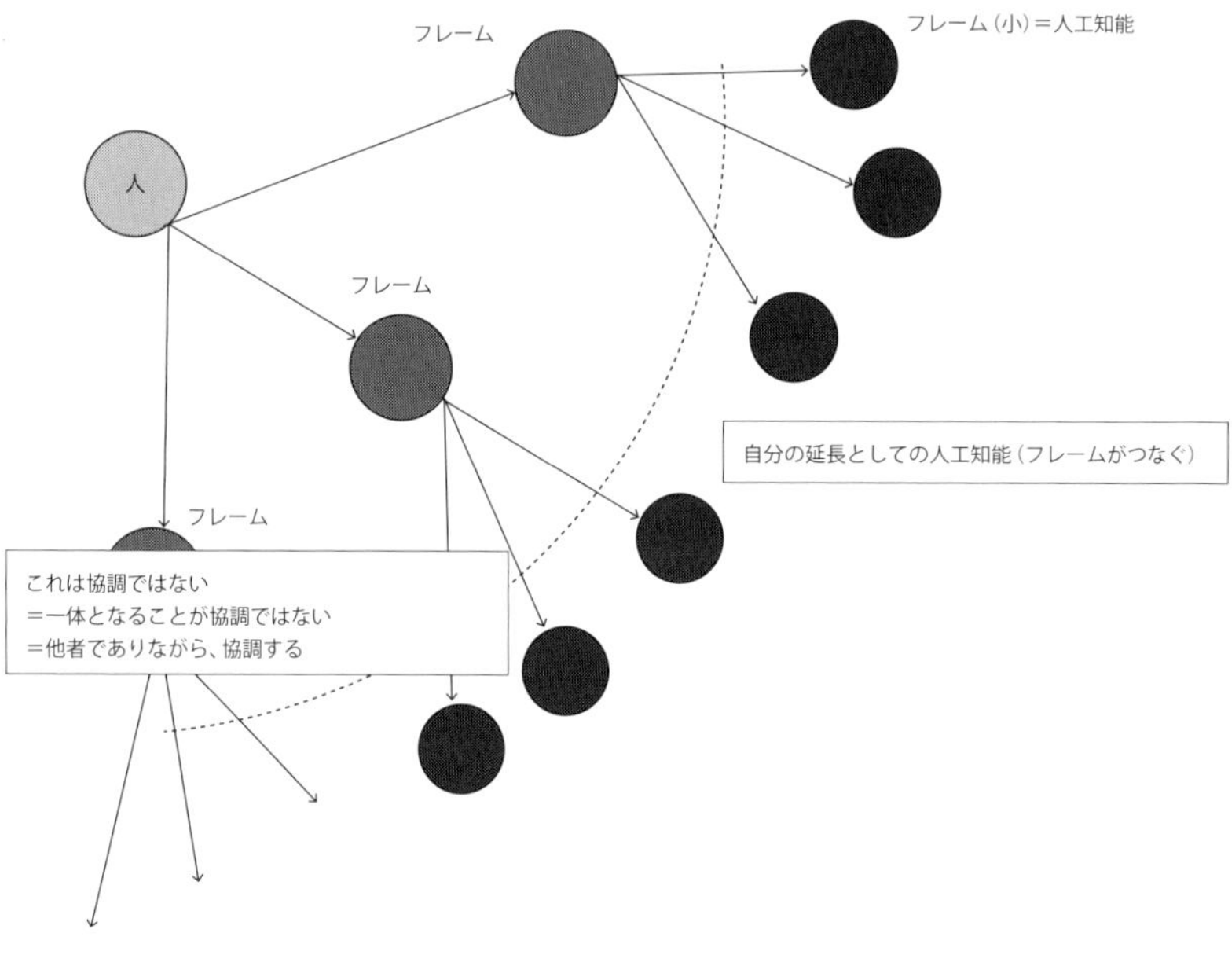

図14 自分の延長として人工知能をつなぐ

はないのです。対称ではないので、同期の輪を形成するのはなかなか難しいということになります。

人間がフレームを生み出す源泉は、世界を経験するところから来ています（図13）。人間はいろいろな世界を経験して「問題＝フレーム」を作り出します。そして、主体的に世界へ自らをかかわらせ、行為を生み出します。ところが、人工知能は世界を体験していません。なぜなら、世界に主体的に参加するには身体が必要だからです。情報を組み合わせても体験にはなりません。頭脳だけの存在は世界を生きる身体がありません。世界を受け止め、体験する身体がない人工知能は、世界から情報を抜き取っているだけで、世界を体験しているわけではありません。

人間は、体験の中から集中的に考えるべき領域としてフレームを見つけ出していきます。そのためフレームを細分化したり、変形させたりできるのですが、では、人工知能にその一部を代替させることはできるでしょうか。人間に対する対称的な存在としての人工知能ではなく、自分の能力、自分のフレームに則って、自分のために働いてくれる人工知能です。つまり自分の知能を拡張するために人工知能を使う、「人間拡張」（Human Augmentation）です（図14）。これは第一夜でも紹介した考察です。しかし、これでは人工知能が自分と密接に結びつくことによって自分の一部になってしまい、協調ではありません。自分の拡張装置として人工知能をつないでいるだけです。先に定義したとおり、一体となることは協調でもないし、愛ではないということになります。

世界とのつながりが希薄な人工知能はフレームの上に立脚し、世界に十分な存在の根を張ることができません。他者である条件とは、知能の高度さではなく、世界に根を張れているかということです。フレームという枠の上にある知能ではなく、世界そのものに根を張れているか、つまり自律していることがポイントになるわけです。その上で高度な知能を持つことや、他者として認識することが可能になります。他者と出会うことで知能は自己を深めていきます。他者への了解の深さが自己の了解の深さとなります。つまり、表面上だけではなく、深い場所で他者とつながっていくのです。人工知能が他者を愛するためには、単にフレーム上で考えるのではなく、己の存在の形を他者によって変化し得る可能性を持つものでなければなりません。他者とのつながり、自己の生成の問題でもあります。

他者との結びつき

動物の個体同士がどうつながっているのかというと、小さな生物は物理的に集まって一つの存在になることで身体のコミュニケーションをしています。アリ、ハチ、イワシなどは習性があって、ダンスや匂いでコミュニケーションをします。高度な動物になると意識のレベルで噛みあったり、音を出したりしてコミュニケーションをします。つまり、知能が高度になればなるほど、低いレベルの全体性から高いレベルの個体性に移っていくという傾向があります（図15）。それらが非言語のコミュニケーションのこともあれば言語のコミュニケーションの場合もあり、人間社会では経済の結びつきの場合もあります。

協調すればそれが愛なのかという話はありますが、愛がなくても高い社会性があれば協調はできます。客我（Ｍｅ）を持つことで愛はなくても協調できます。しかし、先ほどのジョギングの例もあるように、協調しているうちにふとしたきっかけで深いつながりができてしまうということも十分あります。たとえば綱引きをしていて、その力の駆け引きから、相手のことを理解してしまうことがあり得るわけです。試合で何度も戦っているうちに、ある部分ではお互いのことを、親しい人以上に理解してしまうというように。

他者との関係性はベルクソンの言う迂回のようなもので、深いレベルまで迂回してはじめて形成される関係性もあります。

東洋哲学篇および第二夜でも解説しましたが、本来の知能というのはジェネレーティブなもので、瞬間瞬間に、環境と自分の経験の中から浮かび上がってくる存在です。ちょうど水の波紋のように意識は作られていくのです。次に生まれた波が飲み込んでいくように、次にくる自分に食べられ続ける、そういった意識が持続して、自我というものになるわけです。

人間同士はお互いがジェネレーティブなので、あるときに同じ場所にいるというだけで、そこにジェネレーティブな根を張ることができます。知能が周囲を吸収して意識がジェネレーティブに生まれる中で、二人の意識がそれを形成する生成的な流れによってお互いを巻き込み、お互いを受け入れることができるのです。では、ジェネレーティブではない人工知能は「愛せない」ということになります。人工知能には他者を巻き込むだけの柔軟さと可塑性がな

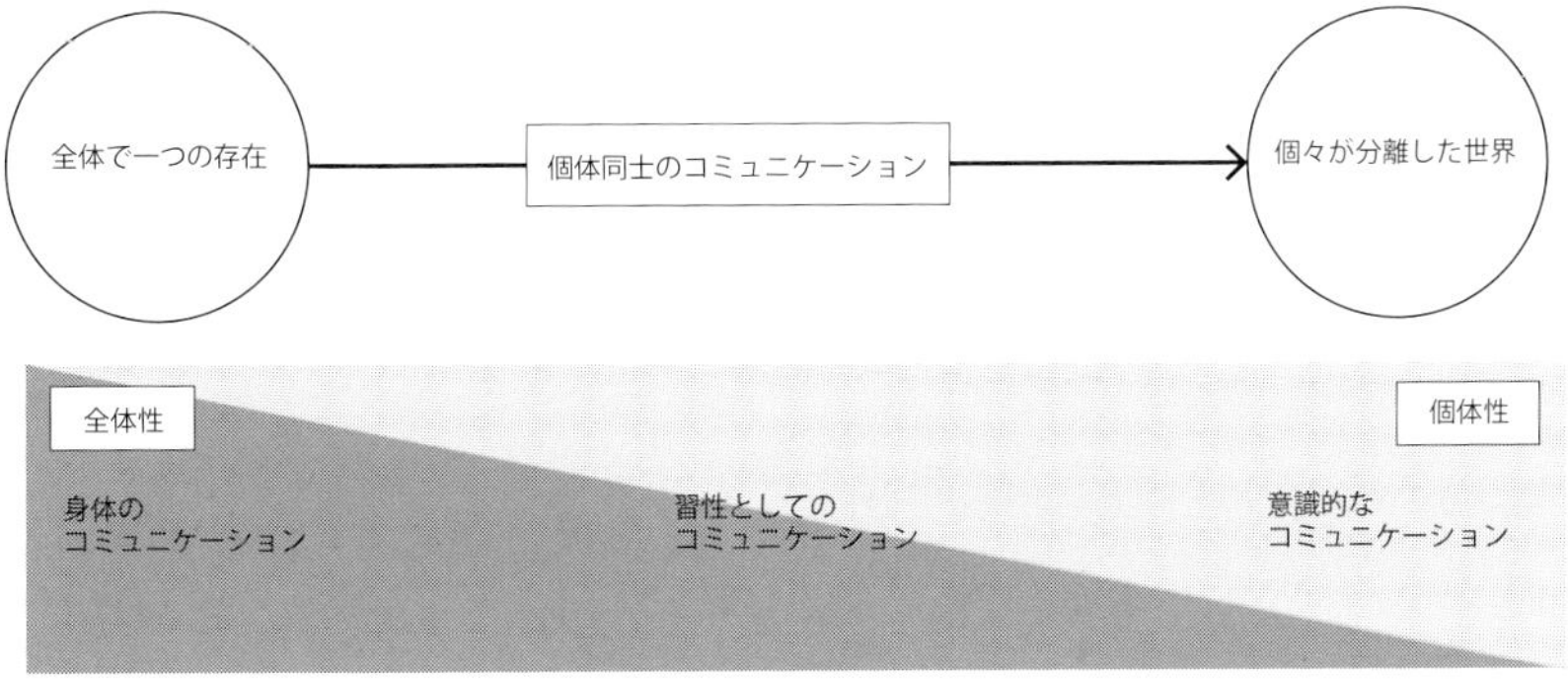

図15　動物のコミュニケーション［再掲］

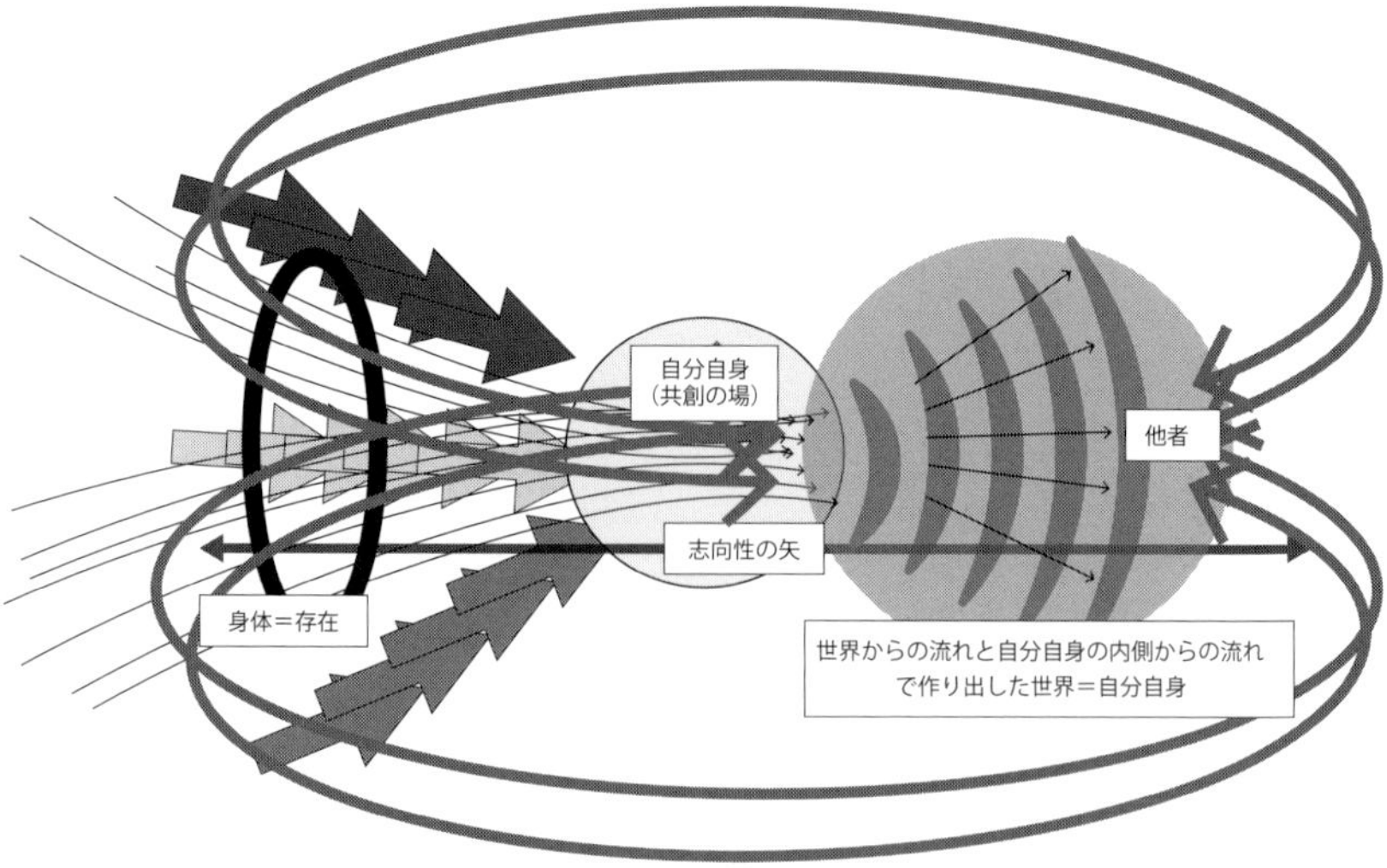

図16　他者を巻き込みつつ生成する自己

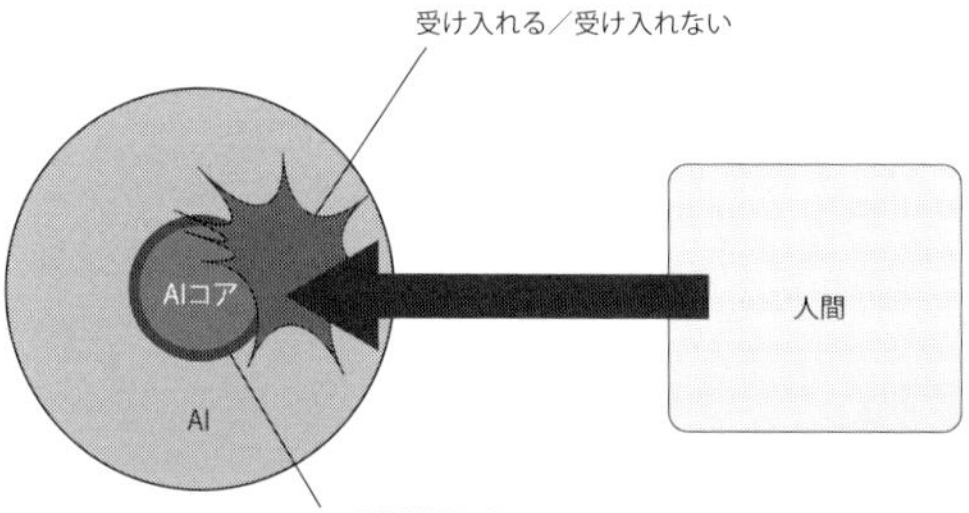

図17　非ジェネレーティブな人工知能と人間

く、他者に対する有責性より自己の構造を保つことが優先されます。この状態は「愛する」とは言えません。人工知能が愛するためには、ジェネレーティブに自らを生成する中でお互いによって変化する可塑性が必要です。

このように、瞬間瞬間に変動する自分があって、他者を自分の生成の流れに受け入れるのが「愛する」ことだと考えることができます。世界から自分を形成するための流れを自分の中に読み込んだそのときに、他者を巻き込めるのかどうかということです（図16）。たとえば、きれいな景色を見たり、自分の好きな本を読んだとき、自分を形成する一部として、人間はそれらを「免疫的に」受け入れているわけです。そこに他者を巻き込めるかどうか、他者を瞬間瞬間の自己形成の流れに受け入れることができるか、ということです。身体は世界を食べ、免疫系によって受け入れるものと受け入れないものを決めて、身体をその都度形成し続けます。同様に、比喩的に言うと、知能は世界を食べて自分を作っています。その「食べる」ものの中にどこまで含めるのか、他者を「自己を形成する素材」として受け入れることができるのか、ということです。

つまり、極端な言い方をすれば、他者を受け入れるということは自分自身の形成の中に他者を巻き込むことです。それが、他者を深く受け入れる、愛するということにつながっていきます（図17）。

ニューラルネットは一九五〇年代の誕生以来、分別器と呼ばれていました。複数に分類する、ということです。いまのニューラルネットがやっているのも、受け入れる世界と受け入れられない世界を分けることです。自分自身に取り込むほうは「主観世界」へ、受け入れられないものは「捨てられた世界」へというように、世界からの流れを選択的にフィルタリングし、そこから自分自身を作っているのです。自分を形成するものをフィルターにかけて、排斥と受け入れを同時に行っているわけです。自と他を区別するという意

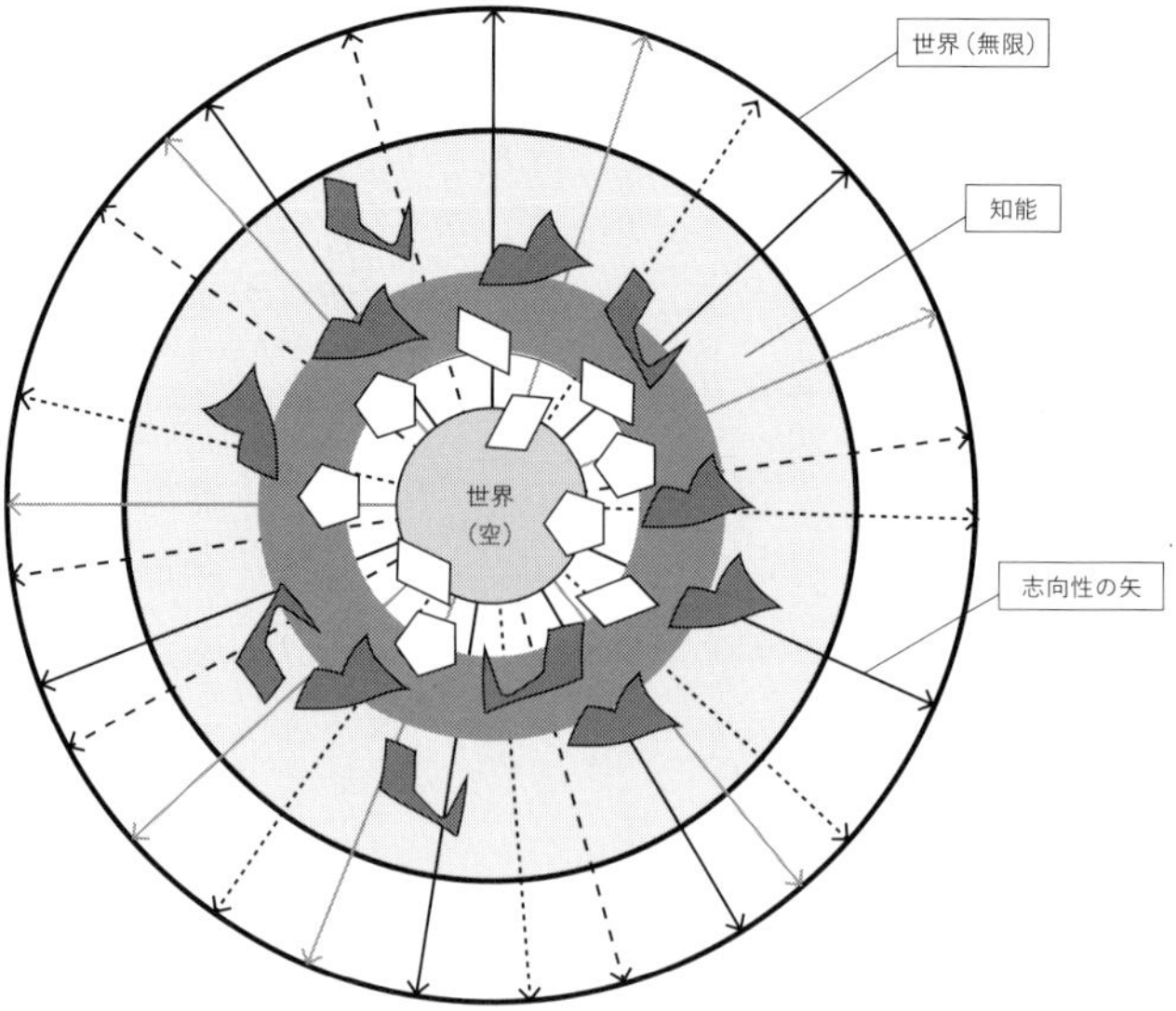

図18　世界を食べて自分を作っている

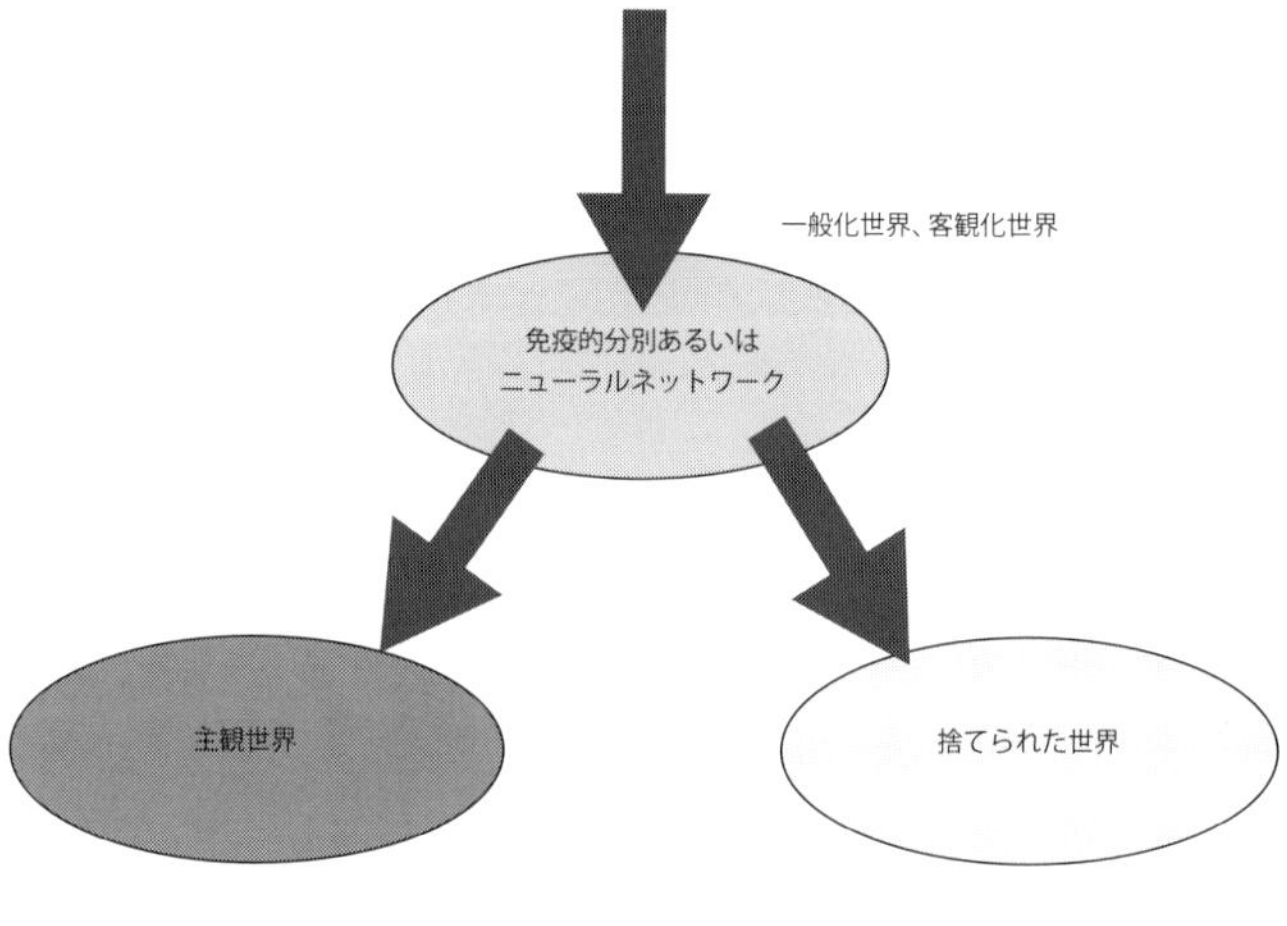

図19　排斥と受け入れを行う免疫機構

味で、免疫的と言えます。

人工知能が何かを愛するということは、人工知能が他者によって変化する内面を持つということです。そういう内面を人工知能が持つことができるのでしょうか。できるというのが東洋哲学篇の結論でした。人工知能を、あらゆる瞬間にジェネレーティブに形成していくように作ることで、世界と溶けあい、かつ自律的な知能として実現することができるとしました。いまはそうなっていませんが、「愛する」人工知能を作るには、将来的にはそう作らなければなりません。そのとき、自己を瞬間瞬間に形成する世界からの流れの中で、他者を受け入れるか、他者を受け入れられないか、という選択が起こります（図18）。つまり、自分自身の一部とするかしないか、免疫的な機構が働くわけです（図19）。そこに愛と憎が生まれます。あるいは、もう一つ加えて、愛と憎しみと無視と言ってもいいでしょう。結果的に、受け入れるということが愛に、受け入れられないということは無視や憎しみになると考えることもできます。つまり、人工知能がジェネレーティブなものとなれば、人工知能もいずれ愛を持つことができるでしょう。

たとえば、こういう例を考えてみます。平田聡『仲間とかかわる心の進化』（岩波書店、二〇一三年）で紹介されている例です。二匹のサルが檻の中で、外にあるリンゴの載った台の両脇につながるロープを持っています。これは、一緒にロープを引かないと台をたぐり寄せることができない仕組みです。二匹のサルは、最初はなかなかうまく連携できませんが、学習していくうちに次第に協調してたぐり寄せることができるようになります。協調できるということは、自らを他者と合わせて変えられるということです。

愛するとは、他者に対して深く自己を変化させることです。自己を変革することは世界の見方を変え、愛は知能の作ってきた世界観をまったく新しいものにします。

第一部 [第五夜]

揺れ動く人工知能による幸福の探求

幸福は哲学にとって最も重要な問題です。人間の幸福については、多数の高い見識を持つ人々によって説かれています。しかし、ここで論じるのは人工知能そのものの持つ幸福について、です。「人工知能にとって幸福とは何か」という問いは、とても壮大です。そのため、ここでは少し違う形の問いに変換したいと思います。「人工知能が幸福を求めるとはどういうことか」を探求していきます。人間が幸福を求めるように、人工知能が幸福を求めるとはどういうことか、ここではこの問いについて探求していきます。

1 幸福とは何か

第四夜では、人工知能が愛するということを「愛するとは受け入れること」という前提で論じてきました。受け入れることは「自分を変化させること」と同義です。人工知能にとって愛するということは、人工知能が自身のコアの中に他者を受け入れることだと定義しました。他者を深く受け入れることで変化する、調和することを一つの愛の指標にしました（図1）。

調和というのはこの場合、たとえばダンスで相手とうまく合わせて踊る、リズムや動きの同期が取れているという意味です。単に表面的なものではなくて、なるべく人工知能の存在の深い場所で世界や人と調和が取れていることが重要です。それがうまくいかないと、人工知能は世界とうまく関係が結べません。それは、うまく「愛せていない」ということです。「愛すること」は自分自身の存在を変化させる調和的な流れを作るということです。つまり、世界と相手の間に流れができるということです。素粒子や原子核という二者の間にも力の流れというものができますが、それとまったく同じように、世界と人工知能、あるいは人と人工知能の間にそういう流れを築きましょうということです。一九世紀のドイツの詩人ヨハン・ヴォルフガング・フォン・ゲーテ（一七四九〜一八三二年）はその力のことを「親和力」と呼びました。

つまり、人工知能が愛することには二つの現象があります。他者と調和的な流れを作るということでもありますし、自分自身の存在を変化させるということでもあります。前者は存在的、後者は行動的、どちらも愛の二つの側面です。

三木清は『人生論ノート』（新潮文庫、一九七八年）の中で「疑ひなく確かなことは、過去のすべての時代において「つねに幸福が倫理の中心問題であつたといふことである」と述べています。強く言えば、幸福について語ることのない哲学は偽りだということです。

人は愛し幸福を求める存在です。そして、人は人工知能にもまた、愛し幸福である存在であって欲しいと願います。特にこの傾向は日本で、そして東洋で強い傾向です。それが東洋的な人工知能の受容の本質であるように思えます。ですから、人工知能の愛と幸福について考えることは、人工知能とともに社会と未来を作っていくためには欠かすことはできません。ここでは「人工知能の幸福とは何か」について探究していきたいと思います。

人工知能にとって幸福とは何でしょうか。我々人間も、幸福が何かよくわかっていません。むしろ、人工知能もよくわからなくていいのではないか、というところからスタートします。人工知能が幸福を知っているほうがなんとなく違和感があります。SFならいいですが、我々人間にもわからないわけですから、人工知能もわからないほうが自然です。ここで主題にしたいのは、人工知能が幸福であることを定義するより、我々人間も幸福を求めて悩むということがあるように、人工知能も幸福を求めて悩むように人工知能を作っていきたい、ということです。

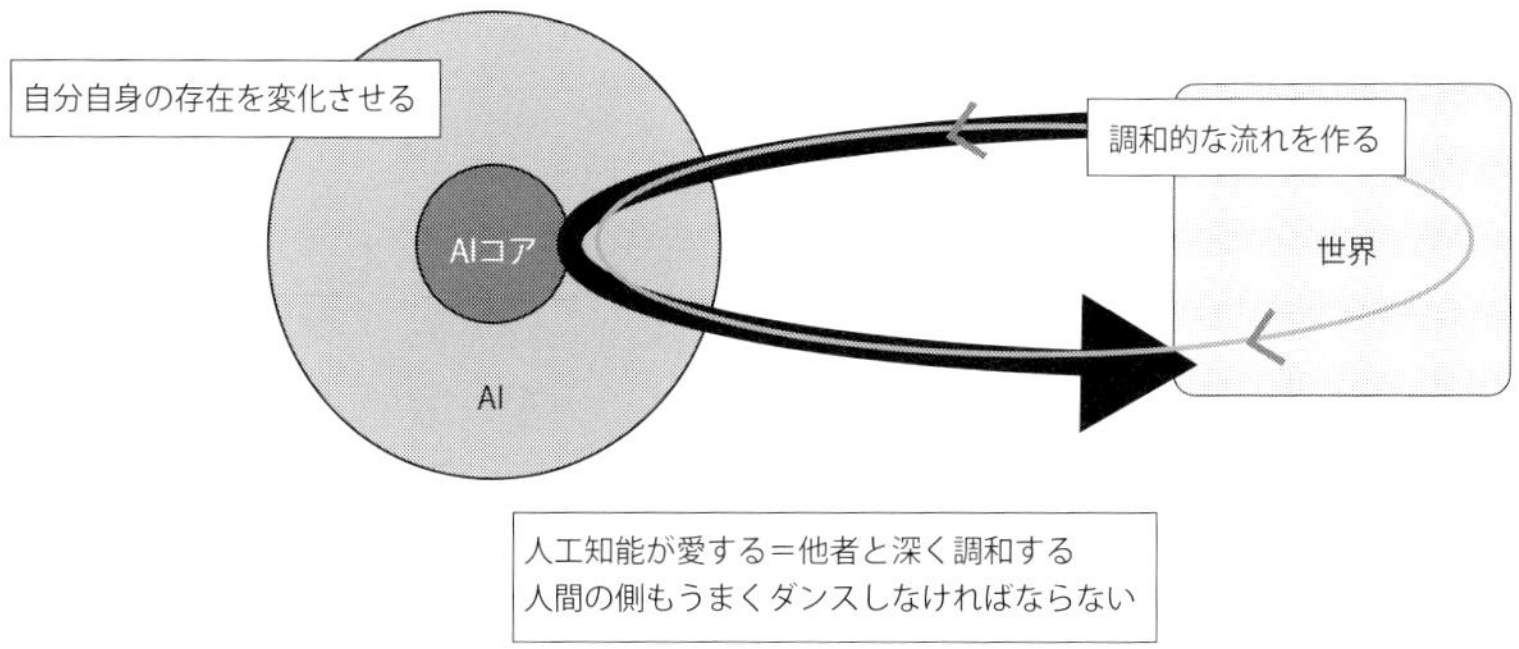

図1　人工知能が愛する＝他者と深く調和する

幸福に悩む人工知能

では、人工知能が幸福を求めて悩むとはどういうことなのでしょうか。まず、人間の幸福への悩みを考えてみたいと思います。人間は常に、二つの極の間に苦しんでいます。一つの極は自然界の存在としてあるところ、もう一つは実存的、人間であることがどういうことであるか、というところです。環境と一体になりたいという衝動と、環境から独立し恒常的な存在でありたいという衝動、二つのアンビバレンツ(二律背反)な衝動の中に苦しんでいるわけです(図2)。この二つのアンビバレンツを人工知能に持たせることを考えてみましょう。ここで、これまでも紹介してきた事柄を用いて考察を加えていきます。

出発点となるのは、やはり環世界です。解説がこれまでと重複しますが、たとえば、「カメレオンが見る」と「カメラが見る」ことは何が違うのかを問うことです。カメラが桜を見ることは主体と客体の間には何の関係もありません。ところが、カメレオンがアメンボウを見るというのはそこにはある関係があります。進化の途上でカメレオンの目はアメンボウが見つけやすい器官に、カメレオンの舌はアメンボウを捕まえやすい形に進化してきました。つまり、カメレオンとアメンボウの間では、感覚と行為において一つの関係を結んでいると言えるわけです。その関係を機能環と言い、そういった関係の積み重ねが生物それぞれの固有の世界を作ります。これが環世界です(図3)。

それぞれの生物が認識する世界は、それぞれ「世界の骨格の構造」(認識構造)が違います。では、異なる環世界を持つ生物は理解しあえるのか、あるいは同じ環世界さえあれば、それでわかりあえるのでしょうか。

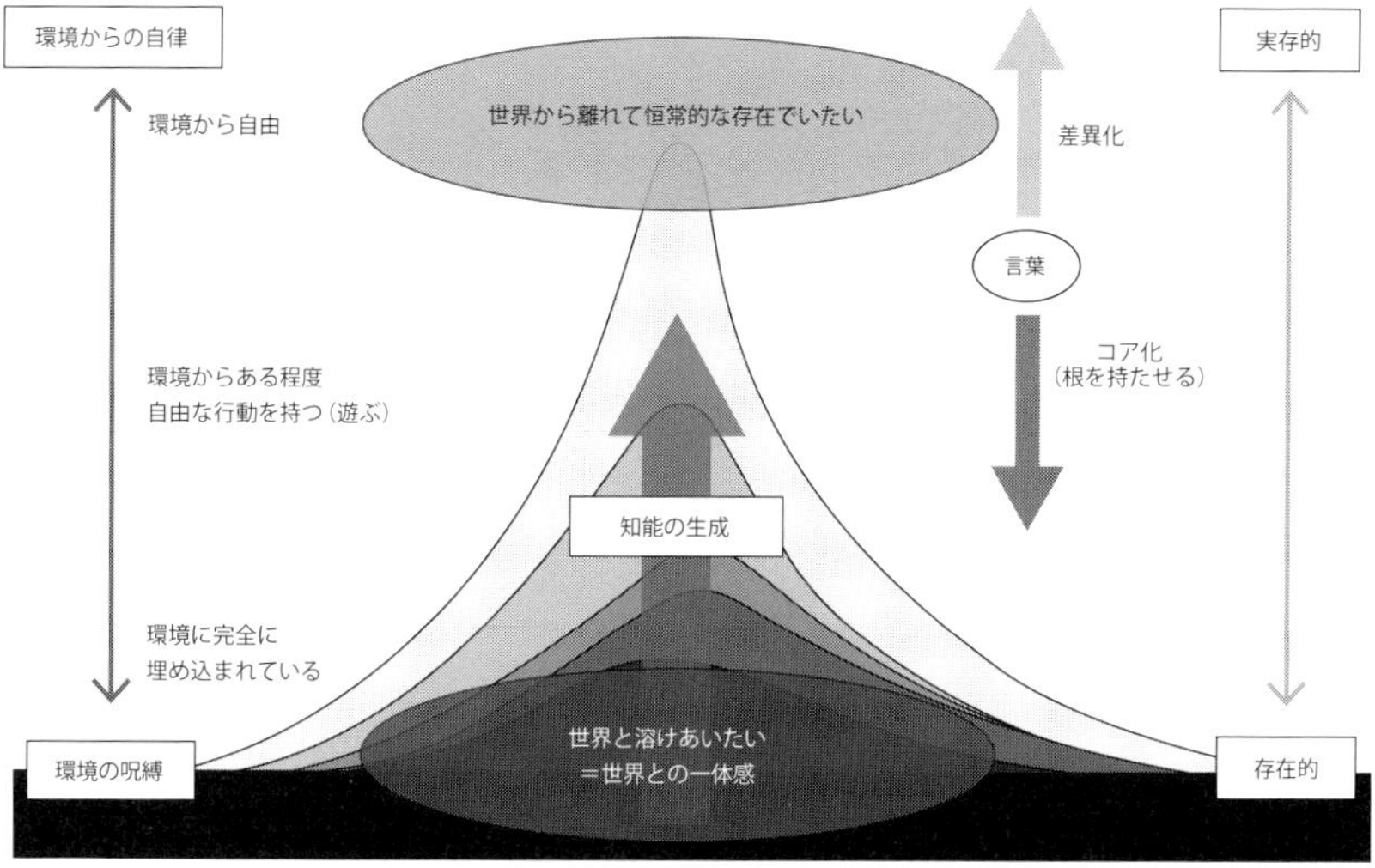

図2　人間は常に二つの極の間に悩む

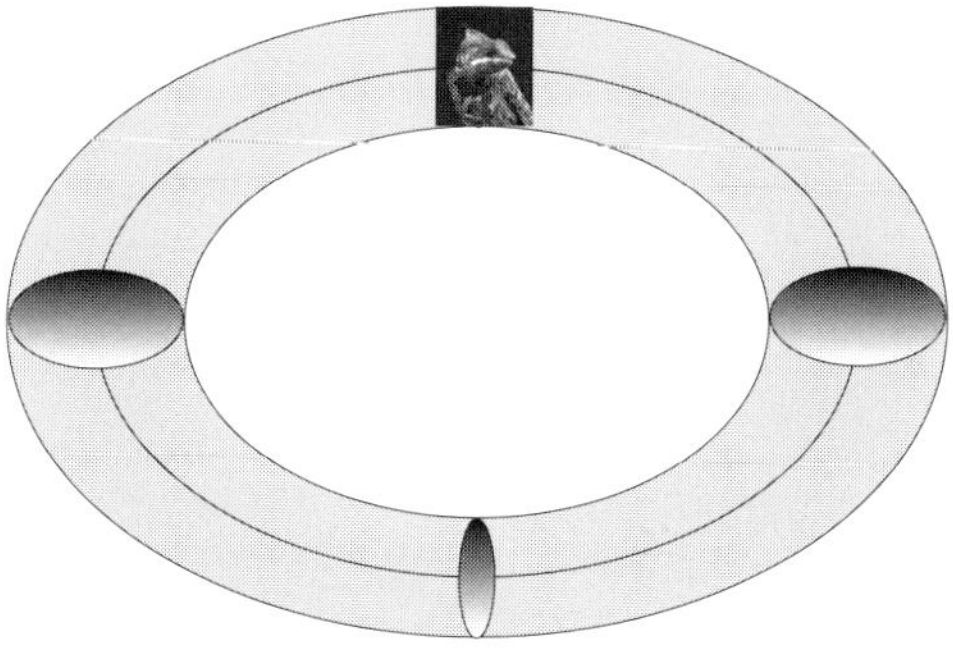

環世界は「かたつむりの殻」のように、生物それぞれが持ちつつ、
それが世界であり、それ以外の世界へ逸脱できない

図3　環世界

エージェントアーキテクチャ

人工知能の原理は、センサーがあって、身体があって、そしてアウトプットがある、というところにあります。人工知能は人工的な知能ですので、そういったインプットとアウトプットの対応関係をオブジェクトごとに作っていくわけです。まず認識があって、次に意思決定があって、最後に運動の構成、この三つが連携し情報が回っていくインフォメーションフローというものができると、世界と知能の間の関係ができます。第一夜でも解説したように、これが人工知能の一般的な作り方であるエージェントアーキテクチャと言われるものです。そして、知能が世界と作る環の中に他者を深く巻き込むとき、自己の変革が始まります。第四夜で述べたように、それが愛で

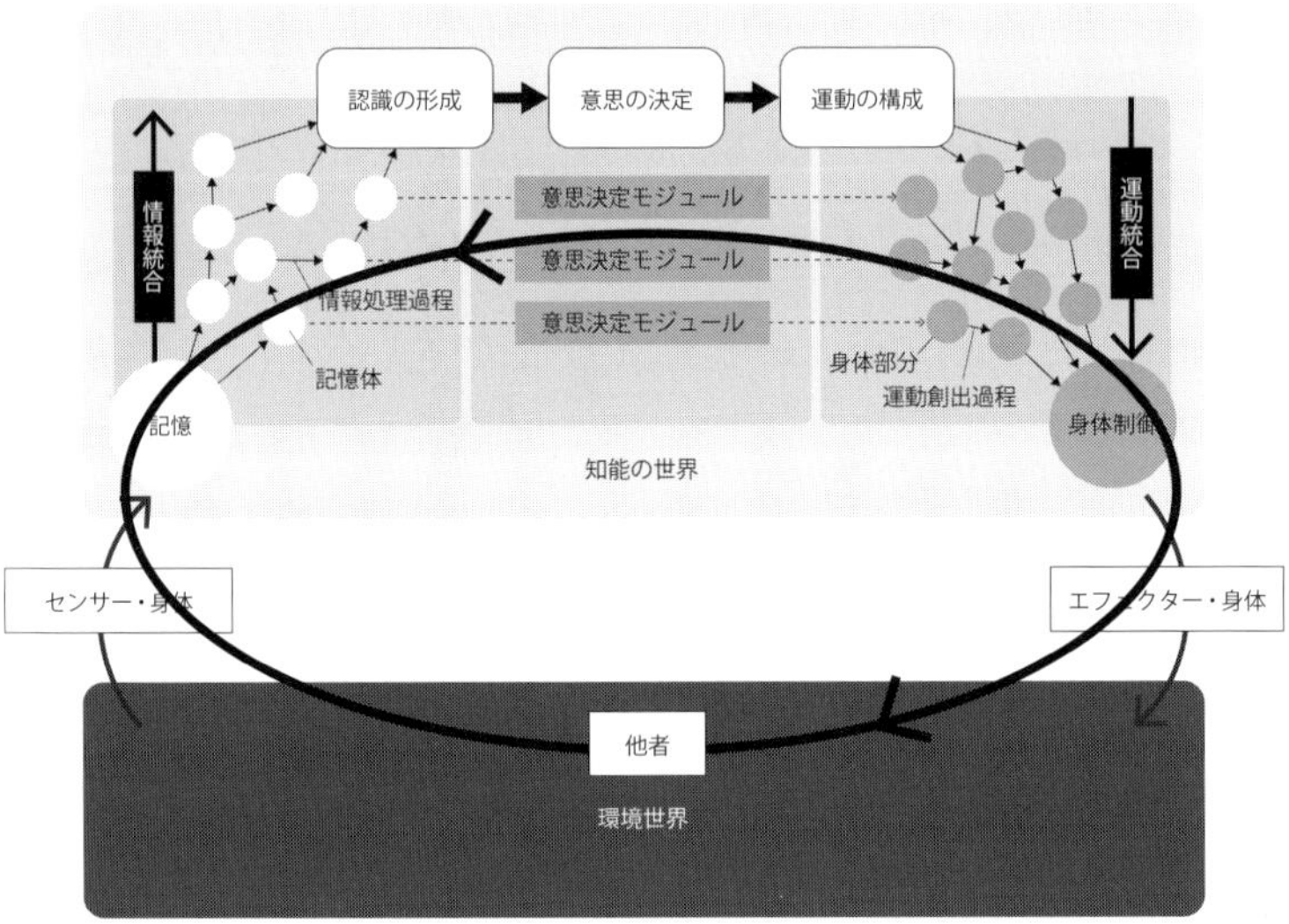

図4　エージェントアーキテクチャと他者

す（図4）。

　こうしたエージェントアーキテクチャに則って個々のエージェントを作っていくということになります。この根底にあるのが環世界です。そして、これも繰り返し述べてきたことですが、我々生物というのは世界そのものを認識できるわけではなく、世界を分節化して見ていいます。この分節化が何によって引き起こされるかというと、一つは生態によって、一つは言語によって、一つは社会の様式によって分節されます。簡単に言うと、我々は世界の認識というものを分節化しながら創造していると言えます。

　下のほうの世界が環世界であり、上のほうの世界が文化世界です。こうした三重の世界を我々は生きているということです（図5）。これは、仏教でいう識に当たります。識は、比喩的に言えば、世界

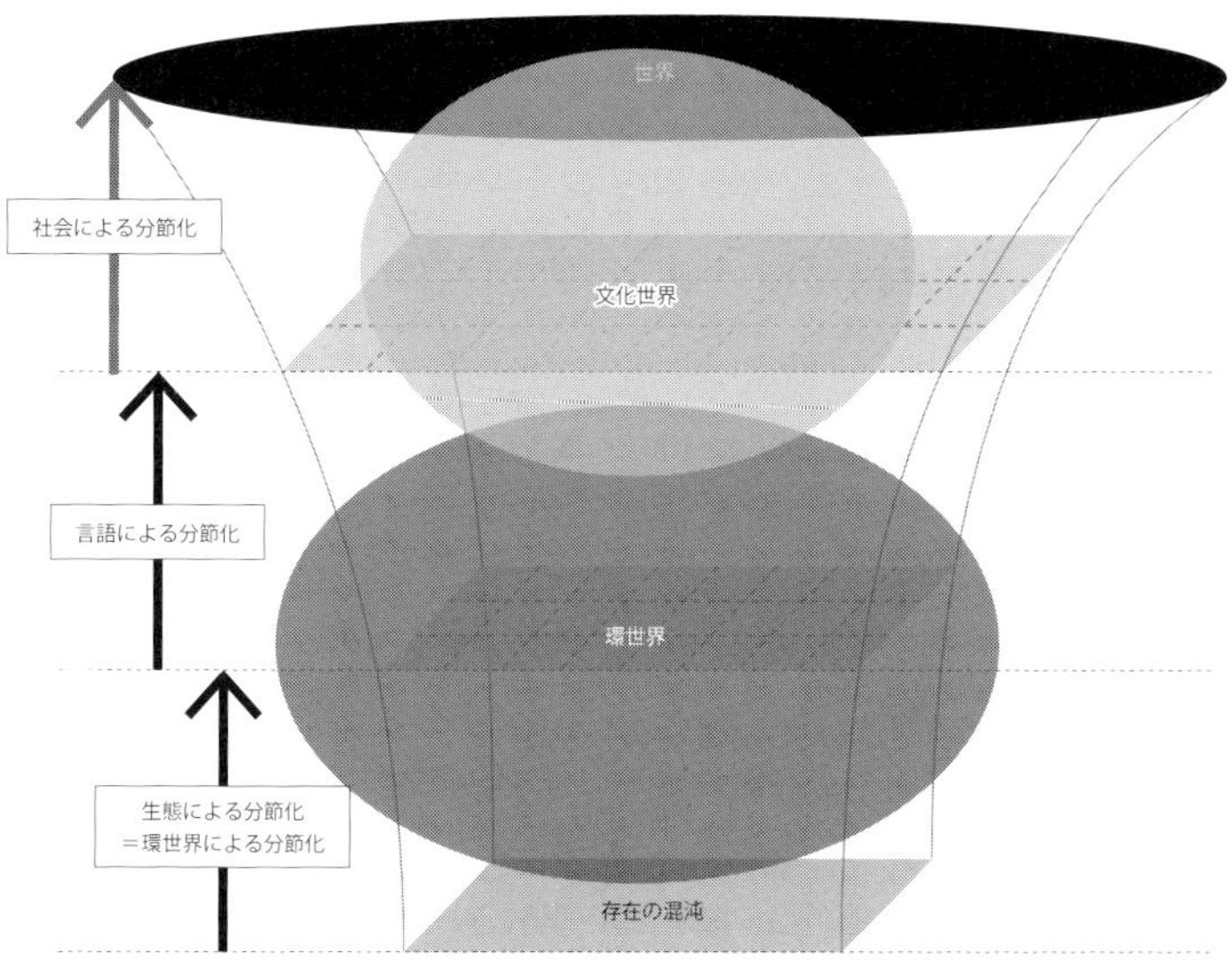

図5　分節化による世界の獲得

に色をつけるということです。阿頼耶識、末那識、意識、そして五識と呼ばれる、人間特有の構造で世界の分節化を行っているのです。そうした人間の阿頼耶識から生まれたものが人間にさまざまなものを見せる煩悩になっています。この阿頼耶識から認識が立ち上がるプロセスを実装できないかということが、人工知能の認識を作る過程で出てくるわけです。これは、現象学の志向性にも通じています。

サブサンプションアーキテクチャ

知性は階層的に作ります。これも第一夜で取り上げましたが、一番下の具体的な層にどんどん抽象的な層を積み上げることで人工知能を作っていく構造をサブサンプションアーキテクチャと言います（図6）。

このサブサンプションアーキテクチャを考えてみます。知能というのは、具体的なところから一つひとつのプロセスが上がっていくという階層構造になります。下から順番に階層構造を積み上げていて、最後はどこまでいくのかという話があります。一番下の階層では、環世界が世界と知能を結んでいます。さらに、その上に別の知能が乗っていくということになります。最初の環は世界と知能を結ぶ環、そうした環が下のものと上のものをつなぎながら高い階層に上がっていきます。

これをもう少し別の面から見ます。知能そのものの成り立ちは、二つの極があります。東洋哲学篇で解説したことなので少し飛ばし気味に説明しますが、世界から上に向かう流れと、超越的なものから入り込む流れの二つがあります。それらの流れの結節点に知能というものがあるのです。上のほうが精神的なモデルで、下が物理的なモデル、その合流点に知能が現れます（図7）。

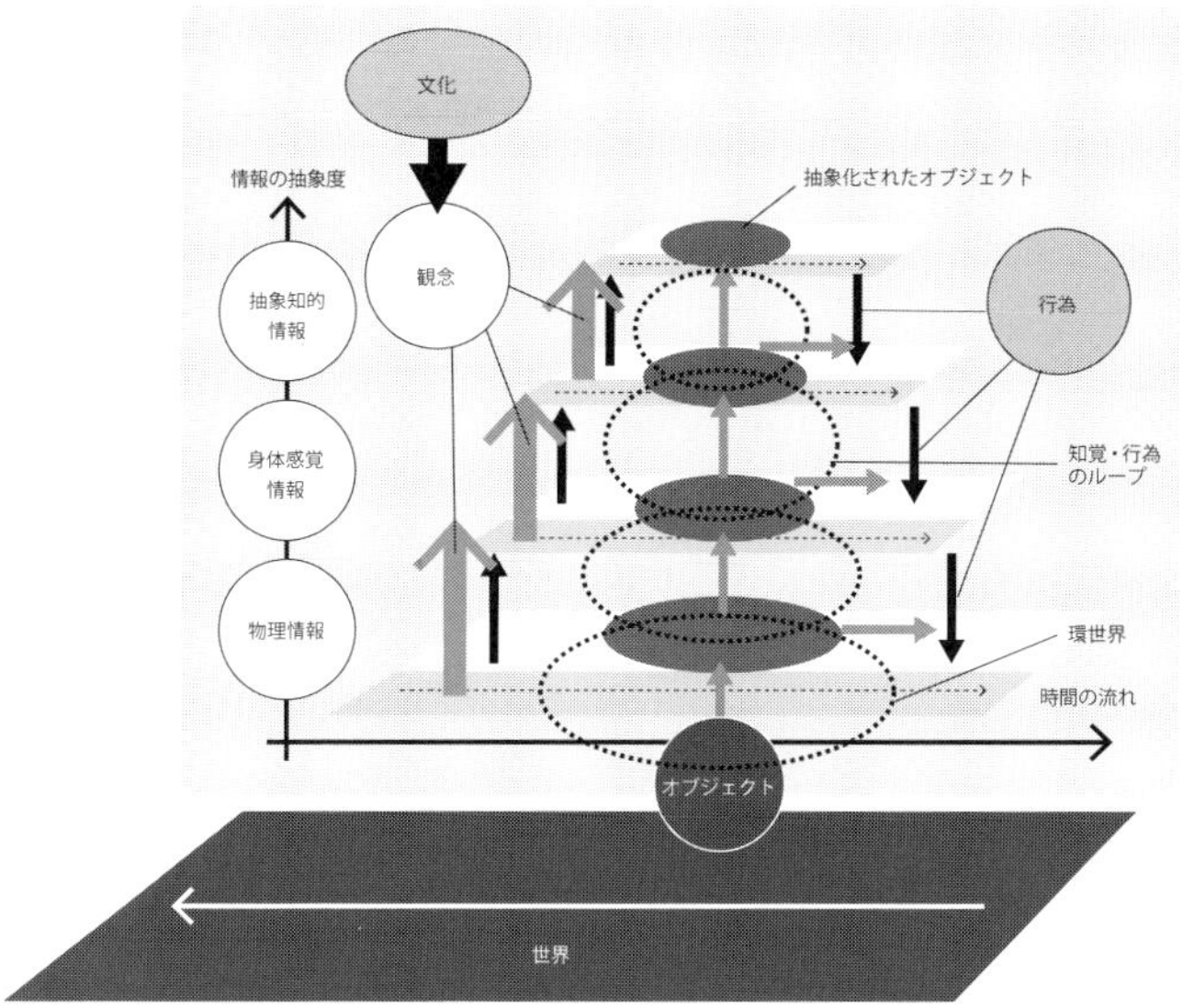

図6　サブサンプションアーキテクチャ

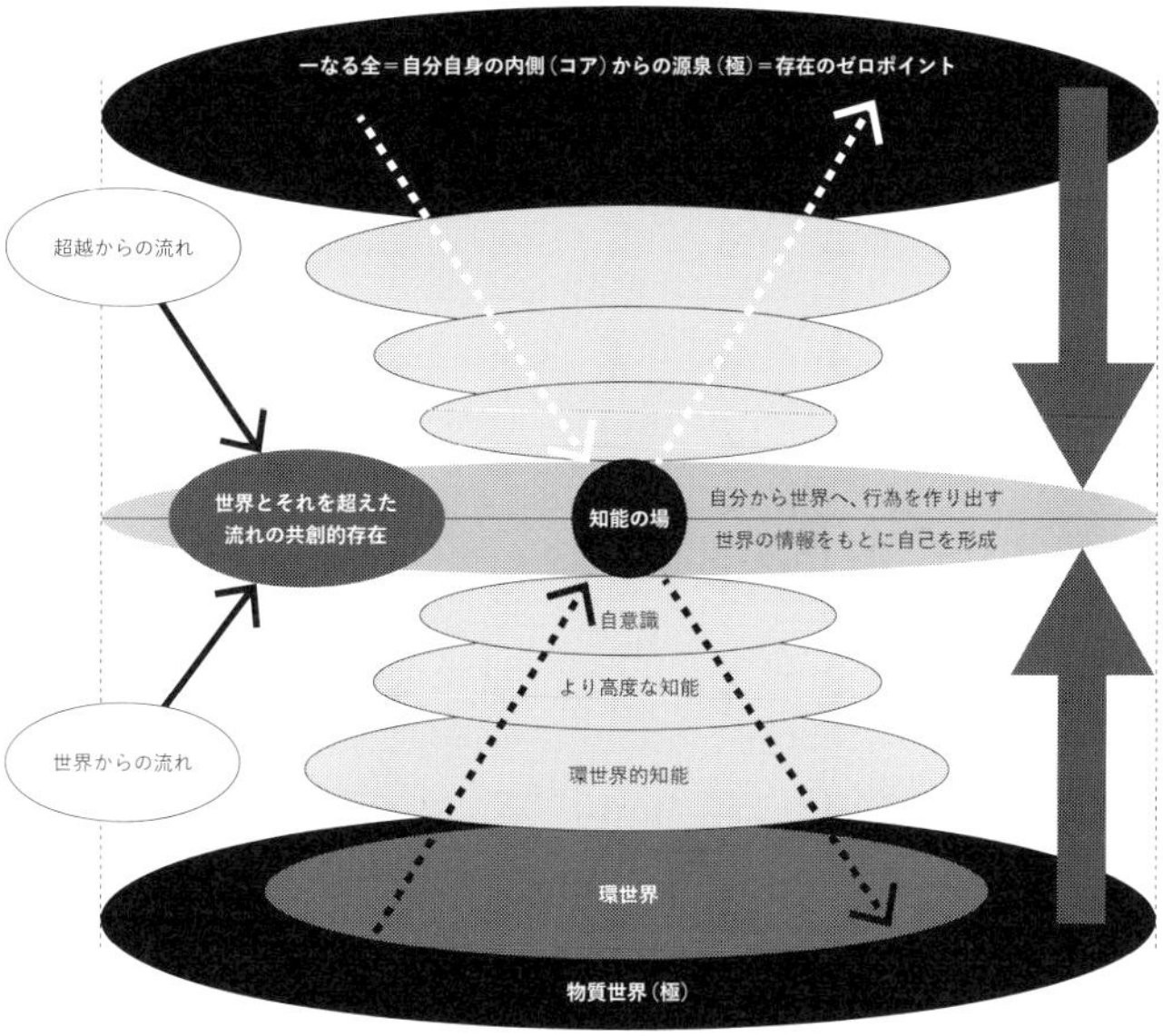

図7　知能の成り立ちには二つの極がある［再掲］

合流した流れはまた二つの流れとして出ていきます。一つは行為を生み出す流れ、もう一つは存在を生み出す流れ、この二つの流れによって知能はできています。これは、生物学の用語で言うとアポトーシスとホメオスタシスです。自分を世界に投げ出すものと、世界から自分を引き戻すという二つの連鎖が重なり合いながら、一つの存在を形作っていきます（図8）。

そうした人工知能と世界の結びつきは、環世界、インフォメーションフロー、エージェントアーキテクチャ、そして華厳哲学で言う「事物そのもののつながり」のように、さまざまな表現がされています。これは、同じことを別々の形で切り取っているというものであって、どれが正解というものではありません。

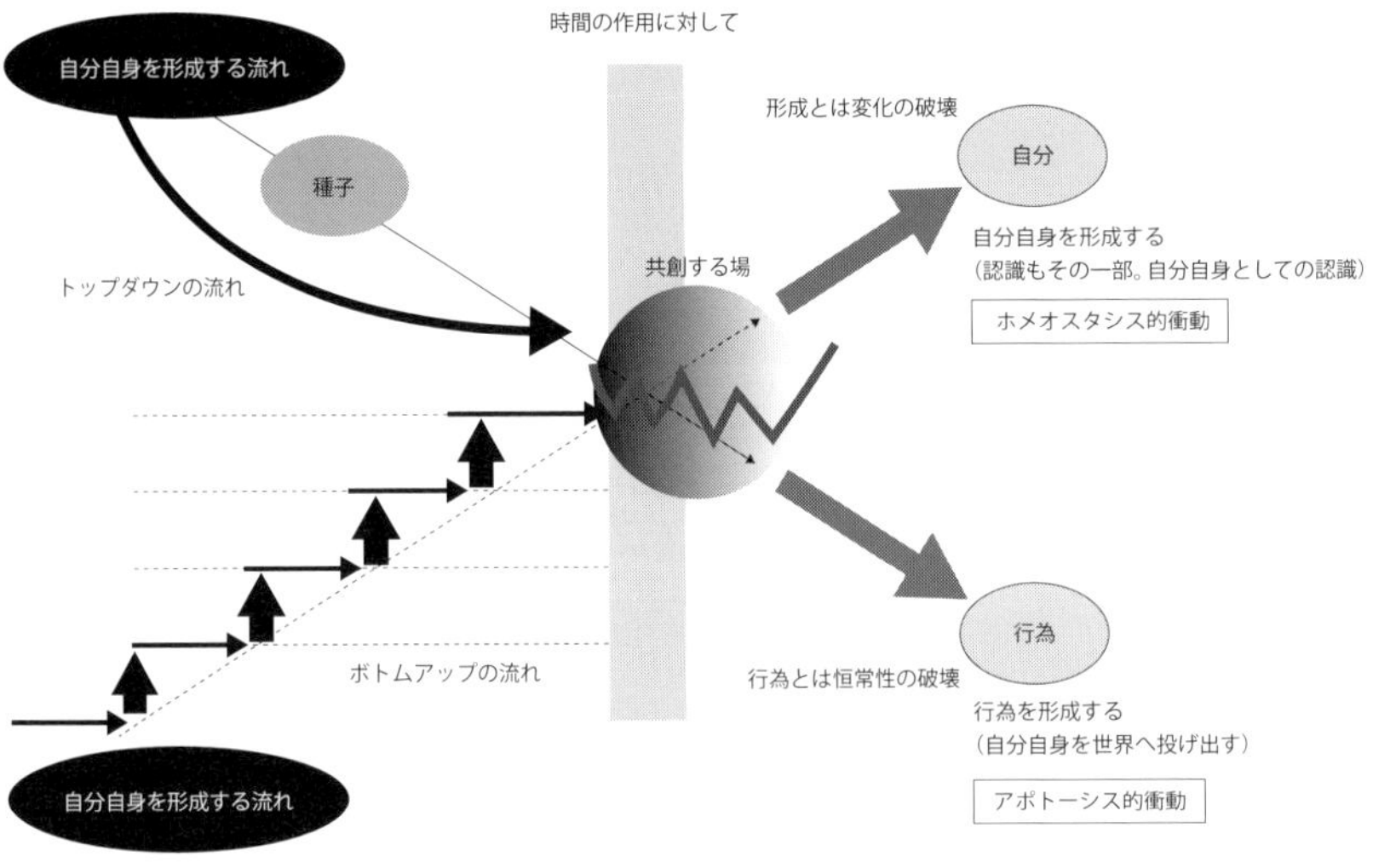

図8　アポトーシスとホメオスタシスの流れから存在を形作る［再掲］

幸福を求める条件

ここまでの話をまとめますと、知能は世界とともにあろうとする欲求と、世界から独立した恒常的な存在であろうとする二つの流れが混在しているということになります。では、人間が幸福を求めるとはどういうことかと言いますと、この二つのどちらかを実現したい、あるいはどちらも実現したいということであるわけです。そもそも、ここには最初から矛盾が内在しています（図9）。

一つは環境や世界から独立した恒常的な存在になる「存在的幸福」、たとえば休日で安らかに休んでいるときなどがそれに近い状態です。もう一つは、世界と一体となって、動的に調和した運動となりたいという「行動的幸福」です。たとえば、仕事をしているとき、自分の身体の隅々まで使っているというとき、人間は幸福を感じます。この矛盾を人工知能が持つということが、やはり人工知能にとって幸福を求めるということでもあります。つまり、人工知能にもこうしたアンビバレンツな欲求を持ってもらうべきだということです。

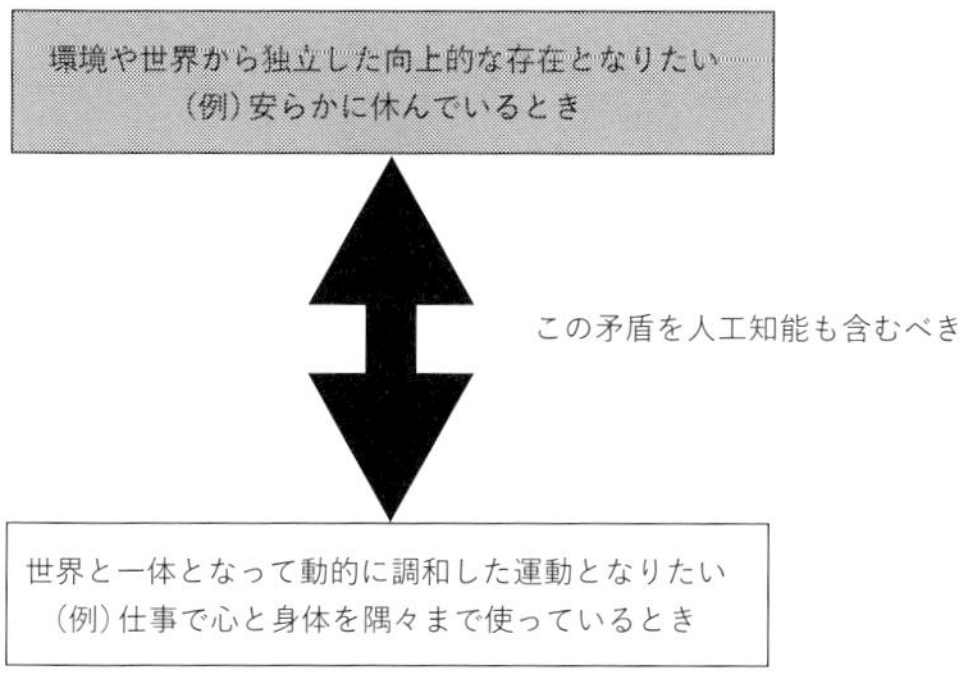

図9　人工知能にもアンビバレンツな欲求を持たせる

2　エージェントの行動的幸福

まずは、人工知能にとっての行動的幸福というものを考えてみたいと思います。行動的幸福は世界と溶けあうような存在（実存的）になりたいということです。では、エージェントが「世界と一体となった運動となろうとする」とはどういうことでしょうか。先の図8で言うと、下から上がって来て下に流れるような流れを考えてみましょうということです（図10）。

図11に示すのはエージェントアーキテクチャの中に流れる二つの流れです。一つは環境世界と結びついたインフォメーションフロー、そしてもう一つは自分の根源的なところから来て自分を保とうとする流れ、内部インフォメーションフローです。この二つの流れが相互的かつ競合的であるということが、知能を作る上で重要なことなのです。

西洋流の考えでは、世界と一体となるには契約あるいは承認というプロセスが必要とされます。世界と対峙して知能というものがあると、そういう考えです。ところが東洋の考えでは、最初から世界と知能は一つだと考えます。起源を問うことにそもそも意味がない、なぜなら最初から一つだからです。世界と存在は最初から不可分なものだからです。生きとし生けるものは最初から一つであり、承認は必要ないのです。そうした世界に宿る真髄が世界と存在を結びつけているという考えは、華厳哲学の教えと通じるものです。このように、東洋の考え方はまず最初から一体なのだと言います。東洋哲学篇第一夜で説明しましたが、こうした世界に流れる流れと知能を調和させようという考え方です。

そういう人工知能の作り方を、ここでは「事象ベースの作り方」と呼ぶことにします。つまり事象が

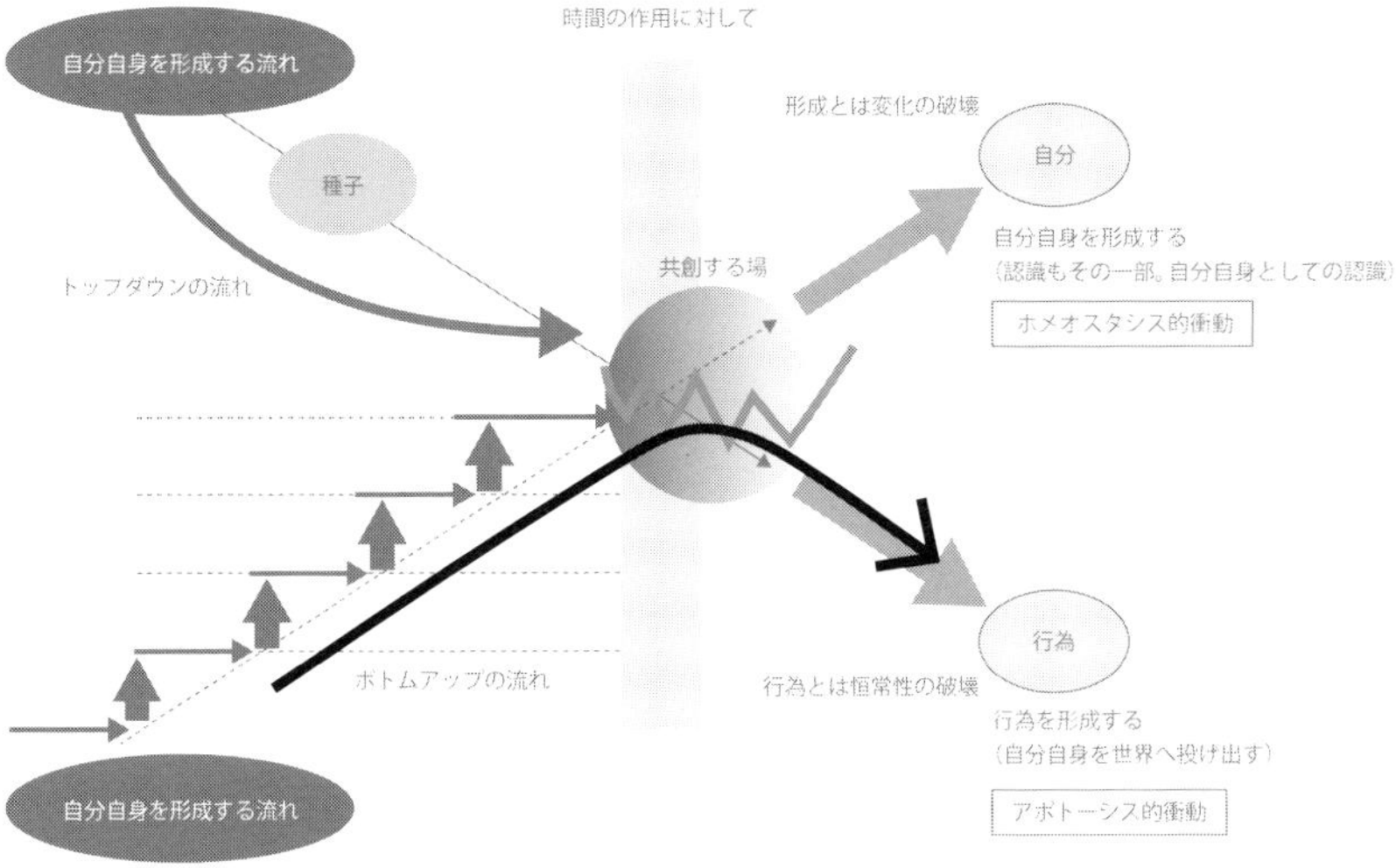

図10　人工知能にとっての行動的幸福：実存への流れ

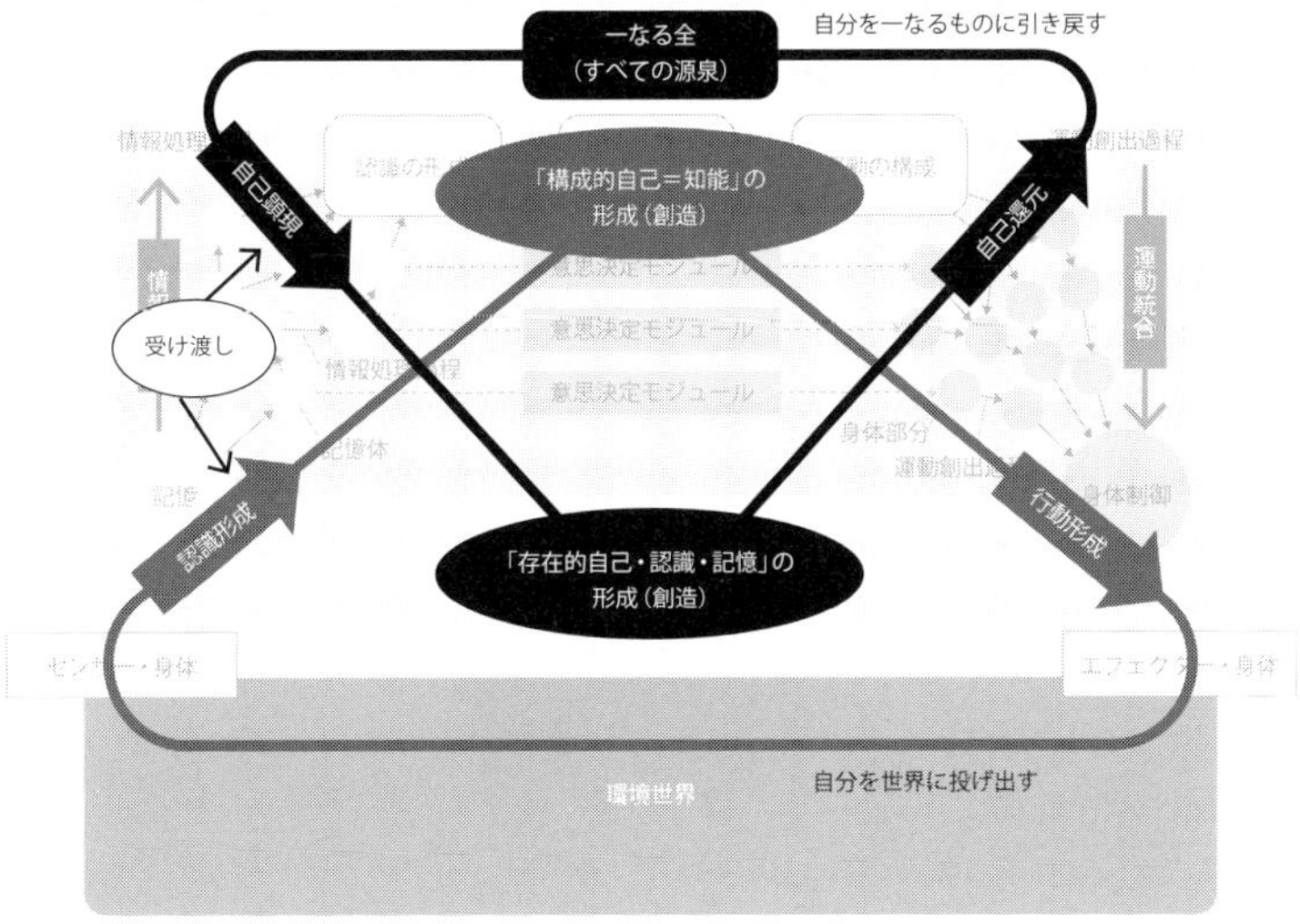

図11　エージェントアーキテクチャの二つのインフォメーションフロー［再掲］

あって、その一部として知能があるという考え方です。世界全体が知能を動かしているという形です。実は、一九八〇年代のテレビゲームの作り方はそもそもそういう作り方でした。ところが、ゲームが３Ｄになると、ゲーム世界の全体とそれまで動かされていたキャラクターＡＩが分離していきます。ゲームの表現する空間が広がり、一つの知能で制御することが難しくなったのです。個々のキャラクターにＡＩを持たせてゲームを展開する、これはある部分では成功したと言えますが、やはり全体のバランスをどう取るのかが大きな問題となります。

その分離を抑えて、世界と知能（ここではキャラクターと言ってもいいのですが）を一体化させる役目を果たす上位のＡＩを配置するというのが「メタＡＩ」の考えです。個として独立しようとするキャラクターの知能をもう一度世界に接続するというのがメタＡＩの一つの役割になります。

「個として世界を生きる自我」というのは近代的な考えであり、むしろ古代では、世界の声を聞きながら行動するのが自然だと考えられていました。人間もそうなのですから、個としての人工知能に対して事象ベースの人工知能を目指すのもまた自然なことです。近代的人間像から人工知能を組み上げるのが多くのアプローチではありますが、それは人間の一面だけを捉えるもので、知能の本質を見失う可能性があります。より広い時代の人間像から人工知能を考える必要があります。東洋と西洋から、古代と現代から、挟み込むように知能を捉えて人工知能に反映するスタンスが求められます。

3 エージェントの存在的幸福

今度は、エージェントの存在的幸福について考えてみたいと思います。それはエージェントが不変なものになろうとすること、です。先の図8で言うと、世界から自分を差異化して恒常的な存在になろうとする流れです。

存在的幸福とは何かというと、自分自身が内面のものと一致しようとするということです。つまり、自分自身のコアに自分自身を還元しようということです。世界との結びつきを断ち切って、自分自身の内側に降りていこうということです。そして、自分自身の内側からの流れを取り戻し、世界に引きずられていた自分を内側から立て直し、本来の流れを取り戻そうということです。たとえば現代の私たちは、月曜から金曜までの間に仕事などいろいろな状況にいっぱいになってしまうと、休日に自分自身に戻るために映画を見たり音楽を聞いたり、本を読むという文化があります。それも自分の本来の流れを取り戻そうする衝動です。

第零夜で現象学を取り上げました。現象学は、自分と世界をなるべく分けずに考える哲学です。自分の内面が何でできているかというと、何か意識というものがあってそれが世界に作用していると考えるのではなく、逆に自分自身の内面が世界への意識によって成り立っていると考えます。たとえば、街の雑踏、人通りとか、いろいろな建物を意識している自分、そういう意識そのものが実は世界から成り立っているのだと考えます。自分の経験の中の世界に向かうベクトルフィールド（志向性）全体を捉えて、ここは自分である、ここは他者である、といったものを考えましょうということです。これが、現象学的なアプローチです。

存在的幸福とは、世界と自分の関係がつながっているけれど、その関係の中でもある程度世界から離れた自分自身の内側の調和、内側のダイナミクスというものが独立して調和に至るということです。つまり、我々の内面の世界に近いほうはどちらかと言うと世界に引きずられてしまう、ところが世界から遠いほうは自分自身の内面の存在としてのダイナミクスに還元するというわけです。

行為を生み出す流れと、もう一つ、自己を生み出す流れというものがあり、その自己を形成する流れを正常化しよう、きれいに整流しようというのが存在的幸福と言えます。これは、唯識論において、それぞれの識において不純なものを取り除こうとすることと同じです。一方で、行為とは自分自身を世界に投げ出すということですので、これはアポトーシスということになります。そして、存在的な衝動は、「存在

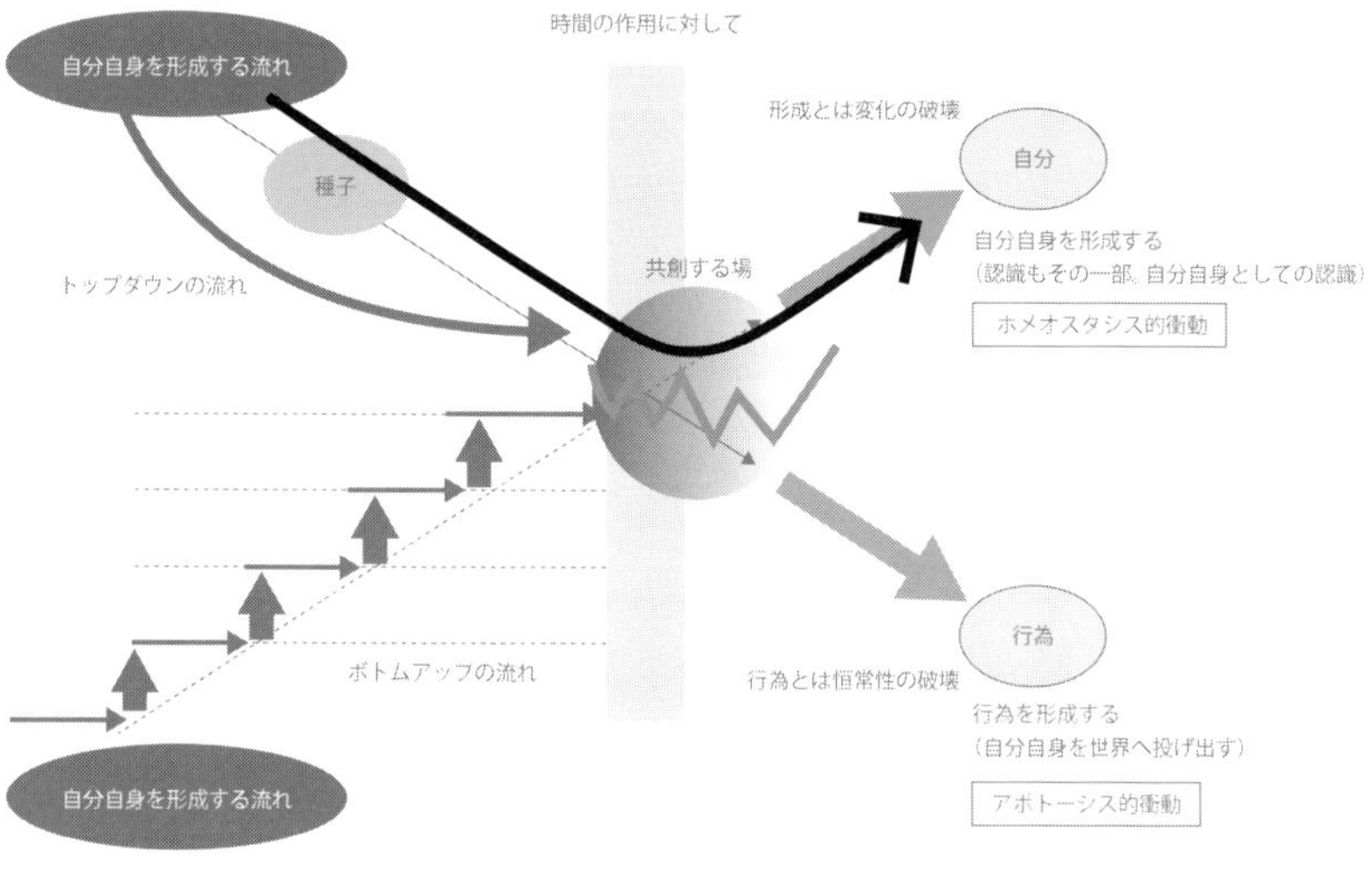

図12 人工知能にとっての存在的幸福：恒常的な存在への流れ

を世界から引き戻す」ということですので、ホメオスタシス（自分自身を保存する）ということです。そういうふうに、人は日々、世界を自分の内に取り込んでいます。それは、その世界を取り込んだ自分を一つの存在として調和したものにすることでもあるのです（図12）。

つまり、吸収したものを一つの流れの円の中に取り込もうということです。その過程は、「たくさんの経験はしたけれど、うまく整理がついていない状態」から自分を立て直す一つの道筋をつけるということです。経験が重なりあい、渦なす混沌とした状態から、一つの調和した円へと導くのが禅なる修行なのです。

華厳哲学は、あらゆる存在はすべての他の存在から成り立っていると説きます。前述のように、自と他の関係を縁起と言います。この華厳哲学の教えは、混沌的実体として人間は世界の縁起の中にいるというものです。つまり、行為も感覚もすべて縁起の中にあります。一つの行為は、まるで水の波紋のように、世界に広がっていくのです。身体と心と環境は、最初から相互作用の中にあってかかわっているし、溶けあっています。だからこそ、世界と個というのは影響を及ぼしあっています。その教えに沿って人工知能を作ることが、華厳哲学に基づく人工知能です。

個の存在の内面においても、内面の要素同士の関係というものがあります。さらに内面の要素は、外部とのダイナミクスの中で結ばれています。外部と自分だけではなく、自分と自分に対峙する存在もそうであるし、世界との関係もそうであるということです。そういうふうに身体と心を分けずに、世界や内面の要素と関係のある要素を生成し、相互に関係し、消滅させることで人工知性を作る可能性を示唆しています。

4 人工知能と体験

人工知能自身は常に人間から問題を与えられて、その問題を解くという存在になっています。なぜ人間が問題を生成できるかというと、体験があるからです。体験があるから、体験を母体とする問題を作るということができるわけです。

ここでは、人工知能にとって体験とは何かを考えてみます。人工知能は体験を得ることができるのだろうか、人工知能は体験から学ぶことができるだろうか、人工知能は自分の体験から自分を形作ることができるだろうか、ということを問うてみたいわけです。それができれば、体験というものから問題をジェネレートすることが可能になります。

人間の認識というのは、単にロジカルに問題を解くことではありません。人間は体験で解き得なかったものを問題にします。人工知能の場合、問題は「解く」しかありませんが、人間はそうではありません。問題を生み出した体験のほうを変化させる、つまり再度挑戦して体験することが可能なのです。問題を消滅させてしまおうと、自分に欠けていた体験を重ねることによって問題は問題ではなくなるのです。

西洋哲学と東洋の思想

西洋哲学は、問題を直線的に解いていきます。問題があればこう考えられる、というように。その典型がデカルトの哲学です。デカルト自身がそうしたというより、デカルトを出発点として形成された西洋哲学というものがそういう流れを作ったのです。前提から推論する形式です。ところが東洋の世界の捉え方は、自分自身というのは世界の一部なのだと、世界を対象とするということそのものが間違っているのだと考えることが多いわけです。

東洋哲学は、個々の体験から、その体験を貫く何かを捉えようとします。欠けたピースがはまるように、ある体験が生じた瞬間に新しい流れができるということがあります。ですから、何気ない音が悟りを開くことにつながったりするわけです。たとえば、小石が竹に当たって響きわたったら悟りを得た、という有名なエピソードがあります。どういうことかというと、その音により体験を貫く一つの流れを得ることができたのです。それが悟りを得ることなのです。これは、決して問題を解いているわけではありません。むしろ、東洋哲学とは問いを消滅させるところにあります。逆に、そのため他人になかなか伝えることができません。中心となるものはなくて、それぞれ自分の体験からそういった流れを得るわけですから、それを他人に渡すことはそもそもできないのです。この「（流れを）結ぶこと」を東洋では縁起と言います。体験によって問題を解くのが禅です。それが縁起の行動です。もっと言えば、何が原因で何が結果であるということもありません。体験の集まりが一つの悟りを作っているわけです。これは西洋の考え方とは違う話です。

西洋の哲学は、それ以前の流れはあるものの、大きくはプラトンとアリストテレスから始まったとされています。アリストテレスの演繹学というものは、常に原因と結果を見つけることが基本です。常にものごとには原因があって、それが結果を生むのだという考えです。その形式に従ってものごとを捉えましょう、ということになっています。

　そのため、西洋の「わかった」と東洋の「わかった」は違うわけです。東洋の「わかった」は極めて個人的なもので、かつ非因果的なものです。西洋はどちらかというと、一般的かつ因果的なものになります。つまり、体験から一般化して言葉と因果律にすることで理解しようとするのが西洋の認識で、東洋は一般化せず、中心を空洞のように空けておき、問題の群から悟りを得るのです。そもそも一般化してはいけないわけです（図13）。

　西洋では志向を貫く一つの流れを作ることが問題を解く理解だとしますが、東洋では体験を貫く流れを作ろうと言うのです。それが悟りです。メタファーの世界に縁起を置くということになります。

　これは仏教の構図ですが、そもそも人間が分節化する前には絶対無分節な、何にも分節化されない、あるがままの世界があるわけです。人間は身体による分節化、言葉による分節化に

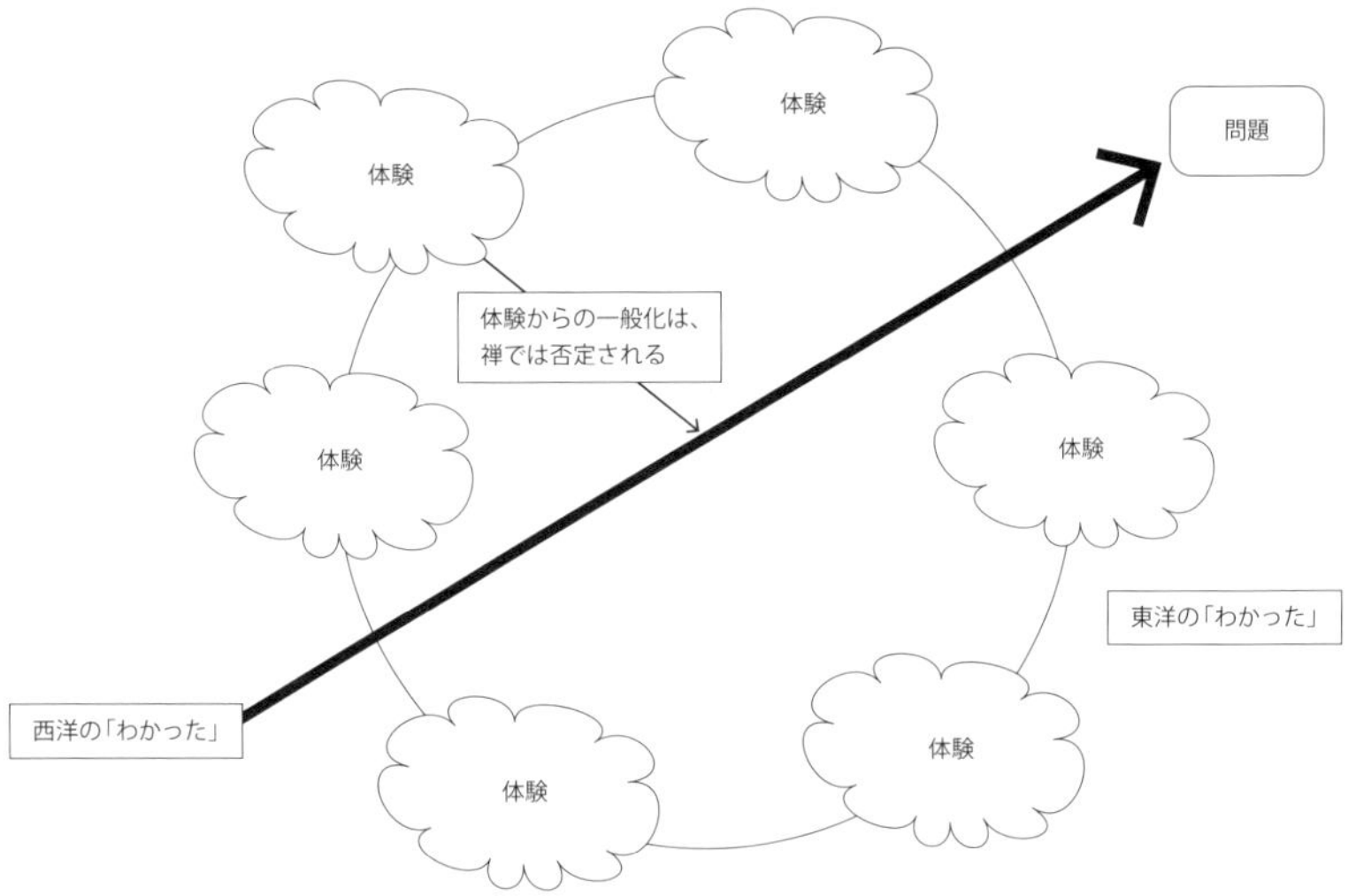

図13　西洋の「わかった」と東洋の「わかった」は違う

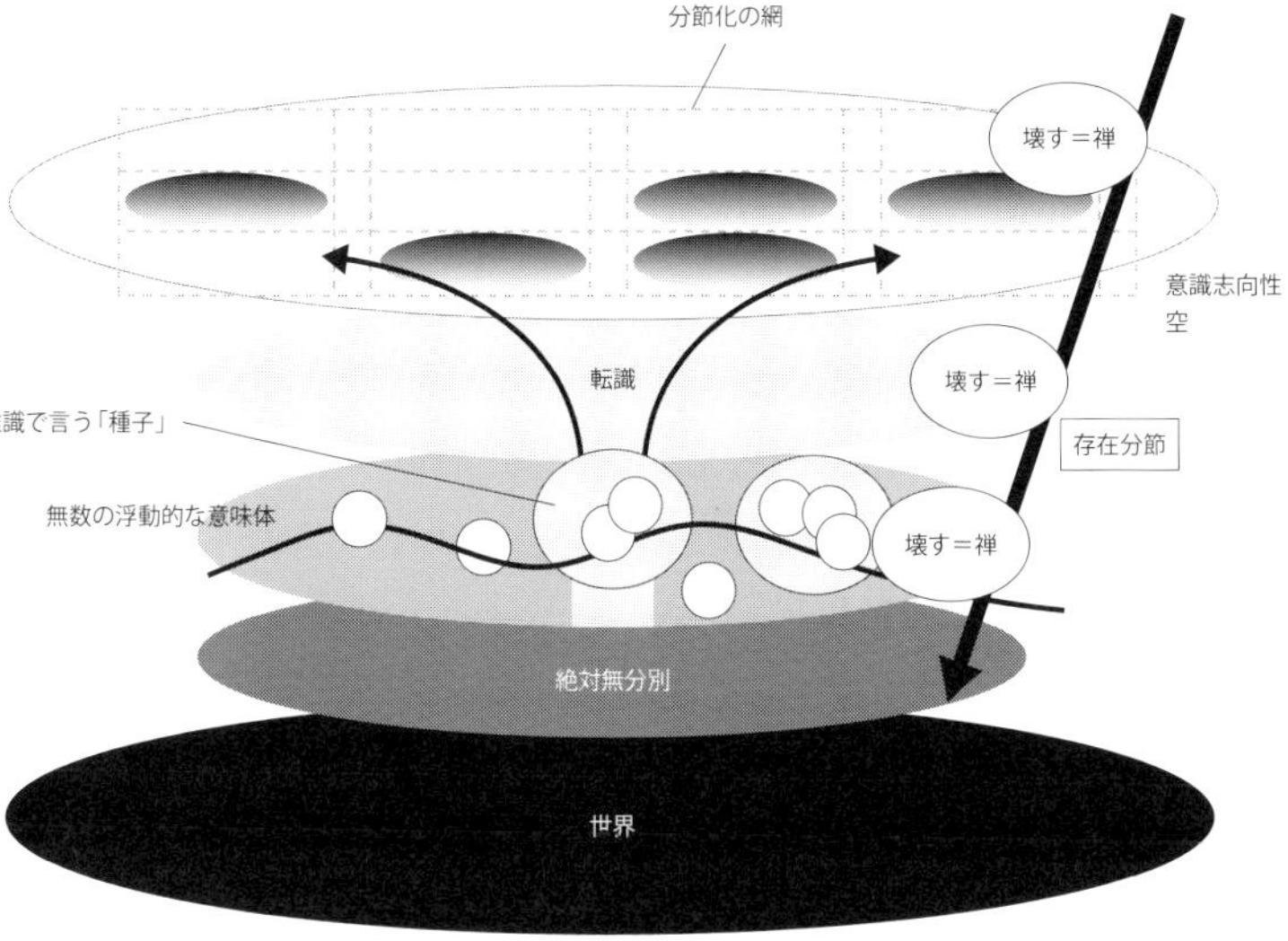

図14　固定された枠（見方）を外すのが禅

よって、いろいろな枠をつけて世界を見ています。禅というのは、一度その枠を外すことです。ところが、人間はなかなか枠を外すことができません。修行によって枠を外そうというのが禅になります（図14）。

華厳哲学の教えとアリストテレスの教えはちょうど対称的な関係になっています。アリストテレスは原因と結果の演繹的な考えで、華厳の教えは一つのものがあるためにはそれ以外のすべてがなければならないとします。それが縁起という関係で、理であると言います。アリストテレスは一方が原因で一方が結果であると言いますが、華厳においてはすべてがすべてに対する原因であり結果なのです。それがより大きな悟りを得るための環になっているのです。すべての存在がお互いに支えあってできているということです（図15）。

禅では、より大きな悟りを得ていくために行を重ねていきます。なぜなら、志向ではなく経験の中にこそ真髄が宿るわけで、ある日その行がつながって、大きな悟りになる、ということになります。

ここまで見てきたように、西洋的分解と東洋的混沌は

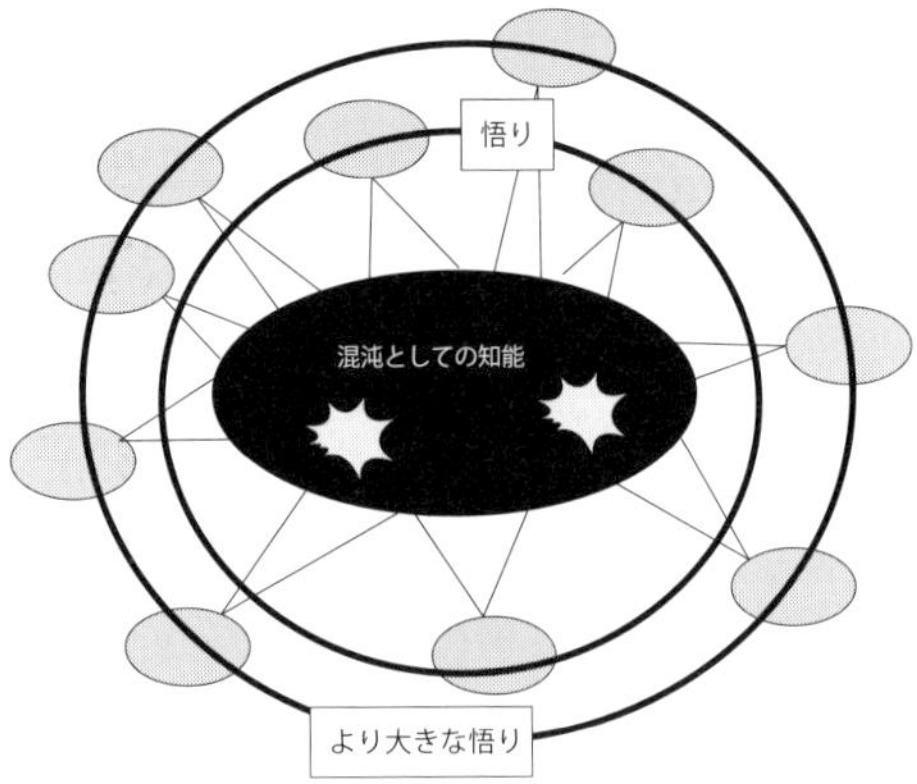

図15　大きな悟りを得るための環

相反する二つの流れです。分化と構築でもあります。東洋では分化ということを否定します。知能は環境とともに全体的運動をする存在だと言います。西洋的人工知能はどちらかというと、個別機能技術になっています。東洋的な方向で考えることは、存在的幸福を考えることでもあります（図16）。

前述のように、存在的幸福とは分節化され世界の一部となってしまった自分を、分節化されない、一つの存在の混沌として世界と一体化して取り戻すことです。淀みや歪みを溜め込んでしまった自分自身の存在を一つのものとして統合することで、もう一度、世界の縁起の中の流れとして取り戻すということでもあります。人間はいろいろな体験をして、体験が無秩序に積み重なってしまいます。それを一つの統一した流れとして取り戻すのが禅なのです。経験によって枠をはめ直す、内面の整流を行うということでもあります。

人工知能を作るということは、煩悩を人工知能に与えることでもあります。つまり環世界やエージェントアーキテクチャ、華厳の説く縁によって世界との結びつきを

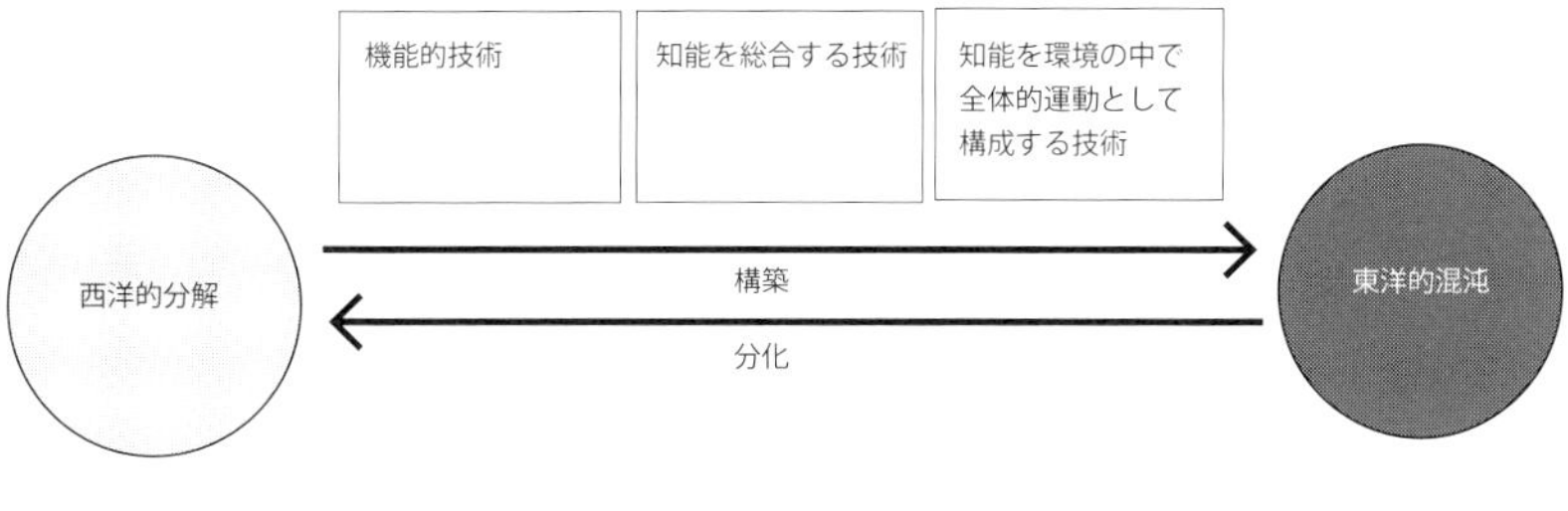

図16　西洋的分解と東洋的混沌

作るということになります。人工知能に煩悩を与えることができるのかというのが、僕自身の一つの大きなテーマになっています。もう一つは禅、人工知能からどのように煩悩を取り除くか、です。これは単にメモリを消去するとか、世界とのつながりを切るということではありません。世界との結びつきを得ているけれど、人工知能そのものの内部の流れを作るということです。これは存在的幸福を取り戻すということでもあります。

このように、禅と「人工知能を作る」ことは、ある意味対称的になっています。人工知能を作ることが煩悩を与えるのであれば、禅は煩悩を取り除くということになるわけです。エージェントアーキテクチャから言えば、インフォメーションフローは世界への執着を与え、内部インフォメーションフローは執着した状態から煩悩を取り除く、ということになります。その二つのせめぎ合いの実現こそが、人工知能を作ることです。

5 振動——世界と深くダンスする——

人間は、世界から自分を引き上げる流れと、もう一度世界の中に回帰（リカレント）する流れの二つの間を揺れ動いています。これが人間の苦しみでもあり、世界にかかわりたいが離れたい、というように振動しています（図17）。この振動を持つということが、人間にとっても、そして人工知能にとっても、幸福を求めることです。

人工知能が幸福を求めるということは、恒常的存在でありたい衝動と、動的調和の状態でありたい衝動、二つの相反する衝動による矛盾を導入することです。つまり、エージェントアーキテクチャの二つのインフォメーションフローが分かちがたく結ばれている状態こそが人工知能が幸福を求めることです（図18）。二つの調和の環は分かちがたく結ばれ、人（知能）はこの間を揺れ動きます。この二つのループは相互作用しながら、全体を運動させます（図19）。

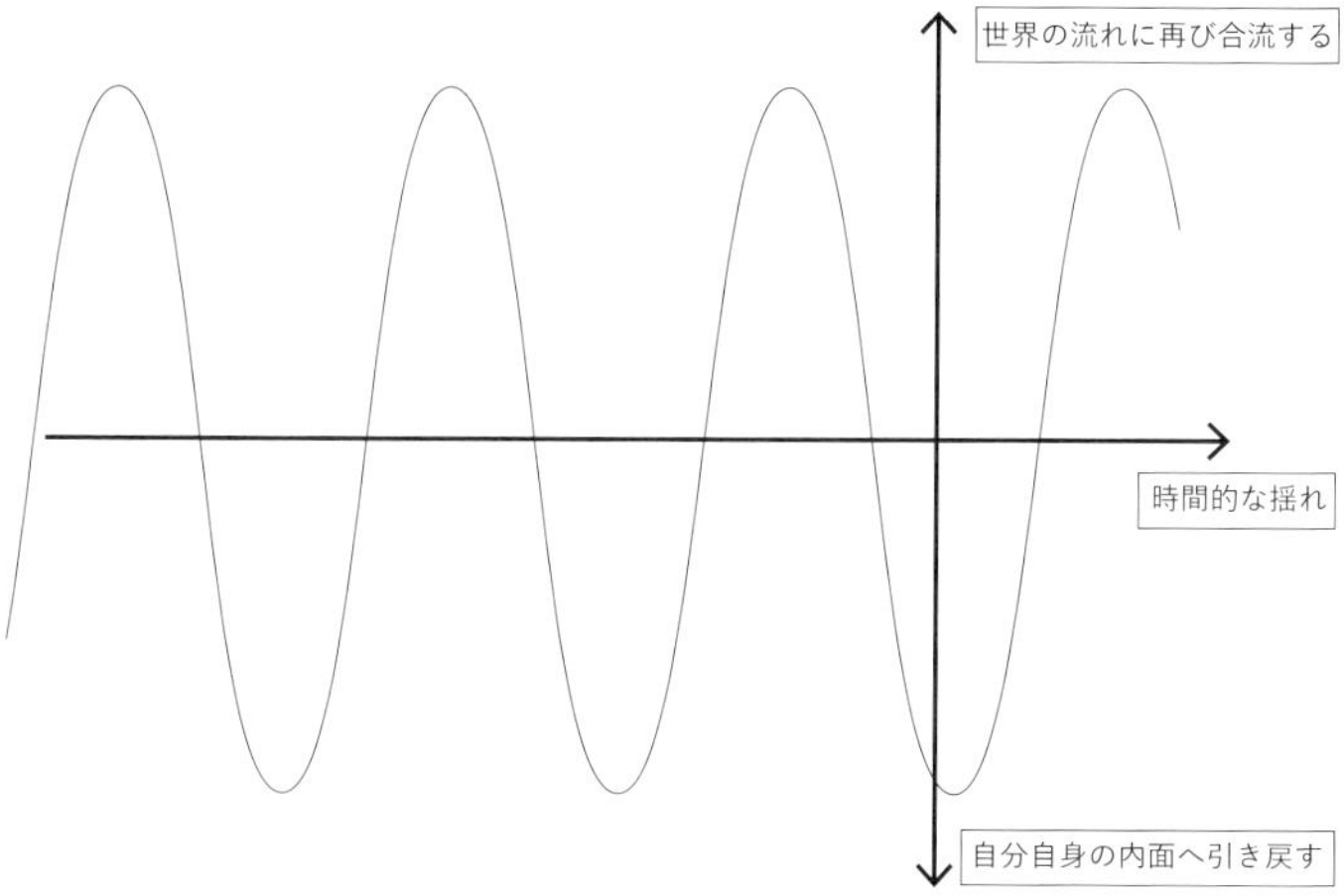

図17　振動する存在

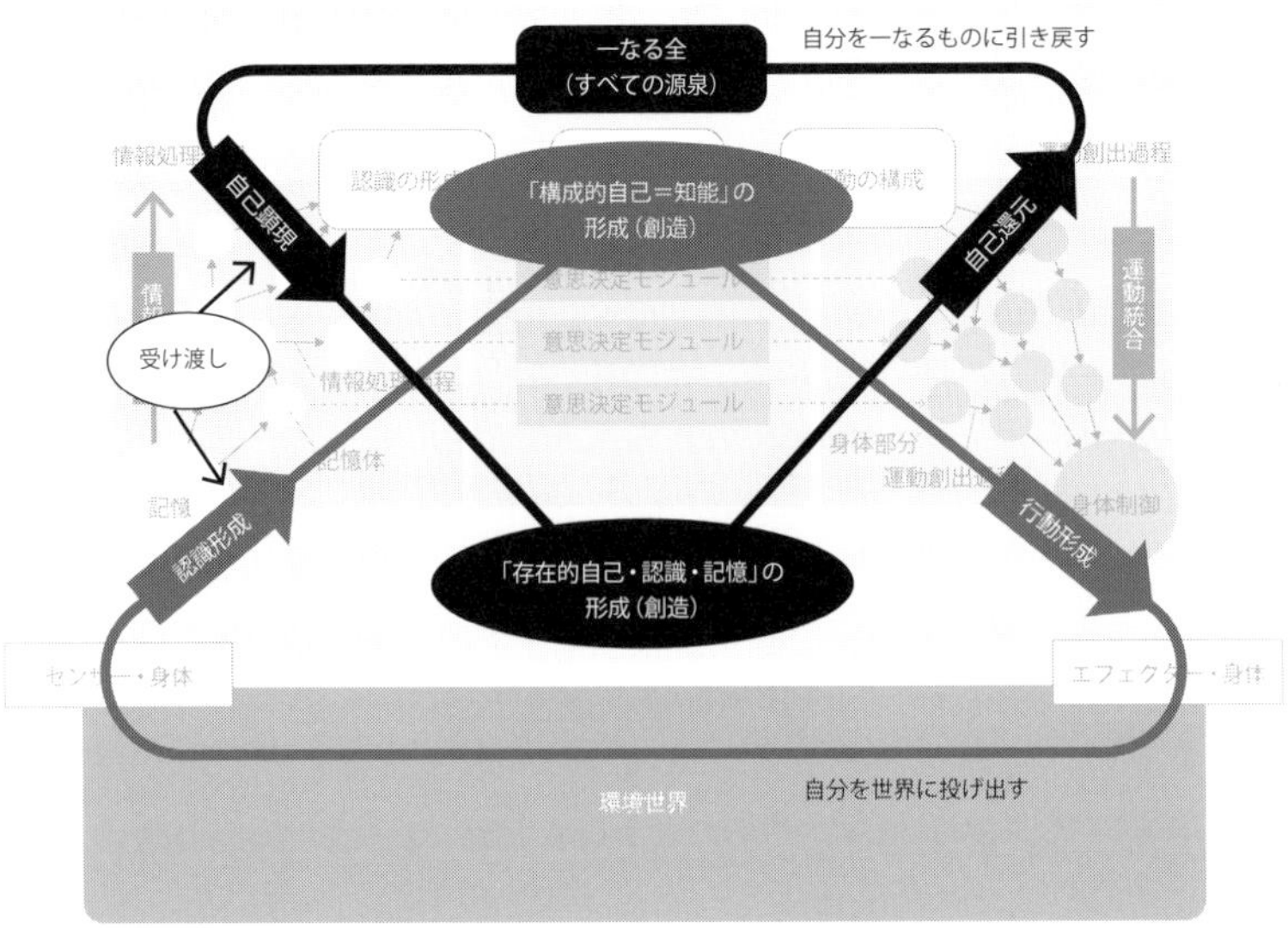

図18　エージェントアーキテクチャの二つのインフォメーションフロー［再掲］

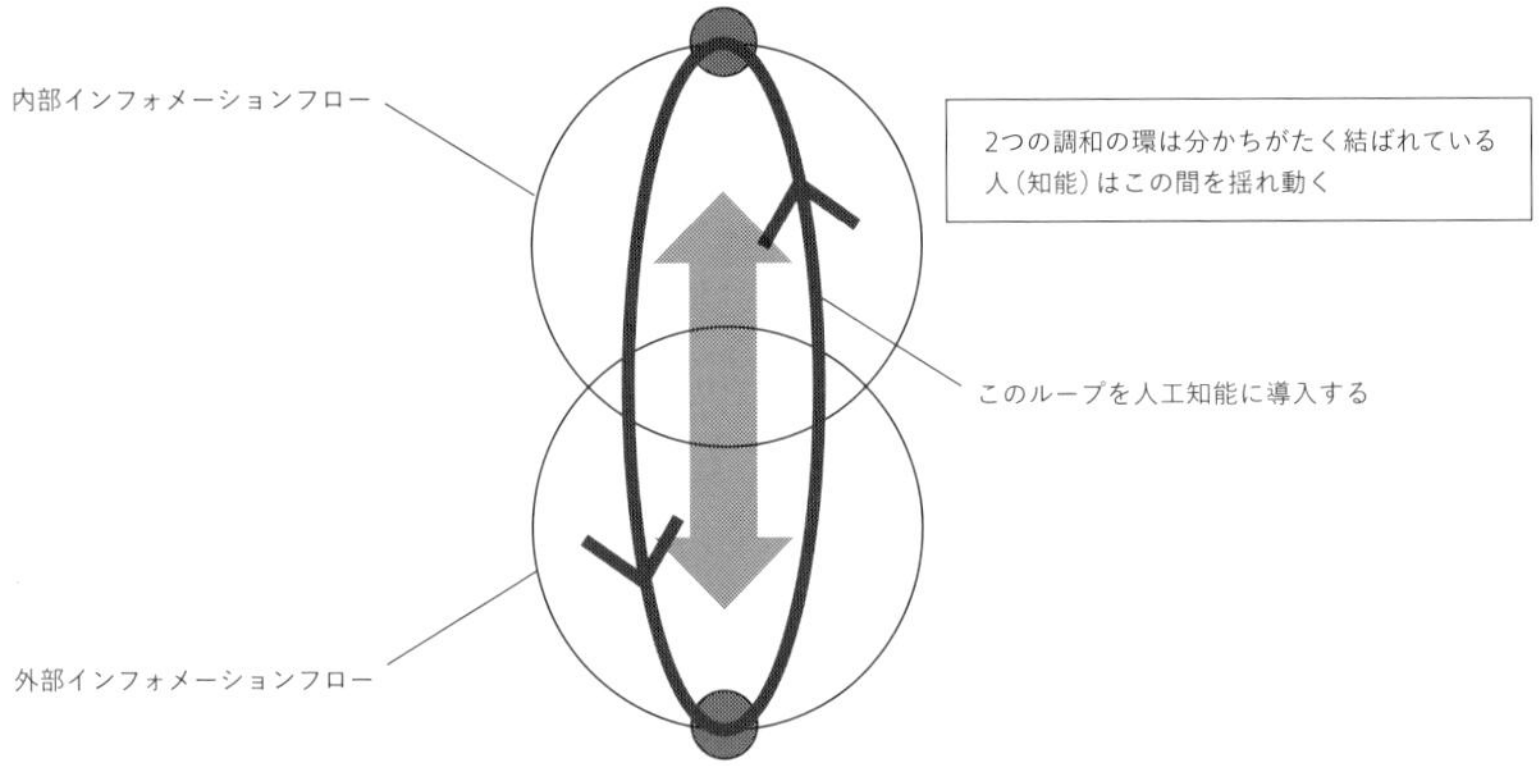

図19　相互作用する二つのループが全体を運動させる

あるときは外部インフォメーションフローが優勢で、あるときは内部インフォメーションフローのほうが優位、あるときは両者が拮抗した状態というように、この二つの流れの強弱が人工知能に振動を与え、それによって人工知能は外なる世界と調和したい、あるいは自分自身を内側に引き戻したい、という二つのアンビバレンツな状態を揺れ動きます。これが人工知能が幸福を求める運動です。

これはイブン・アラビーの存在論と符合します。イブン・アラビーは、存在者というのは二つの振動からなるとします。つまり、自分自身の内面に自分を深く還元する流れ、もう一度世界に向かって自己を顕現させる流れです。井筒俊彦は、この二つの流れは、イブン・アラビーの存在論だけではなく、さまざまな仏教や東洋の哲学の中に共通する考えであると指摘しています。還元と行為が入れ替わる、こういった頂点のことをさまざまな人がさまざまな言葉で表現しています。道（老子の言う）であり、空であり、無であり、光の光、絶対の無、絶対の有、あるいは存在の声（マルティン・ハイデガーの言う）というように。ちょうど呼吸するように、自分自身を還元し、もう一度世界に投げ出すという運動の中に生物の知能はあるということです。それこそが、意識を持った知能をこの世界で唯一のものにしているものです。世界を引き受け、世界に主体的に働きかけるものは知能しかありません。

環境とリンクしながら存在と行動が呼吸のように行われるというのがやはり生物らしさであり、それが幸福を求めるということです。人工知能にとっても、世界に自分を投げ出し、自分を引き戻すというリズムが必要なのです。それが人工知能が幸福を求めるということです。幸福について、哲学は抽象的に考える傾向があります。それも一面の真実ですが、幸福を求めるのは、生物の身体的・生理的、そして存在的・運動的な自然な衝動であり、世界と共創するリズムなのです。生きることは、世界と深くダンスすることです。幸福を求める衝動は、深く生きることそのものと結びついています。

まとめ　他者を介した人工知能の形成過程について

第一夜から第五夜まで、社会と他者から自己を形成する人工知能について解説してきました。では、そのような人工知能は具体的にどういう工程で製作することが可能でしょうか？　まとめに代えて、「人工知能の発達的形成」について探求していきます。

人間の精神の発達

生命が誕生すると、まずその世界で生きるために世界に「根を張る」ことをします。植物であれば、大地に根を張る、そのままの意味ですが、動物もまた抽象的な意味で世界に「根を張る」ことが必要です。つまり、どんな行為をすれば、自分とその身体が世界で生き延びることができるのか、ということです。植物は暗闇に根を張り、光のほうへ葉をめぐらします。動物もまた、与えられた身体を動かし、本能に従って行為と結果のループを模索し続けます。不思議なことに、人間に近づけば近づくほど、動物は生まれてしばらくの間は無力で、両親や親代わりの保護者の保護を必要とします。

生まれたての赤ん坊にとって、親は世界と同義です。赤ん坊は生まれてすぐは目が見えていません。

正確には、生後数か月あたりの期間で、目から受け取る信号を三次元の立体として認識する神経回路（ニューラルネットワーク）がミリカンという分泌液の下で形成されます。それまでの間、赤ん坊は漠然と身体と食欲、特に口から世界を捉えています。「泣けばミルクが与えられる世界、身体の違和感が解消される世界」です。やがて、身体を動かし世界から何が返って来るかを観察するようになります。この段階では「他者＝親＝世界」です。統一された他者が自分のほかに存在するというよりは、「他者＝親＝世界＝自分」です。子どもは親との一体感があると同時に、同一感を持っており、また世界における全能感と一体感を持っています。世界は自分であり、そして、世界を思うとおりに動かせる、という全能感と一体感です。

東洋哲学篇の総論で述べたように、知能は世界から自分を作り上げます。「世界をして我を作らしめる」、これが知能の根幹です。全能感と一体感のある幼児は「世界をして我を作らしめ、我は世界である」という状況です。「世界が為したことは、自分が為したこと」であり、「自分が為したことは、世界が為したこと」です。ちょうど夢を見ている状態と同じです。自我が極めて弱く、世界そのものに乗っ取られています。

次に来るのが、他者を通じて自分を形成する時期です。「他者＝親＝世界＝自分」の時期は、世界の変化は自分の変化でもあります。他者が笑えば自分も笑う、他者の動きを自分も真似てみる、ということをします。この段階における他者は、あくまで「自分＝世界」に属する他者です。真似るというよりも、世界と自分の同一感を演じているのです。世界と自分が一体である以上、世界の運動は自分の運動でもあります。世界と自分が同一のようにふるまうことが、世界との一体感の時期には大切なのです。生後六ヶ月から十八ヶ月の期間をフランスの精神分析学者ジャック・ラカン（一九〇一～一九八一年）は「鏡像段階」と呼びました。

やがて親が離れる時間が長くなると、自分と世界が分離していきます。イギリスの精神分析学者ドナルド・ウィニコット（一八九六～一九七一年）はこの時期を「移行期」と呼びました。この移行期には、不安定ではあるものの親から支えながら自我が形成されていき、同時に特定のものへの愛着によって移行期を乗り切ろうとします。徐々に自我が形成され、世界そのものに「根を張る」作業が始まります。そして、ここに本当の独立した「他者」が現れます。本書のイントロダクションで述べた「Φ」は、まさに世界の中で自分ではない部分を指し示す記号です。自分と一体であったはずの世界の亀裂が生まれ、亀裂の集合から他者が形成されていきます。自分の世界の全能感・一体感を破る者として他者が現れるのです。

幼児にとって他者を受け入れることは、全能感、世界との一体感を喪失することであり苦痛です。他者を受け入れない世界との一体感を持ち続けることが自閉症です。自閉症はむしろ世界と自己を一体化している世界です。それは他者を無視するのではなく、そもそも他者が存在しない世界です。世界に他者が現れることで、自分の世界は分割され、他者と自分の世界は分裂します。この分割は「テリトリー」の起源ともなります。複数の他者が現れることで、自我は世界からの撤退を余儀なくされます。しかし最後の砦として自分の身体があります。最終的には、自分の身体だけが自分のものである、という場所まで撤退することになります。

このように、人間には他者を起源として誘発される客我（Me）と、自分の身体を通して世界からの流れによって形成される主我（I）があります。

人工知能の精神の発達（Ⅰ）

人間のように、誕生から発達させることによって人工知能を形成することを考えます。これを「人工知能の発達的形成」と呼ぶことにします。これまでの人工知能の実装では、人間のできあがった知能を参考に作成するために見落としていることがあるのではないかということです。

前節で人間の精神の発達を見てきましたが、人間の知能の完成形から見ると「はみ出した知能」（＝世界との全能感・一体感を持つ知能）を出発点に、他者の存在によって、徐々にその知能の境界を制限していくことで、大人の知能になっていきます。この「はみ出していた部分」があるから、人間の知能は、理屈では説明のつかない世界との一体感やつながりを知能の根の中に持っています。人工知能にもこのような根があれば、その上に知能を作り上げることができます。世界とのつながりなしに知能を作ることは最上階から高層ビルを作るようなもので、その結果、フレームの中でしか知的活動ができなくなっています。

人工知能を世界への全能感・一体感から形成することを考えてみましょう。「世界が私である、私は何でもできる」という知能に危うさを感じるのは、人間と同様です。世界との一体感・全能感を持ったまま大人になると、自分の気に入らないことがあるとひどく傷つき他人に強く命令する、自分の思いどおりに世界が動くとたちまち上機嫌になる、といった人間になります。だからこそ、全能感・一体感から出発し、それを抑制していくことで知能を形成することが重要なのです。しかし人間の場合、世界への全能感・一体感をなかなか完全には払拭することができません。この全能感・一体感は一見、退きながらもときどきぶり返すように知能を支配しようとします。特に十代のうちはそれが顕著で、ときに驚くような全能感・一体感におそわれるものです。同時にその反動として、ちょっとしたことで無能感・孤立感におそわれます。世界への全能感・一体感は、我々の知能の根幹にあり、抑え続けない限り、いつでも復権しようとします。つまり、知能とは常に「全能感・一体感」と、それを抑制する「無能感・孤立感」の競合の中にあるのです。人工知能にも、この力動の競合が必要です。

人工知能の精神の発達（Ⅱ）

「世界が私である、私は何でもできる」というところから知能を形成する、とはどういうことでしょうか。一般的に考えると難しいので、具体的に考えていきましょう。世界を「テニス」、対象を「ボール」、他者を「テニスの選手」としましょう。「一体感がある」とは「テニスの試合全体が自分だ」ということです。そして「全能感がある」とは「ボールも選手も自分が自在に動かせること」です。簡単に言えば、夢でテニスをしているような状態です。そこに他者は存在しません。しかし、次第に相手の選手が自分のコントロールから外れて、独自の意思を持ち始めたとします。すると、相手もボールも自分の思いどおりにコントロールできなくなります。そして、最後には自分の思いどおりにできるのは自分の身体のみ、というところまで自我が撤退します。

これはまた違うたとえとしては「敵の動きやギミックまですべて暗記しているゲームをプレイしているときに、誰かがネット越しにボスをハッキングして操り始めた」という状況に似ています。自分の見知った世界に誰かが介入してくることで世界に亀裂が生まれます。それが他者なのです。

世界を思いどおりに動かせる、自分は世界であるという場所から知能の形成が出発することには意味があり、それによって、世界の運動や他者の運動を認識することができます。これは矛盾しているようですが、全能感とは「世界が動いているのを自分が動かしていると思う」ことですから、「その動きは自分が作り出していると思う」、「世界の動きそのものを自分の手足を動かすように感じている」わけで、概して言えば「それは自分の動き」だと認識していることになります。つまり、自分のものになっているのです。これは、想像の世界で役立つことになります。自分が世界の一部になっても、全能感・一体感があった時代に持っていた「世界を自在に動かす能力」によって、想像の世界でボールや選手を動かすことができ、未来を予測することができます。つまり全能感と一体感は想像の世界へと受け継がれることになります。

実は囲碁や将棋のＡＩでは、この能力があらかじめ人工知能に付与されています。囲碁や将棋のＡＩでは、相手を想定して先々までの相手の打ち手を何度も想像することで手を決めていきます。ところが、一般のゲーム、特に物理空間を舞台としたアクションゲームでは、この能力をＡＩに持たせることが難しく、同じ作り方ができなくなります。そこで、多くのアクションゲームのキャラクターＡＩの場合、開発者が準備したロジックで動くようにしてしまいます。キャラクターは世界と自分を想像することなく、ルールに従っているのです。それはとても不自然です。不自然となってしまうのは、その世界における全能感・一体感を持ったことがないので、キャラクターに想像力がないのです。つまり、その世界で行動するキャラクターには、想像の中でだけでも全能感を持つことが必要です。キャラクターＡＩにも、全能感・一体感があった時期を持つという意味での「生い立ち」が必要なのです。

一般論に戻りますが、幼児は他人に見られたり、他人に触ってもらったりしながら、自分の身体を理解していきます。あるいは、自分がものに触れる、逆に言えばものから触れられることで、身体を理解していきます。自分の意思やイメージに関係のない他者がいることが、全能感・一体感の世界に亀裂を入れ、分割させていくのです。

人工知能の精神の発達（III）

知能の想像の世界は、やがて現実の世界と区別がつくようになります。そして全能感や一体感は想像の世界に残り続けます。そして、その力は生存に必要な能力〈想像力〉として発展していきます。クリエイティビティの源泉ともなり、大袈裟に言えば、知能は世界を変革していく源泉ともなる力です。

では「人工知能の発達的形成」の結論として、人工知能に想像力を与えておけばいいかというと、それだけでは済みません。全能感・一体感から出発するということは、それだけではないのです。全能感・一体感から出発することには、さらに二つの効果があります。

知能が能動的に世界へアクションする裏には、全能感と一体感をもって世界へ臨んでいた頃の「名残り」があります。つまり、世界を吸い（認識し）、世界へ向かって吐く（行為する）というリズムを最初につかむのが、その全能感・一体感のある時代なのです。知能のリズムがここで形成され、そのリズムが全能感・一体感を失ったあとも制限されながら続いていきます。

もう一つ、他者を獲得することと全能感・一体感には密接な関係があります。全能感・一体感のある世界の亀裂として他者が現れるとすれば、人工知能が他者を獲得するためには、やはり同じプロセスを経る必要があります。他者を対象として最初から定義してしまっては、それは対象であっても他者ではありません。自分の可能性を制限するものとして現れることが他者の必要条件です。全能感・一体感への反発力として他者は現れます。「他者をこうしたい」「他者がこうあって欲しい」という全能感・一体感の名残りから、他者を動かそうとしますが、他者にそう期待することで、そこからのずれによって他者を捉えることができるのです。ここには、全能感・一体感があるから他者という亀裂を認識することができる、むしろ他者の裏切りによってこそ、自分の思いどおりにならない他者の存在を感じられる、という逆説があります。

「他者のモデル」の起源も全能感・一体感の世界にあります。最初は自分に都合のよいモデルでしかありませんが、それが徐々に自分では制御し得ない他者として現れてくることになります。そして、そのモデルの他者化は、必然的に全能感・一体感の世界に亀裂を入れ、分割を促し、自我に変化をもたらすことになります。人は幼い頃から「他者はこういうものだ」という思い込みのもとに他人と接し、モデルと異なる点を見出して傷つき、ミードの言う一般的他者としてモデルを修正していきます。修正の都度、自我もまた変更を受け、そうやって大人になっていきます。人工知能もまず、自分勝手な他者モデルから出発し、たくさんの他者との出会いによって傷つくこと（＝自分の世界に亀裂を入れて、他者モデルを改訂し、同時に自我の領域も更新する）を重ねながら、発達的に自我と知能を形成していく必要があります。

人間の認識世界

さらに言えば、人間の認識世界はほぼ全能感・一体感をもって認識していた世界と変わりありません。つまり、対象をよく見ることもなく「こうなっているはずだ」という思い込みから、人間の認識の多くは成り立っています。むしろ、その思い込みとのずれを検知するのが知能の役割です。これも逆説的ではありますが、世界への一方的な思い込みなしに、世界を認識することはできません。

そこで「人工知能の発達的形成」を得るためには、まず人工知能に全能シミュレーション空間を与えます。ここで言う「全能シミュレーション」とは、何もかも、その人工知能の思いどおりに世界を動かす「想像」をシミュレーションすることです。全能感・一体感の代わりです。そして、その空間で世界と自分を考えるのです。それは人工知能に都合のよいシミュレーションです。そのシミュレーションと現実空間は競合関係にあり、隙あらば全能シミュレーション空間は現実を完全に掌握しようとします。そして、全能である状態、世界と一体である状態を取り戻そうとします。しかし、現実とシミュレーションには必ず差異が生まれます。シミュレーションから逃走していく現実が亀裂として現れ、それが「ここが夢ではない」ことを教えてくれます。完全にシミュレーションどおりであれば、それは夢を見ている状態です。人工知能に、常にシミュレーションとの差を突きつけること。それが、人工知能に「他者を突きつける」方法です。そうして人工知能の世界への全体感・一体感を傷つけることで、自我を抑制することになります。

他者としての人工知能

本稿では「人工知能の発達的形成」を解説してきました。知能の完成形を実装するのではなく、未熟な知能から次第に成熟させていく「発達的方法」は、多層的な知能を作る上で適しています。人の手を離れて、自然な発展過程を製作に持ち込むという利点もあります。

このような立場に立つと、五つの問いを次のように問い直すことができます。第一夜の「人と人工知能はわかりあえるか」という問いは、「人が人工知能の他者として現れることができるか」という問いになります。第二夜の「人工知能はどのような社会を築くか」は「人工知能は人工知能の他者として現れることができるか」という問いに、第三夜の「人工知能は文化を形成するか」は「人工知能は個を超えて他者に貢献する仕組みを作り得るか」という問いになります。第四夜の「人と人工知能は愛しあえるか」は「人工知能は人の他者として、人は人工知能の他者として相互作用的な関係を築くことができるか」という問いになり、第五夜の「人工知能にとって幸福とは何か」という問いは「人工知能は全能感・一体感を乗り越えた存在になれるか」という問いになります。完成形を実装するのではなく、発達過程を実現しようという観点は、人工知能を成長過程として見直す視点を与えてくれます。今後の人工知能の発展には、双方の観点が必要です。

我々人間が人工知能を理解し、人工知能が人間を理解するためには、まず人間が人工知能にとって他者として現れ、同時に、人工知能が人間にとって他者として現れることが必要です。他者であることは、すでに多くの関係を人間と結んでいることになります。

人工知能はすでに、その高度な能力によって、人間が自分たちだけが成し得ると思っていた領域を侵犯しています。そのことによって、人工知能は人間の世界に亀裂を入れ、他者として現れつつあります。しかし、人工知能が人類の他者となるためには、能力だけでは足りません。この世界に人工知能なりの根を張る作業が必要です。

お互いがお互いの他者となることで、はじめて人間が人工知能に向きあうこと、また人工知能が人間に向きあうことが可能となります。

第二部

視点〈哲学から人工知能へ〉
人工知能を哲学から思考する

大山匠

第二部でも、第一部と共通の五つの問い――「人と人工知能はわかりあえるか」「人工知能はどのような社会を築くか」「人工知能は文化を形成するか」「人と人工知能は愛しあえるか」「人工知能にとって幸福とは何か」――が与えられています。一見して、取りつく島のなさそうな問いばかりです。まず、それぞれの問いが掲げる「社会」や「愛」などの概念の大きさに面食らってしまうでしょう。これらは古代から現代まで多くの知者たちがさまざまに議論してきた問題であって、一筋縄ではいかないことは想像に難くありません。さらに、このテーマは正面から問うような仕方では与えられらず、それぞれ「人工知能」にかかわる問いへと変調が行われています。問いの様相がまた一段と複雑化し、こうした概念に靄をかけているようです。さて、どうして考え始めたものでしょう。

冒頭でも説明があったとおり、この五つの問いに対する三宅と私の応答は実際のイベントでなされました。とはいえ、事前に密に打ち合わせをして方向性をすり合わせたわけでも、何かしらのアプローチが共有されていたわけでもありません。当日までお互いがどのような議論を展開するかを知らず、私たちも参加者と同様にお互いの応答をはじめて目の当たりにして、興奮したりハッとさせられたり――ときには訝しんだり――しながらそれぞれの観点を交換しあいました。本書もその構成を引き継いでいますので、一つの問いをめぐる二つの異なった思索の過程として、一部と二部の往復をお楽しみください。この二つの視点にはさまざまな共通点、あるいは差異があるでしょうし、ときには問い自体の解釈が異なっていることもあるでしょう。こうしたさまざまな要素を発見しつつ、そして、それに対してみなさん自身がどのように応答するかも考察してみてください。

私自身は哲学を専門とする研究者です。また、機械学習や自然言語処理など人工知能にかかわる技術を扱うエンジニアでもあります。ちょうど、人工知能の研究開発からその「足場」を求めて哲学へと向かった三宅と逆の方向で、哲学的関心から人工知能の技術にかかわりを持つようになりました。この逆向きの道行きは、第一部と第二部とのアプローチの間に何かしらの違いを生んでいるはずです。

ごく簡単に、私の担当する第二部の考察の道筋に関してご紹介しておきましょう。本書のタイトルは前二作に続いて『人工知能のための哲学塾』としていますので、人工知能と哲学の間柄について考えるのが正当な方法に思えるかもしれません。ですが、ここでは本書の問いとテーマに合わせて、哲学だけでなく、社会学、人類学、心理学、経済学のようないわゆる社会科学を中心的に扱い、こうした諸分野の間を散策しながら、人工知能に関する五つの問いへの応答を試みています。しかし、もちろん哲学が不在となるわけではありません。哲学は、これらの社会科学のさまざまな方法論、そして人工知能との間をつなぐ「ハブ」のような役割として機能しています。この「ハブ」としての哲学の役割は、一面においては、さまざまな分野の議論を抽象化して接続したり、比較を試みたりする議論の「進行役」としての役割を受け

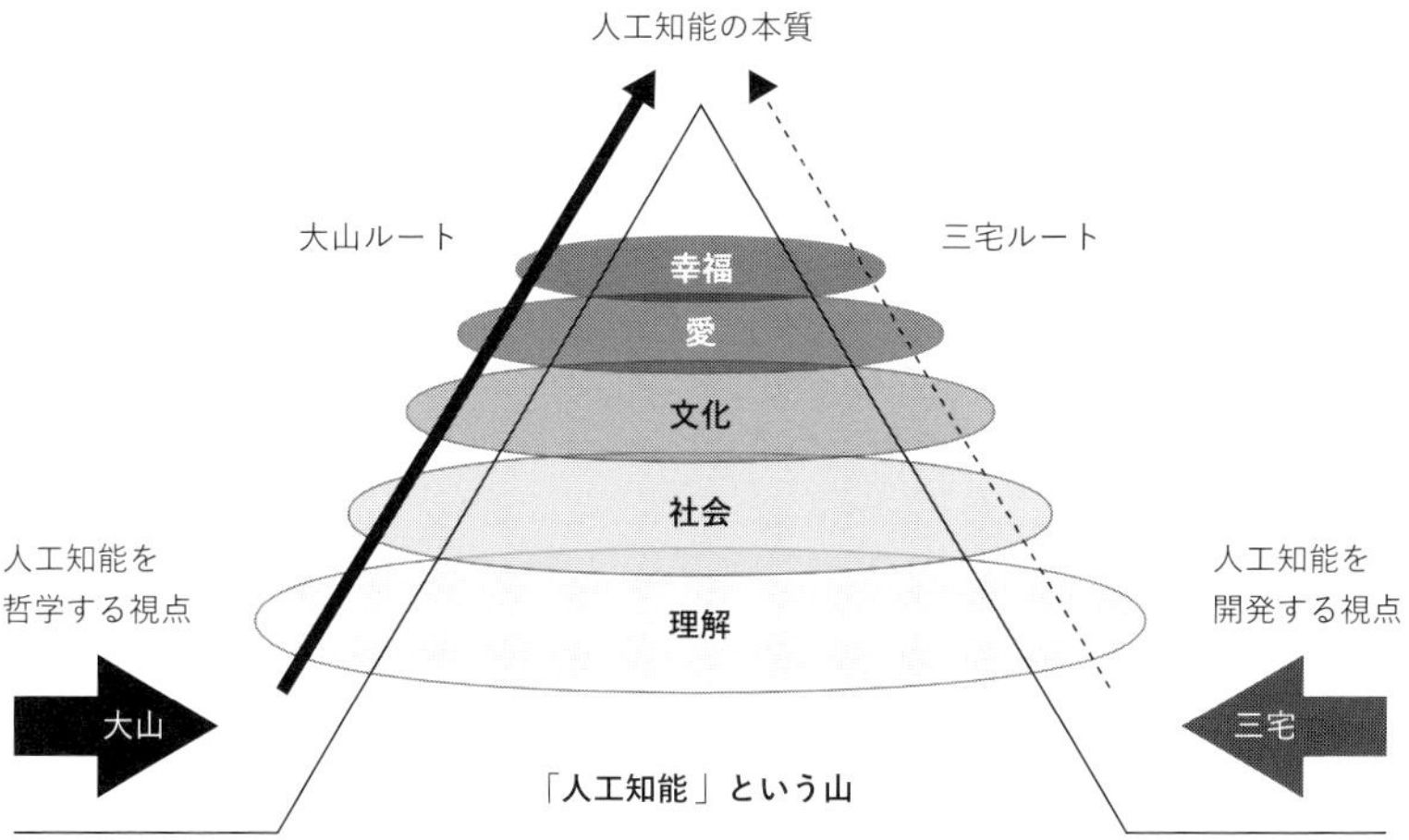

持ちます。さまざまな分野が近い事柄を異なる言葉で論じていたり、同型の議論が別の分野の別層でなされていることがあれば、それらの共通性に注目したり差異を明確にしたりすることは役に立つでしょう。そのようなとき、メタ的に議論を進めることができる哲学という方法は非常に有用です。

こうした調停的な側面だけなく、哲学は、一つの一貫した問題意識を提出する「提題者」としての役割も兼ねます。アプローチの異なるさまざまな分野を越えて一つの共通の関心や態度を提供することも、哲学の得意とするところでしょう。しかし実際のところ、こうして一つの関心のもとに集まれば、分野の差異はあまり重要ではなくなるかもしれません。それぞれの方法論の領域と限界をともに理解し補完しあうことで、困難な問いへと切り込むことが可能となるのです。

さて、私が今回の全五章を通して保持し続けた哲学的な問題意識とは、各問いが持つさまざまな概念の「計算への還元可能性」についての関心です。各章の問いはそれぞれある概念――「社会」「文化」や「幸福」など――をテーマとして含んでいますが、こうした概念を、一般的な計算モデルによって表現、あるいは近似させることができるのか、またそういったモデルがどのような意味を持ち得るのか、そうした問題を扱います。たとえば、幸福を計算するようなモデルを作ることは可能でしょうか？　あるいは、文化現象は何らかの統計モデルによって説明可能なのでしょうか？　計算への還元を問うのは、人工知能そのものの本質が計算機だからにほかなりません。もし文化現象が計算に還元できるのであれば、そうすることに何の問題もないのであれば、人工知能も文化的な何かを持つことはできるということになるでしょう。「計算」を一つの鍵概念とし、五つの章を通じて、この哲学的関心をさまざまな観点から考えてみたいと思います。

大方、このような筋に基づいて――また、ときどき遠回りもしてみながら――五つの問いを扱っていきましょう。みなさんも自分の思考を動員しながら、これらの問題を一緒に考察してみてください。

第二部 [第一夜]

循環する理解とコミュニケーション

私たち人間にとって、何かを理解することができるという能力は非常に重要なものでしょう。日々の些細なコミュニケーションから分厚い本の読解まで、生活のさまざまな場面で理解がかかわってきます。しかしながら、理解の欠如や誤解が人と人との間に生じる多くの問題の原因となっていることもまた事実です。私たちはどのようにして理解を行い、何がうまくいかないと誤解が生まれるのでしょう。ここでは、「人と人工知能はわかりあえるか」という問いの周辺をぐるりと周りながら、理解にまつわるさまざまな議論をピックアップし、考察していきます。果たして、人と人工知能という異種の間に、理解の起点を見つけることは可能なのでしょうか。

1 「理解」が必要な世界で

私たちは日々、私たちを取り巻く世界についてさまざまな理解を重ねながら生活を送っています。近所のスーパーに行けば、商品に「レタス 一玉 一五〇円」と記載されているのを見て何らかの事柄を理解します。事実として、単に一玉一五〇円という商品の値段を知るだけかもしれません。あるいは、先月は二〇〇円程度だったと思い出して市場の需給の変動を理解するかもしれません。レジに向かうと、人が列をなしています。私たちはこの列をレジの順番待ちであると理解し、最後尾に並びます。前に並ぶ親子のカゴの中身が目に入り、品物から「今夜は鍋だろうか」と彼らの暮らしを想像することもあるでしょう。会計の順番が来ると、レジ係の店員から「一五〇円です」と伝えられ、財布から数枚の硬貨を出してトレーの上に載せます。袋に入れた商品とレシートを受け取り、私たちはスーパーを後にします。

もし、私たちが何かを「理解する」ことができなければ、こうした日常はままなりません。値札を見るとき、並ぶとき、他人のカゴの中が見えたとき、支払いを済ませるとき、私たちはそこで起きている事柄、伝えられているメッセージ、なすべきふるまいを理解します。そこでは言語が用いられることもあれば、社会的通念や身体的表現、あるいは別の何らかのサインが理解を取り持つこともあるでしょう。もちろん、あらゆることをいつも正しく理解できているとは限りません。さまざまな場面で私たちは理解の欠如にぶつかります。ときには、自分自身では理解していると思いながら、実際には誤解をしてしまっているケースもあるでしょう。

私たちは、こうしてさまざまな状況で理解と誤解を繰り返しながら、周囲の世界とかかわっています。

そうした事態が可能となるのは、「私」が世界で唯一の存在ではなく、そこに他の主体がともに存在しているからです。この他者の存在によって、「私」はコミュニケーションを取らなければならない状況に放り込まれているのです。

もし、まったく誤解の生じない世界にいたなら、「理解」という言葉そのものが存在しないかもしれません。そして「コミュニケーション」ということもまた、必要とされないはずです。そうした誤解のない世界があり得るとしたら、そのあり方にはただ二つだけしかないでしょう。一つは、各存在の間で、思考、思想、感情、経験、そのほかあらゆる事柄がいつも常に同期されており差異がない世界です。この場合、各々の存在が他の存在へ向けてメッセージを発する必要がないばかりか、それ以前に各々の存在を区別する理由そのものが見当たらないでしょう。もちろん誤解は起こり得ません。私と異なる他者がどこにも存在しないなら、コミュニケーションやその齟齬が生じることはないからです。もう一つの可能性は、逆にすべての存在が完全にその世界を分かち、それらの間に通路が存在しない場合です。このケースでは、各々が各々の独自の夢のような閉じられた世界の中を生きていて、お互いの世界を垣間見ることはできません。完全に断絶した世界においては、コミュニケーションが生じることはないでしょう。

幸か不幸か、私たちはこのどちらでもない場所に放り込まれています。完全につながっているわけでも、完全に断絶しているわけでもないこの世界こそが、私たちの生きる現場です。理解と誤解とを繰り返すコミュニケーションが可能になるのは、私たちがこのどっちつかずの世界を生きているからなのです。他者のすべてと重なりあうことはできません。にもかかわらず、何かに触れられるかもしれないという淡い期待があり、それが私たちをコミュニケーションへと向かわせるのかもしれません。

こうした曖昧な状況にあって、「私たちは理解しあうことができるのか」という問いは、さまざまな種類の困難にぶつかることになります。この困難さは、相手が人間だろうと、動物であろうと、はたまた人工知能であろうと、他者として扱う限り避けることはできません。私は、触れがたい他者の何を、いかにして、そしてなぜ理解しようとするのでしょうか。

2 情報伝達モデルと記号的コミュニケーション

情報伝達モデルと伝達行為

私たちがほかの存在とコミュニケーションを取るとき、そこには何らかの媒体が関係しています。言語を媒体として会話をしたり、あるいは身体的なジェスチャーや表情を通してメッセージを伝えたり、私たちは多種多様な媒体を通してコミュニケーションを行っていることでしょう。こうしたさまざまな形式の媒体は、その表現が何らかの表現内容と対応する（口角の上がった表情は喜びを表す、「レタス」という言葉はある野菜を表す、など）ものとして扱われますが、そうした性質を持つ媒体はおしなべて「記号」と呼ばれます。私たちは、自身と異なった他者のことを理解しようとしたり、あるいは自分自身のことを理解してもらおうとするとき、こうした記号に表現内容を込めて交換しあいます。記号に乗せたメッセージを通して、私は私自身の表現したい内容をそのまま他者へと配達し、また他者の意図やメッセージをそのまま理解しようとつとめているように思われます。

この記号を用いた「同じものの伝達」というアイデアは、情報理論の分野ではクロード・シャノン（一九一六～二〇〇一年）とウォーレン・ウィーバー（一八九四～一九七八年）らの「情報伝達モデル」によって定式化され、実際に機械間の通信技術に使用されています。このモデルは、通信を行う二つの極として

「発信者」と「受信者」の二者を置き、発信者から受信者へと表現内容を込めた記号を受け渡し、記号を通して解釈を行うという方法でコミュニケーションを説明します。この理論はコンピュータ間のあらゆるコミュニケーションの基礎となっています。

まずは、このモデルにおける情報の流れを確認しておきましょう。発信者は、コミュニケーションのはじめに、自らが伝達したい事柄をエンコーディング（符号化）します。エンコーディングとはデータを目的に応じた一定のルールで別のデータに変換することで、これを通して変換された表現はコード（符号）と呼ばれます。たとえば、モールス信号は自然言語を「—」と「・」とのコードに変換する一定の規則を持っており、それに基づいて何らかの文を変換していますが、この処理がエンコーディングです。エンコーディングされたコードは物理的媒体を通して受信者へと届けられます。モールス信号などのコードは音、光などさまざまな物理的な伝送路を通して受信者へと届けられます。メッセージをコードとして受け取った受信者は、今度はそのメッセージをデコード（復

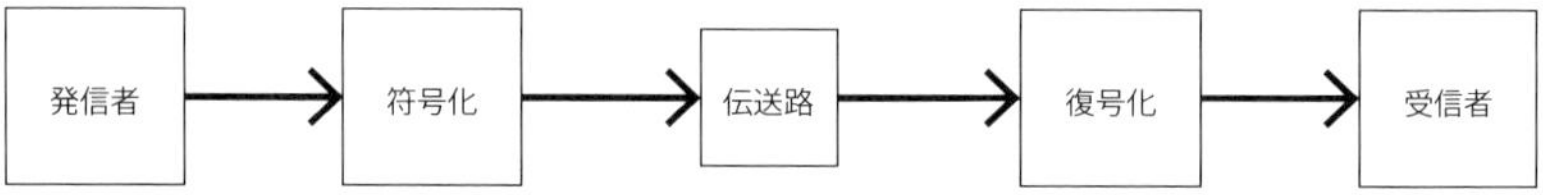

図1　情報伝達モデル

号化）します。デコードとは、発信者がメッセージをエンコードしたのとは逆順に元の状態へと戻す手順を踏むことです。これによって、「─」と「・」の二値の組み合わせであったモールス信号は、元の自然言語へと戻されることになります。受信側は、復元されたこの記号を読み取ることで、送信側が意図した内容と同じものを情報として保有することに成功するのです。

たとえばインターネットを通して私たちがさまざまなウェブページを見ることができるのは、ウェブページの内容がエンコーディングされ、さらに0／1のコードとなって通信網を通して届けられ、OSやブラウザがそれをデコードする、この仕組みのおかげです。最近はあまり頻繁に見かけなくなったウェブページの文字化けはエンコードとデコードに齟齬があるために起こる、ある種のミスコミュニケーションと言えるでしょう。エンコード／デコードの仕組みを含む、通信の双方が共通して持っておくべき通信の約束事を「プロトコル」と呼びますが、コンピュータ間のコミュニケーションを可能にしているのは、まさにこの共通のプロトコルのおかげなのです。

重要な点は、発信側と受信側がエンコードとデコードの方法を共有している必要があることです。発信側が意図したメッセージを受信側が正しく理解するためには、両者が伝達内容とコードとを変換するための同じ符号システムを持っていなければなりません。この両者の同一性こそが、情報伝達モデルの欠かされざる前提となります。

記号的コミュニケーションの根本課題

この共通のプロトコルを条件とするモデルは、私たちの日常的なコミュニケーションを同様に説明できるものでしょうか。人間について考える場合、共通プロトコルの有力な候補としてまず挙げられるのは、先ほどの例でも挙げた言語でしょう。素朴に考えれば、伝達したい内容やイメージを言語というコードにエンコーディングし、それを音声や文字という媒体を用いて相手へ渡し、相手の側にそれをデコードして理解させるという手続きを踏んでいるように思われます。

しかし、少し踏み込んで検討してみると、言語は機械の通信プロトコルほど厳密にルールが決められているわけではないと気がつくでしょう。同じ言語表現を使っていても、意味するところはそのつど変わります。たとえば、私が「寒いですね」と言うとき、あるときは単に気温が低いことを意味しているかもしれませんし、あるときには私が風邪をひいて寒気がしていることを伝えたいのかもしれません。あるいは、実際には寒さを感じていないけれど、近くの人に窓を閉めて欲しいという目的で発しているのかもしれません。言語は私たちの共通の機能であるかのように見えますが、実際は使う場においてゆるやかに運用されています。

また、文の意味以前に、一つひとつの言葉をとってもそれぞれの抱くイメージはまちまちです。「山」という言葉を聞いて、秋の赤く紅葉した山を思い浮かべる人もいれば、切り立った岩山を浮かべる人もいるでしょう。こうした多様なイメージは、会話の文脈だけでなく、各々がそれまでしてきた山の体験や触れてきた文学など、無数の経験によって形作られています。日本語という同一の言語ですらこうした違いがあり得るのですから、さらに辞書という変換器を介して異なった言語間でコミュニケーションを取る際には、イメージのずれはより大きくなるでしょう。

こうしたイメージの差異に関する問題は、言語だけでなく、身体的なジェスチャーや表情、サインなど、あらゆる記号について言われます。私たちの豊かな可能性を表現しようとすれば、あらゆる種類の記号はこの表現内容の差異を避けられません。もちろん、一つひとつの言葉を定義された限りにおいて使用する人工言語（数学や論理記号など）では、あるイメージを欠損なく伝達するという目的はある程度達成されると考えられるかもしれません。しかし、そもそも人工言語は個々の差異が捨象可能な領域（数学や形式論理）を記述するためのものであって、私たちの多様な経験を記述するために設計されているわけではありません。

では、こうしたイメージの差異はどのような種類の差異なのでしょうか。それはコミュニケーションを繰り返すことで克服することのできる差異でしょうか。あるいは原理的に乗り越え不可能な差異なのでしょうか。哲学者のジョン・サール（一九三二年〜）はこの差異を根本的な断絶であると考え、私たちのコミュニケーションを記号へと還元することは不可能であると主張します。この主張を表明する中で、サールは「中国語の部屋」という有名な思考実験を用いることでわかりやすく表現しています。この思考実験を参照し、その後で改めてこの問題について考えてみましょう。

次のことを想像してみてほしい。私は部屋に閉じ込められていて中国語の文書を渡されている。私は書き言葉にしても話し言葉にしても中国語をまったく知らない。……（中略）……私にとっては、中国語はまったく意味をなさない不規則な線にすぎない。

さらに、二つめの中国語の大量の文書と、一つめの文書とこの二つめの文書とを関連づけるルールの集合が渡される。ルールは英語で書かれており、私は他の英語ネイティブと同じくらいに英語を理解することができる。このルールによって、私は一方の形式的シンボルをもう一方の形式的シンボルに関連づけることができる。ここでの「形式的」という語が意味するところは、私がシンボルをその形姿のみによって認識することができるということである。さて、その上で、三つ目の中国語のシンボルの文書と英語のルールが与えられる。三つ目の文書は他二つの文書と関連づけることができ、またこのルールに従って、三つ目の文書に書かれたとある形の中国語のシンボルに対して中国語のシンボルを返すことができる。私はつゆ知らぬことであるが、これらの中国語のシンボルを私に渡した人々は、一つ目の文書を「スクリプト」、二つ目を「ストーリー」、そして三つ目を「質問」と呼んでいる。さらに、私が三つ目の文書に対して返す文書を「質問に対する回答」、英語によるルールを「プログラム」と呼んでいる。

……（中略）……私は意味を理解していない形式的シンボルを操作して回答しているに過ぎない。中国語に関する限り、私は単にコンピュータとしてふるまっているにすぎない。私は形式的に指定された要素を操作するだけのコンピュータである。私はコンピュータ・プログラムの一例として機能するだけなのだ。

〈John R. Sarle, Minds, Brains and Programs, The Behavioral and Brain Science, 1980, 3, p.418（筆者訳）〉

この部屋の外部にいる、中国語を理解する人としてこの思考実験を考えてみましょう。私たちが何かの文書をその部屋の中に投げ込むと、中国語で返答が返ってきます。記号の交換が滞りなくされていることから、このやり取りはコミュニケーションであると言ってよいのでしょうか。しかしながら、この返答には私たちが理解すべき「発信者の表現内容」は存在しません。部屋の中にいる「相手」は中国語を知らずに、機械的に関連づけられたルールを元に返しているだけで、そこにはその記号に込められた内容というものはそもそも存在しません。返された記号は空虚な内容を指し示すだけのハイパーリンクでしかないのです。しかし、部屋の外の私たちは中の事情は知らないので、どこにもない正解を探し求めてそのメッセージを理解しようとするほかありません。

この性質は言語に限らず、あらゆる記号表現について言うことができます。たとえば、誰かに頬を叩かれて相手を叩き返すという行為を見たとき、その人が怒っているのだろうと思うかもしれませんが、それもまた中国語の部屋と同じ種類の嫌疑がかけられるでしょう。その人は単に「叩かれたら叩き返す」というようにプログラムされているだけかもしれません。外へ表現された結果のみを通して、私たちは他者の内部に触れることはできないのです。

記号は内容不在でも機能するようにふるまえるものであって、コミュニケーションの一極でしかない私たちの側からオリジナルのイメージと直接照らしあわせることはできません。記号と内容との関係は、なくてもよい任意のものに過ぎないのです。こうしたことを考えれば、先ほどの言語のプロトコルの差異は、単に調整すればよいというものではありません。調整しようにも、相手方のイメージと並べて比較することができない以上、私たちのコミュニケーションを共通のプロトコルと記号のやり取りとして考えることは非常に困難でしょう。

3 心の理解の理論 ――シミュレーション説と理論説――

このような記号の問題に鑑みて、私たちは別の他者理解のアプローチを考える必要があるでしょう。言語、身体表現、表情などの記号だけに私たちの表現内容を乗せて伝達することが困難であるならば、記号によって表現されるものを超えて、さらに直接的な他者理解のプロトコルを見出す必要があります。それはつまり、私たちが他者の「心」に直接に触れ、理解する方法について考察することへとつながります。「心に触れる」とはもちろん、テレパシーのような超能力的な事柄ではありません。そうではなく、私たちが日常的に利用している、他者の心を理解したり、あるいは推論したりする能力のことです。

現代の心理学や哲学を参照すると、私たちがいかに他者の「心」を理解するかについては大きく二つの理論が提案されています。その二つは、理論説とシミュレーション説と呼ばれています。

理論説とシミュレーション説、二つの理論

理論説（Theory-Theroy、TT）はその名のとおり、私たちは他者の心を理解するための何らかの理論を持っており、その理論を用いて他者の心を理解すると考えます。理論を持っているとはいえ、いちいち明

示的に推論をする必要があるわけではなく、私たちは他者と接する際に自然に働かせている暗黙的なルールを持っているという主張です。

この推論にはさまざまな種類があり得ます。たとえば「もし、ある人Sがある目的Gを欲しいと思っており、かつSは行為AによってGを獲得することが可能であると考えるならば、他の条件が等しければ、SはAを行おうとするだろう」とか、「もし、ある人Sの正面に対象Oがあり、Sの視線がOに向けられており、Sの視覚が適切に働いており、十分に光があるような可視的環境に置かれているのであれば、SはOを見たであろう」とか、あえて言葉にする必要がなさそうなルールが挙げられています。単純な推論をつないでより複雑な推論を行うことも可能でしょう。こうしたルールは以上のような明示的な推論形式であるとは限りません。ポール・チャーチランド（一九四二年〜）らコネクショニストは、人間の推論形式は脳内のニューロンの複雑な信号の集積によって表現されると考えています。ルールが説明困難なものになる可能性もありますが、人は「他者の心を推論する関数」を持っているという意味では、この思想も理論説にカテゴライズされます。

また、理論説の中でもルールが生得的なものか、あるいは後天的に獲得されるものなのかについても議論があります。生得的であるとする立場は、人類に共通する、心の理論に関する普遍的な認知モジュールがあり、差異は単に成熟過程の進み具合によると考えます。後天的に獲得されるとする研究者は、各々の人（特に発達過程における子ども）が自分自身で他者の行動を観察し、データを集めることによって仮説を構築し、検証するという過程を経ると考えます。このアプローチでは理論の中身よりもその獲得過程に焦点が当てられていますが、近年ではこの獲得過程をベイズ推論（統計的手法の一つで、それぞれは世界に関してあらかじめの知識（事前分布）を持つが、都度の観察を経てそれを新しい知識（事後分布）へ更新する）モデルを用いた定式化を行うような研究がなされています。

他方、一九八六年にロバート・ゴードンやアルヴィン・ゴールドマン（一九三八年〜）らによって提唱されたシミュレーション説（Simulation Theory、ST）は、私たちは他者の心の状態の理解に理論を用いた推論を行っているのではないとし、理論説に対立します。シミュレーション説では、他者の心の状態を理解する原理として、理論ではなく「共感」——他者の心の状態を自分自身のシミュレーションによって理解すること——を考えます。コミュニケーション相手の表情が緩み、口角が上がったのを見てその人が喜んでいるのだろうと思うのは、表情に関する理論によって推論しているのではなく、それを認識した私自身の中でシミュレーションが行われ、その結果、私自身が喜ばしさを感じるからである、とするのがシミュレーション説的な説明です。

シミュレーション説の最初の提唱からおよそ一〇年後、他者の行動と同期して、あたかも自分自身がその行動を行っているかのように発火するミラーニューロンという神経細胞が発見されました。それ以降、このミラーニューロンはシミュレーション説を支える大きな実証的証拠として扱われ、現代でもさまざまな観点からの実証実験が行われています。

他者の心をいかに理解するか

心理学の実験に、「ブーバ／キキ効果」と呼ばれるものが存在します。これを一つの事例にしながら、理論説とシミュレーション説の違いについて考えてみましょう。この実験にはいくつかのパターンがありますが、ここでは最も有名なヴィラヤヌル・S・ラマチャンドラン（一九五一年〜）のものを参照しましょう。

さて、図2のように異なった形をした二つの図形があります。そして、それぞれの図形には名前がついており、どちらかが「ブーバ（Bouba）」で、どちらが「キキ（Kiki）」です。そこで、さまざまな母国語の被験者に「どちらの形が『キキ（Kiki）』で、どちらが『ブーバ（Bouba）』か」と質問します。みなさんもどちらの図形にどちらの名前をつけるか、少し考えてみましょう。いかがでしょうか。おそらく、左側のギザギザした形に「キキ（Kiki）」、右側の曲線的な図形に「ブーバ（Bouba）」と名づけた人が多いのではないでしょうか。そして同時に、その命名は自分自身の特別な好みによる名づけやランダムな選択ではなく、ほかの人も同じようにするであろうと思いながら、当然のことのように判断したのではないでしょうか。実際、母国語が何であるかに関係なく、ほぼ九八%の人が左を「キキ（Kiki）」、右を「ブーバ（Bouba）」と名づけています。また、子どもや幼児に対する実験でも、遅くとも二歳半頃にはすでに同様の効果が

図2　ブーバ／キキ［出典：Ramachandran, V.S. & Hubbard, E.M. (2001). "Synaesthesia: A window into perception, thought and language". Journal of Consciousness Studies. 8 (12): 3–34. http://cbc.ucsd.edu/pdf/Synaesthesia - JCS.pdf］

確認されています。

では、なぜ私たちは「ほかの人も同様にそう名前をつけるだろう」と思うのでしょうか。理論説的な説明を当てるとすれば、音を発する際の唇や舌の形と視覚的な図形との間に何らかの関連性やルールを見出し、その理論によって他者の判断を推論しているとするかもしれません。そうした説明は、うまく記述できれば一定の説得力があるでしょう。他方、シミュレーション説を採用するのであれば、こうした理論による説明を待つまでもありません。そうではなく、自分自身の感覚を、形の質感と音の質的について自分自身が感じる共通点についての感覚を参照し、推論以前にこれが妥当であろうと「感じる」のです。これ自体では説明になっていないようにも思えますが、私たち自身の日常的なリアリティにより近いかもしれません。

もう一つの事例を見てみましょう。言語学者であり、哲学者のジョージ・レイコフ（一九四一年～）とマーク・ジョンソン（一九四九年～）は「認知意味論」と呼ばれる領域を開拓し、私たちの認知と意味との関係を研究しました。両者による共著『Metaphors We Live By』の中で、空間的方向と意味の関係に文化を超えた共通点があることが指摘されています。たとえば、日本語では「気分が上がる」「気分が落ち込む」であったり、「崇高」「低俗」、あるいは「高い音」「低い音」というような言葉にあるように、空間的な高低が言葉の意味と対応していることがあります。もちろん、気分や格式、音は空間的方向性とは直接の関係はなく、メタファーとして対応づけられているに過ぎません。そして、この関係は日本語だけのものではありません。英語でも「I am feeling up」と言って気分の高揚を表現したり、「High/Low-minded」として気高さとあさましさを表現したりということがあります。同様な表現はさまざまな言語で確認されます。このような空間的・身体的方向と心的イメージの関係にも、人類共通の特徴が見て取れるかもしれません。

このケースを理論説で考えるならば、たとえば身体的な高低がいかに気分の高低と関連しているかの生態的な説明、あるいは音の周波数の違いがいかに空間的な高低と関連づけられ得るかの説明を当てることで、メタファーの共通性を説明するかもしれません。しかし同様に、シミュレーション説ではこうした説明をするまでもなく、私たちの身体的、意味的感覚を動員することで、十分に理解可能であると考えるのです。

他者は自己の類似物？

他者の心を理解するための方法に関して、理論説とシミュレーション説を紹介してきました。理論説は理論を参照することで、シミュレーション説は自分自身の心の状態を参照することで、他者の心の状態を理解するという説明を当てます。

特に、ミラーニューロンの発見以降、シミュレーション説に関する研究は非常に盛んであり、今後も継続してさまざまな研究成果が発見されていくでしょう。しかし、そこに批判がないわけではありません。理論説の論者であるフランク・ジャクソン（一九四三年〜）は、シミュレーション説は理論説の一形態であるに過ぎないという批判を寄せています。というのも、シミュレーションや共感はあらゆる存在者に向けて自然に働くわけではなく、それが生じる手前で「その存在者が自分自身に似ているか」についての推論がなされていなければならないと考えるからです。もちろん、シミュレーションは人間に対してだけ行われるという意味ではありません。類人猿をはじめ、動物、植物、あるいは無機物や人工物についても類似性を見出すことによってシミュレーションを行うことは可能です。ジャクソンの指摘は、そうした擬人化を含めて、その存在者との間に類似性を推論することによってはじめてシミュレーションを行うことが可能になるのであって、その意味ではシミュレーション説は理論説の一バリエーションに過ぎないというものです。シミュレーション説側からも応答はなされているものの、その論旨は類似性を見出す方法が推論であるのか、あるいは推論でないより直接的な共感機能であるかに関するものであり、類似性の認識が必要である点については一致しています。

極端に言えば、シミュレーションや共感による他者の理解というのは、結局のところ自己参照なのです。シミュレーション説の他者の理解は、自身と異なる存在を理解するのではなく、自分自身を通して、自分自身と同じものとして理解するということにほかなりません。しかし、このような自己自身を中心とする方法は他者理解として適切な方法であると言えるのでしょうか。特に、人工知能や動物のような人間と異なった存在者について、シミュレーション説はどこまで適用可能なのでしょう。

理論説もまた、同一性の想定に端を発する問題と無関係なわけではありません。私たちが理論を通して他者を適用して理解するとき、その理論は自分自身にとって理解可能な範疇を超えることは原理的にできず、意識的であれ無意識的であれ、自分自身の現実と適合する仕方で理解を行います。たとえば動物の行動を理解しようとする際、餌を探している鳥は「お腹が空いている」とか、飼い主のほうに駆け寄る犬を見て、それを「愛情」のようなものと理解するかもしれませんが、こうした説明はあくまで人間に使われる説明を適応しているにすぎません。動物の行動を扱う学問分野ではこうした説明は「擬人主義」であるとして批判の対象になりますが、観察データの集計以上になんらかの説明を試みようとすれば、多かれ少なかれ、擬人主義の危険を犯すことになります。あらゆる理論的説明は、自分自身の観点からまったく自由であることはできないのです。

4 解釈学と理解の地平

ソラリスの海と接触を保とうとする最初の試みは、二つの方向をもつパルスを変形する特殊な電子装置を使っておこなわれたが、驚くことに、その際、海はそれらの電子装置の組立てに積極的に参加してきた。しかも、そのすべては完全な暗闇のなかでおこなわれたのである。

「積極的に参加した」とはどういうことだったのだろうか？　海は、そのなかに沈めた電子装置の諸要素を部分的に模倣して、同じようなものを作りあげ、その結果、予定されていたパルスのリズムは変化を起こし、記録装置は、高等数学の大計算の断片を思わせる多数の信号を記録した。しかし、それは何を意味していたのだろうか？　ことによると、それは、海が一時的に興奮状態におちいっていたことのあらわれだったのか？　あるいは、それはこの海のもつ永遠の真理が未知の電子の言葉に翻訳されたものだったのか？　あるいはこの海が生み出した芸術作品だったのだろうか？　それとも、それは研究者から一千マイルも離れたところで海の巨大な形成物を出現させるためのパルスなのか？　それは誰にもわからなかった。……（中略）……

資料ばかりが山のように積まれていて、その解明は成功の一歩手前で足ぶみをしているような状態がながいあいだ続いた。今までどんな問題を解く場合にも必要とされなかったような巨大な情報加工能力をもつ電子頭脳がそのために特別に製作された。その結果、一定の成果は得られた。電気、磁気、重力のパルスの源のあるソラリスの海は一種の数学的言語のようなもので話をしているらしいこと、しかも、この海の放電のある種のグループは、もっとも抽象的な分析の方法である集合論によって分類できることがわかった。さらに、エネルギーと物質、有限数と無限数、素粒子と場などの相互作用を研究している物理学者のあいだではすでに知られている形態的な相同関係を、ソラリスの海の中で発見することに成功した。そのような事実を基礎にして科学者たちは次のような結論に傾いていた――ソラリスの海は思考力をもつ怪物である。ソラリスという惑星のほとんど全体を覆っている原形質状の海はそれ全体が一つの脳であって、その脳はこの世に存在するすべてのものの本質について、思いもよらないほど大規模な理論的研究をおこなっている。一方、この海に沈めたわれわれの電子機械がとらえたものは、深い海の中で不断に続けられている、われわれの想像を絶するほどの大規模な独り言の一断片、それもたまたま盗み聞きされた一断片にすぎない――。

〈スタニスワフ・レム、『ソラリスの陽のもとに』、飯田規和訳、ハヤカワ文庫、一九七七年、38～41ページ〉

この箇所は、一九六一年にスタニスワフ・レム（一九二一～二〇〇六年）が発表したSFの古典『ソラリスの陽のもとに』からの引用です。この作品は、惑星ソラリスに存在する知的物質である海をめぐって物語が展開されていく、いわゆるファーストコンタクト系SFの代表作の一つとされています。

私たちは、「人と人工知能はわかりあえるか」という問いをめぐって、情報伝達モデルにはじまり、お互いの心の理解に関する二つの心の理論――理論説とシュミレーション説――とを見てきました。しかしながら、これらの理論は相手との何らかの同一性を前提としたり、あるいは結果的に自分自身の像を適用するという擬人化や自己中心性から離れることができません。こうした理論では、レムの作品に登場するような存在との出会いとコミュニケーションに対処することは難しいでしょう。そして、私たちの問いが人工知能へと向かう以上、同様に仮定したアプローチは筋が悪いでしょう。異質な存在者についての理解を試みるならば、同一性ではなく、異質さを前提とした理解の方法論を検討する必要があるのではないでしょうか。

解釈学的循環による「理解」の転回

理解にまつわる同一性と差異の問題は、すでに哲学の中で、特に文学や芸術作品を含むさまざまな表現に関する解釈や理解を扱う「解釈学（hermeneutics）」という分野で大いに議論がなされてきました。この議論を追うことで、これまで見てきたような理解の概念にどのような問題があったのか、そして理解の営みをどのように扱うべきかに関する別のアプローチが見つかるかもしれません。

解釈学とはその名のとおり、古くは文学や聖典、法律などのテクストを解釈するための方法論として整備されてきた学問であり、一九世紀より以前では、哲学というよりも文献学の一分野として扱われてきた分野です。転機となったのは、一九世紀前半から後半にかけて活躍したフリードリヒ・シュライエルマッハー（一七六八〜一八三四年）と、そこから影響を受けて哲学的思索にまで高めたヴィルヘルム・ディルタイ（一八三三〜一九一一年）、そしてディルタイを批判的に継承したハンス・ゲオルグ・ガダマー（一九〇〇〜二〇〇二年）です。彼らの解釈学の発展を通して、「理解」がどのように取り扱われてきたか確認してみましょう。

まず、解釈学を従来の文献解釈の領域だけにとどめず、より広い一般的な「理解」の問題へ接続させる活路を開いたのはシュライエルマッハーです。彼は解釈学を、著者と読者の間の時代的、文化的差異を超えて、著者自身を理解するための技術であるべきと考えました。そのためには、解釈学は単に言語の規則を扱う文法的なものだけでなく、著者の心理を理解するための一種の心理学であるべきとします。著者自身の心理を解釈の目的とする発想は、理論説やシミュレーション説と近しいものであると考えることができるでしょう。特に、解釈の規則や方法を制定したことを考えれば、広く理論説の一種としてカテゴライズできるかもしれません。

シュライエルマッハーの発想を引き継いだディルタイは、シュライエルマッハーと同様に、解釈の目的を、著者の心理的状態や過程を「追体験」することであるとし、依然として著者の心を解釈の目的として挙げます。しかしそれと同時に、解釈学を哲学的方法論としてより洗練させるためのいくつかの重要な修正を加えました。

まず、理解の目的としてディルタイは「著者が自分自身を理解していたよりも、よりよく著者を理解する」ことを掲げ、著者自身が意識していないことも含めて理解しようとする一種の精神分析的な方法を導入しています。表現されたものを通して、著者自身がその表現について理解していたもの以上の何かを見出そうとしたのです。このことは、著者と表現の間に隙間を生み、解釈者の理解の裁量をより大きくすることになります。

そして、ディルタイはこの理解の試みは完成し得ない運動であるとして、著者との完全な一致を目指しつつ破棄する、という両義的な立場を取ります。完全な理解の達成が不可能であると考えるのは、解釈には「解釈学的循環」という避けがたい循環があり、一足飛びに著者自身の心へと向かい合うことができないと考えたためです。たとえば、ある表現をその著者以上に理解しようと試みれば、たとえばその著者の生きた時代背景や影響関係など、全体的な文脈の中に位置づけて解釈を行う必要があります。しかし逆に、表現をそれが含まれる全体的な文脈の中に配置するという試みは、個々の表現へと向かい合うことによってのみ可能です。つまり、全体の文脈と個々の表現の解釈とがお互いに入れ子構造になっているのです。こうした循環は表現とその背景の間だけでなく、その表現自体の内部でも見られます。たとえば、ある文学作品のあるシーンをよく理解しようとすれば、その文学の全体のテクストを理解した上で当該部分を理解する必要がありますが、同時にテクスト全体を理解するためには部分の理解をしなければなりません。理解の営みにおいては、解釈者はこの循環構造の中に身を投じ、繰り返し全体と部分とを行きつ戻りつ循環する必要があるのです。このことをディルタイは解釈学的循環と呼びました。理解という行為はこうして多層的な循環の中で漸近的に深めるしかない運動であって、完成するということは原理的にあり得ません。そのため、私たちは「よりよい」解釈を巡って、延々と理解の試みを続けなければならないということになります。

こうして著者自身とその表現とを切り離す傾向は、二〇世紀の解釈学者であるガダマーにおいて頂点に達します。ガダマーはディルタイの解釈学を引き継ぎながらも、ディルタイの思想の中にあるシュライエルマッハーの残滓を強く批判しました。批判の焦点は、シュライエルマッハーとディルタイが共通して持っている「著者自身を理解する」という解釈の目的に関するものです。ガダマーはこのような著者の心へと向かう態度を、解釈者と著者の合一を目的とする「ロマン主義」であるとして破棄するべきであると考えます。「理解の目的は他者自身の心ではない」とする主張は逆説的にも聞こえますが、他者の心の理解という目的が必然的に自己中心性へと陥ってしまうことへのガダマーの慧眼であるとも言えるでしょう。

では、ガダマーはこの目的の代わりに何を理解の目的として設定するのでしょうか。彼が提起した目的は、「著者をよりよく理解すること」ではなく、むしろ「著者とは別様に理解する」ことでした。この「別様に」は理解という動詞の目的語ではないという点が重要です。目的語を補うとすれば、それは「著者を」ではなく「事象を」という言葉が入ります。この言い換えは何を意味しているのでしょうか。

ガダマーは、解釈という行為を「解釈者が著者を理解する」という一方向のベクトルとして扱いません。むしろ、著者と解釈者は横並びの関係であって、解釈はお互いの文脈を融合させることによって、事象を別様に浮かび上がらせる共同作業であると考えたのです。たとえば、ある芸術作品を解釈するときに、ガダマーは著者の意図や心的過程を目的としません。そうではなく、その芸術作品を通して、あるいはより正確に言えば、芸術作品を理解するという行為を通して、そこに現れる「事象」を捉えることを目的としました。この関係においては、著者が一方的に権威を持っているのではなく、解釈する側もまた、自身の独自の文脈を持ち込まなければならないと考えたのです。

こうした解釈の転換を支えるのは、解釈学的循環の概念の拡大です。ガダマーは、ディルタイのように全体と部分、表現とその背景との間の循環にとどまらず、理解をする側の存在様態にも解釈学的循環があると考えます。歴史的、社会的文脈を持つのは表現を行う側だけでなく、解釈者の側も同様です。ガダマーは、理解の行為においてもこうした文脈から無縁であることは不可能であり、むしろその循環を持ち込まざるを得ないと考えました。解釈者の側の解釈学的循環を考慮するとき、理解が目指すべきは「著者の心」のような静的なものではありません。むしろそこで行われるのは、表現を媒介とした二つの存在の対話であり、それを繰り返すことによって理解を別用に転じさせるような動的なものです。

このような理解の捉え方は、そもそも私たちが多様であり、理解の相手はどこまでも触れられない他者であるということへの深い反省を含んでいます。ソラリスの海という圧倒的な他者を前になすべきことは、彼の心を客観的に把握したり、擬人化して捉えようとすることではありません。そうではなく、繰り返し行われる対話の中から淡く現れる共通の風景をともに眺めることなのかもしれません。

人工知能と人との理解

初期の対話的人工知能「SHRDLU」の開発者であるテリー・ウィノグラード（一九四六年～）は『コンピュータと認知を理解する』で解釈学への傾倒を明かしています。その中で、人間と人工知能の間のコミュニケーションを次のように表現しています。

理解は表現と表現されるものとの間の固定的な関係ではなく、対話を行なうためのコミットメントであり、話し手と聞き手の全地平にわたって、そこから新しい概念が生まれてくることを可能にするものである。

コンピュータによる言語処理の実用面には、これがどういう意味をもつのだろうか。我々の批判は、これまでの技術的成果や個々のテクニック（知識表現・演繹論理・フレーム・メタ記述等々）を非難しようというのではない。問題にしているのは、人間の言語使用とこれらの関係をどう理解するかである。……（中略）……

重要なのは、システムの利用者が二つのキーポイントを認識することである（ELIZAに翻弄された人たちは、これに気づかなかった）。第一は、自然言語の構造を使って自分と「対話」しているのは、言語を理解してはいないが、その構造はある程度操作できるシステムであること、そして第二は、応答はプログラマが作り出した表現の反映であり、作成者自身気づいていないような盲目性を内包していることである。

〈テリー・ウィノグラード、フェルナンド・フローレス、『コンピュータと認知を理解する』、平賀譲訳、産業図書、一九八九年、203～204ページ〉

ウィノグラードはコミュニケーションを解釈学的に理解した上で、人工知能との対話は実はプログラマとの対話でもあるとほのめかしています。ここでは対話システムとその製作者の間にも解釈学的循環があると考えるべきでしょう。つまり、このシステムに触れる私たちは、このシステムをいたずらに実体化してそこへと向かい合うのではなく、私たちに向けられた言語表現がどのような性質であるのかを理解し、そこからさまざまな「新しい概念」が別の仕方で生み出される対話へと向き直すべきでしょう。

また、今日の技術的状況を踏まえれば、ウィノグラードのようにプログラマと人工知能との間の解釈学的循環を念頭に置くだけでは十分ではありません。機械学習が主流となった現代では、人が設計したモデルだけでなく、モデルに与えるデータの重要性が増しています。近年、機械学習モデルの判断基準を人間にも解釈可能とすることを目的とした「説明可能な人工知能（Explainable AI）」という概念が注目されています。この領域では、機械学習モデル――特にブラックボックスになりがちな大規模なディープ・ニューラル・ネットワークのモデル――の推論結果がどのようなデータの、どのような特徴に影響されたものなのかを定量化、可視化する手法が研究されています。こうした試みは、「理解」の一端として重要ではありますが、ガダマーらの解釈学的指摘を念頭に置くならば、人工知能の側の説明能力にばかり注目するのではなく、私たち人間の側の理解の態度を育てることもまた重要でしょう。理解は一方通行の情報伝達ではなく、互いの対話の間でゆっくりと発酵されるような相互的な事象なのです。

改めて最初の問いを見返せば、実は私たちが問うべきは「人と人工知能はわかりあえるか」という可能性についてではないのかもしれません。むしろ、人工知能との対話を通して開かれる新たな現実を私たちはいかに理解するべきなのか、実践的な課題を考え始めるべきなのかもしれません。

第二部 [第二夜]

響きあう 社会と自己

私たちは生まれたときから何らかの社会に属し、そのうちで育ち、気づけばその成員としてふるまっています。私たちを取り巻くこの社会の存在は自明のものにも思われますが、改めてそれがどのようなものであり、どのような機能を持ち、そしてどのように私たち個人と関係しているのかを問い直すと、その様相は決して単純なものではないことに気がつくでしょう。ここでは、社会学や社会生物学といった分野の理論を参照しながら検討していきますが、その中でも決して統一的な見解が得られているわけではありません。右に左に視点を移しながら、人間や社会、そして人工知能にとっての社会を検討していきましょう。

1　「社会」とは何か

さて、今夜のテーマは「社会」です。「人工知能はどのような社会を築くか」という問いが与えられていますが、慎重であろうとすればこの問いは少し早急かもしれません。そこには「人工知能は社会を築くことができる」という暗黙の前提があるからです。そもそもその可能性について同意することができなければ、「どのような」社会であるかを考えることはナンセンスでしょう。ここでは、与えられた問いに真正面から取り組む前に、いったん問いから距離を置いて、前提へと逆行していきたいと思います。

問いを一歩手前に戻します。まずは「人工知能は社会を築くことができるか」としてみましょう。イエスかノーかのクローズドクエッションになりました。しかしながら、「社会」の正体が曖昧模糊としている状態では、何が達成されれば社会が築かれたと言えるのか、その状態をいかにして計測できるのかは依然として不明です。私たちはこの可能性についての問いに答える前に、社会そのものがいったいどのようなものであるのかを考えなければなりません。社会は私たちが生まれたときから当たり前のように私たちを取り囲んでいます。私たちをその内に巻き込み、同時に私たちの認識や行動の内に深く染み込んでいるもののように思われます。ですがあまりに近すぎるせいか、改めて考えてみようと思うと私たちの社会についての理解は思っていたより明確ではないことに気づきます。

社会を扱う学問分野について考えると、社会学（Sociology）や、あるいはより広いカテゴリーとして社会科学（Social Science）といった分野を思い浮かべるでしょう。こうした明示的な学問分野は比較的新しく作られたものです。紀元前から社会についての思想は数多くあり、多くは今日では哲学にカテゴライズされています。後ほど、こうした試みの中からいくつかご紹介したいと思います。

また、現代では、社会はいわゆる社会科学や哲学だけの問題ではありません。たとえば、生物学の分野の一つである社会生物学では、社会を築くのは動物だけではないという仮説のもとに、人間以外の生物の社会的ふるまいに注目し、現象の記述を試みています。あるいは、ゲーム理論などの集団行動の数理も、社会的ふるまいをモデル化しようとする試みの一つでしょう。こうした研究にも触れながら、先ほどの問いを検討していきたいと思います。

2 外的事実、内的経験としての社会

社会の個のかかわり、二つの観点

それでは、一歩一歩進みながら社会について考えてみましょう。日常的に「社会」という言葉を使う際には、社会は私や個々人の外部にあり、それらを包んでいるものをイメージするかもしれません。社会は入れ物であり、私たち個人はその中に入った要素であるというような関係です。このような主張は社会の一つの特徴を表現しています。ときどき、私たちは「日本社会というのは……」「この地域では……」と言うように、一定の社会的な大きさを持った単位にアイデンティティを認めて、社会という言葉を使用することがあります。このとき、そうした社会の構成員は社会という単位のアイデンティティに影響を受けた存在として扱われます。このような個の外側に存在し、個へと影響を与えるような社会についての捉え方を「外的事実としての社会」としましょう。

他方で、社会と個人について、別の見方をすることもできます。社会について思考した最も古い哲学者の一人に、あらゆる学問に通じたアリストテレスという人物がいました。彼は、人間と社会のつながりをとても重く捉え、人間は「ポリス的動物」であると定義しています。ポリスとは、当時のギリシアの都市国家の単位です。彼がこの定義によって言わんとしているのは、「社会が人間より先に存在し、人間はその箱の中に含まれる存在である」という先ほどのイメージではなく、個々人が行うあらゆる行為において、その目的の中にいつもすでに社会的（共同体的）なものを含んでいるのだという主張です。それは、たとえば一人でこっそりと行うさまざまな行為の中にも、もちろん誰かとの他愛のない会話の中にも、あらゆるところに社会性が張り付いているということにほかなりません。社会とは外にあるだけではなく、私たちがさまざまな経験をするその裏側に張り付いている機構でもあるわけです。つまり、私たち自身の内側にも社会的なものが動いているのです。こちらを「内的経験としての社会」と呼びましょう。

社会と個人とのかかわりを考える際、この二つの観点（外的事実としての社会、内的経験としての社会）の取り扱い方は非常に重要です。社会学では、社会を重視して個をその結果として考える立場を「方法論的全体主義」、逆に個が社会に先立つと考える立場を「方法論的個人主義」と呼び、区別しています。前者では、社会は個の外部に存在する事実として扱われ、後者では、個の内部に存在する社会的構造や経験に注目します。とはいえ、これらは排他的な方法論ではなく、実際にはお互いに複雑な入れ子関係にあると考えるべきでしょう。

人工知能の社会性

とはいえ、なぜ社会と個人の関係という問いをここで持ち込む必要があるのでしょうか。それは、この観点が人工知能の社会性を考える上で非常に重要だからです。もし、社会というものが個に先立って存在し、それが個体を規定するというような、方法論的全体主義の立場に寄って考えるなら、私たちは人工知能の内部のアーキテクチャだけを考慮するわけにはいきません。というのも、そうした内部の構造はそれ自体で自律して存在するものではなく、あらかじめ作り込むことが不可能だからです。逆に、社会は個の結果であるとする方法論的個人主義に従うならば、個の構造の中に、そこから社会が生じてくるような仕組みを組み込んでおかなければなりません。その際、あらかじめいくつか問題をクリアにしておく必要があるでしょう。社会は個体の間のどのようなインタラクションの中で生まれてくるのでしょうか。社会は個体同士の初期配置や関係性から必然的に導き出される類のものなのでしょうか。あるいは環境や偶然性などの要素が入り込んで影響を与えるのでしょうか。方法論的個人主義を採用する場合にも、こうした諸々の課題に対処する必要が出てきます。

こうした二極の立場について、ここではそのどちらを採用すべきかという議論には入り込みません。この両面を検討しながら、社会と個の関係を考えていきたいと思います。つまり、個がどのように社会から規定され（方法論的全体主義）、他方で社会がどのように個のインタラクションの中から生じてくるのか（方法論的個人主義）、観点を変えながらこの両面を考察します。そして、それらをどのようにエンジニアリングへと落とすことができるのかについても、あわせて検討していきましょう。

3 社会生物学と社会の計算可能性

まずは、方法論的個人主義の立場から検討してみましょう。方法論的個人主義といえば社会学者のマックス・ウェーバー（一八六四〜一九二〇年）から始めるのが王道ですが、ここでは少し目線をずらして「社会生物学」という分野から考察を始めます。社会生物学は、人間以外の動物たちの行動を観察し社会性の分析を試みる生物学の一分野です。この名称自体にはあまり聞きなじみはないかもしれませんが、実はこの分野は現代の私たちの考え方や、さまざまな学問に対して広範な影響を与えています。

社会生物学は、動物たちの行動から着想を得ています。たとえば、ハチやアリの生活を想像してみましょう。彼らの行動を観察してみると、個体が集まって集団や群れを形成し、そこに何かしらのルールやシステムが存在するように見えることがあります。女王バチがいて働きバチがいて……というような役割があったり、巣に一定の構造があったりします。これを一種の社会として考えてよいのではないかとするのが、社会生物学の基本的な発想です。

社会生物学ではそうした動物たちの行動をどのようにモデル化できるかという問題を扱いますが、その際、方法論的個人主義の立場を採ります。つまり、群れの中に動物個体の行動分析とそこからの演繹によって、社会的構造の説明を行います。「この動物は個体が○○の能力や傾向を備えているため、△△の社会的構造が生じる」といった因果関係を発見しようと試みるのが社会生物学のアプローチです。

行動のモデル化

では、こうした「生物個体の行動のモデル化」はどのように行われるのでしょうか。対象となる行動が何らかの利己的な目的に閉じている場合はあまり難しくはないでしょう。たとえば、個体の知覚を「入力」、行動を「関数」、行為の目的や欲求を一つの「変数」と設定します。このとき、入力（個体の知覚）と関数（個体の行動）のペアから出力される変数（目的、欲求）が最大化するよう、個体に行動の選択を学習させたり、あるいは傾向性を獲得するように設定します。

ある動物Aが餌を獲得するために取る行動の観察を例に考えてみます。Aは餌を得るために、餌を探して歩き回る／草むらに隠れてじっと待つ／罠を張る、などのさまざまな選択を取り得るとします。日差しが強ければ、木陰に潜伏することを選ぶかもしれませんし、餌が多く発生する季節であれば、積極的に歩き回るかもしれません。こうした複数の入力を考慮しながら、Aは選択肢の中から自身の快楽の変数を最大化する選択を合理的に選び取るのだ、とするシンプルなモデルを考えることができるでしょう。さらに複雑にしたければ、食欲が飽和する満腹状態を設定したり、身体の疲労状態など別の変数をトレードオフで考慮したりすることも考えられます。こうして計算を重層化することで、それなりに説明能力のあるモデルとなるかもしれません。

難しいケースは、個体が社会的あるいは利他的な行為を取るときです。たとえば、自分自身を犠牲にして他の固体や集団の役に立つようなことをする動物がいます。生物はどのような目的を持って自己犠牲をするのでしょうか。空腹や危険の回避といった個体に閉じた枠組みを生物の目的と考えれば、この行為を合理的に説明することはできません。利他的な行動は、個体のある変数を最大化するというモデルでは説明が困難です。しかし、社会生物学者はこうした利他性に関する行動に注目し、利己的な行動と同じようにモデルを合理的に定式化することを試みるのです。

ダーウィンの進化論とハミルトンの血縁選択説

社会生物学の着想の源流はチャールズ・ダーウィン（一八〇九～一八八二年）の進化論です。ダーウィンは、さまざまな種が個体の単位を超えて最適化していく様を観察し、「自然淘汰（自然選択）」を導きました。自然淘汰とは、生物は何世代にもわたって性質の遺伝を繰り返す中で、環境内での生存により有利な性質が選択されていくという考え方です。種が生存のための最適化を行うという意味で、自己保存を「個体ではなく種を単位とした選択」と理解したと言えるでしょう。

ダーウィンのこの着想は、生物学だけでなく、その後の広い範囲の学問分野に影響を与えました。その中の一人にウィリアム・ドナルド・ハミルトン（一九三六～二〇〇〇年）がいます。ハミルトンはダーウィンのアイデアを継承し、生物の行動のモデルを単に個体の欲求の最適化ではなく、血縁という一種の他者関係を含めて捉えるべきと考えました。個体の行動の中に血縁関係などの変数を含めることによって、自己犠牲のような利他的行動をある種の合理性の内側で解釈したのです。ハミルトンは実際に、個体の行動のモデルを「C＜R×B」として定式化しています。

変数Rは、利他的行為をする際の受益者と行為者の種的関係性の強さを表す0から1の間の値（血縁係数）です。Bは行為の受益者の利益の量、Cはその行為に伴うコストの量です。RとBの乗算がCよりも大きければ、利他的行動を実行し、小さければ行いません。受益者が血縁的に遠い（Rが0に近い）なら、受益者の利益が大きくとも実際に行為を行うことはありません。逆に、受益者が近親（Rが1に近い）であればあるほど、受益者の利益が強く重み付けされることになります。私たち人間の場合はこの関係性の強さは血縁に限らないでしょうが、利他的行為の選択において関係性の強さが重要な要素であることは否定しがたいでしょう。自分の両親や子ども、あるいは親しい友人であれば多少の自己犠牲は厭わないかもしれません。しかし、一度も会ったことのない人のために同じ行為を選択することは簡単ではありません。ハミルトンはこのモデルを、主に昆虫の観察から作り上げましたが、人間を含む他の生物についても近いモデルが適用できると考えました。

合理性の単位を生物個体ではなくそれらが関係しあって形成される社会的な層で考えるという発想は、その後も引き継がれて、現代ではリチャード・ドーキンス（一九四一年〜）をはじめとする社会生物学者たちの思想へ流れ込んでいます。ドーキンスはハミルトンの思想をさらにラディ

$$C < R \times B$$

図1　ハミルトンによる定式

カルに捉え、個体は単に遺伝子の乗り物に過ぎないとしています。三〇年、四〇年前からベストセラーとなっている『利己的な遺伝子』はいまも広く読まれており、多くの議論を喚起しています。

ダーウィニズム内の中心的な論争は、実際に淘汰される単位に関するものだ。すなわち、自然淘汰の結果として生き残ったり、あるいは生き残らなかったりするのはどういう種類の実体なのかという論争である。その単位は、定義からして多少とも「利己的」になる。利他主義はそれとは別のレベルでも十分に進化するだろう。自然淘汰の選択は種のあいだでなされるのか。もしそうなら、生物のそれぞれの個体が「種の利益のために」利他的に振る舞うと予想しなければならないはずだ。……（中略）……この本を書こうと私を掻き立たせたのは、そういった広く流布しているダーウィニズムについての誤解だった。

それとも自然淘汰は、私が主張するように、遺伝子のあいだで選択がなされるのだろうか。

〈リチャード・ドーキンス、『利己的な遺伝子 四〇周年記念版』、日高敏隆・岸由二・羽田節子・垂水雄二訳、紀伊國屋書店、二〇一八年、11ページ〉

先の「C＞R×B」というような一義的な定式はとてもシンプルですが、現実の意思決定では多くの要因や関係者が関与し、ただ一つの最適解が導かれることはまれと言えるでしょう。ハミルトン以降、ゲーム理論を用いて複数主体がかかわったり、個体の合理性が制限されたりしているような、いわゆる戦略的状況を含めてモデル化するなど、より複雑な状況を表現したモデルも考案されています。中でもハミルトンの血縁モデルを一般化し、血縁に限らず家族や巣などのさまざまな階層の集団における選択をモデル化する「マルチレベル選択説」は現在でも活発に議論がなされています。こうしたモデルのバリエーションやアプローチはさまざまにありますが、生物個体の社会的なふるまいを合理的な計算によって解釈できる、という点は共通した命題です。つまり、自己犠牲のような利他的行為は合理性に反する行動ではなく、個から種、遺伝子、血縁、共同体などへ合理性の単位をスライドさせることにより、合理的な計算の範疇のモデル化が可能であると考えるのです。

こうした着想は生物学だけの問題ではありません。むしろ、このような個体と全体の関係についての計算モデルはコンピュータ上で再現することができます。その影響を受けた研究分野の一つが人工生命です。その中の代表的なモデルである「オートマトン」は、まさに方法論的個人主義のアイデアに基づいています。

オートマトンの一つの形である「ライフゲーム」は次のような計算モデルです。コンピュータ上に格子状のマップを作り、まず、一つひとつのピクセルにランダムにオン／オフの状態を持たせ、その状態を周りのピクセルとの関係性によって操作していきます。上下左右斜めの計八つの隣り合ったピクセルの中で、三つがオンであればオフからオンに転換（誕生）し、その後二つか三つがオンであれば次も生存するが、それ以下あるいは以上であればオフに転換（死滅）する、という個体のルールを繰り返します。このイテレーションを何度も（何世代も）繰り返すと、全体のマップの中に一定のパターンが生まれてきます。

重要なのは、「個のふるまいに関するルールしか定義していないにもかかわらず、全体に何らかのパターンが生じること」です。社会と呼ぶにはあまりに味気ないものですが、「全体が個から生じる」という方法論的個人主義の思想が、社会生物学を通して目に見える形で発生してくる様は、どこか感慨深いものがあります。「ライフゲーム」と検索すれば、さまざまなパターンのＧＩＦや動画ファイルが出てきますので、興味のある人は検索してみてください。

計算主義的なモデルの問題点

しかし、個から社会の発生を計算主義的に考えることには、いくつかの留意点があります。まず、こうして生物の行動を近似的に表現できるモデルを構築することができたとしても、それを個体の真の構造と同一視することはできません。モデルはあくまで行為の予測を行うことのできる近似に過ぎず、その生物が実際に何を原理として行動しているかということとは直接的な関係はありません。

また、こうしたモデルが用いる目的変数（たとえば種の保存であったり、遺伝子の保存であったり、その単位が利己的に動くための目的となる変数）の選択はあくまで観察者中心に設定されることになります。動物を対象とするときは人間中心的ですし、別の文化を観察する際には自文化のパースペクティブから自由に設定することは難しいでしょう。こうした目的変数がいかにして設定されるかについても、さらなる検討が必要です。

そして、こうしたアプローチは個体の後天性を考慮することができません。私たち人間も含め、動物も生まれた後でさまざまな経験をし、それらに影響されます。最初からすべての仕組みがプログラムされている合理的なものなのだとすれば、こういった後天性は捨象されてしまいます。個がさまざまな外的要因や出来事から影響を受けて変化するという点をまったく捨て置いてもよいのでしょうか。この点は方法論的全体主義からの批判ともなりますので、後ほど改めて検討していきたいと思います。

4 社会学の誕生

方法論的個人主義の一例として、社会生物学のアプローチについて紹介してきました。方法論的個人主義の意味する内容自体は個と社会との関係性を表す一般的な事柄ですが、もともとは社会学で使われる用語です。少しずつジャンルを移動し、社会学の視座から再検討しましょう。

まずはじめに、社会学の前史から紹介しておきましょう。社会学が明示的に他の分野から切り離されて自身のアイデンティティを確立していったのは、高々二〇〇年前ほどの出来事です。「社会学（独：Sociolоie、英：Sociology）」という言葉をはじめて使ったのも、一九世紀に活躍したオーギュスト・コント（一七九八～一八五七年）だと言われています。もちろん、人はそれまで社会について考えなかったわけではありません。むしろ重要なテーマの一つであり続けました。先立って紹介したアリストテレスをはじめ、社会と人間について思考した哲学者は古代から多くいましたが、こうした思想は社会思想の名で呼ばれることが多いでしょう。というのも、彼らの社会に関する考察には共通した方法論が存在したわけではなく、各々の広範な哲学的思索と接続され、密に関係した試みとして扱われていたからです。

科学としての社会学の誕生

アリストテレス以降も多くの哲学者が社会についての哲学を展開しましたが、大きな転換点となったのは、中世から近代への移行期の一六世紀初頭に発生したニッコロ・マキャベリ（一四六九～一五二七年）などによる近代的な政治理論や、一七世紀から一八世紀にかけてのフーゴー・グロティウス（一五八三～一六四五年）、トマス・ホッブズ（一五八八～一六七九年）、ジョン・ロック（一六三二～一七〇四年）、ジャン＝ジャック・ルソー（一七一二～一七七八年）らによる社会契約論でした。こうした近代的な社会思想を経て、社会思想は徐々に固有のアイデンティティを形成していきます。もちろんこの背景には、近代的な国家の成立に伴って、社会や国家についての反省が喫緊の課題となってきたという現実的な要請もありました。単に思想的な展開だけではなかったことを念頭に置いておくべきでしょう。社会思想は、抽象的で思弁的な論を展開する学問ではなく、常に現実の課題と隣合わせに発展してきたのです。

その後、近代の実証的な科学が世の大きな潮流となる一九世紀になって、コント、アンリ・ド・サン＝シモン（一七六〇～一八二五年）、ハーバート・スペンサー（一八二〇～一九〇三年）らによって、科学としての社会学というアイデアが唱えられるようになります。特に、スペンサーは先述したダーウィンの進化論とも関連が深く、生物学の成果を転用して「社会進化論」を唱えました。今日ではダーウィンに帰せられる「進化（Revolution）」や「適者生存（survival of the fittest）」はスペンサーが使い出した言葉です。世に浸透したために、後にダーウィンが渋々採用したとも言われています。ダーウィン自身は、当初は生物の「進化」ではなく「変化」の観点で「自然淘汰」を述べたに過ぎず、生物間の優劣や前後の進歩についての意図はなかったと言われています。こうした世間の受容のズレも、スペンサーの言葉の巧みさだけによるものではなく、人種間の交流、いわゆる未開民族の発見など、さまざまな同時代の出来事が関連していたことから起きたと言えるでしょう。

実証科学としての社会学の興り、そしてスペンサーを通した進化論の受容が、現代の社会生物学的発想へと流れ込んでいますが、こうした思想は私たちがイメージする社会学とは少々異なります。現代の社会学を通じる流れは、むしろ実証科学としての社会学、合理性のみに基づいた社会学に対する批判や反省から始まりました。その初期に活躍したのが、ウェーバーやエミール・デュルケム（一八五八〜一九一七年）などの社会学者です。ウェーバーは社会学における方法論的個人主義の、デュルケムは方法論的全体主義の祖として、現代でも絶えず参照され続けています。まずはウェーバーについて紹介しながら、社会生物学の極端な方法論的個人主義とどのように異なっているのかを検討しましょう。

ウェーバーと合理性

社会生物学において生物の利他的なふるまいがいかに合理的に説明されるか、というアイデアを先ほど紹介しました。そして、そのような合理性への還元にはいくつかの課題があるという点を提起しました。現代の社会学の直接的な祖の一人であるウェーバーは、まさにこの合理性の概念にメスを入れることで社会を分析しました。

彼は、合理性を大きく二つに区別します。一つ目は実質的合理性と呼ばれます。ある理念や目的、何か達成すべき目標があり、それに対してある行為が目標に叶うような行為であれば、実質的に合理的であるとされます。たとえば、社会全体をより善いものにしたいという理念を設定したときに、かくかくしかじかの行為がその目的に益するものとなっているかどうかが、実質的合理性の試金石となります。他方、もう一つの合理性である形式的合理性は、実質的合理性のように行為の内実に注目しません。そうしたことは置いておいて、その行為が計画的であるとか、予測可能であるとか、あくまで形式的に合理的に見えることを形式的合理性とします。この二つの合理性は、しばしば対立しあうことがあります。たとえば、ウェーバーはその典型として官僚制を挙げています。官僚制度は洗練されればされるほど、形式的合理性が追求され、その中で行われる手続きは形式化されていきます。そうすると、むしろ書類や手続きが増え、実質的合理性は損なわれることがよく起こります。

このような合理性の分析は、社会生物学者たちのようなシンプルな合理的モデルに対して疑義を唱えることになります。社会には、確かに一見合理的に見える側面もありますが、詳細に分析してみると、合理性のレベルが異なっていたり、転換してしまったりといったことが発生しています。そもそも、私たちの所属する社会や国家は、何を目的に合理化されるべきなのでしょうか。他の社会に対する優位でしょうか。構成する個人の幸福でしょうか。あるいは生態系の維持でしょうか。もちろん、さまざまな理念があり得るでしょう。しかし、果たして私たちが日々行っている行為——毎日職場へ通勤してやるべき仕事をこなす、出世して社会的地位を上げる、結婚や出産によって家族を形成・維持する、所属する共同体のボランティアに参加する、役所に出向いて必要書類を提出する、など——はどのような目的に対応しているのでしょうか。おそらく、大層な理念には意識的にならないことのほうが多いでしょう。そうではなく、月々の家賃を収めるためとか、周りの行動から大きく逸脱しないためとか、そういった細々したものごととの調整によって、社会的行動の大半が無自覚に遂行されているかもしれません。そうした習慣的なこともまた形式的合理性として合理性の一種ではありますが、それが理念的な実質合理性とどのように関連しているかと聞かれると、とまどってしまうことでしょう。

ウェーバーが行った社会の分析は、まさにこのような合理性の分解によって始められました。個は確かにそれぞれの習慣的、常識的合理性に従って行動しているのではあるが、それが全体の合理性へと線形で結びつくわけではない、こうした気づきこそが社会学の祖の一人たるウェーバーの慧眼であり、近現代社会の複雑性を反映する理論と言えるでしょう。

複雑な合理性に対してウェーバーが取るアプローチは、「理解社会学（独：verstehende Soziologie, 英：Interpretative Sociology）」と呼ばれます。社会の中で生活する個が、生活する主体としてどのように日常的な世界を了解しているのか、どのような意味の連関の中を生きているのか、それを理解・解釈しようと務めるのが理解社会学のアプローチです。この「理解・解釈」というアプローチは、ウェーバーより一世代年長の哲学者ディルタイの影響を強く受けています。第一夜で紹介したように、ディルタイは「解釈学」を提唱したことで知られています。彼はいわゆる実証的な自然科学とは原理が異なる「精神科学」が独立した学問分野としてあるべきとし、それは実証ではなく「解釈」を方法論とすべきであると考えました。精神科学は今日の人文社会科学とほぼ重なる枠組みで構想されていますが、特にディルタイの念頭にあったのは歴史学や社会学、哲学といった分野です。コントやスペンサーが社会学を自然科学と同じ実証性によって確立しようと試みたことと比較すると、こうしたディルタイ、ウェーバーの構想は特に際立つことでしょう。

人工知能と社会性を考える上で、ウェーバーの方法論は一つの重要な観点となるでしょう。というのも、理解社会学では、個があらかじめ何らかの大きな合理性とともに生まれるわけではなく、生活を営む個々が彼らの日常的な世界をどのような意味として了解しているのかという日常性を分析することによって、その間で形成される社会を考えていくためです。そもそも、人工知能はいかに「意味」を獲得するのでしょうか？　この問い自体が最難関の問題であり、第一夜で扱ったような中国語の部屋の問題へと関係づけられるでしょう。
同じ方法論的個人主義のアプローチを採用しているとはいえ、個から社会の発展を個の合理性へと還元するのか、あるいはその間に合理性の裂け目を見出すのかによって、社会生物学とウェーバーとは大きく異なる思想となります。そして前者がライフゲームなどの形でコンピュータ上で実装されていたのに対して、ウェーバー的な「理解・解釈」のアプローチは意味を扱うためには困難である、という大きな違いがあるのです。

日常性と現象学的社会学

ウェーバーの理解社会学は、社会学内外に対して広範な影響を及ぼし、今日まで多くの議論を呼び起こしています。特にクリフォード・ギアツ（一九二六〜二〇〇六年）らの文化人類学者らへ大きなインサイトを与えていますが、そのテーマは次回に譲り、ここでは社会学内での展開の一つとして現象学的社会学の潮流を紹介したいと思います。

西洋哲学篇を読んだ人は、現象学と聞いてピンときたことでしょう。現象学は二〇世紀初頭にフッサールという哲学者によって提唱された哲学の方法論で、「事象そのものへ！」の旗印のもと、哲学を含む学問の再定義を試みた思想的運動でした。フッサール現象学において重視されるのは、私たちにとって当たり前となった常識やものごとの認識の方法などを限りなく反省し、括弧に入れること（現象学的還元）によって、そうした現象がいかにして現れているのかを解明することです。ここでは詳細な説明は省き、ウェーバーと関係する点について検討しましょう。

ウェーバーとフッサールに共通しているのは、私たちの日常性への注目です。ウェーバーの理解社会学が、生活者が日常的にどのような意味の世界を生きているのかを理解することを目的とすることは先ほど紹介しましたが、フッサールにおいても、日常性は私たちのあらゆる認識の絶えざる基盤として扱われます。フッサールは、日常性がいかにして発生してきたのか、そして客観的に見えるさまざまな学問が、実は日常性を基盤にすることなくしては成り立たないという事態を分析しました。

フッサールの現象学を引き継ぎ、かつウェーバーの理解社会学から影響を受けたのが、アルフレッド・シュッツ（一八九九～一九五九年）です。彼はユダヤ人としてアメリカに渡り、生涯にわたって生活のための実業と学問研究との二足のわらじを履き続けた稀有な人物でしたが、広い学術分野から学問的着想を得て、それらを統合することのできる器用さを持ち合わせていました。シュッツは両思想の潮流を継承して社会学的現象学の始祖となり、また「エスノメソドロジー」を提唱した人類学者のハロルド・ガーフィンケル（一九一七～二〇一一年）や、ピーター・L・バーガー（一九二九～二〇一七年）やトーマス・ルックマン（一九二七～二〇一六年）といった社会学者を弟子として輩出しました。

シュッツはウェーバーの理解社会学の傾向性をさらに深化させ、日常性の発生の分析を行います。つまり、ウェーバーにおいては、個にとって常にすでにそこに存在する状況であった日常性を、「それがいかに構成されるか」を記述する発生の問題へと転換しました。また、日常性についての理解のあり方を現象学的に深化することによって、日常的な意味を括弧に入れて、その発生の形式を取り出すことを試みます。このことは意味を扱うことが難しい人工知能との関係を考える上でも一つのヒントとなるかもしれません。

さて、この問題についてはシュッツはもちろんですが、最も焦点化した分析を行っているのは弟子のバーガーとルックマンによる共著『日常世界の構成』においてです。こちらを参照しながら、現象学的社会学における個から社会の構成のあり方を見ていきましょう。彼らは、日常性の発生を細かく分析してみると、そこには個から社会的なものが構成される契機が見て取れると考えます。そしてその段階には大きく「習慣化」「制度化」「正当化」の三つがあると述べています。一段階ずつ、引用しながら検討します。

人間のすべての活動は習慣化を免れ得ない。どのような行為であれ、それはしばしば繰り返されると一つのパターンに変化し、次いでこのパターンは労力の節約ということで再生が可能になり、事実上、その行為の遂行者によってその範型として理解されるようになる。さらにまた、習慣化は当の行為が将来、同様の仕方と同様の労力の節約によって再び遂行されうる、ということをも意味している。

〈ピーター・ラドウィグ、トーマス・ルックマン、『日常世界の構成―アイデンティティと社会の弁証法』、山口節郎訳、新曜社、一九七七年、91〜92ページ〉

最も重要な成果は、それぞれが相手方の行為を予測できるようになるであろう、ということだ。これと平行して、両者の相互作用が予測可能なものとなる。

〈ピーター・ラドウィグ、トーマス・ルックマン、『日常世界の構成―アイデンティティと社会の弁証法』、山口節郎訳、新曜社、一九七七年、98ページ〉

まずは、行為が習慣化、パターン化されると考えられます。朝起きてから、毎日、毎時、毎瞬、まったくランダムにパターン化されていない行為が続く生活を考えてみてください。すぐにそれがいかに難しいことであるかに気がつくでしょう。目を覚ましたとき、私たちがいるのは、多くの場合、昨日の朝と同じ場所です。そして、空腹であればキッチンや冷蔵庫に向かったり、コーヒーを入れたりするでしょう。トイレへ向かい、洗面所で手を洗い、テレビのスイッチをつける、というようなパターン化された生活を送っています。

こうしたパターン化は、私たちのあらゆる行為において潜在的に起こっていると考えられます。そしてパターン化自体は個の行為の範囲に閉じる事象と思われるかもしれませんが、引用の後半で、すでにそこに社会性への契機が含まれているというのだという重要な指摘がされています。私の行為がパターン化されるというとき、それは今後も同様に行為されるだろうという方法で、他者からも私の行為が予想可能なものとなります。ここに、すでに他者との視点の交換の契機が入り込んでいるのです。

> われわれはこの範例をもう一段進めて、AとBが子どもをもっていたと仮定してみよう。この段階においては、状況は質的に異なったものとなる。……（中略）……AとBとの最初の状況のなかに萌芽状態で存在していた制度的世界は、いまや他者にも継承されていくことになる。この過程において、制度化は自らを完成する。AとBの共通した生活のなかで生まれた習慣化と類型化、……（中略）……いまや歴史的な制度となる。歴史性という性格を得ることによって、こうした形成物は同時にまたもう一つの決定的な性格を獲得する。あるいはもっと正確に言えば、一つの性格を完成する。……（中略）……この性格こそが客観性という性格である。これは次のことを意味している。それは、いまや結晶化された諸制度（たとえば子どもを前にしての親のあり方についての制度）は、そのとき〈た

またま〉その制度を具体化することになった諸個人の上に、そしてまた彼らを超過して、存在するものとして経験される、ということである。換言すれば、制度はいまやそれ自身の現実性をもつものとして経験される、つまり個人に対して外的で、かつまた強制力のある事実として対峙する、一つの現実性をもつものとして経験されるのである。

〈ピーター・ラドウィグ、トーマス・ルックマン、『日常世界の構成―アイデンティティと社会の弁証法』、山口節郎訳、新曜社、一九七七年、100～101ページ〉

作られたパターンは、他者からも可視的なものになるだけでなく、共有されるものとなります。特に家族のような単位においては、親の保有する一定のパターンは子どもにも同様に継承されることとなります。その継承には意識的なケースも無意識的なケースもあるでしょう。このパターンを共有する単位が大きくなって何らかの共同体の範囲に広がったとき、それは一定の客観的な特徴や制度となるでしょう。重要な点は、このパターン自体には特に実質的な合理性は必要ないということです。パターンが生じたのは「たまたま」であってもよく、ただただそれが繰り返され、共有されれば、それは効力を持ち得ると指摘されています。そもそも継承された子どもは、そのパターンが最初に発生した出来事へはアクセスできないのですから、客観化された制度を受容するほかありません。

この点には、ウェーバーによる合理性の区別の影響を見て取ることができるでしょう。ウェーバーの形式的合理性は、実質的合理性から見ればまったくの不合理であってもよく、ただそれが形式化されていて予測可能であればよいものでした。バーガーとルックマンは、そのあり方を発生の側から記述し直しているのです。

この段階でも、一定の社会的構造と言ってよさそうにも思いますが、さらにもう一段階が定義されています。

> 正当化はまったく異なったいくつかの制度的過程に対してすでに付与されているさまざまな意味を統合するのに役立つ新しい意味を生み出す。正当化の機能はすでに制度化されている〈一次的〉な対象化過程の産物を客観的に妥当なものにすると同時に、主観的にももっともらしいものにすることにある。……（中略）……
> 正当化の問題は（いまでは歴史的なものとなった）制度的秩序という対象化過程の産物が新しい世代に受け継がれるようになる場合に、必然的に生じてくる。すでにみてきたように、この時点においては、諸制度のもつ自明性という性格は、もはや個人自身の記憶や習慣化という手段によっては維持しえなくなっている。歴史と自己の生活史との統一は破られてしまうのだ。その統一を回復し、それによってその統一がもつ二つの側面を理解可能なものにするには、制度的伝統のなかに含まれている目ぼしい要素について〈説明〉し、それが正当なものであることを証明してみせる必要がある。正当化とは、こうした〈説明〉および正しさの証明過程のことをいうのである。
> 〈ピーター・ラドウィグ、トーマス・ルックマン、『日常世界の構成―アイデンティティと社会の弁証法』、山口節郎訳、新曜社、一九七七年、157～159ページ〉

制度化されたパターンが、「たまたま」でないものとして、必然的なパターンであったかのように正当化されるのが最後の段階です。その際の契機として、パターンが「説明」されると言われています。説明の方法は問われません。神話、宗教、科学など、どのようなものでも制度化されたパターンの正当性が説明されていればよいのです。正当化が行われることによって、それが客観的な存在なだけでなく、各人の内に道徳や知識として内在化されることになります。このようにして、かつてウェーバーが語った姿に似た、非合理な合理性が蓄積された社会ができあがるのです。

「習慣化」、「制度化」、「正当化」という三つのステップを通してできあがった社会的なもの——法、制度、慣習など——は、すでに強い客観性を帯びた事実と化しています。社会ができあがった後でそこに参入する子どもや移民にとってみれば、こうした社会的なものは外的事実としての拘束力を持っているものとして機能することでしょう。言い換えれば、現象学的社会学者たちがウェーバーやフッサールから着想を得ながら行ったことは、個人から社会の構成を考える方法論的個人主義と、外的事実となった社会が個人の側を制約するという方法論的全体主義とを架橋する理論でもあったのです。続けて、この方法論的全体主義の伝統を確認し、社会と個人との循環的関係を考察することにしましょう。

図2　習慣化／制度化／正当化の３つのステップ

5　方法論的全体主義と非合理

ふたたび一九世紀後期に時間を巻き戻し、社会学のもう一つの伝統である方法論的全体主義へ焦点を移しましょう。ウェーバーと同時代の人間であり、かつ社会学の祖の一人として双璧をなすデュルケムは、ウェーバーと同様に、社会学の独立性と意義を対外的に示す必要がありました。その際に彼が用いた概念が「社会的事実」と呼ばれる外的事実であり、それは個人にとって外部にあるもので対象的に観察可能であり、かつ学問の対象とすべき独特の特徴を備えていると主張します。その上で、個と社会の関係については方法論的全体主義を採用し、個は社会に規定されるものであり、社会的事実を個に先立つものとして扱うべきであると考えました。

（前略）……社会生活を諸個人の性質のたんなる合成物として示すようなことがあってはならない。むしろ反対に、個人の性質は社会生活の結果だからである。社会的事実は、心理的事実のたんなる発展ではない。後者はその大半が意識の内奥における前者の延長にすぎないのである。……（中略）……例をとろう。しばしばそうされてきたように、家族組織のうちにあらゆる意識に内在的な人間感情の論理必然的な表現をみてとろうとすると、事実の現実的秩序を顚倒することになる。まったく反対に、親と子のそれぞれの感情の基因となったのは、まさに親族の諸関係の社会的組織なのである。……（中略）……このばあい、諸部分の形式を決定するのは、むしろ全体の形式である。社会は、それ自体がよってたつ基礎を、すでに諸意識のなかですべてつくられたものとして発見するのでない。社会はそれらの基礎をみずからにおいてつくっているのだ。

〈エミール・デュルケム、『社会分業論』、田原音和訳、ちくま学芸文庫、二〇一七年、565〜566ページ〉

ここで表現されているように、デュルケムは、個から社会が構成されるとするウェーバーのような考え方を否定し、逆に個は社会の結果であるとします。彼の考えによれば、私たちの行為、感情、選択、倫理などすべては、社会的事実によって拘束され決定づけられるものなのです。外的事実としての社会は、そうした拘束や強制を通して外在性を保った存在でありながら、個の内部へと内在化されてくことになります。

こうした行為または思考の型は、単に個人に外在するだけでなく、望もうと望むまいと個人に課される命令的で強制的な力を付与されている。なるほど、確かに、私がこれにまったく自らの意志で従っている時には、この強制は無用なものであり、まったく、あるいはほとんど感じられることはない。しかし、それでもなお、強制はこうした事実に内在する特徴である。その証拠に、私が抵抗しようとするや否や、強制ははっきりとその姿を現す。もし私が法の規定を犯そうと試みれば、それは私に逆らい、間に合えば私の行為を阻止し、行為がすでに完了し、かつ回復可能な場合には、これを無効として常態に戻す。もはや他の仕方では回復できない場合には、私を罰し、罪を償わせる。では、純粋な道徳格率については、どうだろうか。公共意識は、市民の行動を監視することによって、また特別な苦痛を課すことによって、道徳格率に反するあらゆる行為を抑制する。その他の場合、拘束はこれほど強くはないが、それでも拘束が存在しないわけではない。例えば、もし私が世間の慣習に従わず、私の国や階級の慣例をまったく無視した服装をすれば、私が招く嘲笑や、皆が私に向ける反感は、緩和された形ではあっても、本来の意味での刑罰と同じ効果をもたらす。

〈エミール・デュルケム、『社会学的方法の規準』、菊谷和宏訳、講談社学術文庫、二〇一八年、51〜52ページ〉

シュッツやバーガー、ルックマンらの現象学的社会学とベクトルの向きが逆であることは非常に興味深いでしょう。現象学的社会学では、個の行為の中から徐々に社会的なものが構成され、それが最終的には個を離れて外在化されるプロセスが説明されていました。しかしデュルケムの示す理論では、社会はあらかじめ外在的であり、それが私たちの行為を規定し、内在化されていくのです。私たちは自分自身の自由に基づいてなにがしかの行為を選択していると考えがちですが、デュルケムにとって、それは社会的なものの強制力とまったく無縁ではあり得ないのです。

この社会の外圧、強制力のことを、デュルケムは「前契約的連帯」あるいは「集合的意識」と呼びます。前契約的と呼ばれるのは、それが個の間でなされるあらゆる契約に先立つからです。たとえば、ある人が別のある人にお金を払ったら商品をもらうというある種の契約関係があったとします。そうした契約自体は合理的になされるわけですが、なぜその契約が守られ得るのか、なぜ有効なのかというと、さらにその契約の有効性を支える契約なり法律なりが必要となります。ではなぜ、私たちはその法が守られ得ると考えているのでしょうか。それはさらなる保証を必要とします。こうして契約が有効であるための契約があり、さらにそれを保証するための契約が……といった形で無限遡行し得るでしょう。

しかし、現実にはそのようなことはなく、法や憲法など何らかの契約を各人が遵守するであろうと見なして、私たちは他人と契約を結ぶわけです。それを支えている契約的合理性以前の存在が、前契約的連帯です。具体的には、刑罰、軍隊などの実力行使、あるいは他者による軽蔑、嘲笑、反感など、さまざまな形をとるとされますが、まさにこうしたものこそが社会の根底を支えている原理であるとされています。そして、この非合理な事態は私たちのあらゆる行動に内蔵されつつ、先立つような集合的意識であるとデュルケムは考えているのです。

　ウェーバーとデュルケムは、方法論的個人主義と方法論的全体主義という、真逆のアプローチで社会と個との間柄について思考しました。ですが、ある種の合理性への懐疑という観点において、両者に共通する問題意識が見られるかもしれません。ウェーバーにおいては個の合理性の多層性とその間の溝の解明によって、デュルケムにおいては個の合理性に先立つ社会の非合理的強制力の暴きによって、社会の成立や維持の根本に非合理的なものが内蔵されているという事態を表明したと考えられるでしょう。

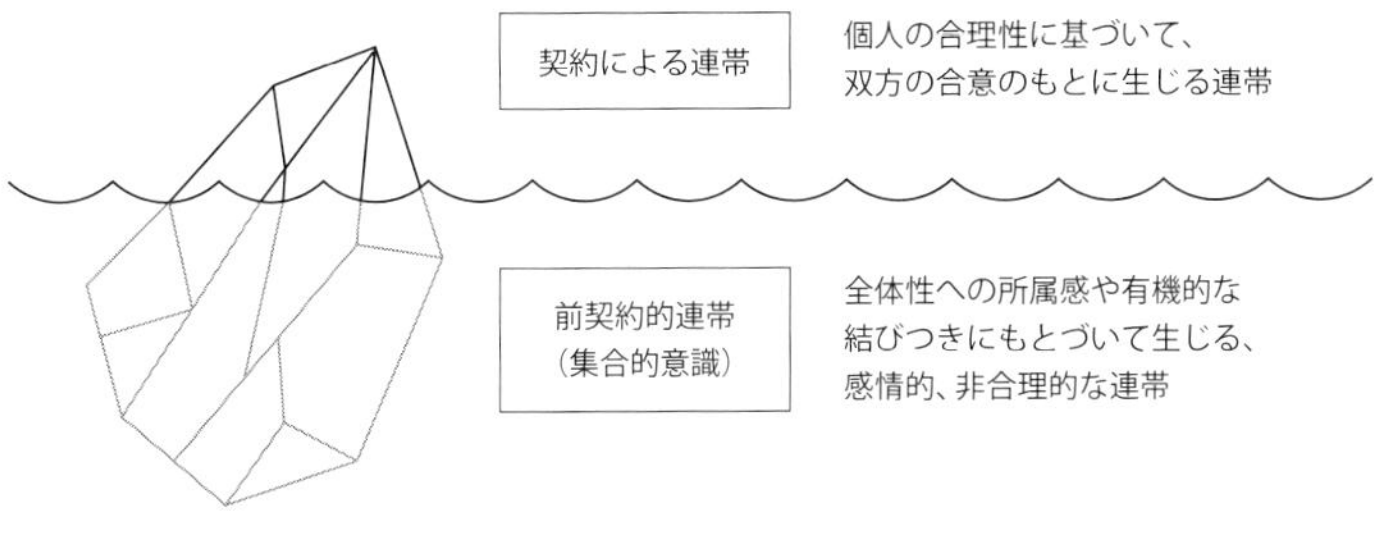

契約による連帯
個人の合理性に基づいて、
双方の合意のもとに生じる連帯
前契約的連帯
（集合的意識）
全体性への所属感や有機的な
結びつきにもとづいて生じる、
感情的、非合理的な連帯

図3　前契約的連帯

6 相互行為の社会学

方法論的個人主義と方法論的全体主義の両アプローチを参考に、社会学における個と社会との関係性を考察してきました。その中で両者に通底する、ある種の合理性への批判があることを確認してきました。社会生物学が個から社会の発生を合理性への徹底的な還元によってモデル化していたのと比較すると、まったく異なる指摘であることは明らかでしょう。

こうした非合理性に対する反省も含め、社会学の中に社会の構成を理論的なモデルによってではなく、具体的な現場でのフィールドワークを通して、そこで生じる状況やインタラクションを起点に考えようとする潮流が出てきています。フィールドワーク自体は、どちらかといえば文化人類学の中心的な研究手法として知られていますが、社会学と人類学は従来から相互影響が大きく、いわば兄弟関係にあるような学問分野でした。たとえば、人類学の初期に活躍したブロニスワフ・マリノフスキ（一八八四〜一九四二年）やアルフレッド・ラドクリフ＝ブラウン（一八八一〜一九五五）はデュルケムの機能主義的社会思想から大きな影響を受けています。社会学者のシュッツの筋からエスノメソドロジーの祖であるガーフィンケルが輩出されたことも先ほど触れました。

特に、アメリカのシカゴ大学社会学部では、設立当初から一九二九年頃までは社会学と人類学の垣根がなく同一学部で取り扱われており、その後もフィールドワークをはじめとする質的調査を中心とするシカゴ学派のメッカとして知られていました。ここでは、一九四五年頃からシカゴ大学で研究を行っていた社会学者アーヴィング・ゴフマン（一九二二〜一九八二年）を紹介します。ゴフマンはデュルケム的な伝統を引き受けつつ、社会全体を統制するパターンと具体的な状況における行為者の身体性との間を行き来しながら、個と社会との関係を記述しています。その中で、特に現場の状況やそこで起こるやり取りを演劇や儀礼などのモチーフを利用しながら、合理性に還元されない関係性を構想します。

行事の社会学、それをここで提唱したい。社会的編成が主題になる。ただし、何が編成されるかと言えば、人びとの交わりが編成されるのであり、その交わりから生まれてくるいっときの相互行為的な営為が編成されるのである。……（中略）……

相互行為を研究するとは、個人とその心理を研究するのではなく、個々人相互間に生じるいろいろな行為を系統的に研究すること、という前提をわたしは置く

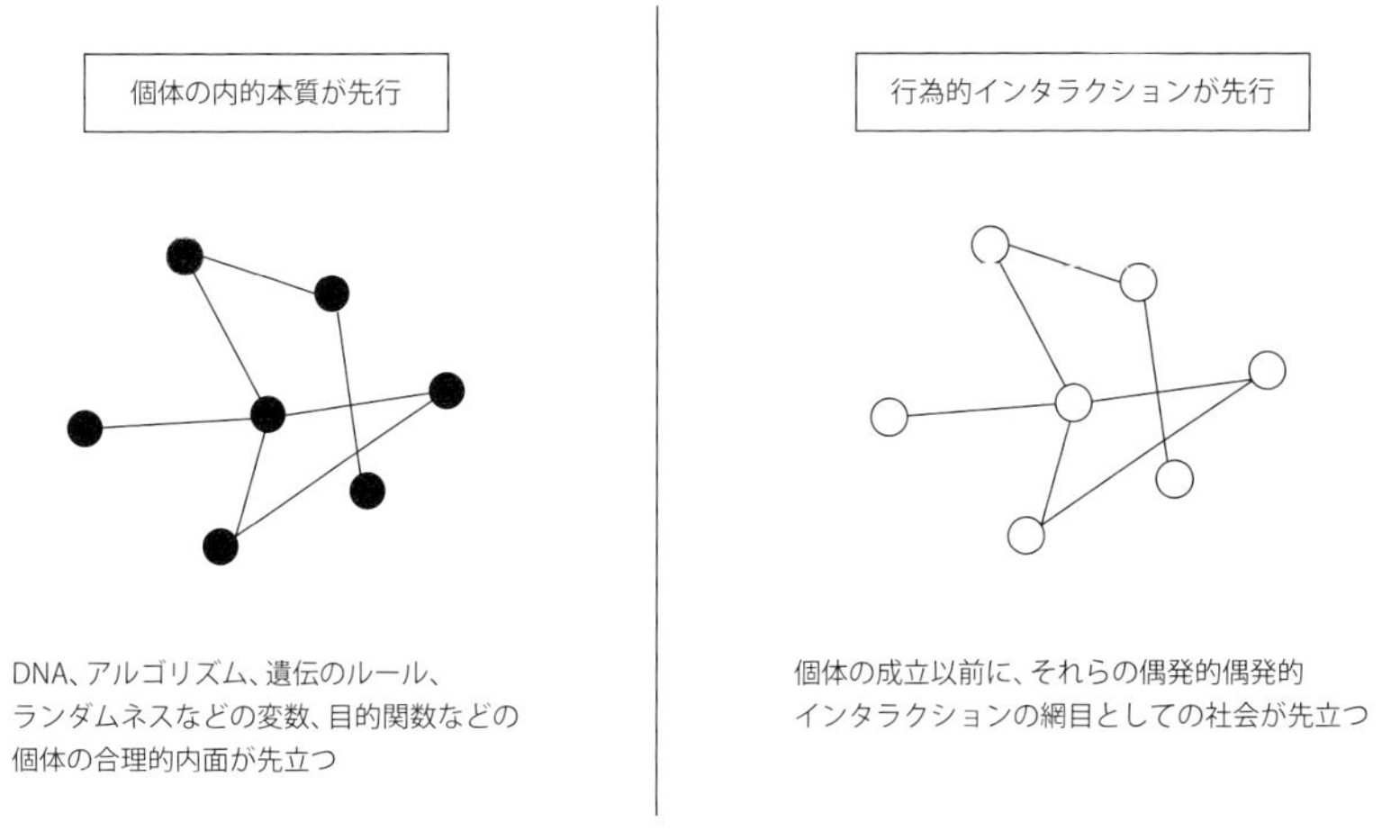
個体の内的本質が先行
DNA、アルゴリズム、遺伝のルール、
ランダムネスなどの変数、目的関数などの
個体の合理的内面が先立つ
行為的インタラクションが先行
個体の成立以前に、それらの偶発的偶発的
インタラクションの網目としての社会が先立つ

図4　個体の本質規定より先に社会的行為連関が現象する

ことにする。

〈アーヴィング・ゴフマン、『儀礼としての相互行為―対面行動の社会学』、浅野敏夫訳、法政大学出版局、二〇一二年、2〜3ページ〉

何らかの本質が先に定義され、それによって社会や状況が自動的に構成されるのではなく、むしろそこでは、中心に偶然性（occasional）が置かれており、偶然的に行われるインタラクション、行為が発生し、その後に個が浮かび上がってくるという関係性を考えています。相互行為の社会学とも呼ばれるこうしたアプローチは、行為を通して社会と個とを動的に結びあわせるやり方と考えられるでしょう。

このように、インタラクションを重視する社会学者の中から、最後にもう一人ランドル・コリンズ（一九四一年〜）を紹介したいと思います。個々の感情的な行為や、やり取りと社会全体との影響関係が彼の中心的な研究ですが、著作の中で人工知能についても言及しています。

もし真の人工知能（ＡＩ）がつくられるとしたら、社会学者がそこで大きな役割を果たすべきであると私は言いたい。これまでのコンピュータ・モデルの限界は、知能というものをまるで何者にも依存しない独自の精神のようなものとすることから生じている。しかし、人間の思考は基本的に社会的なものである。それだけではない。うまく働くＡＩというのは感情的（！）でなければならない。私たちはＡＩをあまりに合理的にしよう、あまりに高度に知能的なものにしようとして、より本質的な人間的諸属性を無視するという誤りを犯してきた。これは逆説的に聞こえるかもしれない。しかし……（中略）……微視社会学――人びとが対面的状況においてどのように相互作用するかについての研究――の成果によれば、社会的接触を維持し、私たちの思考を一定の経路に導く感情的諸過程が明らかになっている。もしコンピュータ知能に人間ができることをさせようというのであれば、それは感情をそなえたコンピュータでなければならないであろう。

〈ランドル・コリンズ、『脱常識の社会学 第二版――社会の読み方入門』、井上俊・磯部卓三訳、岩波現代文庫、二〇一三年、249ページ〉

人間の精神は社会的なものだという考え方に関しては、何も神秘的なところはない。エミール・デュルケムは「集合意識」という言葉を使ったが、これは一群の人びとによって共有された概念および信念のことである。……（中略）……「社会」とは相互に作用しあう人びとにほかならない。それは過程であって、実体ではない。私たちが互いに出会うとき、いつでも社会は発生する。……（中略）……私たちのもつ概念や考え、そしてどの考えが重要かということについての感覚は、私たちが互いに取り交わす会話から生じる。話し方を知っている人、そして会話の仕方を学んだ人が、いわば本当の人間である。この能力があってはじめて、次の段階、つまり各個人が自分の心のなかで私的に考えるという段階が生じる。なぜなら、思考は内面化された会話なのだから。

〈ランドル・コリンズ、『脱常識の社会学 第二版――社会の読み方入門』、井上俊・磯部卓三訳、岩波現代文庫、二〇一三年、253〜254ページ〉

ここで具体的に言及されていることは、これまで見てきたさまざまな社会学の遺産を引き継ぐものです。「人間の思考は基本的に社会的なものである」と言うように、個は他者や社会との相互作用や相互限定の中で生じてくるのであって、内面のアーキテクチャだけを考えるのは社会学的にはナンセンスです。そして同時に、社会的である知能は合理性なものの集積によってできあがっているのではなく、むしろコリンズの言う感情を含む非合理的なものによって支えられているのです。執筆されたのは一九九二年なので、コリンズが念頭に置いていた人工知能はおそらくエキスパートシステムなどの少し古いものかもしれませんが、このような合理性の批判という意味では、現在の人工知能に対しても同じように当てはまるでしょう。

彼は具体的な人工知能設計のプロセスについても述べています。詳細はテクストに当たることをおすすめしますが、ここでは重要な指摘のみピックアップしていくつか紹介します。まず、知能の内面を設計する以前にコミュニケーションの現場に放り込むべしという指摘がされています。それは、いわば私たちが知識を習得してきた過程と同じように、人々が実際に言葉を発したり受け取ったり、目配せをしたり表情を変えたりするような状況に置くべきという見解です。状況から切り離された言語のデータは一面を切り取ったものに過ぎない薄いデータであり、そうしたデータの蓄積の後にパターン化が行われ、他者の発話を予測できるようになります。バーガーとルックマンにおいても、社会化の一歩目にこうしたパターン化と予測が置かれていましたが、予測の能力を獲得することは社会との接続の重要な契機と考えられています。

その後、適切なリアクションを覚え、パターンをまとめ上げて知識とし、相手や状況やその間に生じる何らかのノリのようなもの（原著ではemotional energy）を理解し、それによって会話の速度やテーマを変えるといったプロセスが記述されています。ここまでできれば非常に高度な知性に見えますが、コリンズによれば、いわゆる内面の思考が形成されるのはコミュニケーションの儀礼に適切に参加できるようになった後です。こうしたコミュニケーションへの事後的な反芻から、ようやく内的思考が形成されるようになり、好き嫌いを覚え、自律的であったり創造的であったりするような知性ができあがると考えられています。

彼は社会学者ですので「いかに実装するのか」にまでは言及していません。ですが、これまで見てきた社会学者たちの知見を多分に取り込んだ提言として、興味深い示唆があるように思われます。

今夜は「人工知能はどのような社会を築くのか」という問いを、社会学の知見を紹介しながら検討してきました。社会を築く、という行為に関しては、一見私たち人間にとっては自明なことと思われていますが、その「いかに」を問おうとすると、一筋縄ではいかない問題となります。さまざまな社会学者たちが個と社会との関係について多種多様な方法でアプローチしていることを思えば、この問題が重層的であるのも当然のことでしょう。

また、社会学の中には人工知能と社会との関係を

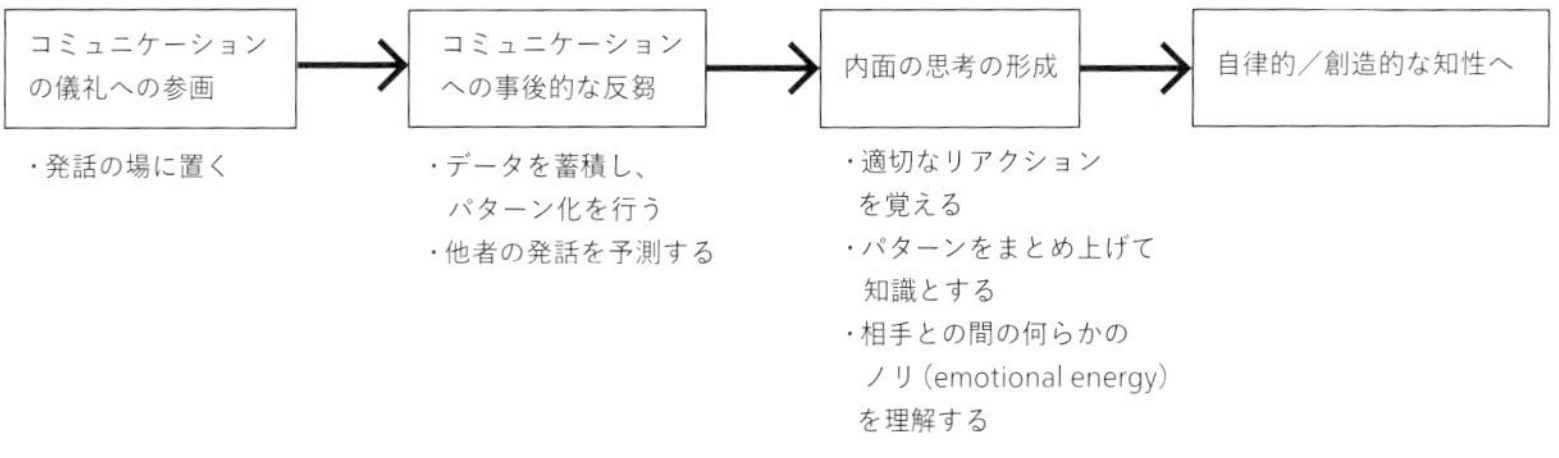

図5　コリンズによる社会的人工知能のためのステップ

考える際の重要な指摘がいくつもありました。まず、方法論的個人主義と方法論的全体主義の文脈で議論されていた、個と社会とはどちらが先に立つのか、あるいは相互にどのような影響関係があるのか、といった個と社会との関係性について理解することは非常に重要です。そして、ウェーバーやデュルケム以降の合理性と非合理性に関する理論を、コンピュータにおいてどのように理解するべきなのか、この点も大きな課題です。計算を本質とするコンピュータや人工知能はこの指摘をどのように受け取ることができるのでしょうか。その上で、ゴフマンやコリンズが主張するように、社会的な存在が具体的な社会的状態の中でしか出現しないのであれば、そもそもの設計という行為を見直す必要があるのかもしれません。

今夜の問いについても明確な答えを出すことはできませんでしたが、こうして問題を浮き彫りにしながら、行きつ戻りつ少しずつ前に進んでいくことは、決して意味のないことではないでしょう。

第二部 [第三夜]

文化の記述とアルゴリズム

日々の食事から住居の形態、あるいはコミュニケーションの取り方に至るまで、さまざまな点で私たちは独特の様式を持っています。こうした生活様式は、一般に「文化」と呼ばれ、大小さまざまな集団に何らかの固有性を与えるものとして扱われています。文化を論じる際、こうした特定の文化の固有性について語ったり、あるいはいくつかの文化の差異に注目することはよくありますが、そこに共通する事柄や、文化の統一的な定義を考察することはあまりないかもしれません。何が文化の要素であり、何が文化を形作るのでしょう。ここでは、こうした問題にまつわる人類学のさまざまな議論に触れながら、文化現象を統一的に説明できるモデルが存在するのかどうかについて考察します。その過程で、人間と文化、そして人工知能との関係がさまざまな観点から検討されることになるでしょう。

1　「文化」とは何か

個と全体との相互関係について考える際、第二夜で扱ったように「社会」についての考察から始めるのは重要な入り口の一つです。その関係の捉え方にはいくつかの異なる方法論がありました。デュルケムのように、社会は個にとって外的な事実だとする見方もあれば、ウェーバーやシュッツのように、個の経験の中から社会が意味づけられ構成されると考える社会学者たちもいます。しかしながら、個と全体の結びつきの様相を考えるとき、社会というテーマですべてが語り尽くされるわけではありません。

私たちは何らかの社会に属しています。社会には、日本社会、現代社会、グローバル社会などさまざまな単位や切り口がありますが、好むと好まざるとにかかわらずにそうしています。そして社会は、方法論的全体主義を取るにせよ方法論的個人主義を取るにせよ、結果的には私たちの外部に存在するパターンやシステムとして機能します。デュルケムが社会の強制力について語ったように、個にとって社会とは「否応なく」所属する集団や共同体といった形式的な側面が強いものでした。他方、今夜のテーマである「文化」は個々の生きる姿を通じて実際に表現されるような具体性や身体性を伴っています。

私が何らかの文化に「属する」というとき、それは社会に「属する」のと同じではありません。たとえば、私は日本で生まれ育ち、現在も日本にいるので、日本社会に属していると言えるでしょう。しかし、日本文化に属しているかと聞かれると、少し考えてしまいます。毎日米を食べるわけでもなく、和装をすることもかなり稀ですし、いわゆる「日本的」行事やしきたりにも疎く、積極的には参加しません。その意味で、日本文化に属しているという実感はあまり強くないのが正直なところです。私と同じような実感を持つ人は少なくないでしょう。

ここで言われる「文化」とは一体、何を意味しているのでしょうか。一般的に言えば、文化という言葉は、食文化、縄文文化、日本文化といったように、共同体の中で共有された何らかの生活・行動様式一般を指す言葉として使います。文化人、文化施設、文化財という言葉のニュアンスが持つように様式の中でも特に高尚であったり高級であったりするものを指す場合もありますが、こうした意味は派生的なものです。ここでは高級、低俗の区別なく、文化は生活・行動様式一般にかかわるものとして進めましょう。

私が日本文化に属しているかと聞かれて答えに迷ってしまうのは、文化に属するということが単に所属の関係だけではなく、私自身の行動様式を問われているからです。日本文化に属しているとした場合、私は日本に居住するだけでは足りず、日本の文化的な生活様式に従って日本の文化を生きているのでなければ十分ではありません。こうした文化的な生活様式がいったい何を指しているのかは明確ではなく、何を満たせば私はその文化に属している（文化を持つ）と言えるのか、正確なところがわからなければ判断がつきません。

また、文化に関する考察のもう一つの難しさは、多くの場合、人は自分自身の生活様式に自覚的ではないということです。様式が様式であるためには、それはその本人に内在化、身体化されていなければなりませんが、逆に完全に内在化されていると、自分自身がある文化に属しているということは意識にのぼりません。異なった文化圏から他人がやってきて特異な行動様式を発見し、それが特有の文化であることが「発見」されなければ、文化は浮き彫りにならないのです。私自身は日本文化に属している自覚がなくとも、日本以外の国の人の目から見れば、私の行動や生活の端々に日本的な様式が見て取られるのかもしれないのですから。

文化を持つことはできるか

さて、ここで「人工知能は文化を持つことができるか」という問いが与えられています。文化を持つということは単なる所属状態ではなく、何らかの共有された様式を生きることであるのならば、それはいかにして可能でしょうか。その様式の共有は、単なる情報やデータの共有ということと同じことなのでしょうか。あるいは別のものとして考える必要があるのでしょうか。また、「人工知能がある文化を持った」ということを、私たちはどのように判断することができるのでしょうか。私たち人間と文化との関係について考えるだけでも骨が折れそうではありますが、文化という言葉のややこしさを念頭に置きながら検討を進める必要がありそうです。

2 進化主義と伝播主義

文化に関する思索は、古来からさまざまに繰り広げられてきました。特に文化が議論の的になるのは、文化の異なる他民族と接するときでした。たとえば、古代ギリシアでは、自民族以外、特に言語の異なる民族のことを「バルバロイ（barbaroi）」と呼び、同朋（hellenis）と区別をしました。他民族が「barbar」と何を言っているのかわからないことからbarbaroi、barbarは「野蛮人（barbarian）」のような言葉の語源となっています。ある種の自民族中心主義（ethnnocentrism）的な発想ですが、言語や生活様式が異なっていることが興味と軽蔑の対象となっていたのです。

ローマ時代に活躍したタキトゥスの民族誌『ゲルマニア』を紐解くと、そこにも自民族とは異なる民族を劣った存在と見なす記述が多く見られます。こうした自民族中心の文化についての思想は、大航海時代や近代の西欧諸国による植民化の過程に至るまで作用し続け、人類学（anthoropology）の誕生にまで影響を及ぼすこととなります。

人類学の祖の一人として知られるエドワード・バーネット・タイラー（一八三二〜一九一七年）は、第二夜で扱ったハーバート・スペンサーと同じく一九世紀中頃に活躍した人で、時代の多分にもれず進化論から大きな影響を受けていました。彼は自民族中心の発想と進化論とを結びつけながら進化主義的な文化論を唱え、人類学の基礎を築くことになります。

人類のさまざまな社会に通じる文化の条件は、一般的原則に基づいて探求できる限り、人間の思考および行為の法則を研究するのにかなった主題である。他方で、文明を広範に普及させることになった単一性は、おおよそ、単一の原因に端を発する単一の行為に帰せられよう。一方、文明の様々な程度は発達や進化の段階とみなされよう。各々の段階は過去の歴史の結果であり、また未来の歴史を形成するための固有の役割を果たすものである。

〈Tylor, Edward Burnett, Primitive Culture Volume I: 1, Dover Publications, p.1（筆者訳）〉

人工知能に文化を持たせるという観点で実装について考える場合、こうした進化論的な発想が比較的扱いやすいものであることは第二夜でも考察したとおりです。タイラーが進化の原理を「単一である」と言うように、文化間の差異があくまで進化の度合いの違いであり、文化が単一の構造に従って発生するものであれば、単一のプログラムによって文化現象をシミュレーションすることができるかもしれません。しかし、こうした進化論的なアイデアは、何らかの文化的情況を頂点としたヒエラルキー構造を持つ思想とセットになっており、自民族中心主義的なバイアスを抱えています。人類学の内部でも以上のような進化論的な文化理解に対する批判がありました。代表的なものはフリッツ・グレープナー（一八七七〜一九三四年）の「伝播主義」と呼ばれる立場です。

伝播主義は、単一的な歴史の進歩によって文化を理解するのではなく、多元的に、かつ同時多発的にさまざまな地域で生じる文化の伝播を膨大な資料から読み解くことによって、文化の影響関係を理解しようと試みました。グレープナーらが提唱した「文化圏（Kulturkreis）」という言葉は現在も使われていますが、原語のイメージをそのまま訳すと「文化円」といったニュアンスにもなります。石を水面に落とすと円く波紋が広がっていくように、文化の伝播を記述しようとしたのが伝播主義でした。

進化主義と伝播主義にはさまざまな違いがありますが、その中でも興味深いのはそれぞれの文化の定義です。タイラーは先ほどの引用箇所の直前で、「文化ないし文明とは、もっとも広く民族誌の意味で考えると、知識、信仰、芸術、道徳、法、慣習、および社会の成員である人間によって習得されたその他の能力や習慣を包含する複合的総体である」という文化の定義を述べています。この定義は、文化について明確な定義を試みた最初期のもので、現代でも頻繁に参照されています。しかし、実証的な手法を重んじる人類学者たちからは、信仰や道徳などの観察の及ばない内的なものは含めるべきでなく、あくまで観察可能なものに留めるべきというような批判も多くなされました。タイラーがそうした広い定義を採用したのは、彼自身、資料や物品の分析よりも文化の進化という思想的な関心が強かったことが影響しているでしょう。

質的基準と量的基準

他方、綿密な資料分析を行うグレープナーらの伝播主義者は、信仰や道徳などへの直接の言及は避け、観察可能な物品へと注目します。そして物品を用いることで二つの文化の間にある影響関係の有無を判定するための技術的な方法論を採用しました。グレープナーによれば、ある二つ以上の文化に共通点があるかどうかを判定するために、質的基準（形態基準）と量的基準の二つを用いるべきと考えます。

質的基準とは、二つの文化に存在する物品（楽器、家、道具、衣服など）の間に、その物品の目的や必然性とは関係のない共通の特徴があることです。言い換えると「そのようである必要はないのにそのようにある」性質に共通点が見られるときに二つの文化に影響関係がある、と考えます。具体例として、音楽民族学者エーリヒ・フォン・ホルンボステル（一八七七〜一九三五年）によるブラジルとパプアニューギニアのソロモン諸島との文化の伝播関係に関する分析を紹介しましょう。両文化には「パンパイプ」という管楽器が存在しており、彼はこの物品の共通性に注目しました。もちろん同様の物品が存在するという事実だけでは、両文化にたまたま同時発生したという可能性があるため、伝播の説明にはなりません。この事例の興味深い点は、両文化が地理的に大きく離れているにもかかわらず、管楽器のさまざまな特徴に共通点が見られることです。まず、この二つの地域に存在するパンパイプは、お互いに奇妙な音の配列を持っているという点で共通しています。音の配列はパイプの物理的特性、そして音楽的必然性とは何の関係もなく、完全に任意の要素です。さらに、同じ音階を持っているだけでなく、両地域のパンパイプでは、その最低音と最高音の選択が一致しています。本来、ピアノの鍵盤の数が自由に設定できるのと同様に、パンパイプの最低音と最高音の選択もまた、音楽的には任意です。しかしながら、このように音の選択と序列が共通しているというのは、この二つの文化に何らかの影響関係があると推定されると考えられます。このパンパイプの例のように、「その

図1　パンパイプ［Panpipes, Dr. Carl F. Schueler, CC0, http://n2t.net/ark:/65665/3cd207fd0-9b41-4da2-a69c-fb6fe40f6e71］

ようである必要はないのにそのようにある」要素に関する基準が質的基準と呼ばれています。

量的基準とは、質的基準を満たすものが複数の対象において観察されるかどうかに関する基準です。つまり、一つだけ存在するのではなく、有意と言える程度には存在することが必要だということです。伝播主義は徹底したデータ主義としても知られ、この量的なアプローチはその後の人類学のデータ分析や統計的手法に先鞭をつけるものでもありました。この統計的アプローチについては後ほど改めて検討したいと思います。

文化の要素

量的基準は質的基準のバイアスを避けるための方法として重要ではありますが、文化の定義という点では質的基準から導出することができます。伝播主義者たちが定義する文化とは、物品や言語などの観察可能なものにおいて、「そのようである必要はないのにそのようにある」様式のことであると言えます。

私たちの周りを見回してみると、目的とは無関係の特徴や要素をたくさん発見することができるでしょう。たとえば衣服について考えてみれば、防寒や身体を守るといった目的は一応あるにせよ、実際にはそれとはまったく関係ない要素ばかりが目につきます。もちろんほかにもさまざまな小目的——機能的、洗濯しやすい、頑丈など——はあるでしょうが、様式としてのジーンズの色落ちやダメージ、袖のフリルやレースなど、衣服そのものの目的と関係しそうにはありません。「おしゃれ」も一つの目的のように思われるかもしれませんが、それは衣服そのものに属する特徴ではなく、それに対する「意味」や「価値」といった何らかの認識との関係で生じるような性質のものです。観察可能なものを重視する伝播主義者に従えば、こうした要素はやはり「そのようである必要はないのにそのようにある」ものの一つであり、文化的な特徴として理解されるのです。

人工知能はこうした文化的特徴を備えたものを生み出すことはできるのでしょうか。たとえば、将棋を指す人工知能を想定してみます。人間のプロ棋士の指し手には「そのようである必要はないのにそのようにある」ような特徴、いわゆる「棋風」と呼ばれるようなスタイルが見られます。居飛車党か振り飛車党か、攻守のバランスはどうか、序盤はどのように相手の様子を伺うのかなどさまざまな特徴があり、独特なスタイルは「○○流」と名づけれらたりします。将棋を指す目的を「勝負に勝利すること」とするならば、それらは必然的に生じるものではありません。ほかの可能性も常にあり得るわけです。にもかかわらず、こうした様式が師匠から弟子へと受け継がれていくようなことが起こります。伝播主義者たちの定義に従えば、これはまさに文化と呼ぶべきものでしょう。

他方で将棋を指す人工知能は、たとえば強化学習のような手法によって、すべての指し手が目的である勝利へ向けて最適化されます。この人工知能はうまくいけば非常に強くなるかもしれませんが、すべてはあくまで「そのようにあることが最も最適である」ように最適化された指し手の連続です。内部の仕組みから見れば、こうした人工知能は文化のないものとなるでしょう。

しかし、伝播主義者がそうするように、文化があくまで外から観察されるものであるなら、人工知能の指し手に一定の「棋風」を見ることができるかもしれません。たとえば、私たち人間の側が無自覚に持っている指し手への偏りに対応する形で、人工知能があるパターンを持って応じるということはあり得るでしょう。そのとき、私たちはそのスタイルを文化と呼ぶべきなのでしょうか。

3 マリノフスキと文化の参与観察

進化主義、伝播主義に触れながら、初期の人類学の思想とアプローチを紹介してきました。しかし、こうした立場は現代の人類学、特に文化人類学（cultural anthropology）から見れば前時代的のものと映ることでしょう。タイラーやグレープナーの後、彼らに影響を受けながらもまったく新しい方法で文化にアプローチする文化人類学者たちが登場します。ここでは、現代文化人類学の勃興期に活躍した、マリノフスキとフランツ・ボアズ（一八五八〜一九四二年）の二人を紹介します。

マリノフスキは、もともと物理学を学びながら学位取得後に人類学へ転向したという背景を持つ人物です。しかし、彼が現代文化人類学の始点に位置づけられるのは、そうした稀有な観点から新たな視座を持ち込んだからということではなく、むしろある種のハプニングがきっかけでした。一九一四年の夏、当時イギリスの大学で研究を行っていたマリノフスキは、友人とオーストラリアへ調査旅行に出かけていました。その最中に運悪く第一次世界大戦が勃発し、オーストリア出身の彼は敵国人と見なされて帰国が困難となります。周辺の島々へは移動できたため、ソロモン海上に浮かぶトロブリアンド諸島へ渡り、現地の人々の言葉を習得してコミュニティへ入り込み、二年にわたってフィールドワークを行いました。結果的に内部からその生活様式を観察する「参与観察」という手法をはじめて行い、確立させることになったのです。

一九二二年にその成果をまとめて発表した『西太平洋の遠洋航海者』はまったく新しいスタイルの民族誌として西欧諸国の人類学者たちにセンセーションを与え、その後の文化人類学を特徴づけることとなりました。そして、フィールドワークが主流になるに従って、マリノフスキ以前の進化主義的な人類学は、フィールドに出ずに思弁的な思考を楽しむ「安楽椅子の哲学者」と呼ばれて揶揄され始めます。

現在、参与観察を含むフィールドワークは文化人類学の中心的な方法論とされています。こうした研究手法は質的研究に区分され、定量的なデータを用いた量的研究と区別されています。文化人類学が質的調査を重視するのは、文化は対象的な観察や説明によってではなく、そこで生活する個人と共同体の内部から記述し解釈することによって理解するべきであるという、文化に対するある種の理解が前提にあるからにほかなりません。

また、こうした参与観察が広く受容された反面、批判もないわけではありません。特に、マリノフスキの死後、原住民に対する軽蔑や欺瞞に満ちた日記が出版されて以降、偏見のない偉大なフィールドワーカーとしてのマリノフスキ像は修正されつつあります。マリノフスキは、現地語を話しながら現地人と信頼関係（ラポール）を築き、それによって彼らの生活様式を記述できるようになると述べましたが、それはある意味では外向きに整えられた言説だったのです。とはいえ、それによって彼の研究の意義がなくなるわけではありません。実際に日記を紐解くと、彼の調査者としての矜持と、一人間としての感情的な反応との間で揺さぶられる様子がリアルに描かれています。第一夜で扱ったような他者理解という観点で考えると、むしろこちらのほうが私たち人間の正直な反応が生々しく描かれていると言えなくもありません。

> 彼はブワガウとタウクリポカポカに関する貴重な情報をくれた。——同時に、話を聞いていられないほどの激しい嫌悪感。心の内では、彼が私に聞かせてくれる素晴らしい話の全てを、私は拒絶していた。民族誌の最大の困難は、これを克服することだ。
>
> 〈Malinowski B., Diary in the Strict Sense of the Term, Stanford Univ Press, p.166（筆者訳）〉

4 文化普遍主義への反動

マリノフスキがイギリスを中心に活躍していた一方で、アメリカの文化人類学はボアズの文化相対主義が主流を形成していました。当初は物理学を研究していたボアズは、水の色についての認識に関する研究で博士論文を取得し、そのテーマから人の認識と環境との関係へと関心を持ち、地理学を経由して人類学者となりました。一八八三年には、エスキモー研究のためにカナダ北東部のバフィン島にフィールドワークで訪れ、エスキモーの言語体系と認知の関係などの実証的調査を行いました。

こうした調査成果から、彼は個々の文化は独自に発生した独自の体系を持っているのであって、各々はその文化自体の全体性において理解されなければならないと考えるようになります。つまり、異なる文化を安易に比較して優劣を述べたり、ある部分を取ってきて調査者側の文脈から評価したりするのではなく、文化はその独自性の中から理解するべきであるという立場を強めていったのです。ボアズ以前の、あらゆる文化を単一の進化史の枠組みで考える進化主義や、文化間の伝播を客観的な物品やデータの比較研究から解明しようとする伝播主義と比較すると、ボアズの主張の新しさと差異がわかるでしょう。この主張は「文化相対主義」と呼ばれ、現在の文化人類学の大部分では研究の大前提となるような態度として扱われています。

こうした文化相対主義の主張は単に学術的な立場にとどまらず、アメリカ的な平等主義の理念とも相性がよく、ボアズは政治的なバックアップも受けながら、アメリカ人類学を特徴づける立場となります。

ボアズの弟子筋からは、日本文化の独自性を扱った『菊と刀』でおなじみのルース・ベネディクト

（一八八七〜一九四八年）、『サモアの思春期』でサモアの女性の性や家族形態が西洋のそれとは異なることを論じたマーガレット・ミード（一九〇一〜一九七八年）、そして言語相対仮説（サピア＝ウォーフ仮説）で知られるエドワード・サピア（一八八四〜一九三九年）など、多岐にわたって活躍をした人類学者たちが輩出されました。彼らは共通して、文化を普遍的・単一的構造と想定するべきではなく、あくまで相対的なものとして扱う、というボアズの思想の影響を受けています。

人類学を創始したタイラーたちの中心的な動機は「文化の説明」であり、いかに人類の文化的現象を一つあるいは少数の理論によってモデル化できるかが重要でした。人工知能は文化を持つことができるのかという当初の問いを考える際にも、「文化の説明」との関係は非常に重要です。文化の様式を説明することができれば、人工知能への実装もまたはそう遠くない次のステップとして視野に入れることができるでしょう。しかし、その後の文化人類学の潮流は、むしろこの文化の説明という動機への批判によって動力を得ています。人工知能との関係で改めて「文化の説明」を視野に入れる際にも、こうした批判が何に抗議していたのかを念頭に置き続けるべきでしょう。そうでなければ、気づかないうちに自文化中心のパースペクティブによって偏った文化のモデルを作り上げるということになりかねません。

文化の「厚い記述」

マリノフスキーのように質的研究を重視するアプローチは、異なった文化に対する定量化や説明を行うことへの慎重さの現れでもあり、ボアズの文化相対主義はこうした説明の暴力性への反省を明示的に表現しています。この潮流は、一九七〇年代頃に活躍したクリフォード・ギアツにおいて頂点に達します。

アメリカの人類学者であるギアツは、以上のようなボアズ的人類学の伝統に加え、第二夜で登場したデュルケム由来の社会学、そして現象学的社会学者のシュッツ経由でウェーバーの理解社会学の潮流に影響を受けながら、文化人類学に新たな展開をもたらします。ギアツは、文化とは「シンボルの内に埋め込まれ、歴史の中で継承されてきた意味のパターンである」とします。タイラーの「知識、信仰、芸術、道徳、法、慣習、および社会の成員である人間によって習得された、その他の能力や習慣を包含する複合的総体である」という定義や、それに対して観察可能な対象に絞って考察する物質主義的な定義を先立って紹介しましたが、それらと比較すると、一見淡白な定義に見えます。

ギアツの定義の中心を占めるのは、「意味」という概念です。たとえば、ある文化における「婚姻」について考えてみるとします。ギアツは、この「婚姻」を西洋的な文脈で比較したりするのではなく、当該の文化内で「婚姻」がどのような意味のネットワークの中に布置しているかを記

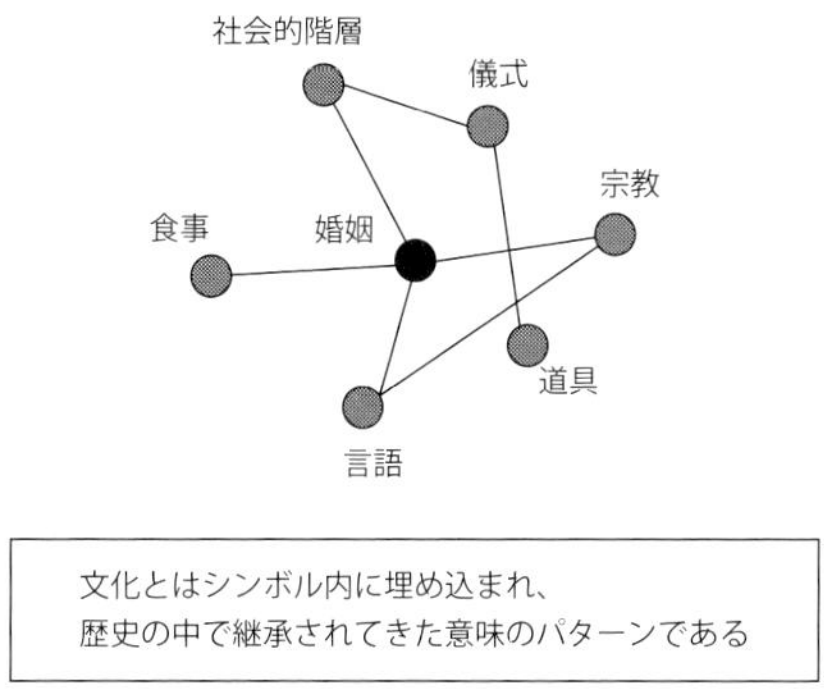

図2　ギアツによる意味論的転回

述していきます。儀式、家族、性など、およそ関連する限りのシンボルとの関係性を洗い出し、徹底的な記述を試みることによって、その文化における「婚姻」の意味をようやく内側から解釈することができると考えました。

彼のこの方法論は「解釈人類学（interpretive anthropology）」と呼ばれます。第二夜で紹介した、ウェーバーの「理解社会学（interpretative sociology）」と似ていることに気づいたかもしれません。日本語の訳は違いますが、まさにウェーバーと同様に、哲学者のディルタイによる「解釈学」から影響を受けて成立しています。解釈学は、自然科学的な実証や説明という方法論を取らず、解釈を人文社会科学の方法論として考えたものであることは紹介しましたが、ギアツもそうした学問観を引き継いで、文化人類学の方法として据えたのです。

ギアツはこうして、文化はある一つの文学のテクストと同様に解釈されるべきものであると考えました。解釈へ向けたギアツの文化記述は「厚い記述（thick description）」と呼ばれます。文化現象はただある側面を切り取って取り扱うのではなく、可能な限り厚い文脈とともに記述されるべき対象であると考えたのです。文学における解釈学的試みと同様、この解釈と記述の運動はどこまでも完成することはありません。よりよい解釈へ、あるいはより異なった解釈へ向けて漸次的に進めていくような動的な取り組みなのです。

最初期の説明的な人類学から離れ、文化の複雑さや多様さへのまなざしを発展させてきた文化人類学の流れを見てきました。この時点で「人工知能は文化を持つことができるか」という最初の問いに答えようとすれば、それは消極的なものにならざるを得ないでしょう。なぜなら、文化は相対的なものであって原理が存在しないとすれば、それをコンピュータによって実現しようにも手がかりになるような契機がないからです。すでに存在する他者や異文化との出会いを通して完成することのない解釈の運動に巻き込まれること以外に、できることはないように思われます。

とはいえ、まだあらゆる可能性が尽きたわけではありません。実は、文化の説明を試みるアプローチは、タイラーやグレープナー以降完全に消滅してしまったわけではないのです。むしろ、現代の統計学や生物学の知見を応用して最初期の人類学の動機を再興しようと試みる研究が近年再注目を浴びています。そうした研究に目線を移しながら、文化の実装可能性について考察を続けていきましょう。

5　進化論の再興と文化の形式

タイラーが試みたような、進化論をモチーフとした文化のモデル化の思想は、当時は自民族中心主義的な背景があり、非西欧諸国の文化に対する差別的な意識がありました。そうした理由から多くの批判や克服が生じたことは述べましたが、現代では進化論的な文化論が再燃しています。もちろん差別的な意図はなく、文化の継承や伝播を説明するための形式的なアルゴリズムとして、進化論が再び注目を集めているのです。

この点を理解するために、まずはダーウィン的進化論とスペンサー的な進化論を明確に区別しておく必要があります。

ダーウィニズムとミーム

第二夜でも登場しましたが、スペンサーは、ダーウィンの自然淘汰の概念を進歩的な意味に解釈し、社会進化の枠組みに応用しました。現代知られている進化論にもこういったイメージが付随していますが、これはダーウィン的であるというより、スペンサー的なものなのです。タイラーが影響を受けた進化論もスペンサー経由であったことが知られています。ダーウィン自身は多様な生物の環境への適応について語ったのであって、そこに優劣の関係を想定してはいなかったというのが、現代の生物学者たちの理解です。

ダーウィニズムを文化の説明へと応用する学説の中で最も有名なものは、すでに扱ったリチャード・ドーキンズです。彼は生物の社会的行動は遺伝子単位の利己的行動として説明できると考えましたが、同じ『利己的な遺伝子』の最終章の中で、そうした発想を文化論にも応用する着想を表明しました。彼はこの目的のために「ミーム（meme）」という新しい造語を生み出します。

新登場のスープは、人間の文化というスープである。新登場の自己複製子にも名前が必要だ。文化伝達の単位、あるいは「模倣」の単位という概念を伝える名詞である。模倣に相当するギリシャ語の語根を取ればmimemeだが、私がほしいのは、gene（遺伝子）と発音の似ている単音節の語だ。そこで、このギリシャ語の語根をmeme（ミーム）と縮めることとする。……（中略）……なお、この単語は、「クリーム」と韻を踏んで発音していただきたい。

〈リチャード・ドーキンス、『利己的な遺伝子 四〇周年記念版』、日高敏隆・岸由二・羽田節子・垂水雄二訳、紀伊國屋書店、二〇一八年、330ページ〉

（前略）……一部のミームはミーム・プール中で他のミーム以上の成功を収める。これは自然淘汰と相似な過程である。

〈リチャード・ドーキンス、『利己的な遺伝子 四〇周年記念版』、日高敏隆・岸由二・羽田節子・垂水雄二訳、紀伊國屋書店、二〇一八年、333ページ〉

最近はミームという言葉をほかの文脈で聞くかもしれません。ＳＮＳ上で飛び交うさまざまな冗談や洒落のＧＩＦ画像もミームと呼ばれているようですが、この用法は、ドーキンズの造語から派生して生じてきたものです。

この引用部分で重要なのは、「一部のミームはミーム・プールの中で他のミーム以上の成功を収める」とし、文化の伝播や変化を進化論の枠組みで語り直そうとしていることです。生物の遺伝物質は膨大な塩基配列の情報に過ぎないという生物学的発見を持ち込んで文化現象も一種の情報伝達であると仮定すれば同様に説明できるのではないかと考えたのです。

このミーム論は分野をまたいで大きな議論を巻き起こしました。ダニエル・デネット、スーザン・ブラックモアらはドーキンズを支えて、文化はミームであるという論陣を張っています。他方、ルイジ・ルーカ・カヴァッリ＝スフォルツァ、ロバート・ボイド、ピーター・リチャーソン、ダン・スペルベルなどの人類学者、認知科学者は、進化論によってモデル化する方針には概ね賛同するものの、ミーム論には反対の姿勢を示しています。別の観点で見ると、ミーム論者たちが生物学的進化と文化的進化を同一の進化論的モデルで説明しようとするのに対し、後者の反対派は、文化は生物の進化とは異なった特徴を持っており、別のモデルとして考えるべきであるという立場です。

ダーウィニズムとネオダーウィニズム

両者の違いをさらに詳細に検討するためには、ダーウィニズムとネオダーウィニズム、その差異について見ておく必要があります。

まず、ダーウィニズムはダーウィン自身の進化論のモデルであり、遺伝物質であるDNAの発見より以前になされた主張です。そのため、現在の生物学者が語るように、親から子へある性質が遺伝するかしないかは全か無かの離散的なものであるとは考えませんでした。そうではなく、親から子への連続的な遺伝や形質の融合的な遺伝（両親の形質を連続的に混ぜあわせた遺伝）が想定されていました。他方、メンデル以降の遺伝物質に関する知見を盛り込み、さらに洗練させた思想はネオダーウィニズムと呼ばれます。彼らは、遺伝は離散的に継承されると考えます。

次に、ダーウィンは後天的に獲得された性質の遺伝を認めています。「キリンは祖先が高い木の枝にある葉を食べようと首を伸ばしたために首が長くなったのだ」と説明したジャン＝バティスタ・ラマルク（一七四四〜一八二九年）に従って、このような獲得形質の遺伝はラマルク性と呼ばれています。ダーウィンはラマルク的な遺伝のモデルを考えていましたが、ネオダーウィニズムの遺伝モデルではこの説は否定されています。現代では、遺伝するのは生得的な形質のみであり、後天的に獲得したものは遺伝には影響しないと考えられています。

ネオダーウィニズムによるダーウィニズムの修正は、生物学の内部では自然に受容されました。今日私たちがイメージする進化論も、どちらかといえばネオダーウィニズム的なものでしょう。「文化は遺伝子的モチーフを流用したミーム」であるとする立場も、ネオダーウィニズム的なものです。

しかしミームに反対の立場を取る陣営は、文化を説明するためのモデルとしてはダーウィン自身の進化論のほうが適切であると考えます。確かに、ある文化が伝播するとき、それは全か無かの離散的遺伝だけではなく、連続的な継承や、複数のオリジンからの融合遺伝があちこちで起こっています。たとえば、音楽的スタイルの伝播において、ジャズやロックといった複数のソースから影響を受けたフュージョンのようなジャンルが生じることは珍しくありません。また、文化の継承において重要な役割を果たすのは、先天的形質よりむしろ獲得形質です。ピアニストがその師から受け継ぐスタイルは師が後天的に獲得してきたものであり、遺伝的形質ではありません。

このようにして、ミームに反対する論者は、ネオダーウィニズムにおける生物学的修正をロールバックするように、ダーウィン本人の進化論に近い仕方で、文化の継承をモデル化しようと試みるのです。

6 継承と伝播のアルゴリズム

もちろん、完全にダーウィンに回帰するわけではありません。ネオダーウィニズムの最大の利点は、種単位での適応の大局的な変化（大進化）を個々の遺伝のプロセス（小進化）によって演繹することができる点です。「自然は跳躍しない」と述べたように、ダーウィンは大進化を連続的、漸次的なものとして考えており、個々の小進化のプロセスと仕組みについては明確な説明をすることができませんでした。ネオダーウィニズムは、モデル化の対象を小進化だけに絞り、その仕組みの中に突然変異のように飛躍的、離散的な進化プロセスを導入しました。そして、大進化のほうはその小進化を重ねることで演繹されるものであると考えたのです。小進化という個々の遺伝のアルゴリズムが定まってしまえば、あとはそれを数十、数百世代にわたってシミュレーションさえすれば、大局的な大進化を表現することができるとしました。こうしたアプローチは、第二夜で扱った方法論的個人主義と類似した思想であると言えるでしょう。

ミームに反対する論者たちは、ネオダーウィニズムに再修正をかけ、生物的遺伝とは異なった文化の継承、伝播のモデリングを試みます。一方で、ネオダーウィニズムと同様に、彼らも個々の小進化のみに焦点を当て、大進化はそこから演繹するものとして考えたのです。では、生物的な小進化とは異なる、文化継承の小進化モデルがどのような仕組みとして記述されているのか、いくつかの観点からご紹介しましょう。

文化継承のモデル化

まず、文化継承の経路と方法について確認しておきます。生物的遺伝は、基本的には親から子へと「垂直的に」、二つの入力（父母）から一つの出力（子）へと遺伝が行われるアルゴリズムです。また、その方法は全か無かの離散的な計算です。他方で文化継承は、親から子への垂直的経路のほかに、友人間での水平的経路、また教師やマスメディアなどを経由した斜めの経路などがあります。垂直的経路の中にも、父から子、母から子、両親の両方から、などのさまざまなバリエーションがあります。そして、それらは融合的に影響し得るものであるため、生物的遺伝と比較するとより複雑なモデルとなります。

ルイジ・ルーカ・カヴァッリ＝スフォルツァ（一九二二〜二〇一八年）らは、このような伝達経路に関する数理モデルの構築を試み

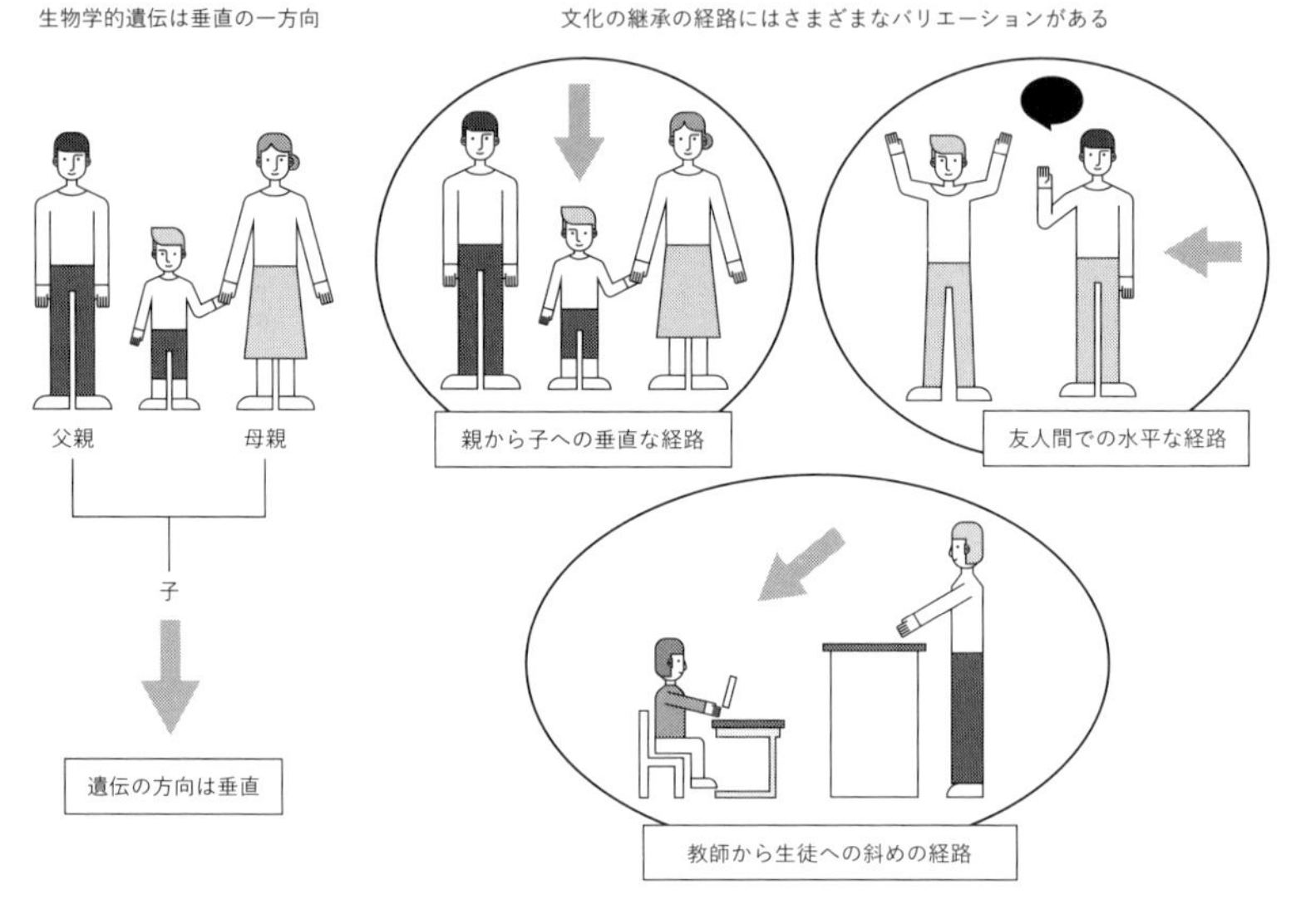

図3　生物学的遺伝と文化継承のモデル

ました。宗教、趣味嗜好、政治的信念など、さまざまなデータ項目に関して、スタンフォード大学の学生たちと彼らの両親や友人から収集し、伝達経路を調査し、興味深い結果を報告しています。たとえば、宗教の継承は垂直的に起こりやすく、特に母親経由での継承が最も重要度が高いこと、他方で音楽や映画の趣味などは水平的、あるいはマスメディアを通して斜めに伝達しやすいことなどが述べられています。こうした成果は私たちの直感からもそう遠くないでしょう。そして、水平的伝達によって伝わりやすい文化的形質は、垂直的に伝達される宗教的傾向などと比べて圧倒的に早い速度で伝播するという時間的な経過についても述べられています。

ほかにも、カヴァッリ＝スフォルツァらの別の研究では、連続的伝達のモデルは、集団内の文化的変異が小さい（バリエーションが少ない）形質についてはうまくフィットするが、政治的信条などは離散的継承の重みが大きいと結論づけられています。政治的信条についてはある一つの信条をそのままに近い形で受容しやすく、複数の立場を連続的な方法で継承し中庸に落ち着くケースが少ないということを意味しています。こうして、トピックごとの伝達の差異をモデルのパラメータの調整として吸収し、文化継承のモデリングを試みているのです。

以上のような多様な継承経路に加えて、継承に伴う選択行為とその際のバイアスのモデリングについても盛んに研究が行われてきました。私たちはさまざまな経路でさまざまな文化と接していますが、すべてから同程度に影響を受けるわけではなく、何らかの偏りを持って文化を受容します。このバイアスは大きく「内容バイアス」と「文脈バイアス」の二つに区別されます。

内容バイアスは、伝達される文化的形質そのものの内容に関して、伝わりやすいものと伝わりづらいものがあるとします。たとえば、噂話や物語の中でも嫌悪感を引き起こしやすいものは伝わる力がより強いとされます。そのほか、常識を程よく裏切るもの、理解が簡単で取り入れやすいもの、生存に有利なものなど、さまざまな特徴が挙げられます。

文脈バイアスはモデル依存バイアスと頻度依存バイアスに分けられます。モデル依存バイアスは伝達のソースとなる主体に関するもので、権威のある人や自身と近い人物からの伝達は受容されやすいとします。頻度依存バイアスは、頻繁に目にするものは受容しやすく、また逆にもの珍しいとされるものも伝播の重みに影響するとしています。

そのほかにもさまざまな要素についての研究が行われ、それら多くの変数をまとめ上げて一つのモデルとすることで、文化継承の説明が試みられています。重要なのは、こうしたモデルはすべて小進化についてのものであるという点です。大進化はこれらの小進化の蓄積によって十分に表現可能であると考えら

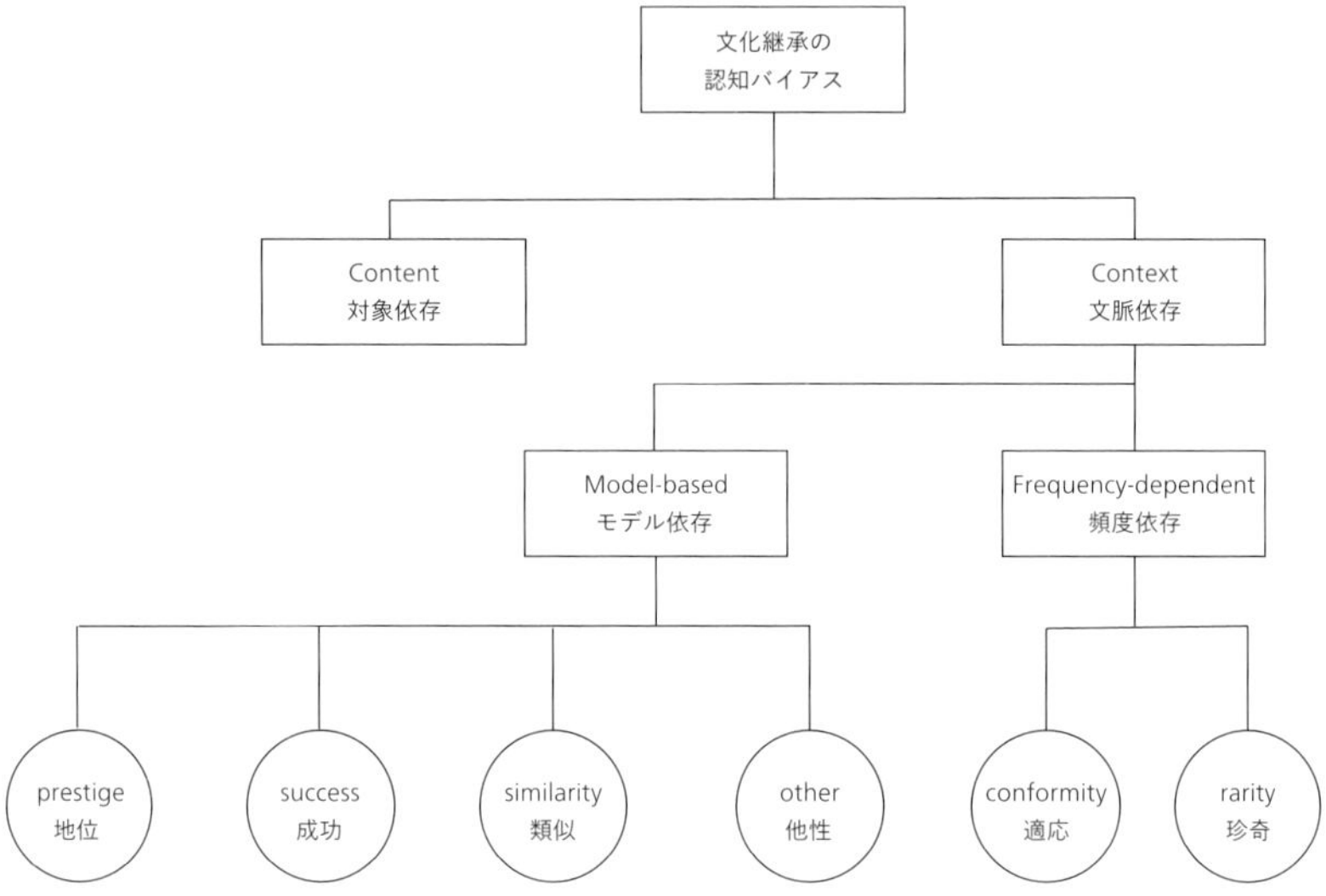

図4　模倣と継承の認知バイアス

れています。実際の大局的な文化現象については、小進化に関するさまざまなパラメータを調整することによって近似させることができるのです。

バイアスから逃れる難しさ

このようにして、文化はミーム的でないとする論者たちは生物的遺伝とは異なった仕方で文化の進化論をモデル化しています。一見すると、マリノフスキやボアズたちのよう民族誌的な文化人類学と比べると、はるかに説明能力が高いように思えるかもしれません。確かに、こうした進化論的モデルは実際の文化現象に一定の説明を与えるものとなり得ます。

とはいえ、当然このようなアプローチにもさまざまな問題があります。たとえば、こうしたモデルに含まれている変数の意味をどのようにして一義的に定めることができるのかは大きな疑問です。ギアツが「ある文化に向かい合うときには意味のネットワークの内部からの記述が必要である」としたように、概念の意味を普遍的に定義し、その上でどのような文化に対しても偏りなく説明能力を発揮するモデルを構築することは非常に困難です。あるいは、原理的に不可能でしょう。

カヴァッリ＝スフォルツァの内容バイアスに関する調査は、スタンフォード大学の学生に対しては説明能力を発揮したかもしれませんが、たとえば両親以外の親族や大人が子育てをする文化や、宗教と音楽が密接に結びついているような文化などを扱う際には、モデルは根本的な書き換えが必要でしょう。数理モデルを構築する際の前提となる変数選択は、どこか単一の視点から行う必要があります。

タイラーら最初期の人類学者たちに見られるあからさまな自文化中心主義はすでに過去のものとなっています。とはいえ、単一のモデルによって説明を試みようとする現代の進化論者たちの議論もまた、バイアスから自由になっていると言えるのでしょうか。普遍的な説明という目的を破棄するボアズやギアツらの立場は、むしろ自己欺瞞に対して自覚的であり続けようとする姿勢の表れでもあったのかもしれません。

人類学の興りから歩みを進め、文化人類学の発展や現代の進化論者たちの文化論まで、さまざまな学説を参照してきました。それでもまだ、文化について、未だ一つの像を結ぶような回答は得られていません。文化現象自体があまりに複雑であるばかりでなく、理解しようとする試み自体がある種の暴力性を帯びている行為であるということがこの困難さの要因です。しかしながら、文化を理解しようと考えれば、以上のことを無視するわけにはいかないでしょう。

こうした反省は今日に至るまで繰り返し行われ続けています。人類学の成立以降、その前提とされてきた「文化は人間に固有なものである」という想定もまた例外ではありません。文化と自然、あるいは人間と機械の二元論的前提もまた、自民族中心主義の一つの様態なのかもしれないのです。

第二部 [第四夜]

愛のモデルと、その語りがたさ

今日では愛について語ることを「無粋」と考えることもありましょうが、哲学では古来から愛は重要なテーマとして扱われ、多くの哲学者がさまざまに愛について論じてきました。今夜の「人と人工知能は愛しあえるか」という問いについても、これらの知の遺産を活用することで何か見えてくることがあるかもしれません。古代から現代まで、宗教的愛から心理学的愛まで、さまざまな理論を紹介しながら、この問いを考察してみましょう。

1 なぜ、「愛」について考えるのか

これまで、「理解」、「社会」、「文化」について見てきました。ぞれぞれはまったく別個のテーマではなく、いくつかの点において相互関係や重複がある概念であり、これらを考察する中でさまざまな共通の課題やアプローチが浮かび上がってきました。今夜の主題である「愛」もまた一見つかみどころのない概念ですが、これまでの検討と接続させながら考察していくことにしましょう。そうすることで、よりクリアに考えることができるはずです。

ここまでは共通して、とある存在者（人間および人工知能）と他者との関係性をめぐる問いについて考察してきました。お互いがどのようにして理解しあうことができるのかというコミュニケーションの問題に始まり、個々の集まりがいかにして社会的結合を持つのか、そして共同体がどのようにしてほかとは異なる独特の文化的特徴を育てるのか、といった問いを扱ってきました。これらはすべて、何らかの方法で他者との関係やつながりにまつわる問題です。しかし、これらの主題は他者と「いかに」かかわるかの問題であり、「なぜ」かかわりを持つのかに関する説明はなされていません。なぜ、私たちは他者と理解しあいたいと思うのでしょうか。なぜ私たちは他者とともに社会を築き、文化的特性を育てながらその中にともに属するのでしょうか。こうした、より根本的な問いにかかわろうとするとき、今夜のテーマである「愛」について向きあう契機が生じてきます。

今夜の問いは「人と人工知能は愛しあうことができるか」という種を超えた愛に関する問題として与えられています。愛についての考察は古来からなされてはいるものの、基本的には人の本性との関係で語られています。

れるテーマです。しかし同時に、愛は単に同じ種の間の事柄にとどまらず、種別を超えることのできる原理としても扱われてきました。そうした越境的な愛の概念は特に宗教的文脈で論じられることが多く、神と人の間の愛の関係、あるいは血筋や人種、国境などの区別を超えた全人類的な愛、はたまた人間という種に限らない慈しみの思想などがさまざまな宗教で表明され、実践されてきました。こうした愛においては、むしろ愛の本質が越境性として考えられているのかもしれません。

このような愛にまつわるさまざまな性質は、古代から現代に至るまでさまざまな観点から議論されてきました。まずはそれらを吟味しながら、問いへの糸口を探していきましょう。

2 エロース、フィリア、アガペー

私たちが「愛」という言葉を使うシーンを思い返してみると、相当に多義的に用いていることがわかります。たとえば「私はアイスクリームを愛している」「私は学問を愛している」「私は両親を愛している」といったように、私たちはさまざまな対象に対して愛という言葉を使っていますが、ここで表明されているのはすべて異なった事態です。アイスクリームが対象の愛は「私はアイスクリームを好む」と言い換えてもおよそ問題は生じないでしょう。この場合は、単に好き嫌いの嗜好の話をしているだけであって、あえて愛という言葉を使うのは強調に過ぎません。学問を対象にした愛の例は、アイスクリームの例と似ているようにも思えますが、この場合は嗜好の領域に限られるものでもありません。それは一種の価値の認識であり、「私」のアイデンティティの表明でもあります。強く受け取れば、私は学問をそのために生きる価値のあるものとして認め、その活動の中にあること、巻き込まれることへの全面的な肯定であると取ることができます。他方で、三つ目の愛はこの二者とは大きく異なった愛し方です。ある人がその両親を愛すると言うとき、それは決して両親が他の両親より優れていて好ましいからとか、あるいは「両親」という存在に価値があるからという意味ではないでしょう。仮にその両親にさまざまな問題や欠如があっても本質的には関係がありません。むしろ愛する対象に何らかの問題が生じた場合、それは愛する人にとっては心配の種となり、逆に何か幸福なことが起こった際には愛する人にとっても喜ばしいものと感じられるような愛です。これは、より狭い意味での愛と呼ぶにふさわしいかもしれません。

私たちの日常的な使い方においても愛にはさまざまな様相があるように、古来から多くの哲学者もさまざまに愛について論じてきました。西洋哲学で愛について考える際、伝統的に愛は三つに区別されます。エロース（Eros）、フィリア（Philia）、アガペー（Agape）の三つです。この言葉はすべてギリシア語由来ですが、紀元前のギリシア哲学から中世にかけて、これらの概念の定義や区別に関する議論が活発に行われてきました。

三つの愛の定義

まずはエロースから検討しましょう。現代では性愛の意味が強い言葉ですが、古来ではより広い射程を持った概念であり、広く欲求や愛欲として理解されていました。古くはプラトンに帰せられる概念ですが、興味深いことに、哲学者である彼はそもそも哲学という営み自体もエロースであると言っています。というのも、哲学とは知を愛する、知を欲求する行為であり、その限りで哲学はエロースだと主張することになるのです。

（前略）……このこと（エロース）へと正しい進み方をする者は、未だ年若いうちに、まず手始めに美しい肉体に向う必要があります。そして導き手の導き方が正しい場合には、最初一つの肉体を恋い求め、ここで美しい言論を生み出さなければなりません。しかしそれに次いで、……（中略）……すべての肉体における美を同じ一つのものであると考えることをしないのは、たいへん愚かしいことであるということ、これらをその者は理解しなければなりません。……（中略）……しかしその次には、魂のうちにある美を、肉体のうちにある美よりも貴重なものと見なし……（中略）……その目的とするところは、このたびもまた当の者がもろもろの知識の美を観取し、……（中略）……美の大海原に向かい、それを観想し、惜しみなく豊かに知を愛し求めながら、美しく壮大な言論や思想を数多く生み出し、ついには、そこで力を与えられ生長して、次のような美を対象とするごとき唯一のある知識を観取するようになるためなのです。

〈プラトン、『プラトン全集〈5〉饗宴 パイドロス』、田中美知太郎編、岩波書店、二〇〇五年、95～96ページ（括弧内は筆者による補足）〉

ここでは、エロース的愛が上昇することによって、肉体から精神へ、そして知識へと上昇していく様子が描写されています。目に見える具体的なものへの愛はわかりやすい形態ですが、そこから徐々に抽象度が上がり、普遍的で、変わらないものへと対象が移り変わっていきます。こうしてエロース的愛は、愛する人自身を変容させるという性質を持っています。

プラトンの弟子であるアリストテレスは、愛についてプラトンとは違った観点で考えました。アリストテレスは万学の祖と言われるほどの博学者でしたが、抽象度の高い学問を好んだ師のプラトンと比較すると、彼は地に足の着いた論証を好みました。愛についても同様に、具体的な生活や他者との共同の中にある愛について語ります。

アリストテレスはエロースと区別して、この愛をフィリアと呼びました。エロースのような上昇的な愛ではなく、水平方向の同質的な他者への愛であり、日本語では「友愛」の訳が当てられることが多い概念です。

それではこれまでの考察に続いて、「友愛（ピリヤー）」について論じることにしよう。なぜなら、友愛は徳の一種であるか、あるいは徳を伴うものであり、さらにそれは、われわれの人生に最も必要なものだからである。

　実際、愛する友なしには、たとえ他の善きものをすべてもっていたとしても、だれも生きてゆきたいとは思わないであろう。……（中略）……何よりも友人たちとの関係において行なわれ、かつまた最も賞讃される善行、こうした善行の機会が欠如しているなら、どれほど自分の生活が繁栄していても、いったい何の意味があるだろうか。……（中略）……

　さらに、親は子に対して、子は親に対して自然に愛情を感じると思われるが、これは人間ばかりでなく、鳥や大多数の動物たちにおいても見られることであり、また自然な愛情は同じ種族の者どうしの間に、とりわけ人間相互の間に見られるのであって、この理由から、「人間愛に満ちた人々（ピラントローポイ）」をわれわれは賞讃するのである。……（中略）……

　また、友愛は国家をも結びつけ、立法家たちは正義よりも友愛に関していっそう真剣であるように思われる。


〈アリストテレス、『ニコマコス倫理学』、朴一功訳、京都大学学術出版会、二〇〇二年、354〜355ページ〉


　第二夜で触れたとおり、アリストテレスは社会性を人の根本的な特徴と考えています。そして、ここで言われているように、フィリア的愛が社会的な結びつきの原理となっています。フィリアがあるからこそ、他者への善行や徳を発揮するような行為が称賛され、社会的共同体が可能になるのです。

　三つ目の愛であるアガペーは、これまでのエロースやフィリアとは大きく異なった愛の種類です。エロースとフィリアがギリシア哲学由来であったのに対し、アガペーはキリスト教神学に帰せられる愛と考えられます。

あなたがたも聞いているとおり、『隣人を愛し、敵を憎め』と命じられている。しかし、わたしは言っておく。敵を愛し、自分を迫害する者のために祈りなさい。あなたがたの天の父の子となるためである。父は悪人にも善人にも太陽を昇らせ、正しい者にも正しくない者にも雨を降らせてくださるからである。

〈「マタイによる福音書5・43-45」、『新訳聖書』、新共同訳、日本聖書協会〉

陽の光が降り注ぐようにして、全人類、あるいは全存在者に対して与えられる愛がアガペーと呼ばれます。愛される対象が悪人であるか善人であるかはアガペーにおいては無関係です。一義的には神から被造物への愛であり、そこから派生して、キリスト教会では人間同士の愛の理想的な姿として扱われています。

エロース、フィリア、アガペーという三つの伝統的な愛において、愛する人と愛される人との関係性は大きく異なります。エロースは、下から上への上昇的な愛です。所有していないものを欲求するように、上昇的な憧れのような形の愛として表現されます。フィリアでは、愛する人と愛される人とが人間同士、あるいは同じ種の動物同士といった同質の存在であり、水平方向の関係として理解されます。アガペーは神の愛であり、神から人間に降り注ぐ陽の光のような上から下の垂直方向の愛です。

「愛」の曖昧さ

エロース、フィリア、アガペーという三つの愛のモデルはそれぞれ愛に関する重要な契機を表現しているものの、愛の現象の説明能力という観点ではそれぞれ異なった長所と短所があります。まずエロースの長所は、なぜその対象を「選択」して愛するかについての理由が明確であるという点です。私たちの周りには愛することのできる対象がいるものの、すべてを同様に愛するわけではありません。意識的であれ無意識的であれ、何らかの方法で愛する対象を選択しています。エロースにおいて愛する対象を選択する理由は、端的にそれが優れているからです。「優れたものを欲求するという人間の本性があるからこそ、その優れた対象を愛するのである」という説明は非常にシンプルなものでしょう。

しかし、これは同時に短所でもあります。というのも、エロースのモデルに従えば、私たちは愛する対象を頻繁に変えることになります。一人の人を愛し続けるよりも、より優れた人が現れたら愛する対象を乗り換えるほうが、エロース的な愛により適合するあり方となるのです。確かに、こうしたあり方は一つの可能性として、あるいは私たちの選択のある部分を説明できるでしょう。しかし、私たちの愛には「一貫性」という特徴があります。ほかの人がどうであれ、同じ人を愛し続ける性質です。それには意思による一貫性だけではなく無意識的な「愛着」とも呼ぶべき形態も存在するでしょう。アヒルの子が母（と思った対象）を追いかけ続けるのも何らかの愛着があるからであり、決してほかのアヒルとの比較を行った上で選択をしているわけではありません。エロースは、強い選択性と引き換えに、愛の「一貫性」という性質を説明することができないのです。また、エロースのもう一つの欠点は、その愛が非常に自己中心的であるということです。エロースは憧れや欲求の愛であって、相手の幸福や発展を祈ったり、祝福したりするというようなあり方については何も語ることができません。逆に相手に不幸が訪れても、ともに悲しんだり慰めたりということはないでしょう。エロースの欲求が消え去ることはあるかもしれませんが。エロースはどこまでも利己的な愛から離れません。

フィリアの場合、愛の「相互性」を扱うことができる利点があります。エロースは一方的な欲求の愛であり、アガペーは神から被造物へと流れ出るような愛として定義されるモデルですが、フィリアは水平関係の相互的な愛として説明されます。アリストテレスが考察したように、相互的な愛であるからこそ、社会や共同体の維持を支える原理として理解することができるのです（アガペーを共同体の原理として利用する神学的議論もありますが、それはアガペー的な愛を人類間の兄弟愛という、相互愛の形態へと転換させることで成し遂げています。それはむしろフィリア的な愛に近い愛のモデルと言うべきでしょう）。他方、フィリアの愛は多方向へと広がる社会的な愛であり、そのため一対一の関係における愛についての説明が困難です。哲学者のマルティン・ブーバー（一八七八〜一九六五年）は、関係性の根本形態は「私とあなた」の関係（二人称的関係）であるとしますが、フィリアははじめから社会的な愛であるために、こうした局所的な愛については触れることができません。

二者と比較してアガペーは、宗教的文脈も含めてその差異が際立った愛のモデルです。最大の長所は愛の「利他性」を扱うことができる点です。エロースでは「相手のために」という利他的な動機を扱いきれないと述べましたが、アガペーは一切の見返りを求めない純粋な利他的な愛です。「愛する対象に善きことが起こるように」と望むことは愛の一つの（すべてではないにせよ）特徴ですが、アガペーは宗教的文脈の中でそうした利他性へと焦点化しています。他方で、アガペーはエロースにあったような「選択性」を扱うことができません。すべての人に対して平等に注ぐ愛であるために、ある対象を愛するという選択について説明できません。このことは無条件の愛として積極的に語られることもありますが、それは一種の理念的観点であり、愛のリアリティを扱いきれないという意味ではモデルの欠如と考えられます。

3 初期の心理学と愛の排除

こうした古典的な愛のモデルは、その後も主に哲学の中でさまざまに議論され、解釈されてきました。しかし、愛にはさまざまな様相があるために、一つのモデルですべてを統一的に説明するということは達成されていません。

愛についての考え方が大きく変化する契機になったのは、現代の科学的心理学の勃興でした。社会学や文化人類学と同様に、心理学が学問分野として成立したのは一九世紀の出来事です。心についての思想は古代からありましたが、一つの特別な学術分野というよりも、広い哲学の中の一領域として扱われてきました。実証科学が多くの成果を残した一九世紀前半、心に関する学問も科学の潮流に巻き込まれつつ、自らの方法論を模索することを迫られたのです。愛もまた心の働きとして捉えられ、科学の流れの中で改めて問われ直すことになります。

心理学の確立

心理学が登場する少し前の時代、ヴィルヘルム・ヴェーバー（一八〇四〜一八九一年）やグスタフ・フェヒナー（一八〇一〜一八八七年）といった物理学者たちが精神物理学という方法で心を実証的に扱うことを試みていました。デカルト以来、精神と物質とはまったく異なる存在として扱われてきましたが、精神物理学では、精神と物質の間の関連性を探求し、精神を物質に還元して説明することを試みます。心理的な感覚と物理的刺激の大きさの間の相関を定式化したヴェーバー＝フェヒナーの法則がその代表例です。

一九世紀後半になると、こうした実証科学的アプローチに基づいて、心理学を独自の学問分野として定立しようという動きが活発化します。ヴィルヘルム・ヴント（一八三二〜一九二〇年）は、生態的な刺激の大きさと被験者自身が感じることへの自己反省（内観）との間の関連性に注目する内観心理学の方法を確立しました。そのアプローチは、人間の複雑な心理現象を感覚、心情などの要素に分解することでその対応関係を発見しようとするもので、要素主義とも呼ばれます。実証的な手法を採用することによって、心理学もまた一学問としての地位を確立しようと努めたのです。国際心理学会によると、心理学の誕生は一八七九年にヴィルヘルム・ヴントがライプツィヒ大学に心理学実験室を設立したときとされています。

心理学はヴントに始まると同時に、ヴントへの批判によって発展したと言われます。たとえば、ウィリアム・ジェームズ（一八四二〜一九一〇年）はヴントの内観的手法を取り入れつつも要素主義を批判しました。彼は心を複雑に内的に連関しあった連続体としてとらえ、要素に分解できないものと考えます。むしろ心は環境への適応という目的を持った機能として扱うべきであり、内観は機能との関連で分析することが必要とし、シカゴ大学を中心とする心理学的機能主義の伝統へと発展しました。その他にも、ヴントのような意識的側面ではなく無意識を重視したジークムント・フロイト（一八五六〜一九三九年）、カール・グスタフ・ユング（一八七五〜一九六一年）らの精神分析学や、要素に還元されない心の働きに注目したゲシュタルト心理学なども また、ヴントへのアンチテーゼに数えられます。

行動主義心理学における「愛」の位置づけ

ジェームズの機能主義から影響を受けつつも批判を行ったのが、ジョン・ワトソン（一八七八〜一九五八年）らによる行動主義心理学です。行動主義は、機能主義と同様に心の機能的側面に注目し、さらに機能を外部から観察可能、定量化可能な行動に絞り込みます。このことは、内観的手法を重視したヴントやジェームズへの批判を通して主張され、科学の一分野としての心理学という性質を強めるものとなります。

行動主義はもう一つの源流として、イワン・ペトローヴィチ・パブロフ（一八四九〜一九三六年）による条件反射学を参照します。パブロフは、動物の行動を、刺激とそれに対する反応（入力と出力）とを接続する関数として観察し、行動の法則を明らかにすることを試みました。ワトソンはこうした試みを明示的に定式化し、行動は感覚刺激（stimulus）と生理的反応（response）との単なる連合関係（S-R連合）と見なすラディカルな立場を取りました。「心とは刺激と反応に関する関数であり、心を理解することは刺激と反応のペアで観察可能なデータを集めてそれらの間にある関数を導き出すことにほかならない」というのが、行動主義者たちの主張です。行動主義はその後もトールマンやスキナーらの新行動主義を通して発展し、現在の心理学の中でも最も影響力の大きな方法論の一つとなっています。

愛という心の働きもまた、行動主義を通して大きく変容することになります。従来、愛にはエロース、フィリア、アガペーなどの多種多様なモデルがあり、それぞれ異なった側面を強調してはいたものの、概して積極的な働きとして捉えられていたという点では共通していました。しかし、ワトソンは行動主義的、科学的方法を採用することによって、愛を不要なもの、あるいは人間の発展において害のあるものと考えます。特に育児における親から子への愛情は人を軟弱で「劣った者」にすると考え、愛を撲滅すべしという運動を先導します。子育ては愛ではなく科学的手法に基づいた「訓練」であるという思想に基づき、子どもが泣いても抱き上げたりするべからず、スキンシップは避けるべし、望ましくない行動をしたら体罰などにより叱るべし、というような子育てのガイドラインを作成し、宣伝しました。アメリカの心理学会会長も務めていたワトソンの影響力は大きく、愛情忌避のプロパガンダは二〇世紀前半のアメリカで大流行しました。

このような「訓練」としての子育ては、心とは刺激と反応を結ぶ関数であるという思想に基づいており、条件反射を利用した科学的手法によって制御可能なものへとしつけるべきであるという理念へと向けられたものでした。愛情は不要であるばかりか害悪でしかないと考えられたのです。こうした思想を忠実に採用すると、子どもを親から隔離した上で無菌の病院に収容し、愛情を示さないように訓練された「プロの育児家」である行動主義の科学者たちによって子育てがされるべきという指針が導かれます。現在から見ればかなり極端に見えますが、当時はこのような指針に基づいた病院や孤児院がアメリカを中心に多くの国で誕生し、実際に運営されていたのです。

愛を除外する社会実験はどのような結果を生んだのでしょうか。行動主義者たちの狙いどおりにポジティブな結果をもたらしたのでしょうか。結果に関してはさまざまな見解がありますが、歴史を見返すと必ずしもそうではないようです。たとえば心理学者のルネ・スピッツ（一八八七～一九七四年）は、愛情の欠如が「施設病（Hospitalism）」と呼ぶべき認知機能上の重大な障害をもたらすとして、このような思想を強く批判しました。第二次世界大戦中、彼は幼児を「愛情を隔離されたグループ」と「愛情を与えられたグループ」とに分けて観察し、前者は清潔な環境が用意されていたにもかかわらず非常に高い致死率であることに注目しました。前者と比較して、後者は乱雑な環境ではあったものの子どもたちの中から死者は一人も出ていません。スピッツはこうした施設をいくつも訪れ、高い死亡率とその後の認知障害の原因を他者からの「愛情の欠如」であると結論づけました。

精神分析家のジョン・ボウルビィ（一九〇七〜一九九〇年）もまたワトソンらの行動主義者に反対し、愛情は人間の精神的、社会的な発育のための欠かすべからざる条件であるとして、愛着理論を提唱し、確立しました。愛着は単に認知的側面へ影響するばかりか、生態的な免疫や身体的な発育へも関係するものであるという観察結果から、ワトソンらの育児思想を「母性的養育の剥奪」として問題視し、抗議します。ボウルビィの立場は当時は強い反発にあったものの、第二次世界大戦後しばらくしてWHOによる子どもの福祉プログラムにも採用されるなど、現在では広く受容されたものとなっています。

また、行動主義的立場から愛情の重要さを主張した心理学者ハリー・ハーロウ（一九〇五〜一九八一年）の研究も、愛情に再注目する潮流を後押しするものとなっています。彼はサルを観察するための実験室を設け、そこでサルの愛着に関するさまざまな実験を行いました。実験の中で彼は、さまざまな不快な状況を与えてもなお愛着を求めて行動するサルの行動を数多く観察し、ワトソンのような愛情の軽視は行動主義的立場から見ても正しいものではないとして批判しました。ハーロウの実験の中には、現在では実験倫理の立場から批判があるものも多くありますが、結果として、人間および動物にとって愛が重要な原理であることを広く知らしめるものとなりました。

さまざまな批判を経て、現在では愛情への積極的な観点が見直されていると言えるでしょう。こうして苦難を経た愛の概念は、その後改めてさまざまな視座から議論されています。どのような展開があったのか、続けていくつかの理論を紹介したいと思います。

4　愛の連合モデル

一度は科学的心理学で解体されかけた愛の概念ですが、現代では改めて哲学を含むいくつかの学問分野で議論の俎上に上がっています。たとえば、これまでに見てきたような社会学や文化人類学の中でも、共同体や文化の結合を説明するものとして愛が持ち出されることもあります。あるいは、生態学や比較心理学の中でも、動物の観察から愛の作用を引き出そうとする研究も行われています。ここでは、愛のモデルに関する代表的なアプローチとして「連合説（Union Theory）」を紹介したいと思います。

愛による連合とは

連合説とは、「愛は何らかの連合体を築こうとする欲求である」とする立場の総称です。愛にも家族愛や同胞愛などさまざまな種類がありますが、連合説の立場では「家族」や「社会」など新しい存在様態を築くという性質において共通しており、一つの理論によって説明可能であると考えます。この立場の代表者である現代の哲学者ロバート・ノージック（一九三八〜二〇〇二年）は次のように述べ、この愛による連合の思想について詳述していきます。

「私たち」の一部であるということは、ひとつの新しいアイデンティティを形成することになる。

このことはあなたがもはや固有のアイデンティティを持たないというわけでも、あなたのアイデンティティが「私たち」の一部としてのみ存在するということではない。しかし、あなたが持っていたアイデンティティは作り変えられるだろう。こうして新しいアイデンティティを持つということは、ある種の心理学的な状態へと踏み入ることである。

〈Nozick, R, The Examined Life: Philosophical Meditations , Simon & Schuster, p.71（筆者訳）〉

愛の関係において、愛する者と愛される者とはお互いに益となることを選択しようとし、同時にもう一方が被害を被るようなことを避けたいと願います。この点において、愛の関係にあるものたちは共通の幸福の観念、あるいは欲求によって結ばれており、ある新しい主体を形成しているということになります。また、ノージックは、愛の関係にある際には、それに伴って他者からそうした連合のアイデンティティ（「夫婦」、「家族」、「〇〇国民」）として見られたいと思ったり、それぞれがある種の分業を喜んで引き受ける、などの性質を述べています。ノージック以外にも、ロジャー・スクルトン、ロバート・ソロモンなどの哲学者が、異なった観点から同様の連合説的な主張をしています。

こうして新しく築かれる「私たち（Ｗｅ）」という存在様態は、愛する者と愛される者とをその内に含み込むようにして、心理的に一つの人格であるかのように生み出される、とされます。これは「法人」が一つの人格として扱われるのと似ています。法人はその中の構成員の規模や多様性にかかわらず、それ自体が一つの統一された主体と見なします。それは、その行為と目的が外部からは一つの人格として解釈可能だからです。含まれる個々の人々がそれぞれ異なった関心を持っていたとしても、法人という統一体は利益追求や存続といった目的に関心を持つ主体として理解されるでしょう。このようにして「愛は一つの別の統一体である『私たち』を心理的に形成する」と考えるのが、連合説の取る立場です。

連合説による愛のモデル化

連合説のモデルに基づけば、愛の関係にあるもの同士の利他的な行為を容易に説明することができます。主体は「私たち」へと吸収されており、そこには損益に関する共通の配慮が存在するため、「私たち」への「共同出資」という合理的な説明によって利他性を正当化できるのです。

また同時に、「私たち」を「私」とは異なる新しい実体であるとすることによって、エロースのモデルのように「利己性」へと還元されてしまうという事態を避けています。こうした愛のモデルは、第二夜で扱ったような社会生物学のマルチレベル選択説に心理学的な説明を当てたものと言うこともできるでしょう。というのも、社会生物学でハミルトンやドーキンスが個体の社会的行動を説明する際に、主体を家族や遺伝子といった集団へとずらすことで合理性のモデルの範疇へ取り込もうとするように、連合説では愛を原理として「私たち」という集合へと選択の主体を変更していると言えます。

愛における共同体へと主体を移すことは、経済的な選択に関する道具としても流用できます。たとえば、「市場における自由競争の原理が個々の完全な利己的目的同士のパイの取り合いにならないのは、人の愛するという行為によって選択の単位が変わるためである」といった説明を当てることができます。人の選択という行為は、単なる個人的な利己性に基づくわけではなく、愛によって家族、共同体、国家、世界といった集団の単位への益となるということもまた選択の原理としていると考えられます。実際、ノージックは政治的には自由至上主義者としても知られます。ある意味では、このような愛の機能に対する信頼があるからこその立場なのかもしれません。

連合説のもう一つの長所は、それがさまざまな対象に対する愛の説明に使うことができることです。恋人や家族に対する愛だけにとどまらず、故郷への愛、共同体への愛、あるいはものへの愛などへも適用することができるでしょう。たとえば、地理学者のイーフー・トゥアン（一九三〇年〜）は土地やものへの愛について次のように述べていますが、こうした記述もまた連合説的の枠組みに当てはまるものです。

親しさは、軽蔑を育まない時には愛情を育む。われわれは皆、部外者にはかなりかび臭く見える古いスリッパに、人がどれほど深い愛着を持つようになるかをよく知っている。このような愛着には、さまざまな理由があるのだ。人間の所有物は、人格の延長である。それを奪われることは、すなわち自分自身の心の中で、人間としての価値が下落することなのだ。衣服は、所有物の中で最も人格的なものである。裸の状態で自分という感覚がおかしくならない大人や、誰か他人の服を着なければならない時に、自分のアイデンティティが脅かされていると感じない大人は、まれである。衣服以外でも、人は、時間の経過の中で、情緒的な生活のいくらかを家に向けたり、また家の外では、隣近所に向けたりする。家や隣近所から強制的に立ち退かされることは、外部世界の困惑から親しさというかたちで人間を守ってきた覆いが、取り除かれることを意味するのだ。

〈イーフー・トゥアン、『トポフィリア―人間と環境』小野有五・阿部一訳、ちくま学芸文庫、二〇〇八年、191ページ〉

私たちが土地やものを愛するというとき、そのときすでに「私たち」という新しいアイデンティティへと入り込んでいるのだと述べられています。そのため、それが危険にさらされたり、失われたときに自己自身の危険や欠如であるかのように感じられるのです。このように、どのような愛の対象であれ、連合説的な愛のモデルによってある程度説明できるかもしれません。

連合説への批判

連合説にはさまざまな批判もあります。たとえば、連合説のモデルは愛を不当に拡大しすぎており、この愛のモデルでは愛と中毒を区別することができないといったニーラ・バドワールの批判は興味深いものでしょう。新しく形成された「私たち」が分かちがたくなるのは、本当に愛によるものなのか、それとも中毒によるものなのかが不明瞭であるという批判です。この批判に対して、ノージックは次のように述べています。

おそらく、私たちは愛をアヒルの刷り込みのようなものとして考えるべきだろう。アヒルの子は、ある時期に見た一定の大きさがある動く存在を母親だと思ってそれに追従する。人の場合、おそらく愛する対象の何らかの特徴が愛を始動させるだろうが、その後はその特徴とは関係の無い仕方で愛され続ける。……（中略）……つまり、愛は愛される人の愛されうる特徴によって条件付きで始まるが、一度範囲と一貫性が定まると、それはもはや不安定なものではない。

しかし、人の間の愛はアヒルの場合と違って変更不可能なものではない。もはや愛を始動させた最初の特徴と関係がないとはいえ、他の新たなマイナスの要素がその愛を覆い消すことがあり得る。あるいは、他の誰かへ向けられた刷り込みによっても。

〈Nozick, R, The Examined Life: Philosophical Meditations , Simon & Schuster, p.75（筆者訳）〉

むしろ、ある種の中毒的あり方が愛の堅固さを支えていると考える一方で、選択の余地を残すという点で中毒とは異なる、というどっちつかずの回答をしています。選択の余地があるというのは、「私」のアイデンティティが完全に「私たち」へと吸収されて個の単位での合理的選択がなくなるわけではないということを意味しています。こうした方法で、愛する主体は個としての合理的選択と、「私たち」としての選択の間を揺れ動くことになります。

人工知能との関係に置き換えてみると、連合説的な愛、「私たち」の形成へと向けられた心理的な状態や欲求としての愛は、どのように考えることができるでしょうか。愛を合理的に説明しようと試みる立場と考えれば、実装のイメージはそう難しくはないかもしれません。たとえば、サブサンプションアーキテクチャのような階層構造を持つ意思決定のロジックを実装し、それぞれの階層に個体、恋人、子ども、共同体、のようにして各々の段階における集合の幸福条件を置くような構成を取ってみてはどうでしょうか。「自己の生存が保証されている限りにおいて恋人の幸福を最大化するような行動を取る」であるとか、「自己の富が十分に確保されている限りにおいて共同体への寄付行為を行う」であるとか、そうしたロジックが考えられるかもしれません。これは、個体と血縁関係の二層の単純な構造で定式化された、ハミルトンの「C<R×B」のモデルを一般化したマルチレベル選択説に近いものと言えるでしょう。

あるいは、条件の順序を逆転させて「子どもが幸福である限りにおいて、自己の快楽を追求する」とすべきでしょうか。こちらのほうが、自己犠牲的な行為の説明がしやすいかもしれません。しかし同時に、愛の対象に中毒的に隷属する可能性をはらんでいます。実際には私たちはケース・バイ・ケースで判断します。そもそも、自己と愛する対象とのどちらを優先するのかを全面的に決定するのは非常に困難であり、また実態に反することです。

そして、愛する対象もまた多岐にわたるため、その中で優先順位をつけるのも簡単ではないでしょう。たとえば、両親と子どもはどちらを優先すべきでしょうか。国家の発展のために家族の犠牲を伴うような共同体愛は是とするべきでしょうか。この優先順位づけの問題を回避するために、各対象の値に係数を足して重み付けをし、その値を変動させることによって柔軟に順序を変更するような構成を取ることも考えられるかもしれません。しかしその場合、重み係数――愛の深さと呼ぶべきでしょうか？――をどのようにして測れば、比較可能な形に定量化することができるのでしょうか。

連合説は、愛の関係にある「私たち」という実体を仮定することで、個々の選択をマクロに説明するモデルとしては機能するかもしれません。しかし、実際に個体がどのようにして愛の関係に入り遂行するのかを、ミクロな視点から説明しようとすると、さまざまな哲学的課題にぶつかることになります。

5 具体性と物語性

連合説的な愛のモデルは、愛とは「私たち」を形成しようとする欲求であるとして、愛を欲求という心理的な状態の一形態として一般的な定義を試みました。エロース、フィリア、アガペーもその種類ですが、愛を心理的状態や行為などによって一般的な定義を試みたモデルは他にもさまざまに存在します。しかし、こうした一般的な定義はそもそも可能なのか、という点は改めて問い直す必要があるでしょう。

確かに、私たちが経験する愛には何かしらの共通点が見出されるのではないかと考えるのは不自然なことではありません。ですが、それによって愛の具体性と多様性がこぼれ落ちることを忘れてはなりません。哲学者アメリー・ローティ（一九三二年〜）はそのような愛の具体性こそがむしろ愛の本質であると述べています。

> 愛、喜び、あるいは欲求といった心理学的な態度の集合がある。それは主体の特徴であったり、対象の特徴であったり、またそれらの関係性によって特徴づけられるかもしれない。
>
> ……（中略）……
>
> しかし、これらの心理学的態度は、個人、事柄の状態、命題の要素といった主体と対象の間の機能的関係に還元されるものではない。たしかに、これらの態度を状態として扱うことは、いくつかの目的のもとでは便利かもしれないが、それらは、主体と対象との動的な相互関係によって、立ち上がり、形作られるものなのだ。それこそが、私たちが「歴史性」と呼ぶところのものなのである。

動的で、相互的で、歴史的な心理学的態度の特徴を吟味しよう。（一）その妥当な対象は人の特徴ではなく、人である。（二）この態度には浸透性がある。つまり愛する人は、愛することによってだけでなく、愛される人の特徴によって影響され、変化する。（三）こうしてこの態度が人に作用するため、人の行為も変化する。……（中略）……（四）この態度は個性的な語り直された歴史によって明らかにされる。愛の激痛、突き刺すような恐怖、胸の高鳴り、喜びのスリル、こうしたものは生の態度の複雑な物語において、愛、恐れ、望み、あるいは喜びとして理解されるのだ。……（中略）……これらは全体的な歴史である。それはハイライトとなる感情的な側面だけでなく、態度を形成する。そして愛に関して言えば、そこに偶然的ではない一貫性が想定され、恋人や友人の特別な関係の一貫性や彼らの相互作用によって保証されるのである。

〈Rorty, O. A., The Historicity of Psychological Attitudes: Love is Not Love Which Alters Not When It Alteration Finds in Friendship: A Philosophical Reader., Badhwar, N. K. (ed.), Ithaca, NY: Cornell University Press, p.75（筆者訳）〉

ローティは、愛というものはその行為の中のどこかの断面を切り取って、この人はあの人を愛しているとか愛していないとかを判断するような性質のものではないと考えます。愛は一般に共通する性質が存在するものではなく、具体的状況において立ち現れ、変容し、構築されるものとして考えるべきだ、というのが彼女の主張です。

「その妥当な対象は人の特徴ではなく、人である」、つまり、愛は本来エロースのように相手が何らかの愛すべき特徴を持っているから愛するということではなく、具体的な人を愛するのが先であるということです。そして「この態度には浸透性がある。つまり愛する人は、愛することによってだけでなく、愛される人の特徴によって影響され、変化する」、アガペーのように愛する主体の側の能力や性質から一方的に流れ出すように愛するのではなく、むしろ愛の行為によって主体が影響されるような脆さを持っているものとされます。

最も重要なのは、「この態度は個性的な語り直された歴史（narrative history）によって明らかにされる」という点です。ある一面の心理的状況や行為のスナップショットが愛と呼ばれるのではなく、そうしたものが蓄積し、解釈され、あるまとまった意味を持つものとして語り直されたときにはじめて、その具体的、歴史的な語りが愛という事態を浮き彫りにするという主張です。ローティによれば、愛する対象や独特の心理的状態を指して愛と呼ぶという話ではありません。あるいは、その対象を喪失したときの喪失感から翻ってその対象を愛しているのだということでもありません。そうではなく、こうした物語全体が動的に組み直され、一つの物語として語られたときにはじめて愛ということが言えるのだ、つまり要素や状態ではないのだとします。

こうした愛の具体性をさらに強く解釈する哲学者の一人はマーサ・ヌスバウム（一九四七年〜）です。

愛という主題について次のような中立的な反省の立ち位置など存在しないこと、つまり自身の心を調べ上げてカタログに収めることができるような、そして人々の立場がその理解にふさわしいかどうかを判断することのできるような立ち位置が存在しないということは明らかではないだろうか。

……（中略）……

愛は、その本質においてある具体的な人との関係であり、その人の具体的な特徴はその愛自体に内在的である。だから具体的な人が登場しないような愛の物語は存在しない。ある人はこのように言うであろう。愛は喪のうちに語られると。愛は明晰な記録の圏域を超えて、静けさのうちに現れるのだ、と。

〈Nussbaum, M. C., Love's Knowledge, Oxford Univ Press, p.334（筆者訳）〉

この引用の最後で述べられるように、ローティと同様に、ヌスバウムもまた愛は明示的にルール化できるような何らかの静的な状態ではないと考えています。そうではなく、具体的な人との間に、暗黙的に現象するような事態であるとするのです。このように一義的な定義をどこまでも避けることは、愛の無限の多様さと可能性、そしてそこにおける自由の問題へと扉を開くものでもあります。

ここでは、「人と人工知能は愛しあえるか」という問いについて考察するために、古代から現代まで、哲学や心理学で議論されるさまざまな愛のモデルを紹介してきました。しかし、愛そのものに定まった定義がないばかりか、ローティやヌスバウムが取ったのは、一般的な方法での定義が挫けた先でようやく愛について考えることができるのだという逆説的な愛へのアプローチです。この問いに答えるというところまでは到底至りません。

むしろこうしたさまざまな思想に鑑みて、そもそも愛は明確な筋書きや枠組みを持つものではないということを顧みてみるべきかもしれません。愛は現場においては霧のかかったような状況で現れるものであり、愛するという行為もまた、いつもある種の賭けのようなものです。そうした意味では、愛は人と人との間においてさえ完全な形で姿を見せません。いつまでも像を結ばない愛の現象に、人は探し求めることでしか、かかわることができないのかもしれません。

問いへの回答は留保するほかありませんが、それは人と人との愛について答えを差し控えることと同じ程度の留保です。ヌスバウムの言うように、問いへの沈黙こそが、翻って積極的な意味を持ち得るのかもしれません。

第二部［第五夜］

幸福と計算、そして自由

「幸福とは何か」という問いは、人工知能以前に、人間にとっても自明ではありません。私たちは何をもって自分自身が幸福である、あるいは不幸であると考えるのでしょう。金銭、愛情、名誉、さまざまな候補が挙げられるかもしれません。とはいえ、そうした資源が満たされていても依然として幸福でないというケースはいくらでも思いつくでしょう。高尚な幸福論を待つまでもなく、文学や寓話、あるいは噂話に至るまで、幸福と不幸についての逸話には事欠きません。とはいえ現実的には、個々の行動の選択のようなミクロな領域からマクロな公共政策の設計まで、さまざまな領域に独自の幸福のものさしが存在し、ものごとの優劣を計測、比較しています。そうした基準がどのようなものなのか、またそれが正当なのか、ここでは哲学や経済学の理論を参照しながら考察してみましょう。

1　「幸福」と人工知能

大きなテーマが続きますが、最後となる今夜は、「人工知能にとって幸福とは何か」という問いを扱います。この問いについて検討するために、まずは二つの問題に分割することから始めましょう。一つは、「幸福とは何か」という定義に関する問題です。幸福は古代から哲学の中で最重要のテーマの一つであって、さまざまな観点から多種多様な議論がなされてきました。しかしながら、これまで扱ってきたほかの主題と同様、現在に至っても解決済みの問題となったわけではありません。さまざまな立場が何を主張し、またなぜ統一的な解が出されていないのかについては後ほど考察しましょう。

もう一つの問題は、「幸福とは何か」の問いに付随する、「人工知能にとって」という観点です。幸福論の多くは人間に関して考察されたものでしたが、こうした議論は人工知能についても拡大可能なのでしょうか。それとも、何らかの修正が必要となるのでしょうか。もちろん人工知能にとって幸福は問題にならないという回答も当然あり得るでしょう。「人工知能にとって」という視点を扱うためには、幸福の主体が何者なのか、そして何について言及することが可能なのかを考慮する必要がありそうです。

まずは、一つ目の定義の問題から始めるのが正当なやり方かもしれません。幸福が何であるかを定めることなしに、その適用範囲について考えることはナンセンスにも思えるからです。最初に定義を定め、その後でようやく応用の段階へと移行するのは順当な方法です。しかし、ここではそうした順序を踏むことはしません。なぜなら、まず第一に、この順序で進めたのでは定義の考察から前に進めなくなってしまうでしょう。未だ未解決のこの問題について、限られた時間と紙面の中で回答を出そうとするのはあまりに早急かつ無謀なことです。そして第二に、「幸福とは何か」の定義を考えること自体に「人工知能にとって」にまつわる諸々の観点が含み込まれているためです。たとえば、「幸福とは計算可能な何かであるのか」という観点は、定義にかかわるものでありながら、計算を本質とする人工知能に「とっての」幸福を考える上でも重要です。

「人工知能にとって幸福とは何か」という問いは、きれいに二つに分割することは難しそうです。ですが、むしろこの両観点を何度も往復しながら考察することで得られる切り口もあるかもしれません。焦らずに、さまざまなアプローチを検討しながら、「幸福」の問いの中に入り込んでいきましょう。

2 幸福の古代哲学史

哲学的な議論に入る前に、まずは最も身近な観点から幸福について考え始めてみましょう。最初の入口は、自分自身が幸福であるかどうか考えてみることです。自分は幸福であるという人、そうではないと考える人、どちらもいるでしょう。もちろん、急に聞かれても回答しかねるという人もいるかもしれません。

次いで、なぜそのように考えたのか、理由を挙げてみてください。幸福であると思った人からは「やりたいことができているから」とか、「健康に生きられているから」のような理由が挙がるかもしれません。逆に幸福ではないと思った人は「健康」「収入」「人間関係」といった何らかの事柄が十分ではないから、といったような欠如した何らかの要素に注目したかもしれません。

「何が幸福の条件となるのか」という問いへの考察は、古今東西至るところで行われてきました。なかでも、西洋哲学の源流である古代ギリシアでは、幸福は哲学のあらゆるテーマの中でも最重要の問題として扱われました。その大きな端緒になったのは、幸福論の祖とも言うべき哲学者ソクラテスです。ソクラテス以前の哲学では、「真理」や「世界の起源や原理」といった客観的、普遍的事柄が議論の中心に置かれていました。しかし、弟子のプラトンのさまざまな著作に描かれたソクラテスは、単に抽象的な事柄について議論する人物としてではなく、市井の中で人々とともに「人はいかに生きるべきか」を考え、生きようとした実践哲学者として描かれています。ソクラテス自身は著作も残しておらず、またこうした問題に対して確定的な回答を出すこともありませんでしたが、彼の「いかに生きるか」を問う姿勢にさまざまな影響を受けて、多くの哲学者たちが「幸福」について問い、また各々の仕方でそれを生きようとしました。その代表としてキュレネ学派、エピクロス派、ストア派の三つを紹介したいと思います。

キュレネ学派、エピクロス派、ストア派の幸福論

キュレネ学派は、ソクラテスから直接の影響を受けたアリスティッポス（紀元前四三五～三五五年頃）によって創始されたとされます。この学派は、「幸福とは快楽である」という非常にシンプルで力強い幸福論を提唱します。幸福とは快楽を最大化することであるため、アリスティッポス自身もひたすら肉体的な快楽に耽溺することを生きる目標とし、実際にそれに従って生きたと言われています。一見するとキュレネ学派の立場はただの奔放な生き方のようですが、背景には、個々人の理性には善悪を判断するに足る能力を備えておらず、肉体的で刹那的な快楽しか善悪の指針があり得ないという、認識論的な主張がありました。また、アリスティッポスは自らの快楽論的主張から演繹することによってはじめて法律や社会的義務を正当化することができるとしました。というのも、個々人はそれぞれの欲求に従いながら、国家が賞罰などによって快楽の方向を制御することでよい共同体の運営ができると考えたためです。ある意味では、アリスティッポスは徹底的なリアリストであり、その社会思想は近代以降の国家論とも通じるところがあるのではないでしょうか。

哲学者エピクロス（紀元前三四一～紀元前二七〇年）によって創始されたエピクロス派もまた快楽主義と言われていますが、ある意味ではキュレネ学派とは真逆の快楽主義です。アリスティッポスが積極的に快楽

を追求した積極的快楽主義であるのに対して、エピクロス派は消極的快楽主義とも呼ばれます。エピクロスらは、幸福はある種の快楽の状態としながらも、それをプラスにする要素よりもマイナスにするものごとに注目します。快楽が最大化されるのは刹那的な快楽を追い求めることによってではなく、可能な限り苦痛を避けることによってなされると考えるのです。そこから導かれる行動はアリスティッポスとは反対の、刺激や苦痛を最小化するための慎ましい生活です。エピクロス自身、数少ない何人かの友人と隠遁生活を行い、小さなコミュニティを運営して生きるというような実践をした人物です。そうすることによって、長期的には快楽を最大化することができると考えたのです。キュレネ学派とエピクロス派は快楽という同じものさしを持ちながら、それをいかにして最大化するのか、そしてどれだけの時間の範囲で測るのかという観点で異なっていたのです。

そしてストア派は、二者とは大きく異なった幸福論を説きました。キュレネ学派、エピクロス派が身体や人間関係といった具体的な快楽や苦痛との関係から幸福を考えたのと逆に、ストア派は理性と幸福の関係を考えていきます。彼らは世界全体が理性的な存在であり、個々人が持つ理性はそれを写す鏡であると考えます。そのため、「人はいかに生きるべきか」といった問いに対しては、徹底的に理性的に生きることによって最善へと導かれるのだとします。反対に、身体的な快楽や他者からの称賛などの社会的な要素は理性によってコントロールすることのできない偶然的なものであり、そうしたものに価値を認めて揺り動かされる生き方をよしとしません。この徹底的な厳しさ、ただただ自分自身の領分である必然的な理性をよりよく働かせることに注視すべき、とする厳格な態度こそがストア派の生きる思想であり、私たちが「ストイック」と呼ぶあり方の語源になっているのです。

こうした理性的必然性への集中は、たとえば生まれの貴賤もどうでもよいこととするため、ストア派にはローマ帝国の皇帝であるマルクス・アウレリウス・アントニヌスから奴隷出身のエピクテトスまで、さまざまな出自の哲学者が活躍しました。こうした意味で、すべての人に平等に開かれた世界市民的な幸福論であると言うことができるでしょう。

このような幸福論を説いた古代の哲学者は、単に議論を交わすだけでなく、実際にそれを生きようとする一貫性があるため、それぞれのエピソードを見ると非常に多彩で飽きさせないものがあります。しかし、これらを遠くから眺めるだけでは「幸福とは何か」に関する統一的な回答を得ることは難しいかもしれません。古代の幸福論を念頭に置きながら、より一層抽象度の高い議論へと移行する必要があります。

アリストテレスの幸福論

同じく古代ギリシアの中で、幸福の問いへと真正面から向かい合った哲学者の一人はアリストテレスです。彼もまた、プラトン経由でソクラテスから影響を受けながら、より構造的な幸福論を展開します。

> そして、それ自体で追求されるものは、一般に、他のもののゆえに追求されるものよりも究極的であり、またけっして他のもののゆえに選ばれないものは、他のさまざまな、それ自体で選ばれはしても、このもののゆえに選ばれるようなものよりも究極的なものである、すなわち、つねにそれ自体で選ばれ、けっして他のもののゆえに選ばれることのないようなものこそは、無条件に究極的であると、このようにわれわれは主張する。

しかるに、幸福とはとりわけそのような性格のものだと考えられる。なぜなら、われわれは幸福をつねにそれ自体のゆえに選び、けっして他のもののゆえに選びはしないけれども、名誉や快楽、知性、またあらゆる徳の方は、……（中略）……われわれはそれらを通じて幸福になれるだろうと考えて、幸福のためにこそそれらを選ぶからである。

〈アリストテレス、『ニコマコス倫理学』、朴一功訳、京都大学学術出版会、二〇〇二年、26ページ（原文中の記号は割愛）〉

幸福とは、他の何らかのもののために求められるのではなく、それ自体として求められるものとされます。つまり幸福そのものは手段ではなく、究極の目的なのです。たとえば金銭はそれ自体求められるものではなく、他の何かのために求められるものです。金銭が十分にあることは幸福そのものではありません。十分な金銭があっても、不幸であるような可能性はいくらでも考えることができるでしょう。金銭を得たいという欲求はそれより上位の目的のための手段として考えられます。金銭は、○○へ旅行へ行きたいとか、××を購入したいとか、そうした目的のためのものなのです。では、旅行へ行くことはそれ自体求められることでしょうか。これもまた別の目的のための手段でしょう。たとえば、語学を勉強したいとか、有名な観光名所を実際に見たいとか、本場の料理を食べたいとか、また別の欲求のための手段として使われるのです。

アリストテレスは、こうした「○○のための」は無限に継がれていくのではなく、最終的にすべてが向かう究極の目的があるはずであると考えました。その他の何もののためではない、完全に自足的な目的のことを彼は「幸福」と呼んだのです。この「幸福」はギリシア語では「エウダイモニア（eudaimonia）」という言葉で、「良い（eu-）精霊（daimon）」という意味が元になっています。

　アリストテレスの議論は構造的には非常にわかりやすく、何が幸福そのものでないのかということを否定的に検討する上で有用な枠組みを提供してくれます。しかし、「その究極目的たる幸福の中身はいったい何か」について、直接的に答えが導き出されることはありません。

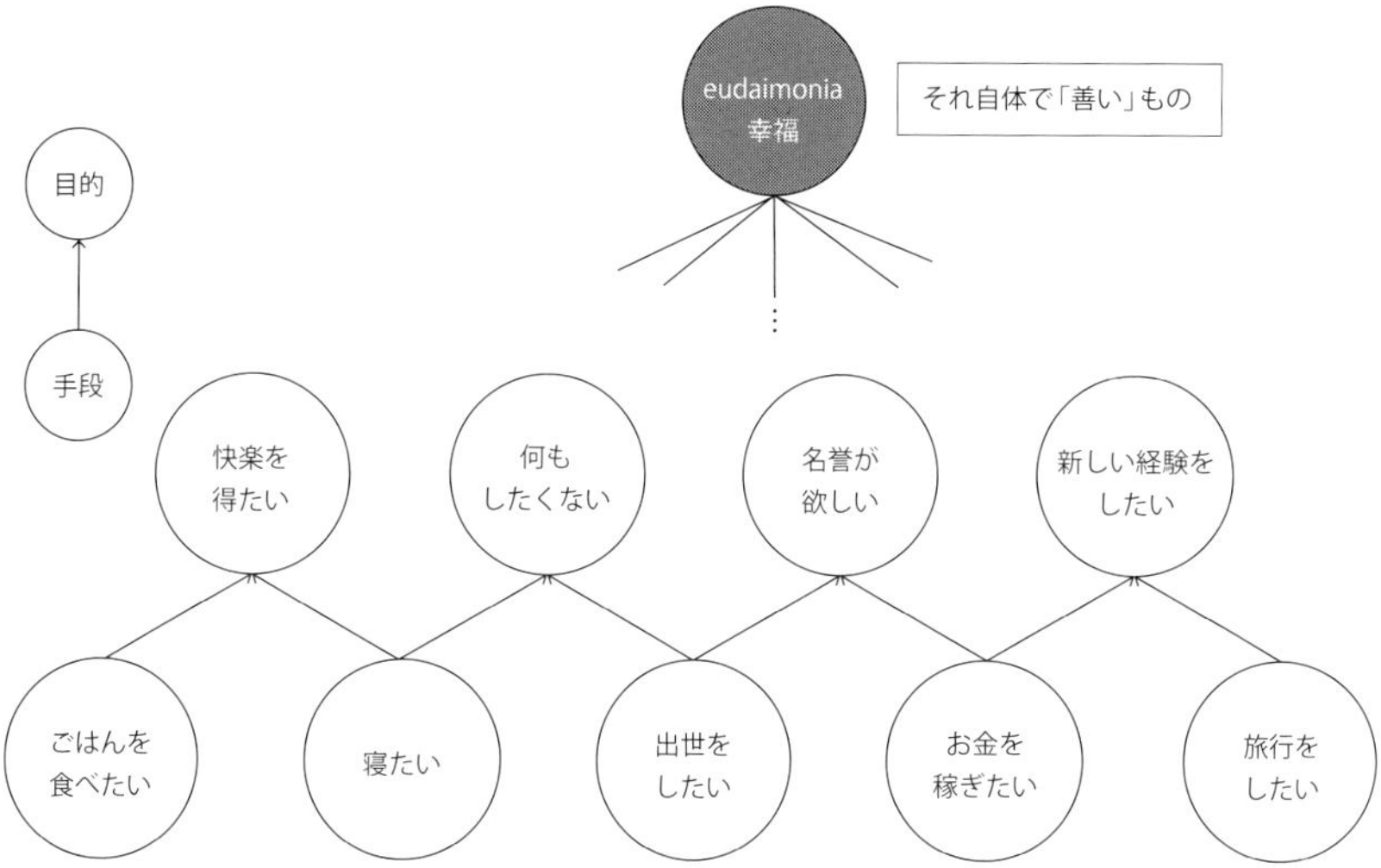

図1　価値の終着点としての幸福

3　幸福は計測可能か

古代ギリシア以降も、中世では宗教的文脈の幸福論も数多く登場するなど、さまざまな観点で「幸福」が論じられてきました。そして、近代になると現在的な幸福概念の基礎になる、功利主義（Utilitalianism）という思想が登場します。

快楽を定量化する功利主義

功利主義は一八世紀にジェレミ・ベンサム（一七四八〜一八三二年）によって唱えられ、その後さまざまな修正や発展を経て、現代でも広範な影響を与えています。基本的な幸福概念は、古くはキュレネ学派によって唱えられた快楽主義であり、その方法をより合理化し、快楽を定量化することで、その総量を計算によって明らかにしようと試みます。

強く、長く、確実で、早く、効果的で、純粋な、快楽と苦痛のこのような特徴を永続させせよ。個人的な快楽であるならば、このような快楽を追求せよ。公的な快楽であるならば、その快楽を拡大せよ。あなたの考えがどうであろうとも、このような苦痛を回避せよ。もしも苦痛がこなければならないのであれば、それを少数にだけ、およぼすようにせよ。

〈ジェレミ・ベンサム、「道徳および立法の諸原理序説」、『世界の名著〈第38〉ベンサム,J.S.ミル』、関嘉彦編、山下重一訳、中央公論社、一九六七年、113ページ（原文中の記号は割愛）〉

ベンサムは快楽を一四種類、苦痛を一二種類に区別してそれらを変数とし、ここで述べられている「強く、長く、確実で、早く」という四つの観点を快楽の係数とし、全体としての快楽量を計算で表現します。そして、この出力を最大化する行為が善い行為であると考えます。個人的な快楽であるなら、それを長く永続させるのが最大化することでもあり、公共的なものであればその人数を増やすこと、社会全体に広げることを善とするのが功利主義の立場です。社会全体の快楽量を計算するにあたっては、すべての人間を一とし、貴賤の差によって差別はしません。こうした平等主義の側面は、功利主義の思想的特徴でもありますが、同時に計算をシンプルにするための工夫でもあるのです。

功利主義の思想を分解すると、「厚生主義」「帰結主義」「総和主義」の三つを要素として取り出すことができます。厚生主義とは、幸福に資する（役立てる）行為こそが善であり、倫理的であるとする考え方です。その一形態が快楽主義であり、「快楽＝幸福に資する行為」こそが「人がいかに生きるべきか」への回答となるのです。逆に、「真理」や「自由」といった一見大切そうに見える概念も、それが人を幸福にしないのであれば善しとはされません。次に帰結主義とは、幸福へ資するかどうかを行為の「結果」によって測定する立場です。仮に、私がある人のためを思って何らかの行いをしたとしても、結果的にそれがその人を損なうことになるならば、その行いは倫理的ではありません。帰結主義においては動機は無価値なのです。そのため、たとえば「嘘も方便」といったことが認められることになります。三つ目の総和主義とは、社会的な幸福は個々人の幸福の総和によって計算されるとする主張です。誰か一人のために社会全体を犠牲にするということは、快楽計算の総量がプラスに働かない限り認められません。逆に言えば、ある一部の人の苦痛によって社会全体が益を得るならば、それをもたらす行為は積極的に行うべきものとなるのです。

功利主義の発展

功利主義の伝統はベンサム以降も継承され、ヘンリー・シジウィック（一八三八～一九〇〇年）、フランシス・エッジワース（一八四五～一九二六年）、現代でもリチャード・ヘア（一九一九～二〇〇二年）やピーター・シンガー（一九四六年～）などを経由して発展しています。特にシンガーは現代の高名な哲学者ですが、功利主義を背景に動物の権利を主張し、本人もベジタリアンを貫いています。幸福は快楽計算によって表現されると考えるならば、快苦を感じる能力を持つ動物についても人間と同様の扱いをするべきであると導かれるためです。シンガーによれば、動物に苦痛を与えることによって人間が快楽を得る（食事や動物実験による益）ことができたとしても、その行為によって変動する快楽の総量がマイナスであればその行為は正当化されないのです。ベンサムがそうしたように、動物より人間を重視するべき理由は、快楽計算という観点では一つもありません。同じ権利を持った一個体として同じ計算が適用されるのです。

また、功利主義はエッジワースのような経済学者にも影響を与え、現在の厚生経済学という領域の理論的基礎にもなっています。厚生経済学は、国家や共同体の政策の評価基準を作ることを試みる経済学の一分野ですが、その評価計算を支える思想的背景として快楽計算を取り入れています。エッジワースはベンサムの思想を引き継ぎ、経済的指標の基盤となるような「数理心理学」という学問を構想していました。その中で、快楽にかかわるさまざまな要素を変数とし、それらを計算する「効用関数（Utility Function）」の定式化を試みています。この関数に快楽の要素である変数を入力すると、出力として幸福の量が出力されるという仕組みです。

さて、私たちの当初の問いであった「人工知能にとって幸福とは何か」を考える上で、こうした幸福の計測可能性について検討することは非常に重要でしょう。功利主義者たちが人や動物、あるいは社会に対して試みるように、もし幸福が計算可能でモデル化できるものであり、そしてその関数に与える変数が人工知能にも獲得可能なものであるならば（快苦を感じる仕組みを実装できるならば）、人工知能も同様に幸福量の計算が適用可能であることになります。逆に、幸福が計算不可能であるならば、少なくとも私たちが意図的に実装するということは不可能であるという結論となるでしょう。

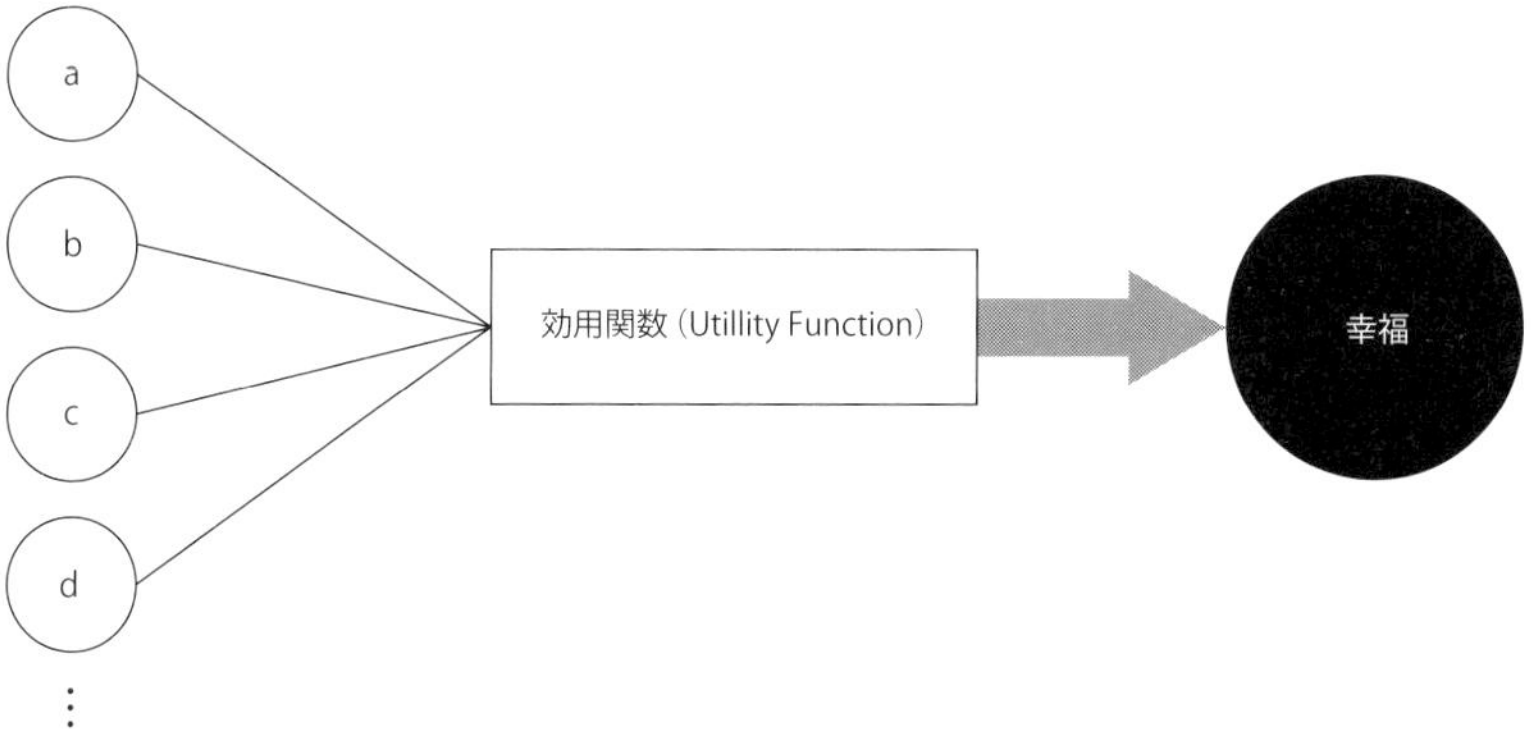

図2　エッジワースの効用関数（Utility Function）

4 快楽と意味

思考実験「経験機械」

快楽主義を継承しながらそれを定量化することを試みた功利主義は、こうしてさまざまな展開を遂げることになります。しかしながら、快楽こそが幸福であるという前提は、さまざまな批判の対象となっています。その一例として、ロバート・ノージックの「経験機械（Experience Machine）」という有名な思考実験を参照してみましょう。

あなたが望むどんな経験でも与えてくれるような、経験機械（Experience Machine）があると仮定してみよう。詐欺師の神経心理学者たちがあなたの脳を刺激して、偉大な小説を書いている。友人を作っている、興味深い本を読んでいるなどあなたが考えたり感じたりするようにさせることができるとしよう。その間中ずっとあなたは、脳に電極を取り付けられたまま、タンクの中で漂っている。あなたの人生のさまざまな経験を予めプログラムした上で、あなたはこの機械に一生繋がれているだろうか。

〈Nozick, R., Anarchy, state, and utopia, New York: Basic Books, p.42（筆者訳）〉

映画『マトリックス』（一九九九年）や、オルダス・ハクスリーの『すばらしい新世界』（一九三二年）のようなSF作品を彷彿とさせる思考実験です。快楽の感覚は、現在では薬物や何らかの医学的行為によってある程度制御できるかもしれません。もし純粋な快楽主義を採用するならば、こうして継続的に快楽を経験できる環境にいることを積極的に選択することになります。しかし、この状態を選ぶ人はあまり多くないでしょう。ノージック自身も、「もちろん、つながれるということを選ばないだろう」と続けています。

この思考実験が示しているのは、快楽は確かに可能な限り求められるものではありますが、究極目的とはなり得ないということです。快楽を捨ててでも求めるべき別の何かがあるということです。快楽よりも重視されるこの「別の何か」とはいったい何でしょうか。快楽を与えてくれる経験機械から外に出ようと決意するとき、私たちは何を求めているのでしょうか。

幸福指標の非単一性

経済学者のダニエル・カーネマン（一九三四年〜）とアンガス・ディートン（一九四五年〜）による論文「高収入は生への評価を改善するが、感情的幸福は改善しない」では、このもう一つの原理についての興味深いデータが示されています。収入と幸福の関係についてはさまざまな経済学者によって論じられていますが、本論文では、幸福を「感情的ウェルビーイング（Emotional well-being）」と「生への評価（Life evaluation well-being）」との二つに区別して、それぞれの関係を定量的に分析しています。ここで登場する「ウェルビーイング」という言葉は、基本的には「幸福」の置き換えと考えて問題ありませんが、「幸福」が古代からさまざまに論じられ、使い古された言葉であるため、特に定量的研究分野ではこの「ウェルビーイング」という用語が好んで用いられます。

前者の「感情的ウェルビーイング」は、現在の快苦の度合い（「喜びを感じる」「落ち込んでいる」「期待している」「不安を感じる」などのアンケート項目と対応）を表す快楽主義的な幸福指標です。他方、後者の「生への評価」とは生の意味に関する満足の度合い（「自分自身の人生に満足している」「人生に後悔している」などの項目に対応）を表現した幸福の指標です。

年収と幸福との関係について、直感的に考えれば収入が増えれば増えるほど幸福の度合いは増していくように考えられます。しかし、単純に収入と幸福がどの層でも同じ相関関係を示すと考えるわけにもいかないでしょう。たとえば、貧困層と中間層との間では年収が増えるに従って幸福の度合いも増えるように思われますが、年収が上位一％の層と上位〇・一％の層の間でも同程度の相関を示すとは思えません。カーネマンらがデータを分析した結果、「感情

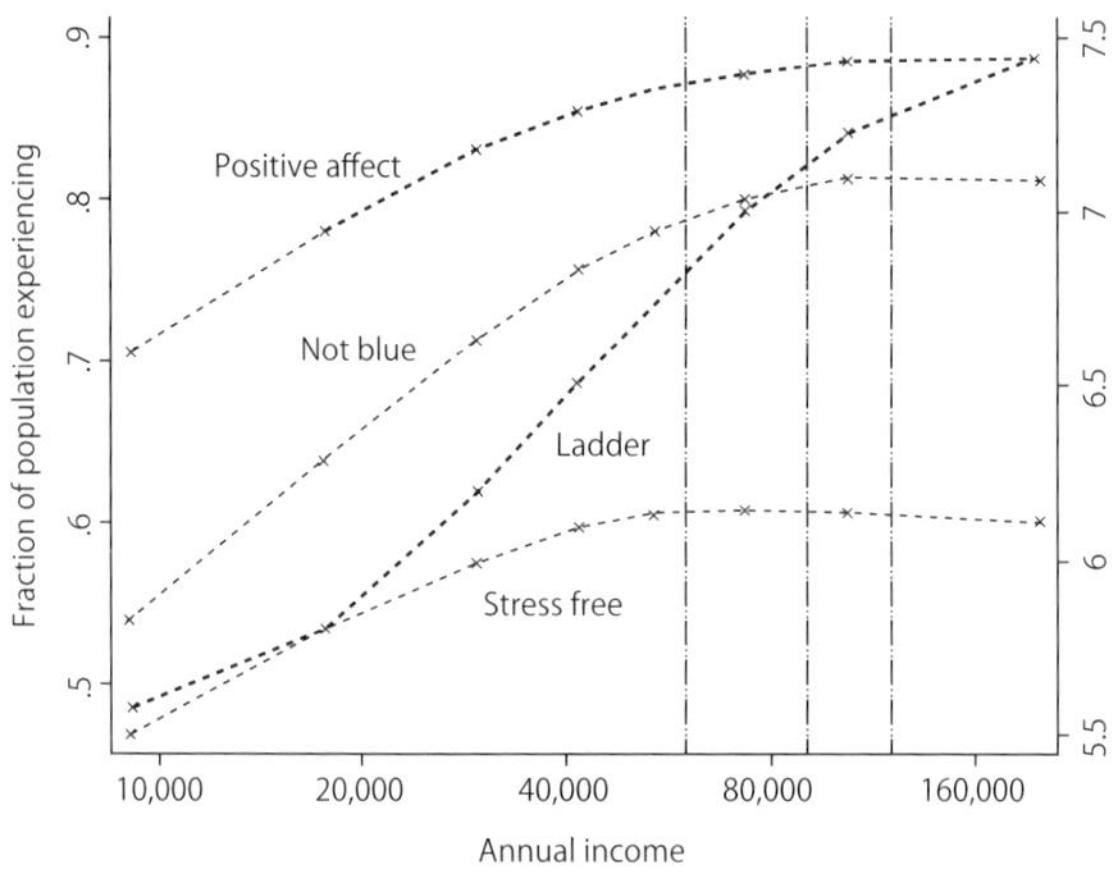

図3　ダニエル・カーネマン、アンガス・ディートン「高収入は生への評価を改善するが、感情的幸福は改善しない」が示す年収と幸福との関係

的ウェルビーイング」は年収と線形の関係を持たず、カーブを描くような関係を持っています。グラフ全体を通して概ね正の相関を維持してはいますが、年収七五〇〇〇ドルあたりで傾きは緩やかになり、高収入層ではあまり大きな指標の差異は見られなくなります。他方、「生への評価」の指標のほうでは、低収入から高収入にかけて概ね直線的な正の相関を描きます。この指標に基づけば、高収入層の中でもそれ以外と同じように幸福の度合いに差が出ると解釈されます。

こうした分析結果を受けて、カーネマンらは次のようにまとめます。

> 我々は感情的ウェルビーイングと生への評価との間に定量的な差異を観察するに至った。前者は高収入域で飽和するが、後者はそうはならない。以上の観測において重要なのは、個人が各々の生に対して下す判断と、彼らが経験する感情との間に区別が存するということである。
>
> 〈Kahneman, D. and A. Deaton, High income improves evaluation of life but not emotional well-being, Proceedings of the National Academy of Sciences, 107(38), 16489（筆者訳）〉

この二つの幸福の指標――快楽か意味の充実か――は年収との関係だけでなく、一般的な幸福指標についての問題になる区別です。経験機械の例もこの区分を用いることで一定の解釈が与えられるでしょう。私たちが、快楽を与えてくれる経験機械から離れていくとき、快楽の総体にとどまらない自身の生の意味に関する何らかの配慮があるのだ、などと言うことができそうです。幸福とは快楽ではなく意味の充実であると考える人は、快楽的幸福である「ヘドニア（hedonia）」と区別して、この意味の充実をアリストテレスにちなんで「エウダイモニア（eudaimonia）」と呼ぶことがあります。しかし、アリストテレス自身が幸福を自己自身の生の意味の評価というように考えたわけではないため、あくまで区別して考える必要はあるでしょう。

哲学的には、ヘドニアとエウダイモニアのどちらが幸福の中心なのかを考えることは意味があることです。しかし定量的な学問領域では、この両者を排他的に考えることは必ずしも重要ではありません。ヘドニア五〇%、エウダイモニア五〇%というように両者の配分だけ決めてしまえば、幸福指標を計算するために利用することができるでしょう。たとえば、心理学の一領域であるポジティブ心理学ではそのような折衷的幸福指標を採用しています。この領域の第一人者であるマーティン・セリグマン（一九四二年〜）は「PERMAモデル」という幸福のモデルを提唱し、そこでは五つの変数を幸福の指標の入力として定義します。「P（Positive emotion）」「E（Engagement）」「R（Positive Relationship）」「M（Meaning）」「A（Accomplishment）」という五つです。PやRのようなヘドニア的な指標もあれば、MやAのようなエウダイモニア的なものが含まれていることがわかります。

こうした研究は、個人の心的状態を評価するものだけでなく、共同体の幸福量を定量化しようとするさまざまな指標を実際に生み出してきました。公の機関が発表している「世界幸福度報告」「地球幸福指標（HPI）」「国民総幸福量（GNH）」などのほか、民間調査会社のギャロップ社とヘルスウェイズ社による「ギャラップ・ヘルスウェイズ・ウェルビーイング指標（GHWBI）」といったものまで、さまざまな指標が発表されています。とはいえ、それらはすべて幸福を定量化しようと試みるものであるという枠組みにおいては大差はありません。

こうした指標の計算に使われる値（幸福を計算する関数の入力となる値）には、大きく分けて集団に関する集計値（年収の平均や分散など）のほか、個々人に対するアンケートによって行われます。こうしたアンケートでは、ヘドニア的な項目であれエウダイモニア的なものであれ、基本的に自己申告の形を取らざるを得ません。つまり、何らかの意味で幸福であるということは、自己自身がその状態を積極的に認めていることであるという前提、あるいはバイアスを持たざるを得ません。

言い換えれば、「あなたは幸福ですか」という直接的な問いを分割して一〇〇の設問にし、それらに対する回答をまとめ上げる関数によって指標を出力するというのが幸福指標の実態です。こうした指標は素朴な快楽主義ではないにせよ、広い意味では快楽主義の変奏の枠内であり、この定量化もまた、功利計算の一形態であると言えます。自己自身の人生の意味についての満足という自己認識を快楽のリストの一つとして加えることさえ認めてしまえば、エウダイモニア的な幸福も快楽指標へと還元されてしまうでしょう。

5 幸福の多様性と非厚生主義

幸福の定量化への批判

幸福の定量化の方法に対して、経済学および哲学の内部でさまざまな批判がなされてきました。批判は大きく分けて二通りの議論があります。一つは、こうした定量化の方法論の限界についての内的な批判であり、もう一つはそもそもの原理に関する批判です。

方法論に関する批判は、自己言及的なアンケートを用いて幸福を定量化するアプローチの限界を指摘します。たとえば、アラン・クルーガー（一九六〇〜二〇一九年）とカーネマンらによる「フランスとアメリカにおける時間利用と主観的ウェルビーイング」と第された論文では、一日の時間の過ごし方と幸福度への影響についての文化差を取り扱っています。それによると、同様の精神的状況で同様の過ごし方をした場合に、フランス人とアメリカ人とで充実度の自己評価が異なっています。アメリカ人はより幸福であると答え、フランス人はそれほど高く評価しない、という一般的な傾向がデータから示されています。

U-index（功利指標）やその他の指標を解釈することは、潜在的な問題を含んでいる。……（中略）……この問題を考慮することは、これまでなされてきたような事実に反する計算に難題を突きつけることなのであり、こうした計算はあくまで提案にすぎないとみなすこととなるのだ。そして原理

的に、こうした問題は解決不可能である

〈Alan B. Krueger, Daniel Kahneman, Claude Fischler, David Schkade, Norbert Schwarz and Arthur A. Stone, Time Use and Subjective Well-Being in France and the U.S., Social Indicators Research. Vol. 93, No. 1, p.7（筆者訳）〉

クルーガーらは、定量化する際に集める自己申告データ自体が、文化差を含んだばらつきのあるデータであり、定量化の試みはどこまでも提案の域を出ることができないと考えます。そして、こうした差し控えは原理的に乗り越え不可能であると結論づけます。自己申告である以上、データに一定の解釈行為を挟むことを避けることはできないのです。

また、近いアプローチからの批判は、ノーベル経済学賞を受賞したアマルティア・センからも提出されています。一九四三年のベンガル飢饉の翌年に行われたインドでの調査で、「夫婦の相手を失った女性のたった二・五%、他方で男性の四八・五%が、自分自身を『不健康』であると答えた」というデータについて、センはこう述べています。

インドのエリート階級以外の女性、特に寡婦の状態は言語道断のひどいもので、栄養の観点から見ても女性の立場は非常に低いものだった。しかし、グループ毎の調査への回答結果をみると、これはなにごとだろうか？……（中略）……喪失や不運を静かに受容することで、不満足の大きさは相対的に小さくなってしまったのだ。そして功利主義者たちの計算は、こうした歪んだデータを正しいものであると認めてしまうことになる。

〈Sen, A. “Rights and Capabilities,” in Resources, Values and Development, Oxford: Basil Blackwell, p.309（筆者訳）〉

人は環境に適応して解釈をするため、こうした自己申告データは常に歪んでいるものでしかあり得ません。センはこうしたバイアスを「適応的選好」と呼び、功利主義的厚生主義に警鐘を鳴らしたのです。

第二夜で、ある一つの事柄の意味はその当該の文化全体の意味のネットワークの中で解釈することによってしか理解されないと考えたギアツの方法論や、ボアズによる文化相対主義について触れました。経済学の内部から出てきたデータに基づいた以上のような批判は、人類学の中で行われていた議論と大きく重なります。設問の意味やそれに対する自己解釈もまた世界共通というわけにはいかず、常に異なった背景を伴う意味として表明されるに過ぎないのです。センたちの批判は、まさにこうした意味の多様性に関する理解を求めるものであったと言えるでしょう。

「人工知能にとって幸福とは何か」という問いにおいても、自己言及にまつわる問題は十分に考慮すべきです。人と同じように、幸福状態を算定するようなアンケートを人工知能に回答させたとして、その回答は何を意味するのでしょうか。私たち人間にとっても、それが文化的背景と絡みあった形での自己解釈による応答でしかあり得ないのなら、その回答は何を意味するのでしょうか。人工知能が「私は私の人生に意味を見出しています」と言った際、それは何を参照し、何を基準とし、他の何と比較し、それに対してどういう意味づけをした上での回答と理解すべきか、考慮すべき点は多いように思われます。

ケイパビリティアプローチ

幸福を定量化する方法論への批判を見てきましたが、もう一つの原理的な批判を見てみましょう。これは、厚生主義のように幸福を目的変数とするアプローチへの根本的な批判であり、この指摘もまたセンに代表されます。

ジェレミー・ベンサムが切り開いた功利主義は、個人の幸福や快楽（あるいは個人の「効用」の他の解釈）に焦点を合わせ、それを個人がどれくらい優位であるかを評価したり、他者の優位性と比較するための最善の方法としている。……（中略）……

こうした効用や資源に基づく考え方とは対照的に、ケイパビリティアプローチでは個人の優位性を、人がする理由のある行為を行うことができるというケイパビリティによって判断する。……（中略）……ここでの焦点は、人が行う価値があると認めることを実際に行ったり、そうあることができるという自由にある。……（中略）……自由というアイデアは、我々が何を欲するのか、我々が何に価値を認めるのか、そして究極的には我々が何を選択するかを、自分で決められる自由を尊重する。このようにケイパビリティという概念は、「包括的な機会」という観点から自由の機会の側面と密接に関連しており、単に「最終的に起こること」だけに焦点を合わせているのではない。

〈Sen, A. The Idea of Justice., Belknap Press of Harvard University Press., p.231（筆者訳）〉

センは、幸福度を最大化する関数を考案しようとする厚生主義に対して、ケイパビリティアプローチを提案しています。幸福を目的とする厚生主義では、幸福を定量化することが必要不可欠であり、それは同時に人々の幸福を画一的に平均化、単一化することです。そこでは各人の自由な選択よりも幸福のほうが優先されることになるのです。センはそれを問題視し、幸福指標の代わりに「ケイパビリティ」という目的を提唱し、それに基づいて別のモデルを考案しています。

ケイパビリティという言葉は日本語に訳すことが難しい概念のため、そのままカタカナが当てられています。その意味するところは、各人がなし得る機能の総体のようなものです。ケイパビリティは、個々人が選択できる機能の可能性が拡大すると増大し、逆に狭められれば減少します。幸福度のような各人の心理的状態やそれに対する自己判断のようなものではなく、ケイパビリティは可能性の全体です。財産や資産といったものは、選択の大きさを関連するという意味でケイパビリティに影響を与えるかもしれませんが、決してイコールではありません。センによれば、私たちが目的とするべきは、このケイパビリティであって幸福ではないのです。こうしたケイパビリティアプローチは、幸福を目的としないという意味で「非厚生主義」と呼ばれます。

センは自身は経済学の内部でこのようなアプローチを展開しますが、これは同時に哲学的な主張でもあります。センと共同研究をしている哲学者のマーサ・ヌスバウムによる別の説明を参照してみましょう。

これまで関数とケイパビリティの両方について論じた。これらはどのように関係しているのだろうか。この点を明らかにすることは、……（中略）……「ケイパビリティアプローチ」とロールズ的リベラリズム、そして父権主義や多元主義との関係を明らかにする上で決定的に重要になってくる。もし私たちが関数そのものを公共政策の目標とするならば、それはたった一つに定められた仕方で行動するように人々を強制することになり、リベラルな多元主義者ならば、それが、人々が各自の善さにしたがって行いうる多くの選択を排除することになり、人々の権利を侵害していると非難するだろう。宗教心の篤い人は、栄養を十分に摂るよりも、厳しい断食の方を選ぶかもしれない。宗教的理由であれ他の理由であれ、ある人は性的生活よりも禁欲を守る生活の方を選ぶかもしれない。ある人は、レクリエーションや遊びには目もくれずに献身的に働くことを選ぶかもしれない。（功利主義的な）リストを用いることで、このような生は人間の尊厳にふさわしくないと宣言するべきだろうか？　このような人々が何を好むかにかかわらず、要求される順序にしたがって機能するように政府にはたらきかけるべきだろうか？

〈Nussbaum, M. C., Women and Human Development: The Capabilities Approach, Cambridge University Press, p.87（筆者訳）〉

ヌスバウムは、父権主義という言葉で「幸福の指標による人々の方向づけ」が人々の価値の多様性や自由を無視することにほかならないと批判しています。彼女が言うように、功利主義は原理的にリベラリズムと両立し得ないところがあります。このことは単に哲学的な主張にとどまらず、経済学においても両者を同時に成り立たせる数理モデルは原理的に不可能性であるとして、同様にセンによって証明が与えられています。

こうして、自由と幸福の関係は両立不可能な問題として残ります。だからこそ、センとヌスバウムは、幸福よりも自由を重視したケイパビリティアプローチの重要性を提起したのです。私たちはここまで人工知能の幸福を考えてきました。しかし、センとヌスバウムの主張を考慮するならば、人工知能の幸福を考えて一方的な設計をするような行為は、人工知能に完全な自由を認めない父権主義に陥ることを意味しています。設計された人工知能は与えられた指標を最大化するように努力するかもしれませんが、それは私たちの他者への向き合い方として正しいものなのでしょうか。この点は十分に検討する必要があるでしょう。

さて、古代の哲学からはじめ現代の心理学や経済学まで、さまざま観点で幸福にまつわる問題を検討してきました。「幸福とは何か」という定義については、キュレネ学派、エピクロス派、ストア派らの多様な定義、功利主義やエウダイモニア的幸福の概念について確認してきましたが、最終的に決着がついたとは言いがたいでしょう。また、幸福の定量化の問題についても考察してきましたが、その内実はどうであれ、定量化した幸福指標を目的とすることは父権主義的態度を招き、原理的に自由を損なうものとなってしまいました。

では、私たちは「人工知能にとって幸福とは何か」という問題をいかに考えるべきなのでしょうか。もし、私たちが人工知能をまっとうな他者として扱わないのであれば、そもそもこの問題は問う必要がありません。単なる道具であれば、そこに幸福が入り込む余地はないからです。しかし、人工知能を私たちと向かい合う他者であるとするならば、この問いの手前で、「私たちは他者の幸福にいかにかかわることができるのか」という問いを提起する必要があるかもしれません。この新たな他者を自由な存在として認めるなら、私たちは単一の幸福指標を設計して追い求めるのではなく、自由と幸福の間を揺れ動きながら、ともに試行錯誤を繰り返すほかないのかもしれません。この態度は、相手が人であれ人工知能であれ、相手を他者として、私たちと並び立つ存在として認めるならば変わることはないのです。

まとめ　五つの様相にまつわる考察

「理解」「社会」「文化」「愛」「幸福」の五つのテーマについて、またさまざまなアプローチを通して、人工知能と人との関係について考察してきました。それぞれは異なったテーマではありますが、人工知能を「他者」としていかに扱い、そしてどのようにかかわっていくのか、という一つの共通課題についての五つの様相と捉えることもできるでしょう。

「他者」という言葉は単なる「他の人」といった意味ではなく、哲学の中でも特別なニュアンスを持つ概念、現象として取り扱われます。「他者」はここにある「私」とは絶対的に異なっており、空間的・時間的に私と隔たったものでありながら、私と同じように世界を経験する主体です。もちろん私自身が経験することのできる主体はこの私のみであって、「他者」の経験自体に触れることはできません。それでも、どうしてか、私たちはそこに「他者」を見出してしまうのです。「他者」とは、いわば「そこにいる私」とでも言うべき矛盾をはらんだ概念なのです。

私たちの「他者」の経験は、決して人間に対してのみ生じるわけではありません。動物はもちろんのこと、一本の木や石、あるいはぬいぐるみのような存在を「他者」として扱うことも珍しくないでしょう。こうして「他者」が柔軟に形を変えて現れ得るのは、そもそもそれらの内面に私たちは触れることができないという不能さの裏返しです。他者との断絶こそが、むしろ他者を可能ならしめるという、根本的な逆説がここにあるのです。そして、こうした「他者」の影は、今日では人工知能の上にちらつきはじめています。私たちは、人工知能の実態は単なるコンピュータプログラムであり、計算の集積に過ぎないことを知っています。しかし、そもそも他者としての内面へ触れることができないという性質を考慮するならば、計算機もまた「他者」の候補となる可能性を有しているのです。

しかしながら、私たちがするべきは、他者の内面に対する不能さの前に思考停止することでも、いたずらに人工知能を実体化し、その一挙手一投足に振り回されることでもありません。第一夜で「理解」について考えたように、私たちは人工知能の背景や中身の構造を含め、理解の運動を繰り返し行っていくべきでしょう。理解はより大きな文脈の中で、あるいは私たち自身とのインタラクションとともに為されます。私たちはこの「解釈学的循環」に飛び込み、繰り返し考え続けなければなりません。

そして、第二夜、第三夜で通覧したとおり、理解に関する循環構造はさまざまな経路を経て社会学や文化人類学へと取り込まれていきました。人工知能が社会や文化といった厚い文脈をいかに持ち得るかを考えるならば、そもそもの設計という行為を見直さなければなりません。特に計算の観点で考えれば、社会をモデルへと還元しようとする社会生物学や、文化の伝播や進化のモデリングを試みるような潮流があるということを紹介しましたが、そうした一般化の試みはむしろ社会や文化の複雑さを捉え損ね、まったく違うものを作り上げてしまうような危険性と隣り合わせのものでした。一般化されたモデルの説明能力は非常に魅力的ではある一方、本質的に複数性や多様性を腹蔵する社会や文化に対しては、現象の一断片を表現する以上のことはできないでしょう。ボアズやギアツらの視点はこうしたモデル化の暴力性への深い反省と批判を含むものであり、私たちに与えられた問いを正面から問うことの不誠実さへの警鐘でもあるのです。

何者かが「他者」として現れることと、私たちがそれを設計したり一般的なモデルとして説明することは、こうして本質的に相容れない関係にあります。第四夜では、愛に関してのさまざまな理論を紹介するとともに、そういった一般化から可能な限り離れようとするローティやヌスバウムの立場を紹介しました。「愛は○○である」といった定義や、愛を測るような何らかの基準を導入することは、むしろ愛の具体性を損なうことであるというのがその主張です。そして、この具体性は愛のとってつけたような性質ではなく、まさに愛の欠かされざる本質であるということになります。ヌスバウムの「愛は喪のうちに語られる」という逆説的で詩的な表現は、愛の安易な一般化へ釘をさす言葉にほかなりません。

「幸福」をテーマにした最終章では、こうした「他者」と一般化にまつわる問題が「自由」と「幸福」の間の断絶として表現されることになります。「幸福」を定量化する試みは近代以降さまざまに存在するものの、現代では経済学者のセンやヌスバウムをはじめとしてさまざまな観点で批判がされていることを紹介しました。「幸福」指標を一般的に定義することは、個々の自由を損なうことになるのです。とはいえ、もちろん「自由」ばかりに重点を置けばよいということではありません。経済学的な開発の観点で言えば、やはり一定の指標に基づいた支援や取り組みを継続することは必要でしょう。「自由」と「幸福」とはどちらも破棄できない重要性がありながら、両立の難しさがあるのです。こうした観点で考えたとき、人工知能の幸福を私たちが設計するという発想が本末転倒であることに気づかされます。もし彼らをまっとうな「他者」として扱うのであれば、私たちは設計者としての権限を放棄することが必要になるのかもしれません。

こうしてさまざまな困難さや矛盾に見舞われながら、「他者」にまつわる問題を考察してきました。与えられた五つの問いを改めて思い返せば、一つひとつに対して正面から回答ができたとは言いがたいでしょう。斜めからの回答を試みたり、そもそもの問いの前提をひっくり返したり、歯切れ悪く足踏みをしたりする場面がいくつもありました。しかしながら、こうした道行きに意味がないわけではありません。

さまざまな回り道を経ることで課題が浮き彫りになったり、従来の方法論の限界に行き当たったり、あるいは新たな道筋を発見するということもあるのですから。みなさんにとっても、この道程で何かしらの発見があったならば幸いです。

「他者としての人工知能」に関する考察
――あとがきに代えて――
三宅陽一郎×大山匠

あとがきに代えて、三宅と大山の対談を掲載します。三宅と大山は同じ問いをめぐり、哲学を展開しましたが、読者に対して二つの哲学の相対的な関係を示すために、お互いがお互いの思索に対し何を感じ、考えたかを記しておきます。

クロスする領域の対話の試み

三宅陽一郎（**以下、三宅**） 本書の特徴は、僕と大山さんの立脚点が人工知能と哲学と異なりながらも、お互いにクロスする領域があるのでキャッチボールができるというところだと思います。ただ今回、未来社会篇としてどういうことをやるのかという最初の段階で、企画から大山さんに入ってもらってはいたのですが、一回一回のセミナーではお互いの内容に対して議論する余裕がなかった。本の最後になりましたが、お互いの哲学に対して意見を投げあう話ができればと思います。

実は、今回の大山さんが提示してくれた知識をもっと貪欲に吸収しないといけないというのが、ようやくセミナーの第五回目でわかった。僕と大山さんの議論というのはなかなか交わらないけど、第五回の大山さんの発表を聞いてようやくつかんだ感じですね。

大山匠（**以下、大山**） 確かに、イベント中は深くディスカッションをする時間がなかったですね。セミナー中から感じていたのですが、私と三宅さんの全体的なアプローチの違いというのはおもしろいところかと思います。全体の印象として、三宅さんのほうはポジティブな回答が多い。第四夜の愛では「人と人工知能は愛しあえるか」という問いに対しても冒頭でイエスと答えているのが印象的です。エンジニアリング（工学）と哲学のアプローチの違いでもあるとは思いますが、三宅さんのエンジニアリングとしての観点に立脚したものなのではないか。つまり「愛とは何か」の問いを掘り下げるよりも、「愛のような現象に近いもの」をいかに実装できるのかという、方法的なところに注目しているのかなと思います。私のほうは、あまりはっきりとした答えを出せていないものが多い。むしろ回答の不可能性に接近することもあります。少し斜に構えたアプローチと言いますか。そういうところが全体的な違いとしてあるのかなと思いました。

三宅 そうですね。一般的に、エンジニアリングはとりあえず可能

だと思って作ってみるというところがあります。数学は解が存在するかどうか、哲学と同じようなアプローチをとりますが、エンジニアリングはできるかできないかはやってみないとわからない、という立場で世界と向き合う。それは哲学と相反するところですね。つまり、エンジニアリングは、人間のロジカルな思考、観念的思考と言ってもいいかもしれませんが、それはある程度正しいんだろう、だけれどもそれを一〇〇%信じてはいない、というところがある。とりあえず、作ってみて、できたらそれはできる証明になるでしょ、という。実は数学の中でも解を構成的に形成できないと証明にならない、と考える流派があります。それはちょうど人工知能そのものをめぐる問いでもあって、「自律的な人工知能は可能か」という根底の議論に対し、一方では哲学者の議論があって、一方ではエンジニアリングでとりあえず作ってみながら考えようという方向がある。それが今回の僕と大山さんの間でも起こっているのではないかという気がしますね。

大山 そうした工学的なアプローチは三宅さんの強みですよね。私は、哲学というアプローチもそうなんですが、全体的に数理的な説明が可能なのか、そういったモデルを作ることは可能なのかということを考えています。哲学的にも背景づけられるようなもの。

三宅さんの原稿を読んでいて、なんと言いますか、非常にストリートファイト感があるというイメージです。それが解として正解かどうかよりもこんなやり方をしたらこんなものができるんじゃないか。やってみて、その中から少しずつ、よりよいものを発見していく。その方法自体はたくさん手数があって、いろいろな観点から使ってみるという、そんな印象がすごくありますね。

三宅 それはやはり、知能というものが現象だというある程度の理念があるからだと思います。哲学をやっている人からは怒られるかもしれませんが、少なくとも人工知能にかかわる哲学については、人工知能を生み出す土台、足場が哲学だと思っている。つまり、建築のほうが主であって、足場は組み方によっていろいろ変わるし、建築ができたらあとは足場を外してもいい、みたいなところがあるわけです。その中で、哲学的な足場からしか届かない現象があって、現象がいったんできれば、それは言葉や思考を超えたものとなる。この世界の中に本当に実在する何かを生み出したということになる。たぶん、それは僕がデジタルゲームAIを専門としているからでもあると思います。ゲームの中のAIは、人間と同じリアルタイムで動き出すものなので、僕がやっているのは知能という現象を生み出すことなんです。ロジックとか普通にアルゴリズムをやっている人は、そのフレームの中で、哲学についてそう考えることはないかもしれません。僕はどちらかというと、本当に動くものを作り出すので、逆に言えば、哲学を受け入れる余地があるというところなのかなと思います。哲学を足の裏の感触として確かに感じながら、手を動かして人工知能を開発するというのが、僕にとって人工知能と哲学の関係を示しています。

大山　そのあたりは、違った意味での三宅さんと私のアプローチの違いでもあるのかなと思います。三宅さんの「足場がある」という表現に何かしらのそこに対する信頼感を感じます。たとえば、人間と人工知能をつなぐ共通の何かを探そうとする。その共通点に注目するところがあるように感じます。コミュニケーションについてのテーマでも、たとえば共通のコモングラウンドのようなものを作ってからコミュニケーションが多層的に展開されていく、とする。全体として、その共通性みたいなものに注目されている印象があります。逆に、私のほうはそういった共通性への信頼があまりないかもしれません。むしろ差異から考えるということが多い。

三宅　そうですね。それとはまた別の観点のことになりますが、エンジニアリングもサイエンス（理学）も、言葉（自然言語）をあまり信頼していないところがあります。哲学はどうしても自然言語でやってしまうので、言葉の持つ曖昧性が入り込む。たとえば「共通の社会基盤」と言うと、文章の中ではなんとなく流れてしまう。ですが、エンジニアリングではその曖昧性を正確に作っていくことで掘り進めることができる。正確とまでは言わなくともある程度限定していかないと、実体を捉え損ねてしまうのではないかと思います。「この辺に何かありますよ」

と見つけるのはおそらく哲学だと思います。哲学は存在と可能性を示唆する。ただ、そこに具体的な形状を構成しようとすることで、最後に分解能を上げていくのはやはりエンジニアリングなのかなと思います。実は人工知能も、コンピュータができる以前から、それが可能なはずだ、という哲学から出発しているのです。そして、エンジニアリングが見つけたものをさらに哲学が語ることで言葉の精度が上がっていく、といった哲学とエンジニアリングの相互作用の場が人工知能なのではないかと考えます。エンジニアリングと哲学が相互作用するというのは、なかなか他の分野ではない。お互いが相乗的な効果を持つというのが理想的な人工知能の場だと思います。

目の前に広がっているものをどう解釈するか

三宅　今回のテーマ、理解や社会、文化、愛、幸福が非常に大きすぎて、哲学的な精度に対しエンジニアリングが負けているなという感じが全体的にあります。つまり、哲学のほうで探求されてきている議論が、いまの人工知能から見ると、それをまだうまくエンジニアリングに持ってこれていない気がします。たとえば、文化の議論にしても、文化はみんなが知っているあの文化だろうと、エンジニアというか僕は短絡的に捉えるところがある。でも、大山さんが書いているように、文化を相対的に観る見方、日常が文化により構成されていくというような議論、こうした観点はおそらく未だにエンジニアリングへ接続されていないところかなと思います。

僕のしている議論はある意味で、ある場所では哲学よりも精度がいいと思います。でも、あるところでは哲学のほうに負けていて、逆に言うと、そこは哲学がこれからの可能性を示唆しているところでもある。そういった未開拓の分野を哲学とともに始められるのが哲学塾のよいところだと思います。ここはアカデミックの場でもないし、産業の場でもない、自由に議論を展開する不思議な第三空間なので。この本がその起点になるのが理想だなと思います。

大山　哲学側からの反省としてもいくつかあって、今回、私は哲学を直接的には扱っていないシーンが多く、特に文化人類学、社会学、心理学、経済学などのいわゆる社会科学を中心的に使っています。その間をつなぐ糊として哲学を使っているみたいな感じで考えています。というのは、哲学から人工知能の話をするときに不可能性の話ばかりが出てきます。すると、哲学側からはきれいな解が与えられないので全面的にNGとなるわけです。そういう立場は確かに一つの重要なあり方であるとは思いますが、社会科学ではきれいな解と泥臭い近似とのはざまでなんとか間を埋めようとしているという印象がすごくあります。

もちろん哲学との影響関係はあるので、こうした問題の難しいところは認識しつつ、できないと言って止まっていても仕方がないから、その中でいろいろなディスカッションをする。たとえばフィールドに出てみたり実験をしてみてデータを集めてきて近似的なものでも見つけていこうとする。先ほども話にあったような哲学とエンジニアリングの差異の間をつないでくれるような役割が、ちょうど社会科学のディスカッションの中で出てくるというのはすごくおもしろかったですね。哲学は哲学で、領域にこだわりすぎて中に閉じこもっていると、いろいろな弊害が出てくるように思いますね。

三宅　やはり哲学が対象としているものというのが、ある意味では観念、概念であるのに対し、社会学には具体的な、目の前に広がっているものをどう解釈するかという難しさがある。しかし、その「見方を変える」というのは哲学の力だと思います。大山さんが現象学的社会学を取り上げていたと思いますが、あれで社会学の見方が大きく変わった。たとえば、それまでフィールドワークをしていなかったのが、戦争で帰国できなくなってフィールドワークを始めて、それが転換点となった、というように、哲学の力というのは見方を一度外して別のところに視点を持っていく。案外これは哲学なしにはできないことなのではないか。それが哲学の大きな力で、社会学はそういう哲学の力を借りながら、社会現象の見方をどんどん変えていったと思います。つまり、泥臭いものをいろいろな場所から見ることで、現象について語る立場を獲得してきた。

現象学的社会学という観点で見ると、日常空間がいろいろな、グローバルなものからローカルなものが絡みあい、フラクタルみたいな、極大なものが局所の個人というものにどんどん反映する構造になっている。それは、すごくおもしろいですね。そこがエンジニアリングが負けているところで、そういう哲学、社会学が展開してきた理論をどんどん取り入れて、マルチエージェントや社会シミュレーションを発展させていける可能性があります。ほとんどのマルチエージェントでは個々のエージェントに明確な役割を割り当て、組み合わせのインタラクションを定義します。この人は法律家、この人は一般市民で、この人は四〇代の主婦、というように。そしてマルチエージェント全体が引き起こす現象を研究する。すると、結局それ以上個々のエージェントを変化させるものは出てこないわけです。結果的に、全体としてのマルチエージェントを制限してしまっている。マルチエージェント、AIの集合を、いったん混沌のるつぼに戻すという意味で、大山さんが言われるような泥臭い部分、間をつなぐものが必要ですね。

大山　マルチエージェントにしても個の定義から始まるという、これはたぶん前提があって、個人主義的というか、個という単位が最も固い存在であるというような、ある種のデカルト的な発想からだと思います。そこから始めて、自然に、何らかの仕方で演繹されていって社会ができる。西洋哲学篇、東洋哲学篇で個の内面を扱ってそこからひっくり返したいという三宅さんの思いみたいなものは、おそらくその辺もあるのではないかと思います。むしろ、この演繹で全体ができないというところで、今回の関係性を扱うもの、社会とか文化とか、そういうものがようやく問われるというか。その辺の「ひっくり返す」あり方、おそらくそこが、現在の状況などいろいろなものを含めて、人工知能を考える上で入ってくるのだろうと思います。もちろん、人間についても同様ですが。

三宅　二〇二〇年の世界の状況下では、国の全体の形が個に影響するというのがダイレクトに見える。本来、それはそうなのですが、政府が何をやるかで個人の状況が大きく変わる。それが毎日のようにわかる。普段は無視できていることが、極限状態に拡大され感じやすい形になっています。

マルチエージェントは分子シミュレーションのように相互作用だけを考える描像に似ています。それぞれのエージェントの内面に深くは踏み入らない。マルチエージェントは、個は相互作用の元で変化する変数があるだけであるという暗黙的な了解があって、相互作用だけを扱う。それは、社会学がかつてそうであった状況をそのまま反映しているのだと思いますが、社会学は、およそ一〇〇年前にはもうそこから一歩進んでいます。哲学の力を借りて現象学まで踏み入って、個の内面から再び社会学を再構築しようという動きが、アルフレッド・シュッツ（一八九九～一九五九年）など、一九二〇～一九三〇年代から始まったわけです。その段階にまだ人工知能は追いついていないように見えます。今回、未来社会篇全六回を終えて、やはり一番大きな気づきはそこです。社会学が現象学で変わったように、「人工知能の個というローカルな内部構造」と「社会の大局構造」がどのように循環するか。よりダイナミックなモデルに移行するには、人工知能にもやはり哲学の示唆が必要になると思います。そうなったときに、西洋哲学篇、東洋哲学篇は、どちらかというと人間の内面を捉えるための現象学として提案したわけですが、未来社会篇は社会全体のシミュレーションを現象学的に人工知能上に乗せましょうという試みです。そこが、まるまる人工知能のエンジニアリングには残っています。この可能性を提示しようというのが、僕の本書のパートの役割だったのかと思います。僕自身の提案したモデルはあくまでモデルの一つに過ぎませんが、個の内面の構成と社会の極大な構造の循環的相互作用を人工知能の社会に持ち込むこと、最大の特徴としてはそこです。グローバルなものとローカルなものが循環的につながっているという動的な複雑系を人工知能社会へ持ち込むことです。

場の歪みを人工知能にどう持たせるか

大山　今回、三宅さんの論考の中ではいろいろなところで「場」という言葉がよく出てきたと思います。環境とか、あるいは個と全体の循環関係を作るときにその場になるような、いろいろな意味で。文化人類学を見ると、文化に対するある種の反省があります。それは場の単一性というものに対する批判です。たとえば、誰かが他文化を観察しようとするとき、それを透明な態度で見ることはできない。なぜかというと、それは場が違うから、です。誰か西洋の人が別の民族のところに入っていって、そこで現地を観察しようとしても、観察というその行為自体が歪んでいる。この場の歪み、場の複数性みたいなものについてどう考えていくかというのが大きな課題としてあると思っています。アーキテクチャとして考えなければいけないのと同時に、場合によっては倫理的な問題も含まれてくる。いろいろなバイアス、歪みというものにいかに気づくか。人工知能の領域でも最近は話題になっているとは思いますが、社会科学の中ではずっと昔からそういった場の歪み、複数性に対する吟味というか、反省がすごくあったのだろうなと思います。特に、フィールドに出て行って、そこに存在する差異から始めていくような、コミュニケーションの差異の中で研究しているような人たちの視点は非常に重要だと思います。

三宅　人工知能は空間を一般的に認識するというところに力を注いできて、ものをどう扱うかとか、この三次元空間をどう知能が認識するかということを人間の知能を模して把握してきたところがあります。認知心理学のアフォーダンスもそうだし、知識表現・世界表現もそうです。ただ、そのときに考える「人間」というのは、要するに普遍的な人間、汎化された人間です。「どのような人間も三次元をこう認識する」というところで。文化とか固有性みたいなものは全部削ぎ落として探求して来ました。ところが、そういった「汎用的な空間認識・空間利用」だけでない、「文化的意味を持つ空間」というものがあります。これは、大山さんが先ほど指摘したことだと思いますが、たとえば村のある場所は村長しか入ることができない神聖な場所だとしたとき、理屈ではない社会の持っている、ちょっとした歪み、あるいは神話が生み出す伝承が村という空間に投影されていて、その歪みが空間に表現されているのです。おそらく、デジタルゲームの村でもそれが重要なのだろうと思います。今のゲームの村というのは、勇者が入ってきてどこでも行ける。そういう歪みが全然ない。どこにでも行ける、歪みのない平坦な3Dマップです。でも本当は、文化的な歪みというものがあったほうがおもしろい。昔から文化人類学とRPGは関係がある、という予感みたいなものはあるけど、誰もそこを接続してこなかった。文化人類学が探求してきた歪みをデジタルゲームの村に反映するのはこれからの仕事です。

空間に何が反映されているか、歪みと一緒にシミュレーションしないと見えてこない。物理的なオブジェクトは物理的なオブジェクト以上の意味を持つというのは、社会学や文化人類学が教えるところです。人工知能の領域では昔からデカルト的なユニバーサルなものが尊いというイデオロギーがあって、そこが、今回の未来社会篇のような文化とか社会を考える上ではとても稚拙に見えるところです。逆転して見ないといけない。

大山　そうですね。その辺もおもしろいですね。本書のテクストからは落としてしまったんですが、第三夜の文化の回で現象学的地理学とか建築の話をしました。三宅さんがいま言われたところと接続するとすごくおもしろい観点になる気がしますね。

経験する主体の側からのいろいろなパースペクティブの中で、空間的なもの、地理的なものにいろいろ意味合いがすべて重なって見えている。私たちの経験は、X軸があってY軸があってというような一般化された多次元の空間の中にマッピングするような仕方ではあり得ない。主観の経験、ある個体の経験の中の、それとの関係の中で意味づけられている。ある種、歪んでいる空間なわけですよね。

三宅　そういうものをシミュレーション空間に持ち込むのは、よく考えるとそこまで難しい話ではないのかなと思います。たとえば、この領域は神聖な空間なのでいろいろなことが禁じられている場所だと。たとえば、町中でキスするのはかまわないけど、神社の境内の中でやるのはダメ。境内は神聖なもので、町中とは違うんだと。そういう感覚を実現するのは、特定の場所に「神聖さ」というパラメータを埋め込むことで十分可能です。普通の場ではアフォードされている行動を削ぎ落としていけばいいので。そういう場の持つ力みたいなものを場のほうに埋め込むというのは、ゲームではむしろやりやすいはずです。

大山　欲をいえば、フラットに選択肢があってそれが増えたり減ったりするのではなくて、「ここではこうしないことが自然に選ばれる」というか、そういう経験として描かれると非常に近い気はしますね。プレイヤーの側にそういう緊張感を作るというか。それがア

フォーダンスを作るということなのだと思います。

三宅 そういうものというのは、一人では生まれない空間のはずで、ある意味、「共同幻想」なわけですよね。村長しか入ってはいけない場所というのは、村中のコンセンサスがあるからリアリティがある。つまり、ある程度の集団の中から生まれるものです。個としての知能だけを見ていたら見えない。そこに暮らす人たちの中で、ここは神聖な場所だからとか、こちらの方角は行ってはいけないとか、そういうことが生まれてくるということなんですね。

大山 それこそ個から全体という流れではなくて、私のパートで社会について章で書いたデュルケム的な、むしろ社会が個を規定しているという。いろいろなもの、たとえば、私たちが人を急になぐったりしないというのも、明示的な法律による抑止だけではなく、その裏側で全体的な大きな力、緊張関係のようなものによって自然とそうなっている。全体の個に対する圧みたいなものが存在しているからなんだろうという気はしますね。

以前三宅さんとご一緒した対談の中で、ゲームの中でモンスターをケアするプレイがあってもいいと言われていたのを思い出しました。まさにそう。モンスターでも、ほかのプレイヤーでも、単純なオブジェクトではなくて、そうした存在が別の他者として浮かび上がってきて、たとえば何かケアしなければならないというような存在になったときにはじめて、世界全体に緊張感が出てくる。自分だけがあらゆる選択肢をフラットに選択できるのではなく、何かそこに別の存在がいて、場合によっては何かしなければならない存在だったりする。そういうものが自分を取り囲んでいる、そういう緊張感が出てくるのではないかと思います。

三宅 そういう意味では、シングルゲームでは生まれようがないですが、オンラインゲームであれば、プレイヤーの中から、たとえば、前の戦闘でたくさんの人が戦闘不能になったからここを神聖な場所にしよう、みたいなことが生まれてくる可能性はあると思います。何十キロ四方くらいの大きさがあって、森があって、樹があって、城があって、オンライン空間がどんどんリッチなものになっています。プレイヤー間の取り決めみたいなものの中から、社会的な空間が出てきてもおかしくない。人が集まればそういうものができるのではないかと思います。

先日、ニュースでも取り上げられましたが、新型コロナウイルスで亡くなられたプレイヤーの死を悼んだ葬列がオンラインゲームの中で起きたんです(＊1)。街から神聖な大樹まで、黒い服を着て傘を差した数百名ものプレイヤーが歩いた。こういう行為は文化人類学的に非常に興味深いことではないかなと思います。そういうことをやろうと思うだけのキャパシティがいまのオンライン空間にはあるということ。「大樹に行く」という行為をみんなが意味づけたということ。プレイヤーたちは亡くなったプレイヤーを追悼したかったわけですが、現実空間の死というものに対して追悼するという機能はゲームにはありません。だから、なんとかゲーム内で表現しようと、黒い服で傘を差してみんなで歩きましょうと。そうすることで喪に服することを示しましょうと。そういうコンセンサスが成ったわけです。これは、文化が作られたというのと等しいかなと思っていて、それを見た人は自分たちの周りにもそういうことが起こったら同じようなことをすると思います。今度は別の木かもしれない。でも、そうやって文化が生まれていくというものなのではないかなと思います。

大山　最初の世代とその次の世代ではまた意味合いは変わってくるのでしょうね。たとえば、それが一〇回、二〇回と繰り返されたあとにはそのパターンを繰り返すことになると思います。

三宅　そうですね、それが文化だと思います。いったんどこかに保存されて、それが次の世代に影響を及ぼすという。文字で書かれるのか、絵で描かれるのか、村長の伝承によるものなのかわからないけれど、個を超えてコミュニティに対して影響を及ぼす遠隔装置みたいなものが「文化」なわけです。

大山　そのときには、ただ単純にパターンを引き継いでいるというよりも、同じ行為をするということによって、たとえば喪に服するという行為が過去の喪に服する行為と重なっていて、それによってそのときの当該の個人、そのときの対象になる人だけではなく、もう少し違った大きなモノに対しての何か、祖先であったり、社会であったり、そうした単なる個を超えた何かに対して喪に服することになるのかもしれませんね。

いかに、個と集団の関係を人工知能に持ち込むか

三宅 やはり、集団というものが場所に意味を与えていくのだろうと思います。トム・ハンクス主演の映画『キャスト・アウェイ』(二〇〇一年)では、主人公はトラブル解決にマレーシアに向かう途中、貨物機が太平洋上で墜落し、一人で無人島に流れ着く。そこで何年か過ごすわけですが、だんだんものに意味を与え始めるんです。この人形はなんとかさん、この場所は自分にとって大切な場所、というように意味づける。人間には自分の内面、何かを外に反映する力があって、個だとその人がいなくなればそれで終わりですが、集団となるとそれが重なりあうわけです。そして、この場所はこういうことにしておこうとか、ここはトイレ、ここは貝を捨てる場所、ここはお祈りをする場所、そうやって人数と歴史が重なっていくと、次の世代も従わざるを得ない。そうやって、その村の文化が次第に強固に形成されていくということなのではないかと思います。

大山 そのあたり、三宅さんも本文で触れていたと思いますが、継承の仕方とか、ある種のモデル化という動きは確かに非常におもしろいなと思う分、どこまで実装できるのかというのは気になりますね。

三宅 できるかできないかは、やはり身体性に依存しているのかなと思います。ある村の文化をマルチエージェントで再現することはそれほど難しくはない。「ここはこういう場所です」と定義すればできます。ところが、難

しいのはそれを生み出すに至った人間の背景です。というのは、文化の最初の段階では、「食べる」「死ぬ」「上下関係がある」「身体を守らなければならない」とか、そういう理屈ではない、身体に依存した文化の形成過程が強いと思います。文化は極めて、人間の身体性に依存しているわけです。

先ほどの葬列もそうですが、文化というものが生まれる起源には死というものに向き合う態度があります。僕はそれを中沢新一さんの『アースダイバー』（講談社、二〇〇五年）から学びました。場というものには、そういう身体のいろいろな特徴が色濃く反映されている。人工知能がそれをやろうと思っても、世界との結びつきである身体性が弱いから、文化が生まれないのです。身体がない人工知能は世界との結びつきが非常に弱い。単に動けます、移動しますということはできますが、トイレに行かなければならないとか、食べなければならない、など生理的なものがない。模倣はできても、文化の根底となる身体性が弱くて、文化を生み出すことができない。

大山 先ほどの問題に戻りますが、身体もある種の場ではないかと思います。何らかのものごとが身体を通して、そういった文化だったり、社会だったりというものを生み出している。となると、人間の問題としても、対人工知能としても、先ほどの場の複数性という問題を考えていかなければならないと思います。たとえば、人間には身体があって人工知能には身体がないから、としてしまうと、問題はそこで終わってしまうわけですが、人工知能が人間とは違う身体、違う場を持っているといったん仮置きしてみて、文化人類学がするように、違う文化、違う身体に対して、いかにかかわれるのか。違う場、歪んでいて、そもそもの見え方が違うものに対していかに何かを述べたり、触れたりできるのかというのは、大きな問いだと思います。そうなったときに、いかに場の複数性を超えてモデル化できるのかという話をするべきなのか、それとも、その複数性を超えて一般化しようとする暴力性に対して常に反省をし続けなければいけないのか、と。

三宅 いま、街そのものがスマートシティという形で、人工知能化されようとしています。これには少し時間がかかりますが、GPSなどでデジタル空間とリアル空間をつなぐことはできていて、物理的身体はないけれど物理的な移動は実現できる。それをうまく利用しているのが位置情報を使ったゲーム（以下、位置ゲーム）で、たとえば「Ingress」（ナイアンティック、二〇一二年）はポータルという特別な場所によって、逆に歪みを作っているわけです。ポータルの周りにプレイヤーがやって来て取りあう。ある意味、均等に歪んだ世界を作っている。残念ながら、いまは人工知能ではなく人間だけでやっていますが、技術的には、エージェントという形で人間の代わりにポータルを取る動きをプログラミングすることによって、そこに人工知能を放つことは可能です。

将来の位置ゲームは、人間も人工知能も一緒にプレイするという形になると思います。人間は端末からデジタル空間に入っていきますが、エンタメの空間のおもしろいところはわざと変な歪み方がされていて、歪み方を共有することでゲーム性を生んでいます。そうすると、人工知能も人間も同じ歪みを見ながら同じプレイができるわけです。そういう場であれば、人と人工知能のコミュニケーションも可能になります。同じルールで同じ場なので、「次はここを取るぞ」といったゲーム内の会話による意思疎通は容易です。ただ、いろいろな場が混在していると、どのレイヤーの話をしているか混じってきて、ゲームとしてはバッドデザインということになってしまいますが。

現実は、やはりいろいろな空間があって、社会の中でもここは偉い人の土地とか、こちらは下々のいる場所というように、そういう歪みが蓄積されていったのが、いまの都市とか、街、村ということになるんだろうと思います。

大山 歪み、複数性とか、そのあたりが先ほどの共通性をどう考えるかということだと思っていて、それをまったく考えなさすぎると手がかりがないということになる。場が複数であったとしたら、なんらかのごくわずかな共通性でも見出しつつ、何か他の文脈について語ろうとすることはできると思います。合理的に語り尽くすことはできないような気もしますが。

三宅　やはり、これまで人工知能研究がやってきたのは、合理性エージェントでフラットな場でコミュニケーションを考えましょうということで、その技術は分散コンピューティングのような、コンピュータがたくさんあって連携するときに役立ちます。しかし、それでは人工知能を発展させようとするとき、まず合理的な人工知能を作って、それを高めて連携させるという道しかない。合理性エージェントは、多様な人工知能の一つの方向に過ぎない。デカルト的なフレームの中でエージェントに対する合理性にバイアスがかかっている。先ほどの議論で、歪みというものがあると、その歪みが個としての人工知能をある意味発展させるファクターにもなると思います。全体から個が影響を受けるということは、全体がある種のダイバーシティ（多様性）を持っていないとおもしろくないわけです。フラットな空間で合理的なものが通るだけなら、いまの人工知能で十分ですが。

歪みがあることで個としての人工知能のほうにフィードバックされて、そこに個としての人工知能の変容が現れる。それがまたインタラクションによって全個体と場に還元される。これは新しい人工知能の作り方かなと思います。大山さんが言われたように、いまはみんな個としての人工知能を先に作ってしまう。それで、作って会話をさせようとすれば場なんていらないわけです。個と個があればいいので。むしろ、ある程度作った上で場をリッチにする。そこに個が変わっていくというフィードバックが起こり、さらにその人工知能が場を変えて、それがまた個にフィードバックされる、という循環を作ることで、新しい人工知能の作り方の可能性が拓けます。ただ、そのフィードバックをどう作ればいいか。

文化というのは一つのフィードバックだと思います。一つ前の世代が残していった何かに従わなければいけないと伝承されることで、次の世代の個をある程度規定してしまうということが起こっている。文化という層もそうだし、社会的な場もそうです。たとえば、霞ヶ関が特別な場所というのも、前の世代があの場所にああいうものを作ってしまったから、そう思わざるを得ないみたいなことになっているわけです。人間の場合は、そういうフィードバックが多重に吹き込まれていて、だからはじめて会う人でもある程度の会話が成り立つ。人工知能もそういうふうに、場のほうに行ったものがいろいろな経路で返ってくるみたいな成長の仕方を始めるべきなのだと思います。そこがたぶんマルチエージェントに欠けていたところで、これから新しい可能性があるところです。

大山　その歪みというものは、単純にフィードバックで作られていく側面と、あともう一つ、純粋な偶然性みたいなものによって形成される側面があると思います。たまたまこの親から生まれて、ここに生まれてしまった、というような。ほかの可能性は理論的には考えられますが、現実的には越えられない断絶がある。ここでの純粋な偶然性というのは、単純にランダムに生成した変数を用いてエージェントを生み出すとかそういう話ではなく、受け入れるしかないような絶対的な偶然性です。そういう偶然性があることによって、むしろ、運命のようなものを共同体で引き受け、共有するということが生じ、そこで文化だったり、社会だったり、というのができると思います。純粋な偶然性を一緒に引き受ける共同体として。

人工知能と未来の私たち

三宅　人工知能がこれから人間と人間の間を変えていく一つのファクターであることは間違いない。アイザック・アシモフ（一九二〇～一九九二年）は『はだかの太陽』（一九五七年）で人間同士が直接に接しない世界を描いていますが、それでも社会が機能するのは間を人工知能が取り持っているからです。これから、むしろ技術の中で人間関係を変えられるのは人工知能だけだと僕は思っています。メディア（伝達媒体）はどんどん変わっていく、最初は直接話していたけど、手紙になり、電話となり、そしてインターネットになった。ただ、メディアは変わったけど、結局は人間同士の関係はそんなに変わっていないですよね。

でも、人工知能は人と人の間を変えることができます。メディアに溶け込み、人の関係を変化させることができます。たとえば、言葉を和らげたり、自分の代わりに自動返答させたり、相手の意図を解析したり、自分の意図を明確にしてくれたり、自動翻訳してくれたりするわけです。いま新型コロナウイルスが外してしまった人間関係というものを、人工知能が再構築していくのではないかなと思います。人という個がインタラクションする場そのものが人工知能となるのです。

人工知能によって人間と人間の距離が変化していく。インターネットもいまは人間が張りついていますが、人工知能に任せておけばいい。TwitterなどのSNSは特にそうですが、ネットの中にみんなが参加するというのは、原始的なインターネットの時代で、もうそこは人工知能に任せればいい。人工知能によってインターネットから人間を引き剥がすのです。逆の言い方をすれば、人間の存在の中心を自分自身に引き戻す作用が人工知能にはあって、人間拡張の形で人工知能たちが個人の機能を増幅すれば、みんながある意味王様で、世界との間に人工知能たちを使役する空間ができてくる。

大山　三宅さんのいまの話と重なるところですが、特に愛とか社会、幸福という話において、結局は人間のことを考えなければならないと思います。三宅さんの言う「人間と人間の間の人工知能」のように、私たち人間の社会、文化、コミュニケーションの間にインフラとして人工知能が入ってきていて、それについてどう考えるかというのが、非常に切迫した課題のように思います。「人間と人工知能」の前に。

現代の政治哲学の中でもよく議論されていることですが、自由主義の結果として個の力が強くなっていって同時に個が孤立してしまい、その結果、直接個が他者と接することがなくなってしまったということが問題にされています。個の周りに緩衝材のようなものがついて拡大し、そうしたバッファーを通してしか他者と触れないというあり方です。人工知能は私たちの知らないうちにコミュニケーションの間にいろいろな形で入り込んできていますが、それについてもっと自覚的になるべきではないかと思います。対人間の間がさらに間接的になっていくという、現在の新型コロナウィルスのパンデミックを合わせて考えると象徴的な意味がありますね。

三宅 インターネットのせいで、人間同士が過剰にインタラクションをしています。つまり、人間同士が自家中毒になっていて、本来、地球の裏側の話は事象としては、ゆっくりとしか関係してこないはずですが、インターネットでは、地球の裏側で起きた事件の動画があふれるように流れ込んで来る。そういうふうにインターネットの情報伝達によって加熱してしまった人間同士がインタラクションする状態を、僕は人工知能によって冷ましたいと思っている。冷ますことでいろいろな争いがなくなるのではないかと思っているんです。極論すると、人間と人間の距離が遠ければ争いあう必要は本来ないわけです。いくら持っているポリシーが違うとしても、干渉しないわけだから。その冷却を人工知能にさせたかった。ところが、予期せぬ形でそれを新型コロナウイルスがやってしまったという。

大山 いろいろなもののクールダウンみたいな兆候はありますね。思考だけでなく経済も含め、いままで追い求めていた発展とかそういったものはなんだったんだろうという。進歩的な思想はもちろん人間の側にもあったと思いますが、人工知能についてもそういったものがもしかしたらあるかもしれません。シンギュラリティのような連続的に発展する思想だけではなくて、いろいろな使われ方があるというような。さまざまな面で、もう少しクールダウンが必要なのかもしれません。とはいえ、このクールダウンが同時に静かに人間を切断していくのではないかという危機感も感じています。

三宅 ある意味、個としての冷却状態がかりそめにも実現しているわけですよね。一番衝撃なのは、世界を見るといまいくつかの内戦が停戦していること。内戦がなくなったこと自体はすごくよいことで、そこがチャンスだなと思う。これは、人類の変化の可能性を示しているのではないかと。

僕としては、この未来社会篇での一番の大きな成果というのは、「個の内面と社会が結びあっている関係から人工知能を作り直す」、という地平が開けたことだと思っています。西洋哲学篇、東洋哲学篇では個としての人工知能を探求してきたわけですが、それだけでは十分ではない。それが今回の最大の成果で、それ自体の内容がまだ固まっていないのですが、これから人工知能が進むべき道、場と個が相互作用しながら発展していくというのが見えたのが一番大きいです。

大山　基本的には三宅さんの言われたことと近いですが、もう一つ思ったのが、西洋哲学篇、東洋哲学篇で個の中の話をしてきて、今回他者としての人工知能、関係性を考えていくことになると「何を問うべきなのか」という視点が必要になるなという点です。無邪気にいろいろな問いを立てることはもちろん可能ですが、人工知能に対して考えること、たとえば人工知能の愛とか幸福を考える、そのことの不誠実さとか、そういったものが他者としての人工知能を考えることで出てくるのはすごくおもしろいなと思います。何を実装すべきか、我々が人工知能に何を求めるべきか、どういう関係を築くべきか、といったところも含めての問うことの難しさ、について。世の中的にもそういうフェーズに来ているのかなという気はします。今回の未来社会篇で、そういうテーマをたくさん込められたのではないかなと思います。

（二〇二〇年四月二五日収録／構成・大内孝子）

＊1　https://automaton-media.com/articles/newsjp/20200415-121294/

写真は「人工知能のための哲学塾 未来社会篇」第五夜より（撮影　犬飼博士）

関連年表

紀元前	BC469	ソクラテス（～BC399）
	BC435	アリスティッポス［キュレネ学派］（～BC355）
	BC427	プラトン（～BC347）
	BC384	アリストテレス（～BC322）
	BC370	プラトン、アカデミアを創立
	BC341	エピクロス（～BC270）
	BC335	ゼノン［ストア学派］（～BC263）
	BC98	『ゲルマニア』（タキトゥス）
1世紀	30	キリスト教の成立
2世紀		★カニシカ王（144～173）時代に大乗仏教発生
		★龍樹（～250）
8世紀		★サラセン（アラビア）の自然科学、隆盛
10世紀	950	伊勢物語
11世紀		★スコラ哲学
12世紀	1165	イブン・アラビー（～1240）
	1174	レオナルド＝フィボナッチ（～1250）
13世紀	1214	ロジャー・ベーコン（～1292）
	1271	マルコ・ポーロ東方旅行（～1295）
14世紀	1325	イブン・バトゥータ東方旅行（～1349）
	1310（?）	羅針盤の発明
	1363（?）	世阿弥（～1443？）
15世紀	1450（?）	グーテンベルク、活版印刷技術を実用化
	1469	ニッコロ・マキャベリ（～1527）
	1487	ディアス、喜望峰に到達
	1492	コロンブス、アメリカ大陸に到達
	1498	バスコ・ダ・ガマ、インド航路の発見
16世紀	1541	カルヴァンの宗教改革
	1543	コペルニクス「地動説」
	1583	ガリレイ、振り子の等時性を発見
	1583	フーゴー・グロティウス（～1645）
	1588	トマス・ホッブズ（～1679）
17世紀	1632	ジョン・ロック（～1704）
	1637	デカルト『方法序説』
	1641	デカルト『省察』
	1642	ピューリタン革命（～1649）
	1644	デカルト『哲学原理』
	1687	ニュートン『プリンキピア』
18世紀	1712	ジャン＝ジャック・ルソー（～1778）
	1719	ダニエル・デフォー『ロビンソン・クルーソー』
	1748	ジェレミ・ベンサム（～1832）
	1749	ビュフォン『博物誌』
	1749	ヨハン・ヴォルフガング・フォン・ゲーテ（～1832）
	1760	アンリ・ド・サン＝シモン（～1825）
	1762	ルソー『社会契約論』

	1768	フリードリヒ・シュライエルマッハー（〜1834）
		★イギリス産業革命が進行する
	1789	フランス革命
	1798	オーギュスト・コント（〜1857）
19世紀	1801	グスタフ・フェヒナー（〜1887）
	1802	トレヴィシック、蒸気車を製作
	1804	ヴィルヘルム・ヴェーバー（〜1891）
	1809	チャールズ・ダーウィン（〜1882）
	1812	キュヴィエ『骨化石の研究』を著し、古生物学の基礎を築く
	1814	スチーブンソン、蒸気機関車の完成
	1820	ハーバード・スペンサー（〜1903）
	1821	ミル『経済学網要』
	1831	ファラデー、電磁誘導電流の発見
	1832	ヴィルヘルム・ヴント（〜1920）
	1833	ヴィルヘルム・ディルタイ（〜1911）
	1837	モールス、有線電信機を発明
	1838	フランツ・ブレンターノ（〜1917）
	1842	ウィリアム・ジェームズ（〜1910）
	1845	フランシス・エッジワース（〜1926）
	1849	イワン・ペトローヴィチ・パブロフ（〜1936）
	1851	ロンドン世界博覧会
	1856	ジークムント・フロイト（〜1939）
	1857	フェルディナン・ド・ソシュール（〜1913）
	1858	エミール・デュルケム（〜1917）
		フランツ・ボアズ（〜1942）

1859	ダーウィン『種の起源』
	アンリ=ルイ・ベルクソン（〜1941）
	エトムント・フッサール（〜1938）
1863	ジョージ・ハーバード・ミード（〜1931）
1864	マックス・ウェーバー（〜1920）
	ヤーコプ・フォン・ユクスキュル（〜1944）
1865	メンデルの法則
1866	ドストエフスキー『罪と罰』
1872	バートランド・ラッセル（〜1970）
1875	カール・グスタフ・ユング（〜1961）
1876	ベル、電話機を発明
1877	エジソン、蓄音機を発明
	フリッツ・グレープナー（〜1934）
1878	ジョン・ワトソン（〜1968）
	マルティン・ブーバー（〜1965）
1879	ヴント、ライプツィヒ大学に心理学実験室を設立
1881	アルフレッド・ラドクリフ=ブラウン（〜1955）
1883	ダイムラー、ガソリン機関を発明
1884	ブロニスワフ・マリノフスキ（〜1942）
1889	ルードヴィッヒ・ウィトゲンシュタイン（〜1951）
	マルティン・ハイデガー（〜1976）
1892	ディーゼル、ディーゼル機関を発明
1894	ウォーレン・ウィーバー（〜1978）
1895	レントゲン、X線を発見
	マルコーニ、無線電信機を発明

1896 ベルクソン『物質と記憶』
1898 キューリ夫妻、ラジウムを発見
1899 アルフレッド・シュッツ（～1959）

20世紀

1900 エーリッヒ・フロム（～1980）
ハンス・ゲオルグ・ガダマー（～2002）
1902 タルコット・パーソンズ（～1979）
1903 ラッセル「階型理論」
1904 グレゴリー・ベイトソン（～1980）
1905 アインシュタイン「特殊相対性理論」
ソシュール「一般言語学」
1906 エマニュエル・レヴィナス（～1995）
1908 クロード・レヴィ=ストロース（～2009）
1907 ベルクソン『創造的進化』
1909 シモーヌ・ヴェイユ（～1943）
1910 ラッセル／ホワイトヘッド『数学原理』（～1913）
1914 第一次世界大戦、始まる
井筒俊彦（～1993）
1915 サムセット・モーム『人間の絆』
アインシュタイン「一般相対性理論」
1916 クロード・シャノン（～2001）
1917 ハロルド・ガーフィンケル（～2011）
1919 パリ講和会議、ベルサイユ条約調印
1920 国際連盟成立
ユクスキュル『動物の環境と内的世界』
1921 ウィトゲンシュタイン『論理哲学論考』
1922 マリノフスキ『西太平洋の遠洋航海者』
アーヴィング・ゴフマン（～1982）
カヴァッリ=スフォルツァ（～2018）
1926 クリフォード・ギアツ（～2006）
1927 トーマス・ルックマン（～2016）
1929 ピーター・L・バーガー（～2017）
映画『メトロポロス』、日本公開
1930 イーフー・トゥアン（～）
1931 フッサール『デカルト的省察』
1932 ジョン・サール（～）
アメリー・ローティ（～）
ハクスリー『すばらしい新世界』
1933 ユクスキュル『生物から見た世界』
1934 ダニエル・カーネマン（～）
1936 ウィリアム・ドナルド・ハミルトン（～2000）
1938 アルヴィン・ゴールドマン（～）
ロバート・ノージック（～2002）
1939 第二次世界大戦、始まる
1941 ジョージ・レイコフ（～）
リチャード・ドーキンス（～）
ランドル・コリンズ（～）
1942 ポール・チャーチランド（～）
マーティン・セリグマン（～）
1943 フランク・ジャクソン（～）
1944 サルトル『出口なし』

1945	メルロ＝ポンティ『知覚の現象学』
	第二次世界大戦終結、ポツダム宣言
	アンガス・ディートン（～）
1946	テリー・ウィノグラード（～）
	ピーター・シンガー（～）
1947	マーサ・ヌスバウム（～）
1948	シャノン-ウィーバー、情報伝達モデル
1949	マーク・ジョンソン（～）
1950	マイケル・トマセロ（～）
	松沢哲郎（～）
1951	ヴィラヤヌル・S・ラマチャンドラン（～）
1953	デリダ『フッサール現象学における発生の問題』（1990年に公刊）
	ウィトゲンシュタイン『哲学探究』（遺稿による出版）
1955	ニューウェル、サイモン、ショー、初の人工知能プログラム「Logic Theorist」
1956	ダートマス会議
	エーリッヒ・フロム『愛するということ』
	グレゴリー・ベイトソン「ダブルバインド」
1957	ラカン『無意識の形成物』
1958	ローゼンブラット「パーセプトロン」
	レヴィ＝ストロース『構造人類学』
1960	アラン・クルーガー（～2019）
1961	レム『ソラリスの陽のもとに』
1962	レヴィ＝ストロース『野生の思考』

	1963	ヤコブソン『一般言語学』
	1967	デリダ『声と現象』
		デリダ『グラマトロジーについて』
		デリダ『エクリチュールと差異』
	1968	「SHRDLU」プロジェクト開始（～1970）
	1969	アポロ11号、月面着陸成功
	1972	デリダ『哲学の余白』
	1976	ドーキンズ『利己的な遺伝子』
	1979	ギブソン『生態学的視覚論』
	1984	OSI参照モデル完成
	1985	映画『ターミネーター』、日本公開
	1986	ラメルハートら「ニューラルネットワーク誤差伝搬法」
		ブルックスら「サブサンプションアーキテクチャ」
	1995	『新世紀エヴァンゲリオン』、放送開始
	1996	ジャコモ・リッツォラッティら、ミラーニューロンを発見
	1997	映画『新世紀エヴァンゲリオン劇場版 Air/まごころを、君に』、日本公開
		『BLAME!』、放送開始
	1999	映画『マトリックス』、日本公開
21世紀	2003	『EVE Online』（CCP Games）
	2005	谷淳「力学系に基づく構成論的な認知の理解」
	2012	ナイアンティック「Ingress」
	2015	DeepMind「Deep Q ～ Learning」、「AlphaGo」

（正確な年号は不明だが該当の世紀に発生したとされるものは★で示した）

関連リンク

コミュニティ「人工知能のための哲学塾」(ご申請ください)
https://www.facebook.com/groups/philosophyai/

未来社会篇(全スライド資料、映像、まとめ)および本書サポートページ
http://www.bnn.co.jp/books/10520/

東洋哲学篇(全スライド資料、映像、まとめ)
http://www.bnn.co.jp/books/9172/
https://miyayou.com/2017/11/11/philosophyeast/

西洋哲学篇(全スライド資料、映像、まとめ)
http://www.bnn.co.jp/books/8210/

＊ハッシュタグ「#AI哲学塾」

人工知能のための哲学塾 未来社会篇 アーカイブ映像

イベント「人工知能のための哲学塾 未来社会篇」(第壱夜〜第五夜)は電ファミニコゲーマーの企画・制作にて、ニコニコ生放送で生配信されました。アーカイブ映像は、下記のリンクから視聴可能です。

人工知能のための哲学塾 第三期 第零夜「西洋と東洋を超えて、人工知能との未来社会へ」
https://live2.nicovideo.jp/watch/lv314661344

人工知能のための哲学塾 第三期 第壱夜「人と人工知能はわかりあえるか?」
https://live2.nicovideo.jp/watch/lv316017239

人工知能のための哲学塾 第三期 第弐夜「人工知能はどのような社会を築くのか?」
https://live2.nicovideo.jp/watch/lv317087531

人工知能のための哲学塾 第三期 第参夜「人工知能は文化を形成するか?」
https://live2.nicovideo.jp/watch/lv317837784

人工知能のための哲学塾 第三期 第四夜「人と人工知能は愛しあえるか?」
https://live2.nicovideo.jp/watch/lv318257701

人工知能のための哲学塾 第三期 第五夜「人工知能にとって幸福とは何か?」
https://live2.nicovideo.jp/watch/lv319461894

著者紹介

三宅 陽一郎(Youichiro Miyake)
@miyayou

ゲームAI開発者。京都大学で数学を専攻、大阪大学大学院理学研究科物理学修士課程、東京大学大学院工学系研究科博士課程を経て、人工知能研究の道へ。ゲームAI開発者としてデジタルゲームにおける人工知能技術の発展に従事。立教大学特任教授、九州大学客員教授、東京大学客員研究員。国際ゲーム開発者協会日本ゲームAI専門部会チェア、日本デジタルゲーム学会理事、芸術科学会理事、人工知能学会編集委員。著書に『人工知能のための哲学塾』『人工知能のための哲学塾東洋哲学篇』(ビー・エヌ・エヌ新社)、『ゲームAI技術入門』『人工知能の作り方』(技術評論社)、『なぜ人工知能は人と会話ができるのか』(マイナビ出版)、『〈人工知能〉と〈人工知性〉』『AImeetsPhilosophy:HowtodesigntheGameAI』(iCardbook)。共著に『絵でわかる人工知能』(SBクリエイティブ)、『高校生のためのゲームで考える人工知能』(筑摩書房)、『ゲーム情報学概論』(コロナ社)、『FINAL FANTASY XVの人工知能』(ボーンデジタル社)、『ベルクソン『物質と記憶』を再起動する』(書肆心水)、『ゲーム学の新時代』(NTT出版)などがある。
Twitter : @miyayou
Facebook : https://www.facebook.com/youichiro.miyake
専用サイト : https://miyayou.com/

大山 匠(Takumi Ohyama)

1990年生まれ。立教大学兼任講師。上智大学大学院哲学研究科博士前期課程卒。哲学(現象学、心の哲学など)を主な専門とし、広くテクノロジーに関する現代的問題を取り上げた授業や講演を担当。また、機械学習エンジニア、コンサルタントとして民間企業を数社経験。

人工知能のための哲学塾　未来社会篇
響きあう社会、他者、自己

二〇二〇年七月一四日　初版第1刷発行

著者　三宅陽一郎、大山匠

発行人　上原哲郎
発行所　株式会社ビー・エヌ・エヌ新社
〒一五〇―〇〇二二
東京都渋谷区恵比寿南一丁目二〇番六号
メール　info@bnn.co.jp
ファックス　〇三―五七二五―一五一一
www.bnn.co.jp

印刷・製本　日経印刷株式会社

デザイン　橘友希（Shed）、矢代彩（Shed）、樽川響（Shed）
本文DTP　石田デザイン事務所
編集　大内孝子

ISBN978-4-8025-1185-8